河南省"十四五"普通高等教育规划教材

普通高等教育"十一五"国家级规划教材（修订版）

工科高等院校教材

工程材料 及成形工艺

第3版

主　编　卢志文　赵亚忠

副主编　马世榜　仲志国

参　编　黄本生　韦志锋　叶　铁

主　审　关绍康

机械工业出版社

CHINA MACHINE PRESS

本书为河南省"十四五"普通高等教育规划教材和普通高等教育"十一五"国家级规划教材的修订版，入选河南省本科高校新工科新形态教材。本书可满足机械类及近机械类专业的人才培养需求，构建和优化应用型本科教学的材料知识体系，满足机电、材料加工、能源、汽车等行业读者的材料方面知识需求。

本书包括三部分：材料科学及其应用基础、常用工程材料和材料成形工艺。材料科学及其应用基础的内容包括材料性能指标、晶体结构及结晶、热处理、机械零件用材的选择等。常用工程材料主要包括钢铁材料、有色金属材料、非金属材料与复合材料的组织性能和应用。材料成形工艺主要讲述热加工成形中铸造、锻造、焊接三类成形方法及其工艺要点。

本书可作为工科院校机械设计制造类、汽车制造类、材料成型及控制工程、化工机械与设备、航空装备类等专业的教材，也可作为高等职业院校，成人教育、函授等职业教育院校的教材。

图书在版编目（CIP）数据

工程材料及成形工艺/卢志文，赵亚忠主编. —3 版. —北京：机械工业出版社，2023.12（2025.6重印）

河南省"十四五"普通高等教育规划教材　普通高等教育"十一五"国家级规划教材：修订版　工科高等院校教材

ISBN 978-7-111-74863-2

Ⅰ.①工…　Ⅱ.①卢…②赵…　Ⅲ.①工程材料-成型-工艺-高等学校-教材　Ⅳ.①TB3

中国国家版本馆 CIP 数据核字（2023）第 252160 号

机械工业出版社（北京市百万庄大街 22 号　邮政编码 100037）
策划编辑：王海峰　　　　　　责任编辑：王海峰
责任校对：贾海霞　李　婷　　封面设计：王　旭
责任印制：张　博
北京机工印刷厂有限公司印刷
2025 年 6 月第 3 版第 3 次印刷
184mm×260mm · 19.5 印张 · 480 千字
标准书号：ISBN 978-7-111-74863-2
定价：59.00 元

电话服务　　　　　　　　　　网络服务
客服电话：010-88361066　　　机 工 官 网：www.cmpbook.com
　　　　　010-88379833　　　机 工 官 博：weibo.com/cmp1952
　　　　　010-68326294　　　金 书 网：www.golden-book.com
封底无防伪标均为盗版　　机工教育服务网：www.cmpedu.com

前　言

为适应我国新型工业化发展对创新型专业人才需求的不断提高，满足中国式现代化发展对人才的需求，达到为国育才的目标，编者对第2版进行了修订。

党的二十大报告中指出：必须坚持科技是第一生产力、人才是第一资源、创新是第一动力。编者在修订过程中，着力强化培养学生的创新意识，增强学生的自信心和创造力。本书增加了先进材料及成形技术内容，以使学生了解新材料和新技术的发展和应用；书中设置了一些开放性题目，着力培养学生主动思考、主动实践的能力；书中使用二维码链接了一些扩展内容，以补充工程知识。

本书针对机械类及近机械类专业人员对材料知识的需求，结合专业知识结构特点和学生的接受能力组织内容。在内容安排上分为三篇：第一篇材料科学及其应用基础，讲述材料性能指标、晶体结构及结晶、热处理和选材；第二篇常用工程材料，讲述钢铁材料、有色金属材料、非金属材料与复合材料；第三篇材料成形工艺，讲述铸、锻、焊等材料成形方法和工艺要点。本书突出了知识的系统性和实用性，主干清晰，条理分明。

与第2版相比，本次修订做了以下几方面的工作：

1）书中增加了先进材料及成形技术的内容。在重视材料科学基础性的同时，保证了内容的先进性。

2）将反映产业发展的新技术、新工艺、新规范、新标准等内容融入书中；对于陈旧的案例，淘汰的技术、工艺、设备、标准等进行更换替代。

3）在复习思考题中设置若干开放性题目，培养学生主动思考、主动探索并解决实际问题的能力。

4）本书链接丰富的图片、动画和视频，以二维码形式插入相关内容处，学生可通过扫描二维码观看和学习，以加深对知识点的理解和掌握，还有助于培养学生的实际动手能力。

本书由卢志文和赵亚忠任主编，并负责全书统稿，马世榜和仲志国担任副主编，参编人员还有黄本生、韦志锋和叶铁。具体编写分工：南阳师范学院卢志文编写第1章和第9章，马世榜编写第10章、第11章、第12章和附录，仲志国编写第4章和第5章，叶铁编写第13章；南阳理工学院赵亚忠编写第2章、第6章和第7章；西南石油大学黄本生编写第3

章；重庆科技学院韦志锋编写第 8 章。本书由郑州大学关绍康教授主审。

　　本书的编写力求适应机械类专业的应用需要，并适应高等教育的改革和发展。但由于编者水平有限，疏漏和不足之处在所难免，恳请读者批评指正，不吝赐教。

编　者

二维码索引

（续）

序号	名称	二维码	页码	序号	名称	二维码	页码
15	等温转变		74	25	自由锻		201
16	共析钢连续冷却		74	26	自动锻		202
17	退火		76	27	模锻		206
18	淬火		78	28	压力机		213
19	末端淬火		80	29	冲裁		213
20	表面淬火		82	30	拉深件		216
21	螺杆挤出机		150	31	焊条电弧焊		221
22	塑料注塑机		150	32	CO_2 气体保护焊		228
23	玻璃钢		156	33	埋弧焊		230
24	拉拔管		199	34	电阻焊		234

目　录

第三篇　材料成形工艺

第一篇

材料科学及其应用基础

第1章　工程材料概述

学习要求

工程材料及成形工艺是机械类专业的一门基础课程，是工程设计、制造和应用必须熟练掌握的基本工具。

学习本章后学生应达到的能力要求包括：

1）通过学习，了解工程材料在人类科学和社会发展中的巨大作用，认识材料科学的重要性，了解材料科学具有的广阔发展空间。

2）能够对常用工程材料进行分类，掌握各类材料的主要特点和应用范围，理解材料与环境、材料与社会可持续发展的关系。

3）了解材料的生产过程及其应用。

材料是组成所有物体的基本要素，狭义的材料仅指可供人类使用的，能够用于制造物品、产品的物质。材料是人类赖以生存和发展的物质基础，与国民经济建设、国防建设和人民生活密切相关，因此人们把信息、材料和能源誉为当代文明的三大支柱。

1.1　材料的作用和发展前景

人类生活在材料组成的世界里，无论是经济活动、科学技术、国防建设，还是人们的衣食住行，都离不开材料。材料是人类赖以生存并得以发展的物质基础，正是材料的发现、使用和发展，才使人类在与自然界的斗争中走出混沌蒙昧的时代，发展到科学技术高度发达的今天。可以认为，人类的文明史就是材料的发展史，并往往以所使用的材料来划分人类的社会时代，如石器时代、陶器时代、青铜时代和铁器时代等。

人类使用的材料分为天然材料和人造材料。天然材料是所有材料的基础，即使在科学技术高度发达的今天，仍在大量使用水、空气、土壤、石料、木材、生物、橡胶等天然材料。在漫长的人类社会初期，人们只会利用天然材料。随着社会的发展，人们开始对天然材料进行各种加工和处理，使它更适合于人们的使用，这就是人造材料。经过加工和处理，人造材料具有了天然材料无法比拟的优越性能。人造材料从最初的木材、石器、陶器到青铜器和铁器，直到现在具有各种优越性能的合金、高分子材料、复合材料等，得到飞速的发展，成为人类必不可少的重要材料。

在生活、工作中所见的材料，人造材料占有相当大的比重。居住的房子、使用的工具、穿的衣服、骑的车子、各种设备和设施、各种先进的武器、各种精密的仪器等，几乎都是由人造材料制成的。

今天，人们制造衣服所用的材料更加耐用、轻便、保暖、舒适，而且对人体无害，而远古时代，人们使用的只有保暖效果一般的兽皮、树皮等材料，不久之前还在使用比较昂贵的棉花、蚕丝等天然材料。随着合成材料的出现，涤纶、聚酯纤维等成了轻便、保暖的衣物材料。现在烹饪食物的能源是煤气、天然气、电能等，相对于以前人们用秸秆和木材等作为燃料，不但产热效率高、污染较小，而且容易控制。现在高楼林立，城市空前繁荣，离不开新型建筑材料和建筑技术的发展，没有钢筋混凝土材料，就很难建成高楼大厦。

材料是当代文明的支柱之一。如耐热性能极高的特种陶瓷的问世，使制造出比金属发动机热效率更高的陶瓷发动机成为现实；飞机性能的提高，材料贡献所占的比例达 2/3 左右。又如，采用单晶合金熔模精密铸造叶片，再经过热覆涂层等新材料和新加工技术，在半个多世纪内，使航空发动机的涡轮进口温度从 730℃ 提高到 1650℃，推重比从 3 提高到 10 以上。事实上，没有半导体材料的工业化生产，就不可能有计算机技术；没有高温高强度的结构材料，就不可能有今天的航空工业和宇航工业；没有低能耗的光导纤维，也就没有现代的光纤通信。

1.2　工程材料及其分类

1.2.1　什么是工程材料

工程材料属于人造材料，它主要是指用于机械、建筑以及航空等领域的材料。工程材料按其性能特点分为结构材料和功能材料两大类。结构材料以力学性能为主，兼有一定的物理、化学性能。功能材料以特殊的物理、化学性能为主，如那些要求具有电、光、声、磁、热等功能和效应的材料。本书主要讲述结构材料。

从使用角度来看，人类使用的工程材料必须具备以下几个要点。

1. 一定的组成和配比

材料的使用性能主要取决于组成它的各成分，以及各成分之间的配比。其中材料的力学性能、热性能、电性能、耐腐蚀性能等为主要成分所支配，而次要成分可用来改善加工性能、使用性能或赋予材料某种特殊性能。

2. 成形加工性

作为有用的材料，应具有一定的形状结构特征，它是通过成形加工获得的。因此，作为材料，必须具备在一定温度和一定压力下可加工成某种形状的能力。成形加工包括熔融状态下的一次加工，也包括冷却后进行的车、铣、刨、磨等二次加工。不具备成形加工性，就很难成为有用的材料。

3. 形状保持性

任何材料都以一定的形状出现，并在该形状下使用。因此，材料应具有在使用条件下，保持既定形状、并可供实际使用的能力。

4. 经济性

由该材料制得的产品质优价廉，具有竞争性，在经济上能够被社会和人们所接受。

5. 回收再生性

作为任何一种材料的产品，在其原料生产、材料制造、施工、使用、废弃物处理等过程中，都应对维护人类健康、保护生态环境负责。

所以，工程材料可以这样来表述：工程材料是以一种化学物质为主要成分、并含有次要成分，可以在一定条件下加工成所需形状，在使用过程中能有效保持形状，并能满足某些工况下使用要求的产品或制品。其生产过程必须实现最高的生产率、最低的原材料成本和能耗，产生最少的环境污染物，其废物应可以回收再利用。

1.2.2　工程材料分类

工程材料种类很多，用途极为广泛，有许多不同的分类方法，比较科学的方法是按其化学组成进行分类，如图1-1所示。

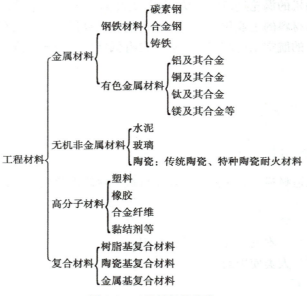

图 1-1　工程材料的分类

金属材料常指工业上所使用的金属或合金的总称。对纯金属而言，自然界中目前存在的有几十种，常见的金属有铁、铜、锌、铅、铝、锡、镁、镍、钼、钛、金、银等。合金是指由两种以上的金属、金属与非金属结合而成的，且具有金属性质的材料。常见的合金有铁与碳所形成的碳素钢、铜与锌所形成的黄铜等。

金属及合金具有下列共同的特性：①固体状态下具有晶体结构；②具有独特的金属光泽且不透明；③电和热的良导体；④强度高。

金属材料包括钢铁、有色金属及其合金。由于金属材料具有良好的力学性能、物理性能、化学性能及工艺性能，并能采用比较简单和经济的方法制成零件，因此金属材料是目前应用最广泛的材料。

无机非金属材料主要指水泥、玻璃和陶瓷等。它们不可燃，不易老化，而且硬度高，耐压性能良好，耐热性和化学稳定性好，原料丰富。在电力、建筑、机械等行业中有广泛的应用。

　　高分子材料指塑料、橡胶等以高分子化合物为主要组分的材料，它们的突出特点是相对分子质量非常大，通常在 10^4 以上。因其具有原料丰富，成本低，加工方便等优点，发展极其迅速，在各个领域中得到广泛应用。塑料具有密度小、比强度高、耐腐蚀、电绝缘性好、耐磨和自润滑性好，以及透光、隔热、消声、吸振等优点，但强度低、耐热性差、容易蠕变和老化。橡胶材料具有高弹性，在外力作用下可产生很大的变形，外力去除后能恢复原状，在多次弯曲、拉伸、剪切过程中不容易受到损伤。此外，橡胶还具有不透水、不透气、耐酸碱、绝缘等一系列性能。

　　复合材料是由两种以上物理、化学性质不同的物质经人工合成的多相材料。复合材料的组成包括基体和增强材料两个部分。复合材料应用范围广、品种多、性能优异，有很好的发展前景，其应用领域在迅速扩大，品种、数量和质量都有了飞速发展。

1.3　工程材料的生产工艺概述

　　工程材料大多是人造材料，它是以各种天然材料为原料，经过一系列的加工和处理而制成的具有所需性能和形状的材料。人们是如何对天然原料进行加工和处理，使之成为可以使用的工程材料的呢？本节依据对工程材料的分类，简要叙述一下这个复杂的过程。

1.3.1　金属材料

　　自然界中金属大多以化合状态存在。金属的化合物不具备金属的性能，因此金属材料的制备过程一般由冶金、热加工和冷加工等过程组成，其生产工艺流程为

$$\boxed{矿石} \rightarrow 冶金 \rightarrow \boxed{金属} \rightarrow 热加工 \rightarrow \boxed{型材或毛坯} \rightarrow 机械加工 \rightarrow \boxed{零件}$$

1. 冶金

　　含有金属的矿石是天然的。通常把金属从矿石中提炼出来，成为纯净的金属或合金的过程称为冶金。这一过程的一般步骤为：首先是采集矿石，然后对矿石进行富集，除去矿石中的杂质，提高矿石中有用成分的含量；然后是冶炼，即把矿石中化合态的金属离子还原成金属单质；最后是精炼，进一步去除金属中的有害元素和有害杂质。

　　冶炼金属的实质是，用还原的方法，使金属化合物中的金属离子得到电子，变成金属原子。由于不同的金属离子得到电子的能力不同，所以不同金属的冶炼方法不同。工业上冶炼金属常用的方法有热分解法、热还原法和电解法。常用金属材料的冶金过程见表1-1。

表1-1　常用金属材料的冶金过程

材料	矿物名	主要成分	冶金方法	反应式
钢铁	赤铁矿	Fe_2O_3	还原法	$3CO+Fe_2O_3 = 2Fe+3CO_2$
	钢铁的生产工艺流程： 铁矿石 → 炼铁 → 炼钢 → 钢锭 → 轧制 → 钢材 　　　　　　　　　→ 生铁			
铜	铜矿	Cu_2S、Cu_2O	火法冶金	$2Cu_2S+3O_2 = 2Cu_2O+2SO_2$ $FeS+Cu_2O = Cu_2S+FeO$ $2Cu_2O+Cu_2S = 6Cu+SO_2$
	火法炼铜的工艺流程： 精铜矿 → 熔炼 → 冰铜 → 粗铜 → 火法精炼 → 电解精炼 → 纯铜			

（续）

材料	矿物名	主要成分	冶金方法	反应式
铝	铝土矿	Al_2O_3	电解法	$2Al_2O_3+5C \stackrel{}{=\!=\!=} 4Al\downarrow+CO_2\uparrow+4CO\uparrow$
	铝的生产工艺流程： 铝土矿→提取 Al_2O_3→电解→浇注铝锭			
镁	菱镁矿、白云石、光卤石	$MgCO_3$、KCl、$MgCl_2$ 等	电解法	$Mg^{2+}+2e=\!=\!= Mg$
			热还原法	$2(CaO\cdot MgO)+(xFe)Si+nAl_2O_3=\!=\!=$ $2CaO\cdot SiO_2\cdot nAl_2O_3+xFe+2Mg$
	镁的生产工艺流程： 白云石→煅烧→熔烧→制球→氯化→电解→精炼→纯镁			
钛	钛铁矿 金红石	$FeTiO_3$ TiO_2	还原法	$TiCl_4+2Mg=Ti+2MgCl_2$ $TiCl_4+4Na=Ti+4NaCl$
	钛的生产工艺流程： 钛矿→选矿→钛精矿→富钛料→氯化→粗 $TiCl_4$→纯 $TiCl_4$→镁还原→海绵钛→钛锭			

冶金后获得的金属或合金一般以锭状供应，如铝锭、生铁锭；有些为后序工序添加其他元素的合金，常破碎后以碎块状供应。

2. 热加工

经过冶金过程，得到了合金原料或金属锭。为了使金属获得所需的形状和结构，需要对金属材料进一步进行加工处理，这一过程称为材料的成形，其成形方法可分为热加工成形和冷加工成形。若在成形过程中使用模或型时，成形过程有时也称为成型。

热加工是把金属生产成零件毛坯的过程。金属材料的热加工是材料的重要加工工序，主要包括铸造、锻压、焊接、热处理。经过热加工，材料成为零件或毛坯，它一方面使材料获得一定的形状、尺寸，同时赋予材料最终的成分、组织和性能。

将所需的各种金属原材料及辅料，按照一定的配比装入熔炉中，用一定的方法重新进行熔化，得到熔融的金属液；然后将金属液浇注到与零件的形状、尺寸相适应的铸型空腔中，冷却凝固后获得零件或其毛坯的生产方法，称为铸造。如内燃机的气缸体和气缸盖、机床的床身和箱体、涡轮机的机壳等复杂机件，所用毛坯都是铸造生产出来的。铸造的特点是使金属一次成形，能够制成形状复杂，特别是具有复杂内腔的铸件。

对金属锭或其他坯料施加压力，使其产生一系列的塑性变形，从而获得所需形状和尺寸的制件的成形加工方法，称为锻压。它是生产各种型材、毛坯或零件的主要成形方法。各种车辆、飞行器、轮船、枪炮，机器设备，及至日常用的厨具，其中的很多零部件，都是用锻压的方法生产出来的。锻压属于塑性加工，或称压力加工。

焊接是一种永久性连接金属零件的方法。它的连接强度高，方法多样，操作灵活，是材料成形中必不可少的成形方法。焊接在桥梁、船舶、建筑、机械制造等行业中有广泛的应用。

将制成的零件或毛坯加热到一定的温度，进行必要的保温，然后以适当的速度冷却，使其得到所需的组织和性能，这样的工艺过程称为热处理。热处理不仅可使金属材料获得最终的组织和性能，在材料成形加工过程中，热处理也发挥着重要的作用。

3. 机械加工

对毛坯进行各种切削加工，使其形状、结构、尺寸、精度等都达到零件要求的加工过程，称为机械加工。机械加工的主要加工方法有车削、铣削、刨削、磨削、镗削、拉削等。机械加工生产的零件精度及表面质量，一般优于铸造或锻压。通常机械加工是材料的最后成形工序，机械加工后材料就成为零件，组成机器或结构的一部分，供现场使用。

4. 钢铁材料的生产工艺过程

钢铁材料是以铁和碳元素为主要成分，同时含有其他元素的金属材料。在现代的所有工程材料中，钢铁材料是使用量最大、应用最广的金属材料。

钢铁材料的一般生产过程如图1-2所示。

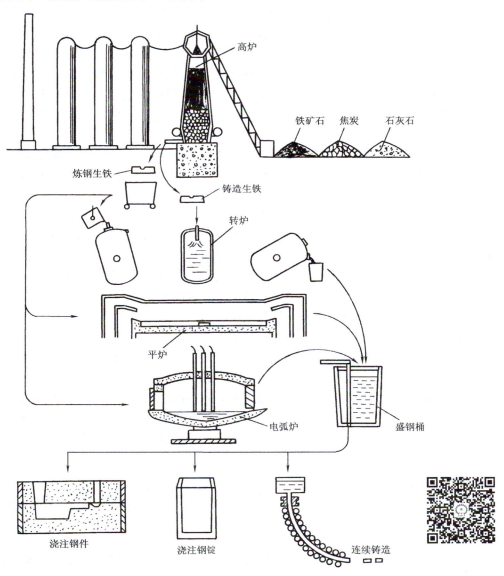

图1-2　钢铁材料的一般生产过程

（1）炼铁　高炉炼铁的主要原料是铁矿石、焦炭、石灰石。炼铁时，把铁矿石、焦炭、石灰石按一定配比装入高炉内，同时把预热过的空气从进风口鼓入炉内。在冶炼过程中，铁矿石中的铁被还原出来，成为生铁。高炉炼铁是铁的冶金过程，其产物主要是生铁。由于高炉炼铁时用焦炭作为还原剂和热源，冶炼出的生铁中含有约 4.3%（为质量分数，全书其他部分给出的元素含量未作特殊说明时均为质量分数）的碳，并含有 Mn、Si、S、P 等杂质元素。根据含硅量的高低，生铁可分为两大类：含硅量高于 1.5% 的称为铸造生铁，低于 1.5% 的称为炼钢生铁。

（2）炼钢　由于冶炼出的生铁中含有过多的碳和杂质元素，其性能不能达到生产上的要求，工业上还要进行炼钢。炼钢的基本原料是炼钢生铁和废钢，根据材料及工艺要求，还需加入各种铁合金或金属、各种造渣剂等辅助材料。将生铁和废钢、合金及辅料加入转炉、平炉或电弧炉中进行脱碳，降低铁液中的碳的质量分数，并去除大部分有害元素，同时调整成分，从而得到合格的钢液。除原材料对钢的性能有影响外，炼钢设备和工艺对钢的性能也有一定的影响，所以应按不同钢种及其质量要求，合理地制订炼钢工艺并选择合适的炼钢炉。

（3）钢锭及型材的生产　把炼好的钢液浇注到锭模中凝固，形成钢锭，这种生产方式称为模铸。钢锭脱模后，多数又加热到一定温度，再轧制成棒坯、方坯或板坯等，称为半成品。

目前，越来越多的半成品由连铸方式生产，即将钢液浇注到连铸机的结晶器中，随着钢液的凝固，拉出各种形状的半成品长钢坯。连铸是钢铁工业发展的趋势，它和传统的模铸相比，具有可简化生产工序，提高生产率、提高金属成品率、降低能耗、铸坯质量好、性能稳定、内部组织均匀致密、偏析少等优点。

随后半成品经各种压力加工工序——热轧、冷轧、锻压、挤压和拉拔等，制成棒、板、钢轨、管材、线材等型材。钢材热轧的效率高，产量大，成本低，是生产各种钢材最主要的方法。但在高温下钢表面产生氧化皮，使热轧钢材表面粗糙，尺寸波动大。所以，生产表面质量优良和尺寸精确的板、管、带以及薄壁管、薄钢带等精细产品，均采用冷轧方法。型材可以作为成品，在很多领域都有广泛的应用。

钢铁冶炼的金属产品主要为生铁、各种铁合金、钢锭和型材。

（4）钢铁材料的铸、锻、焊等热加工成形　钢厂生产的各种形状的型材，已是经过压力加工成形的材料。下面讲述钢铁材料的铸、锻、焊等其他成形过程。

为了得到形状复杂、成本低廉而批量不大的钢铁零件或结构，一般都要采用铸造成形方法。铸造时所用的金属炉料一般有铸造生铁、含有其他元素的铁合金以及废钢。其中铸造生铁和铁合金都是钢铁冶金生产的成品，废钢主要是型材生产过程中产生的废料。将这些原料通过铸造的方法生产出铸件。

根据需要，也可采用锻压的方法生产锻压件。锻压件的原料是钢铁冶金生产的钢锭或型材，也可以是铸造的毛坯。通过锻压，用固态塑性变形的方式将各种坯料加工成所需的结构和形状。

用焊接的方法进行连接时，原料可以是铸造毛坯、锻压毛坯，也可以是型材。

为了满足零件或结构的最终性能要求，或是为了成形加工需要，对钢铁件还应进行各种各样的热处理。

（5）机械加工　经过铸、锻、焊成形的零件毛坯，一般都要进行机械加工，获得最终的结构、形状、尺寸及精度，使毛坯转化为零件。

5. 非铁合金的生产过程

与钢铁材料相比，非铁合金的产量和使用量都较低。但由于它们具有特殊的性能，因此是现代工业中不可缺少的材料。除冶金外，非铁合金的成形加工过程与钢铁相近，这里只简单介绍它们的冶金过程。

（1）铜的冶金过程　从铜矿石和精矿石中制备铜的方法有两种：湿法炼铜和火法炼铜。

湿法炼铜是用溶剂浸泡铜矿石，使铜从矿石中浸出，再从浸出溶液中将金属铜析出。所用溶剂只能溶解金属而不溶解脉石。常用的溶剂有稀硫酸、硫酸铁溶液及碳酸铵溶液等。

火法炼铜是在高温下使铜矿石先熔炼成冰铜，再将其吹炼成粗铜。目前采用火法炼铜较多，它适于处理硫化矿、氧化矿及其混合矿，而且能顺利提取矿石中的贵金属。下面仅对火法炼铜进行介绍。

冰铜的冶炼在鼓风炉中进行。主要原料有：硫化铜和氧化铜矿、焦炭、SiO_2。在加热冶炼过程中，发生三方面作用：使矿石脱水，也使其中的硫酸盐及碳酸盐分解；当炉内鼓入空气时，对于硫化铜矿而言，氧与铁化合成氧化亚铁（FeO），FeO 又和溶剂作用生成熔渣被除去；在炉子下部没有起反应的 FeS 和 Cu_2S 结合成冰铜。加热冶炼过程中所发生的反应为

$$FeS + \frac{3}{2}O_2 = FeO + SO_2$$

$$FeO + SiO_2 = FeO \cdot SiO_2$$

$$x(Cu_2S) + y(FeS) = (Cu_2S)x \cdot (FeS)y$$

最后获得的冰铜，其主要为 Cu_2S 和 FeS 组成的合金。

下一步是将冰铜吹炼成粗铜，目前大工厂使用水平式吹炉，吹炼之前先将炉子预热，然后加入熔融冰铜和熔剂，并开始鼓风。

在吹炼时，除进一步除去硫化亚铁外，还使硫化亚铜氧化生成氧化亚铜，它再与未经氧化的硫化亚铜反应生成粗铜，其反应为

$$Cu_2S + \frac{3}{2}O_2 = Cu_2O + SO_2$$

$$2Cu_2O + Cu_2S = 6Cu + SO_2$$

最后获得的铜为粗铜，粗铜的含铜量为 98.5% ~ 99.5%。粗铜除含铜外，还含有金、银、铋、锡、铅、硒、碲，并溶有一定的气体。只有经过精炼过程，去除粗铜中的杂质，才能得到更为纯净的纯铜。

（2）铝的冶金过程　铝锭的生产是先以铝矿石为原料生产氧化铝，再用电解法制铝，最后浇注成铝锭。

1）氧化铝的制备。氧化铝的制备方法有湿碱法和干碱法。

① 湿碱法。该法是将铝矿石磨细，和氢氧化钠溶液一起在一定温度和压力下反应生成偏铝酸钠，杂质沉积于容器底部而去除，反应式为

$$Al_2O_3 + 2NaOH = 2NaAlO_2 + H_2O$$

将以上得到的偏铝酸钠溶液放出过滤，加水稀释，降压和降温后，加入少量氢氧化铝做

结晶核心并进行搅拌，发生以下反应：

$$NaAlO_2 + 2H_2O = Al(OH)_3 + NaOH$$

其次，将氢氧化铝在 950~1000℃ 温度下煅烧，制得氧化铝，反应如下：

$$2Al(OH)_3 = Al_2O_3 + 3H_2O（950 \sim 1000℃ 煅烧）$$

② 干碱法。是将磨碎的矿石、碳酸钙和碳酸钠混合并加热到 1100℃ 发生反应，烧结成块出炉，反应式如下：

$$Al_2O_3 + Na_2CO_3 = Al_2O_3 \cdot Na_2O + CO_2$$
$$Fe_2O_3 + Na_2CO_3 = Fe_2O_3 \cdot Na_2O + CO_2$$
$$SiO_2 + CaCO_3 = CaO \cdot SiO_2 + CO_2$$

再将块状磨细，加入稀氢氧化钠溶液，$Fe_2O_3 \cdot Na_2O$ 与溶液中的水反应生成 $Fe(OH)_3$ 沉淀而去除，$CaO \cdot SiO_2$ 直接沉淀下来而去除。

$Al_2O_3 \cdot Na_2O$ 进入溶液，此时通入二氧化碳，便发生以下反应，生成氢氧化铝：

$$2NaAlO_2 + CO_2 + 3H_2O = 2Al(OH)_3 + Na_2CO_3$$

最后通过煅烧氢氧化铝就制得氧化铝。

2）电解制备铝。电解制备铝的原料为湿碱法和干碱法制取的氧化铝。电解液主要由冰晶石（Na_3AlF_6）、少量氟化钠、氟化铝等组成。氧化铝在 900℃ 左右被离解成 Al^{3+} 和 AlO_3^-，它们在电流作用下，正离子到阴极，负离子到阳极。其化学反应式为

$$Al^{3+} + 3e = Al$$

电解得到的铝沉积在槽底，达到一定高度可出铝，其含铝量达 99.7%。

（3）钛的冶金过程　钛冶金包括钛生产和钛白生产两个过程。钛矿 90% 用于生产钛白，只有 5% 用于生产金属钛。制取金属钛的原材料主要是金红石，其主要成分是 TiO_2，其次是高钛渣或人造金红石。下面只对金属钛的生产作简单介绍。

钛提取的冶金过程包括富钛料制取、四氯化钛制取、金属钛的生产三个过程。

用钛铁矿为原料，用各种方法去除其中的铁及其他杂质，制取钛渣或人造金红石等富钛原料，供制取粗四氯化钛时使用，称为富钛料制取。

粗四氯化钛生产采用氯化法，将富钛原料配上还原剂，在 800~900℃ 下通氯气制得。氯化过程的主要化学反应为

$$TiO_2 + 2Cl_2 + 2C = TiCl_4 + 2CO$$
$$TiO_2 + 2Cl_2 + C = TiCl_4 + CO_2$$

粗四氯化钛一般含 $TiCl_4$ 98%，必须除去其中的杂质。其除去杂质的过程称为精制。对不溶于四氯化钛的物质，用沉降、过滤等方法去除；对溶解于四氯化钛的气体，用沸腾分离或分馏等方法去除。

生产金属钛的原料用 $TiCl_4$，是因为 $TiCl_4$ 比 TiO_2 更易被还原。生产上制取金属钛的主要方法有镁热还原法和钠热还原法。

镁热还原法是以镁作为还原剂还原 $TiCl_4$，反应在 800~900℃ 稀有气体保护下进行，其反应为

$$TiCl_4 + 2Mg = Ti + 2MgCl_2$$

钠热还原法是以钠作为还原剂还原 $TiCl_4$，反应在 820~880℃ 稀有气体保护下进行，其一步还原法的反应为

$$TiCl_4 + 4Na = Ti + 4NaCl$$

由于钛熔点高，还原制得的金属一般为海绵体，称为海绵钛。将海绵钛进一步精制提纯，去除其中的各种杂质，才能获得致密的金属钛。

（4）镁的冶金过程　生产镁使用的原料为菱镁矿（$MgCO_3$）、白云石（$CaCO_3 \cdot MgCO_3$）、光卤石（$KCl \cdot MgCl_2 \cdot 6H_2O$）和卤水（$MgCl_2$）等。

工业上生产镁有两大类方法：熔盐电解法和热还原法。熔盐电解法是将氯化镁原料提纯成无水氯化镁，或将含镁原料转化成无水氯化镁，在熔融状态下电解出金属镁。热还原法是高温下用硅铁等还原剂还原煅白（$CaO \cdot MgO$），来制取金属镁。

电解法炼镁，生产成本低，适合于大型镁厂，大部分镁都是用电解法生产的。下面只对熔盐电解法中卤水脱水电解法炼镁进行简要介绍。

卤水脱水电解法以卤水为原料，经过净化、浓缩、脱水，得到纯净无水氯化镁，然后在熔融状态下电解，制取金属镁，简称卤水炼镁。

卤水是含 $MgCl_2$（430g/L）并含有其他杂质的水溶液，它由海水提取 $NaCl$、KCl 后制成，也可由菱镁矿等矿物与盐酸反应制取。将卤水去除杂质，并蒸发浓缩去掉大量水分后，制成含结晶水的氯化镁颗粒。然后在热空气中和 HCl 气体中进行脱水，将结晶水全部脱去，制得无水氯化镁。

将无水氯化镁加入电解槽内进行电解。电解槽内的电解质呈熔体状态，温度为 720～730℃，成分为 $MgCl_2$、$CaCl$、KCl、$NaCl$ 等。电解时其阴极反应为：$Mg^{2+} + 2e = Mg$；其阳极反应为：$2Cl^- + 2e = Cl_2$。镁呈液态在阴极上析出，并被循环的电解质带到集镁室，被抽取后送去精炼铸锭。

1.3.2　高分子材料

高分子化合物由低分子化合物组成，是大量低分子的聚合物，简称高聚物。

有机材料大多是以基本有机原料为基础生产出来的。基本有机原料都是天然的资源，如农林产品、煤、石油和天然气等。这些有机原料经过脱氢、裂解和合成等化学加工，而得到甲醇、甘油、乙醛、丙酮、苯酚、氯乙烯等低分子有机化合物。低分子有机化合物经过加聚或缩聚反应，由单体结合而成高聚物，成为高分子化合物。

例如，合成树脂的生产工艺流程包括原料的制备，催化剂的配制，单体的聚合、分离、回收精制、后处理等。根据聚合方式的不同，合成树脂的生产工艺流程可分为本体聚合流程、悬浮聚合流程、乳液聚合流程、溶液聚合流程和气相聚合流程等。

一般有机高分子材料的成型都与其合成反应同时进行。其成型方式多样，有注射成型、吹塑成型、模压成型等，有的甚至还可以采用粉末压制后再烧结成型。高分子材料也可以采用车、铣、刨、磨等机械加工方法成型。

1.3.3　陶瓷材料

所谓陶瓷是指以天然硅酸盐或人工合成化合物为原料，经过制粉、配料、成形、高温烧结而制成的无机非金属材料。

陶瓷材料的一般生产工艺流程为：主要成分和掺杂成分制备→混合→预烧合成→粉碎→造粒→成形→烧结→冷加工。

工业陶瓷分为普通陶瓷和特种陶瓷两大类。普通陶瓷是指黏土类陶瓷，由黏土、长石、石英等烧制而成，其质地坚硬、耐腐蚀、不氧化、不导电，能耐一定的高温，加工成形性好。工业使用的普通陶瓷主要有绝缘用的电瓷、耐酸碱化学瓷、承载的结构零件用瓷等。特种陶瓷有氧化铝陶瓷、氧化硅陶瓷、碳化硅陶瓷、氮化硼陶瓷等，其主要用于高温、机械、电子、宇航、医学工程等领域。

1.3.4　粉末冶金材料

粉末冶金材料是以金属粉末、金属与非金属粉末为原料，通过配料、压制成形、烧结和后处理等工艺过程而形成的材料。

粉末冶金的步骤：①原料粉末的制备；②粉末成形为所需形状的坯块；③坯块的烧结；④产品的后序处理。

成形的目的是制得一定形状和尺寸的压坯，并使其具有一定的密度和强度。成形的方法基本上分为加压成形和无压成形。加压成形中应用最多的是模压成形。

烧结是粉末冶金工艺中的关键工序。成形后的压坯通过烧结使其得到所要求的最终性能。除普通烧结外，还有松装烧结、熔浸法、热压法等特殊的烧结工艺。

烧结后的处理，可以根据产品要求的不同，采取多种方式，如精整、浸油、机械加工、热处理及电镀等。有些材料在烧结后要进行硫化处理。硫及大部分硫化物都具有一定的润滑性能，特别是在干摩擦的条件下，具有很好的抗咬合性。因此经硫化处理的产品一般作为减摩材料应用。

粉末冶金工艺有许多优点。由于用粉末冶金方法能压制成最终尺寸的压坯，而不需要或很少需要随后的机械加工，故能大大节约金属，降低产品成本。绝大多数难熔金属及其化合物、硬质合金、多孔材料、金属陶瓷等只能用粉末冶金方法来制造。

1.3.5　复合材料

复合材料是由两种及以上性能不同的物质组成的固体材料。复合材料一般有两个基本相：一相是连续相，称为基体；另一相是分散相，称为增强剂。复合材料的性能取决于各相的性能、相的比例、各相间界面的性质，以及增强剂的几何特征。其中增强剂的几何特征包括增强剂的尺寸、形状及其在基体中的分布和取向等。

复合材料的非金属基体主要有合成树脂、碳、石墨、橡胶、陶瓷；金属基体主要有铝、镁、铜及其合金；增强材料主要有玻璃纤维、碳纤维、硼纤维、碳化硅纤维、有机纤维、石棉纤维、晶须、金属丝及硬质颗粒等。

一般来说，对于以颗粒、晶须、短纤维为增强体的复合材料，基体的成形方法，也适用于以该类材料为基体的复合材料；而以连续纤维为增强体的复合材料，其成形工艺往往需要采取特殊的工艺措施。

各种工程材料的生产过程是十分复杂的，本章仅对其基本工艺过程进行了简要的描述。每种材料的具体生产工艺，可参照本书其他章节或有关文献。

复习思考题

1. 什么是工程材料？工程材料是如何分类的？

2. 简述钢铁的生产过程。

3. 什么是冷加工？什么是热加工？

4. 从原材料到机械零件要经过哪些生产工艺过程？

5. 为什么材料只有具有一定的形状结构特征才是有用的材料？

6. 金属材料为什么会成为目前应用最广泛的工程材料？

7. 无机非金属材料主要是指哪些材料？有何特点？

8. 简述高分子材料的特点及其在实际中的应用。

9. 什么是冶金？

10. 什么是机械加工？机械加工的主要方法有哪些？

11. 热加工有哪些方法？这些方法各自有何优缺点？

12. 写出陶瓷材料的生产工艺流程。

13. 开放性习题：请列举五种生活中所用到的材料，并识别它属于哪一类材料。

14. 开放性习题：列举三种以上生活中应用的陶瓷材料。

15. 开放性习题：列举三种以上生活中应用的高分子材料。

16. 开放性习题：汽车、房屋、树木为什么称为物品，而不称为材料，它们是不是材料呢？

第2章 工程材料的性能

学习要求

工程材料在不同载荷和不同环境下服役，其使用寿命是不同的。在制造业中，工程材料的使用性能和工艺性能是进行选材、加工、质量管理和故障分析的依据。

学习本章后学生应达到的能力要求包括：

1）能够确定在一定载荷作用下使用时零件应具备的性能要求及其指标。

2）能够在工程设计中运用材料性能指标选用材料。

3）能够熟练掌握工程材料常用力学性能的测试方法，并能在零件生产以及产品质量管理中应用。

工程材料的性能可分为使用性能和工艺性能。材料的使用性能是指材料在服役条件下，为保证安全可靠地工作，材料必须具备的性能，包括力学性能、物理性能和化学性能等。工程材料使用性能的好坏，决定了它的使用寿命和应用范围。材料的工艺性能指材料适应某种成形加工的能力，主要包括铸造性能、锻造性能、焊接性能、切削加工性能、热处理工艺性能等。工程材料工艺性能的好坏，会直接影响零件或构件的制造方法和制造成本。

工程材料是应用于各行各业的重要材料，是构成各种设备和设施的基础。了解和掌握工程材料的使用性能和工艺性能，是进行各种零件及构件的设计、生产及应用的基础。

2.1 工程材料的力学性能

工程材料在外力作用下表现出来的特性称为力学性能，分为强度、弹性、塑性、硬度、冲击韧性、刚度等。

材料抵抗变形和断裂的能力称为强度。随着外力作用形式的不同，分别有抗拉强度、抗弯强度、抗压强度、抗扭强度等。抗拉强度为工程上常用的强度指标。

材料受外力作用时产生变形，当外力去除时变形随之消失，材料恢复到原来形状的性能称为弹性。这种随外力去除而消失的变形称为弹性变形。

材料在外力作用下变形，当外力去除后仍能保留下来部分变形的性能，称为塑性。这种保留下来的永久性变形称为塑性变形。

硬度表示金属材料的软硬程度，它反映了材料表面抵抗硬物压入而不产生变形和破坏的能力。一般说来，材料硬度越高，越不容易变形；材料硬度越高，也越耐磨。

冲击韧性反映材料抵抗冲击破坏的能力，它用冲断单位截面尺寸的材料所需要消耗的功来表示。

刚度表示材料或结构在受力时抵抗弹性变形的能力，它是材料或结构弹性变形难易程度的表征。在外力作用下材料或结构弹性变形量小，表示其刚度大。

工程材料的力学性能通过各种试验测出。常用的试验方法有拉伸试验、硬度试验和冲击试验等。

2.1.1 强度和塑性

静态拉伸试验是最基本的测定力学性能的方法。它可以测定材料的弹性、强度、塑性等许多重要的力学性能，并可以通过这些性能预测材料的其他力学性能，如抗疲劳性能和抗断裂性能等。

1. 拉伸试验

按国家标准 GB/T 228.1—2021《金属材料 拉伸试验 第1部分：室温试验方法》规定，标准拉伸试样可制成圆形试样和板形试样两种，圆形试样如图 2-1 所示。若原材料为板材或者带状材料，应选用板形试样；其

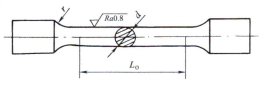

图 2-1　标准拉伸试样（圆形试样）

他情况下，由于圆形试样夹紧时容易对中，应优先使用。圆形试样有长试样和短试样，长试样 $L_o = 10d$，短试样 $L_o = 5d$。

将标准拉伸试样安装在拉伸试验机上，沿两端缓慢施力进行轴向拉伸，直至断裂。从试验过程可以看出，随着载荷不断增加，试样长度逐渐增加，即产生了变形。连续测量拉力和相应的伸长量并画在以变形量 ΔL 为横坐标、载荷 F 为纵坐标的图上，便得到载荷 F-变形量 ΔL 关系曲线，这一曲线通常由拉伸试验机上的自动记录仪绘出。经过处理，便得表示试样所受应力 R 与发生的应变 e 之间关系的曲线，称为应力 R-应变 e 曲线。

2. 材料的应力-应变曲线分析

材料因成分和组织不同，所获得的应力-应变曲线也不同。低碳素钢和铸铁的应力-应变曲线如图 2-2 所示。

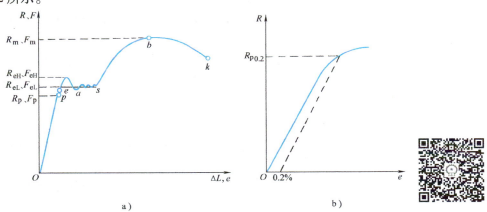

图 2-2　低碳素钢和铸铁的应力-应变曲线

a）低碳素钢的应力-应变曲线　b）铸铁的应力-应变曲线（条件屈服强度）

低碳素钢的应力-应变曲线可以分成 Oe 段、es 段、sb 段和 bk 段。

Oe 段——弹性变形阶段。Oe 段是直线段，表示变形量与外力成正比，服从胡克定律；载荷去除后，试样恢复为原来的初始状态。F_{eL} 是使试样只产生弹性变形的最大载荷。

es 段——屈服阶段。当载荷超过 F_{eL}，拉伸曲线出现平台或锯齿，此时在载荷不变或变化很小时试样却继续伸长，此现象称为屈服，F_{eL} 称为屈服载荷；在外力去除后，试样有部分残余变形不能恢复，称为塑性变形。

sb 段——强化阶段。试样在屈服时产生的塑性变形使试样的变形抗力增大，只有增加载荷，变形才可以继续进行。在这阶段，变形与硬化交替进行，随塑性变形增大，试样变形的抗力也逐渐增大，这种现象称为加工硬化。这个阶段试样各处的变形都是均匀的，也称为均匀塑性变形阶段。F_m 为试样拉伸试验时的最大载荷。

bk 段——缩颈阶段。当载荷超过最大载荷 F_m 时，试样发生局部收缩，这种现象称为"缩颈"。由于变形主要发生在缩颈处，其所需的载荷也随之降低。随着变形继续增加，缩颈越来越明显，直到试样断裂。

3. 常用强度指标

强度是材料在外力作用下抵抗变形和破坏的能力。材料的屈服强度和抗拉强度通过静态拉伸试验进行测定。

（1）屈服强度　材料在外力作用下开始产生塑性变形的最低应力值称为屈服强度（也称屈服极限），用 R_{eL} 表示，即

$$R_{eL} = \frac{F_{eL}}{S_o}$$

式中　F_{eL}——材料屈服时的拉力（N）；

　　　S_o——试样截面积（mm^2）。

屈服强度是具有屈服现象的材料特有的强度指标。只有低碳素钢、中碳素钢、铜、铝等少数金属有屈服现象，大多数金属材料都没有明显的屈服现象，无法确定其屈服强度 R_{eL}。所以工程上规定，把试样产生的塑性变形量为标距长度的 0.2% 时所对应的应力值定义为该材料的规定塑性延伸强度，用 $R_{p0.2}$ 表示，如图 2-2b 所示。

大多数情况下，材料在使用过程中不允许发生塑性变形，因此屈服强度是进行零件设计和选材的重要依据。

（2）抗拉强度　材料在拉断前所能承受的最大应力称为抗拉强度，以 R_m 表示，即

$$R_m = \frac{F_m}{S_o}$$

式中　F_m——试样拉断前所能承受的最大外力（N）。

抗拉强度是设计零件和选材的主要依据之一，也是判断材料强度的主要指标。

4. 常用塑性指标

塑性表征材料在静载荷作用下断裂前发生永久变形的能力，常用断后伸长率和断面收缩率表示。

（1）断后伸长率 A　试样拉断后标距的伸长与原始标距之比的百分率称为断后伸长率，用 A 表示，即

$$A = \frac{(L_{\mathrm{u}} - L_{\mathrm{o}})}{L_{\mathrm{o}}} \times 100\%$$

式中 A ——断后伸长率（%）；

       L_{o} ——试样原始标距（mm）；

       L_{u} ——试样拉断后标距（mm）。

L_{u} 包括试样的均匀伸长和产生缩颈后局部伸长的总和。因此，对于同一种材料，用不同长度的试样所测得的断后伸长率的数值并不相同，它们之间是不能比较的。短试样中缩颈的伸长量占总伸长量的比例大，短试样的断后伸长率数值较大。

（2）断面收缩率 Z 试样拉断后缩颈处截面积的最大缩减量与原始横截面积之比的百分率称为断面收缩率，用 Z 表示，即

$$Z = \frac{(S_{\mathrm{o}} - S_{\mathrm{u}})}{S_{\mathrm{o}}} \times 100\%$$

式中 Z ——断面收缩率（%）；

       S_{o} ——试样原始横截面积（mm²）；

       S_{u} ——试样拉断处的最小横截面积（mm²）。

断面收缩率 Z 与试样的尺寸因素无关。对于材料质量引起的塑性改变，Z 比 A 反应敏感。如在大型锻件表面和内部分别取样，往往 Z 值相差悬殊，但 A 值变化不大。所以 Z 比 A 能更可靠地反映材料的塑性。A 和 Z 的值越大，表示材料的塑性越好。

材料塑性的好坏，对零件的加工和使用都具有重要的意义。塑性好的材料不仅能顺利地进行锻压、轧制等成形加工，还可在使用过程中一旦超载能够产生塑性变形，避免突然断裂。因此，大多数机械零件除对强度有具体要求外，还要求具有一定的塑性。

2.1.2 硬度

硬度是衡量材料软硬程度的一个性能指标，硬度的物理意义随试验方法的不同其含义也不同。硬度实际不是一个单纯的物理量，它是表征材料的弹性、塑性、形变强化、强度和韧性等一系列不同物理量组成的一种综合性能指标。一般认为硬度反映材料抵抗局部塑性变形的能力。

硬度是重要的力学性能指标，如刀具、量具、模具等都要求具有高的硬度，以保证它们的使用性能和寿命；许多机械零件常常要求硬度在某一规定的范围内，以保证足够的耐磨性和使用寿命。因此，硬度是检验工、模、刃具及机械零件质量的一项重要的性能指标，在热处理中常以零件的硬度值来检验产品的质量。

工业生产中常采用的硬度试验方法有布氏硬度、洛氏硬度、维氏硬度等几种。

1. 布氏硬度

（1）布氏硬度试验   布氏硬度试验（图 2-3）是把规定直径 D 的碳化钨合金球以一定的压力 F 压入试样表面，保持规定时间后，测量表面压痕直径，然后按公式计算硬度，即

$$\mathrm{HBW} = 0.102 \frac{2F}{\pi D \left(D - \sqrt{D^2 - d^2} \right)}$$

式中　d——压痕平均直径，其值为 $d=\dfrac{d_1+d_2}{2}$。

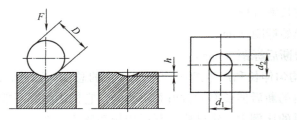

图 2-3　布氏硬度试验原理示意图

（2）布氏硬度试验规范　由于材料有软有硬，零件有厚有薄、有大有小，如果只采用一种标准的载荷 F 和球径 D，就会出现对硬材料合适，而对软材料则出现合金球陷入材料内部的情况；对厚材料合适，而对薄材料发生压透的情况。因此，在生产中进行布氏硬度试验时，要求使用大小不同的载荷 F 和球径 D。

国家标准规定，布氏硬度试验时，F/D^2 的比值有多种，根据金属材料种类、试样硬度范围和厚度的不同，表 2-1 给出了布氏硬度试验规范，球径 D、载荷 F 和载荷保持时间的选择及有关内容可参阅 GB/T 231.1—2018。通常查表得出硬度值。

表 2-1　布氏硬度试验规范

材料	布氏硬度 HBW	试验力-球直径平方的比率 $0.102 \times F/D^2 /\ (\text{N/mm}^2)$
钢、镍基合金、钛合金		30
铸铁	<140	10
	≥140	30
铜和铜合金	<35	5
	35~200	10
	>200	30
轻金属及其合金	<35	2.5
	35~80	5
		10
		15
	>80	10
		15
铅、锡		1
烧结金属	依据 GB/T 9097	

注：对于铸铁，压头的名义直径应为 2.5mm、5mm 或 10mm。

（3）布氏硬度表示方法　用碳化钨合金球作为压头测得的硬度值用符号 HBW 表示。在 HBW 之前用数字标注硬度值，符号后依次用数字注明压头直径、载荷力、保持时间。如 500HBW5/750/20，表示用直径为 5mm 的碳化钨合金球在载荷力 750kgf（1kgf = 9.80665N）

作用下保持20s（如果不标注，则保持时间为10~15s），测得的布氏硬度值为500HBW。

（4）布氏硬度应用特点 布氏硬度试验的压痕较大，试验结果比较准确，能很好地反映材料的硬度。布氏硬度主要用于铸铁，非铁金属以及经退火、正火或调质处理的材料，但不宜测量成品及薄壁件。

2. 洛氏硬度

洛氏硬度是应用最为广泛的硬度试验方法，它采用直接测量压痕深度的方法来确定硬度值。

（1）洛氏硬度试验 洛氏硬度试验（图2-4）是用顶角为120°的金刚石圆锥体压头或直径为1.5875mm、3.175mm的碳化钨合金球形压头，先施加初试验力F_0(98N)，再加上主试验力F_1，总试验力为$F = F_0 + F_1$。1-1线为压头受初试验力F_0后压入的位置；2-2线为受总试验力F后压入的位置。经规定的保持时间，卸除主试验力F_1，仍保持初试验力F_0，试样弹性变形的恢复使压头升至3-3线的位置，压头受主试验力作用压入的深度h为3-3线和1-1线之间的距离，即$h = h_1 - h_0$。材料硬度越大，h值越小。

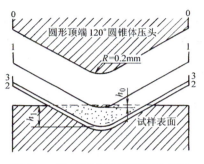

图2-4 洛氏硬度试验原理示意图

为了符合人们数值越大硬度越高的表达习惯，规定用下列计算公式表示洛氏硬度，即

$$洛氏硬度 = N - \frac{h}{S}$$

具体地，对HRA、HRC、HRD，用金刚石圆锥压头：

$$洛氏硬度 = 100 - \frac{h}{0.002}$$

对HRBW、HREW、HRFW、HRGW、HRHW、HRKW，用碳化钨合金球型压头：

$$洛氏硬度 = 130 - \frac{h}{0.002}$$

材料的洛氏硬度在卸除主试验力F_1后，可直接在硬度计表盘上读出。

（2）洛氏硬度试验规范 为了适应不同材料的硬度测试，采用不同压头和载荷的组合。国家标准规定有15种，然而常用的有HRA、HRBW、HRC三种，见表2-2。

表2-2 洛氏硬度试验规范

硬度符号	压头类型	总试验力 F/kN	适用范围	应用举例
HRA	金刚石圆锥	0.5884	20~95HRA	硬质合金、表面淬硬层、渗碳层
HRBW	直径1.5875mm球	0.9807	10~100HRBW	非铁金属、退火、正火钢等
HRC	金刚石圆锥	1.471	20~70HRC	淬火钢，调质钢等

注：总试验力=初始试验力+主试验力；初始试验力全为98N。

（3）洛氏硬度表示方法 在硬度符号之前用数字标注硬度值，如52HRC、70HRA等。

（4）洛氏硬度应用特点 洛氏硬度测量范围大、操作简便、压痕小；可测量成品和较薄的零件。但因为它的压痕小，对组织不均匀的材料来说所测硬度值波动较大，需要测量多点取平均值。

3. 维氏硬度

维氏硬度以 HV 表示，其试验原理与布氏硬度试验原理相似。它以顶角为 136° 的金刚石正四棱锥体作为压头，在一定的试验力 F 作用下压入试样表面，经规定的保持时间后卸除试验力，在试样表面形成一底面为正方形的四方形锥形压痕，测量压痕两对角线的平均长度 d，根据 d 算出压痕的表面积 S，如图 2-5 所示。维氏硬度计算公式为

$$维氏硬度 = 0.102\,\frac{2F\sin 68°}{d^2} \approx 0.1891\,\frac{F}{d^2}$$

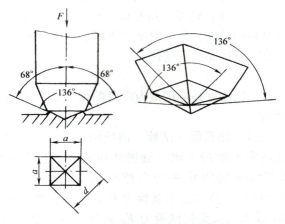

图 2-5 维氏硬度试验原理示意图

实际使用中，可以直接从硬度计上读出对角线长度 d，或者测出其对角线平均长度，再通过查表法求出相应的硬度值。

国家标准规定按三个试验力 F 范围定义测定金属维氏硬度的方法：维氏硬度试验，$F \geqslant 49.03\text{N}$；小力值维氏硬度试验，$1.961\text{N} \leqslant F < 49.03\text{N}$；显微维氏硬度，$F < 1.961\text{N}$。外加试验力根据材料的硬度和试样的厚度而定。材料越硬、厚度越小或硬化层越薄，试验力也越小。

维氏硬度试验是一种较为精确的硬度试验方法，多用来测定经化学热处理的零件的表面硬度及小件和薄片等的硬度，也广泛用于材料研究中。

2.1.3 冲击韧性

在生产实际中，许多零件会受到冲击载荷的作用，如锻锤的锤头和锤杆，压力机的冲头等。冲击载荷比静载荷的破坏能力大得多。对承受冲击载荷的零件，不仅要求有高的强度和一定的硬度，还必须具有足够的韧性。

材料在冲击载荷作用下抵抗变形和断裂的能力称为冲击韧性，简称韧性。材料韧性的好坏用冲击吸收能量表示，冲击吸收能量通过冲击试验来测定。

下面介绍摆锤冲击试验的试验方法。将欲测量的材料加工成标准试样（图 2-6），然后安放在试验机支座上，使试样缺口背向摆锤冲击方向。将具有一定重力 W 的摆锤举至一定高度 H_1，此时其具有的势能为 WH_1。然后放下摆锤，使其冲击试样，试样断裂后摆锤经过支承点顺势升至高度 H_2，摆锤冲断试样剩余的能量为 WH_2。冲断试样所需要的能量，等于摆锤冲击试样所消耗的能量，此能量称为冲击吸收能量，用 KU 表示（在用 U 型缺口试样时），其大小为

$$KU = WH_1 - WH_2$$

式中　KU——冲击吸收能量（J）；

　　　W ——摆锤重力（N）；

　　　H_1 ——摆锤举起高度（m）；

　　　H_2 ——冲断试样后，摆锤回升的高度（m）。

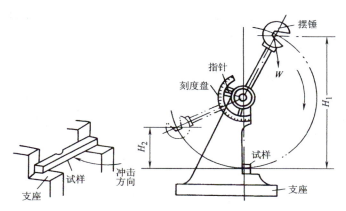

图2-6　冲击试验示意图

由于冲击功的数值受试样尺寸的影响，一般可用冲断试样所需的能量再除以试样的横截面积来表示材料的抗冲击能力，称为冲击韧度，用 a_K 表示，a_K 的计算公式为

$$a_K = \frac{KU}{S}$$

式中　S——试样缺口处的横截面积（cm^2）。

材料的冲击吸收能量 KU、冲击韧度 a_K 越大，其韧性越好。

材料的冲击韧度能灵敏地反映出显微组织的变化，同时受材料内部质量和环境温度的影响。

试验表明，金属材料在受到能量很大、冲击次数很少的冲击载荷作用下时，其抗冲击能力主要取决于冲击吸收能量。因此，对承受冲击载荷的零件，要求具有一定的冲击吸收能量，以保证零件安全使用。金属材料在多次小能量冲击下，其多次冲击抗力主要取决于材料的强度和塑性。材料强度高、塑性好，其使用寿命就长。

2.1.4　疲劳强度

许多机械零件都是在交变应力作用下工作的，如轴、齿轮、连杆、弹簧、汽轮机叶片等。交变应力是指应力的大小、方向随时间做周期性的变化。在交变应力作用下，零件在最大工作应力小于抗拉强度值 R_m，甚至小于屈服强度值 R_{eL} 的情况下突然断裂，这种现象称为金属的疲劳。

疲劳断裂与静载荷作用下的断裂不同，不论是脆性材料还是塑性材料，在疲劳断裂时都不产生明显的塑性变形，断裂是突然发生的。因此疲劳断裂有很大的危险性，容易造成重大事故。

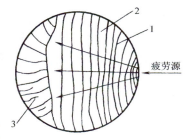

图2-7　疲劳断裂宏观断口
1—前沿线　2—裂纹扩展区
3—最后断裂区

1. 疲劳断口

断口的宏观形貌是识别零件疲劳失效的重要依据之一。疲劳断裂宏观断口（图2-7）由三个区域组成：疲劳源、裂纹扩展区和最后断裂区。

（1）疲劳源　由于各种原因，在使用过程中，会在零件的局部区域产生应力集中，促使微裂纹的产生，它们形成疲劳断裂的疲劳源。

（2）裂纹扩展区 疲劳裂纹产生后，在交变应力作用下继续扩展长大。在疲劳裂纹扩展区常常留下一条条近似同心的弧线，称为前沿线或疲劳线，这些弧线形成了像"贝壳"一样的花样。断口表面因反复挤压、摩擦，有时光亮得像细瓷断口一样。

（3）最后断裂区 由于裂纹不断扩展，使零件的有效断面逐渐减少，因此应力不断增加，当应力超过材料的抗拉强度时，则发生断裂，形成了最后断裂区。塑性材料断口为纤维状，呈暗黑色；脆性材料断口则是结晶状。

2. 疲劳曲线

金属材料在无限次重复交变载荷作用下不产生破坏的最大应力，称为疲劳强度。金属材料疲劳强度的测定通常在旋转对称弯曲疲劳试验机上进行。通过疲劳试验，可以测得材料所受的交变应力 R 与断裂前应力循环次数 N 的关系曲线，称为疲劳曲线，如图 2-8 所示。

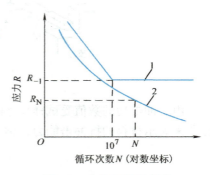

图 2-8 疲劳曲线示意图
1—钢铁材料 2—非铁金属、高强度钢等

由疲劳曲线可以看出：交变应力 R 越大，断裂前的循环次数 N 越少；反之，R 越小，则 N 越大。当应力低于某值时，曲线呈水平直线，即材料经受无数次循环也不会发生疲劳断裂，此应力称为材料的疲劳极限，以 R_{-1} 表示。

钢铁材料的疲劳曲线有明显的水平部分，规定循环达到 10^7 次的最大应力作为疲劳强度；其他金属不出现水平直线，则规定循环次数到 10^8 次的最大应力作为条件疲劳强度。

材料的 R_{-1} 与材料的 R_m 密切相关，$R_{-1} = (0.45 \sim 0.55)R_m$，随 R_m 的增大而增大。R_{-1} 还与材料的塑性有关。

2.1.5 断裂韧度

前面所讨论的材料的力学性能，都是假定材料是均匀、连续、各向同性的。工程设计中用屈服强度确定结构材料的许用应力范围，一般认为，机械零件在许用应力以下工作就不会发生塑性变形，更不会发生断裂。然而在实际应用中，高强度材料的机械零件有时会在工作应力远远低于屈服强度的状态下发生脆性断裂。在研究高强度材料中发生的低应力脆性断裂的过程中，发现以上假设是不成立的。

1. 断裂韧度的概念

实际材料是非均匀、各向异性的，内部有夹杂、气孔、微裂纹，这些缺陷在材料受力时的作用相当于裂纹，在这些缺陷的尖端出现应力集中，形成一个裂纹尖端的应力场。根据断裂力学对裂纹尖端应力场的分析，裂纹前端附近应力场的强弱主要取决于一个力学参数，即应力场强度因子 K_I，单位为 $MN \cdot m^{-3/2}$。K_I 越大，表明裂纹前端的应力场越强；反之越小。K_I 的计算公式为

$$K_I = YR\sqrt{a}$$

式中　Y——裂纹形状系数，无量纲，一般 $Y = 1 \sim 2$；

　　　R——外加拉应力（MPa）；

　　　a——裂纹长度的一半（m）。

由此可知，一个有裂纹的试样上的应力 R 逐渐加大，或者裂纹逐渐扩展时，裂纹尖端的应力场强度因子 K_I 也随之逐渐增大。当增至某一临界值时，试样中的裂纹将产生突然的失稳扩展，导致脆性断裂。这个应力场强度因子 K_I 的临界值，称为临界应力场强度因子，它就是材料的断裂韧度。用符号 K_{IC} 表示。它反映材料抵抗裂纹失稳扩展或者抵抗脆性断裂的能力，是材料重要的力学性能指标。

断裂韧度 K_{IC} 是应力场强度因子的临界值，两者之间有密切联系。但它们的物理意义是完全不同的。应力场强度因子 K_I 是描述裂纹前端内部应力场强弱的力学参量，与裂纹及物体的大小、形状、应力等参数有关。当应力 R 增大时，应力场强度因子 K_I 增大；当应力 $R=0$ 时，应力场强度因子 $K_I=0$。断裂韧度 K_{IC} 是评定材料阻止宏观裂纹失稳扩展能力的一种力学性能指标，与裂纹本身的大小、形状无关，也与外部应力 R 的大小无关，不随应力 R 的变化而变化，它只是材料本身的固有特性，只与材料的成分、热处理及加工工艺有关。

2. 断裂韧度 K_{IC} 的应用

断裂韧度反映材料抵抗裂纹失稳扩展的能力，即抵抗脆性断裂能力的性能指标。当 $K_I < K_{IC}$ 时，裂纹扩展很慢或不扩展；当 $K_I \geq K_{IC}$ 时，裂纹发生失稳，使零件发生脆性断裂。这是一项重要的判据。

利用该判据可以判断构件是否会发生脆性断裂、计算构件的最大承载能力、确定构件材料中允许存在的最大裂纹尺寸，为选材和设计提供依据。

（1）确定构件承载能力　若试验测定了材料的断裂韧度，根据探伤检测测定了构件中的最大裂纹尺寸，就能按公式估算裂纹失稳扩展而导致脆性断裂的应力临界值 R_{max}，即确定构件的最大承载能力。R_{max} 的计算公式为

$$R_{max} = \frac{K_{IC}}{Y\sqrt{a}}$$

（2）确定构件安全性　根据探伤测定构件中的缺陷尺寸，并计算出构件的工作应力，即可计算出裂纹前端的应力场强度因子 K_I。

若 $K_I < K_{IC}$，则构件是安全的，否则有脆性断裂的危险，因而就知道所选材料是否合理。

（3）确定临界裂纹尺寸　若已知材料的断裂韧度 K_{IC} 和构件的工作应力 R，则可根据公式判据确定允许的裂纹临界尺寸 a_{max}，即

$$a_{max} = \left(\frac{K_{IC}}{YR}\right)^2$$

若探伤检测出的实际裂纹 $a < a_{max}$，则构件是安全的，由此可建立相应的质量验收标准。

2.1.6　金属材料高温、低温力学性能

温度是影响材料性能的重要外部因素之一。一般随温度升高，材料的强度、硬度降低而塑性增加。在高温下，载荷作用时间对材料的性能也会产生很大的影响。如蒸汽锅炉、汽轮机、燃气轮机、核动力及化工设备中的一些高温高压管道，虽然工作应力小于工作温度下材料的屈服强度，但在长期使用过程中，会产生缓慢而连续的塑性变形，使管径增大，最后可能导致管道破裂。因此，在高温或者低温条件下工作的零部件，需要认真考虑材料的高温、低温力学性能。

1. 材料的高温力学性能

对金属材料而言，所谓高温是指其工作温度超过再结晶温度。材料的高温力学性能主要有蠕变强度、持久强度、高温韧性和高温疲劳强度等指标。

（1）蠕变及蠕变强度　材料在长时间的恒温、恒应力作用下，即使所受到的应力小于屈服强度，也会缓慢地产生塑性变形的现象称为蠕变。蠕变是在高温条件下金属材料力学行为的重要特点，碳素钢在超过300℃，合金钢在超过400℃的条件下工作时，就会发生蠕变。由于蠕变而导致材料的断裂称为蠕变断裂。

蠕变强度是材料在规定时间内，在一定的温度下产生一定蠕变变形量所对应的应力值。蠕变强度是反映材料在长时间高温作用下的塑性变形抗力的指标。

（2）持久强度　材料在高温长期载荷作用下抵抗断裂的能力，称为持久强度。持久强度极限是指材料在恒定温度下，达到规定的时间而不断裂的最大应力。表示方法为 R^t_τ，如 $R^{700}_{1000}=30\text{MPa}$ 表示材料在700℃温度下工作1000h不断裂，可承受的最大应力为30MPa。持久强度常用于考虑高温工况下在规定应力作用下零部件使用寿命的设计。规定时间 τ 是以机组的设计寿命为依据的。

（3）高温韧性　材料的高温韧性一般通过高温冲击试验来测定。高温冲击试验与常温、低温冲击试验的本质是一致的，只不过是将试样加热，在高温下进行冲击试验。高温韧性是判定材料高温脆化倾向的重要指标。

材料在高温下承受载荷，其总应变保持不变而应力随时间的延长逐渐降低的现象称为应力松弛。如拧紧的螺母、过盈配合的叶轮、一定紧度的弹簧，在使用过程中都会产生应力松弛现象。有机高分子材料在室温下就会发生蠕变与应力松弛。

2. 材料的低温力学性能

随着温度的下降，多数材料会出现脆性增加的现象，易产生脆断，对在低温条件工作的零部件造成严重的危害。工程上使用的中、低强度钢，具有明显的冷脆性，其他一些具有体心立方或密排立方结构的金属也都具有冷脆性。

低温冲击试验是将试样放在规定温度的冷却介质中冷却，然后进行冲击试验，测定其冲击吸收能量和冲击韧度。绘制出冲击韧度随温度变化的曲线，确定材料由韧性转变为脆性的韧脆转变温度 T_K，对于比较材料的低温力学性能具有重要的意义。

为了提高材料的低温韧性，工业上采用了许多措施：减少间隙杂质，加入表面活性元素钼或加入稀土元素，加入弥散质点、细化晶粒，添加明显提高原子间金属键合力的元素或通过热处理工艺提高低温韧性等。

随着温度的下降，材料的韧性在某一温度内急剧下降，该温度范围称为韧脆转变温度，如图2-9所示。温度在韧脆转变温度之上，材料是韧性材料，发生韧性断裂；温度在韧脆转变温度之下，材料是脆性材料，发生脆性断裂。韧脆转变温度越低，材料的低温抗冲击性能越好。大型金属结构，如储气罐、船体、桥梁、输送管道等，以及处于低温和严寒地区工作的零部件，为确保其安全可靠，都要选用韧脆转变温度较低的材料。

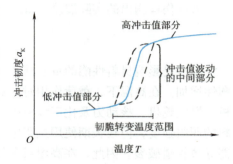

图 2-9　温度与冲击韧度关系图

2.2　工程材料的物理和化学性能

2.2.1　物理性能

材料的物理性能是指材料的密度、熔点、热膨胀性、导热性、导电性和磁性等性能，它们都是材料固有的属性。

1. 密度

密度是指材料单位体积的质量，常用符号 ρ 表示。在体积相同的情况下，金属的密度越大，质量越大。一般将密度小于 $5\times10^3\,kg/m^3$ 的金属称为轻金属，如铝、钛等；密度大于 $5\times10^3\,kg/m^3$ 的金属称为重金属。材料的拉伸强度与密度之比称为比强度；弹性模量 E 与相对密度之比称为比弹性模量。有些情况下，比弹性模量和比强度是材料的重要性能指标。

2. 熔点

熔点是指材料的熔化温度，它一般用摄氏温度（℃）表示。纯金属都有固定的熔点，即熔化过程在恒定的温度下进行，而合金的熔化过程则是在一个温度范围内进行。金属的熔点对于材料的成形和处理工艺十分重要。

熔点高的金属称为难熔金属（W、Mo 等），它们常用来生产在火箭、导弹、燃气轮机等方面应用的高温零件；熔点低的金属称为易熔金属（Sn、Pb 等），它们常用来制造印刷铅字、熔丝和防火安全阀等零件。

3. 热膨胀性

热膨胀性指材料随温度升高而产生体积膨胀的性能。通常用线（体）膨胀系数表示。对精密仪器或精密机械的零件，特别是高精度配合零件，线（体）膨胀系数是一个尤为重要的性能参数，如发动机活塞与缸套就要求两种材料的膨胀量尽可能接近，否则将影响密封性。

一般情况下，陶瓷材料的线（体）膨胀系数较低，金属较高，而高分子材料最大。工程上有时也利用不同材料线（体）膨胀系数的差异制造控制元件，如电热式仪表的双金属片。

4. 导热性

材料传导热量的能力称为导热性，一般用热导率表示。材料的热导率越大，则导热性越好。

一般来说，金属越纯，其导热性越好，在金属中即使含有少量杂质，也会显著地影响它的导热能力。因此，合金钢的导热性一般都比碳素钢低。而且在钢中合金元素越多，导热性也就越差。导热性对热加工有十分重要的意义。金属材料在加热和冷却过程中，表面和中心，薄壁和厚壁之间会产生一定的温差，导致零件不同部分产生不同的膨胀或收缩，从而产生内应力，引起变形和破坏。所以在生产过程中，对导热性差的金属材料通常采用预热或缓慢加热和缓慢冷却等措施，以防止零件的变形和开裂。

5. 导电性

材料传导电流的能力称为导电性。导电性的高低用电阻率表示。电阻率越小，则导电性越好。导电性最高的金属是银，其次是铜和铝。与纯金属相比，合金的导电性稍差。

6. 磁性

磁性是物质的基本属性之一。磁性与各种形式的电荷运动相关联，由于物质内部的电子运动和自旋会产生一定大小的磁场，因而产生磁性。材料导磁的能力称为磁性。金属根据其在磁场中受到磁化程度的不同，可分为铁磁性材料、顺磁性材料和抗磁性材料。铁磁性材料在外磁场中能强烈地被磁化，具有较高的磁性，如铁、钴、镍；顺磁性材料（Mn、Cr 等）在外磁场中只能微弱地被磁化；抗磁性材料（Cu、Zn 等）抵抗外部磁场对材料本身的磁化作用。

铁磁性材料可用于制造变压器、电动机、测量仪器等。抗磁性材料则可用于要求避免电磁场干扰的零件和结构。铁磁性材料的磁性也不是固定不变的，在温度升高到一定温度时，磁畴被破坏，会变为顺磁性材料。如当温度大于 770℃ 时，纯铁的磁性就消失了。

2.2.2 化学性能

工程材料的主要化学性能有耐蚀性、抗氧化性及化学稳定性等。

1. 耐蚀性

金属材料抵抗水蒸气、酸、碱等介质腐蚀的能力称为耐蚀性。常见的钢铁生锈、铜生铜绿等都是腐蚀现象。

金属材料的耐蚀性是一个很重要的性能，特别是在腐蚀性介质中工作的金属材料需要重点考虑。如石油化工设备接触腐蚀介质，就要考虑材料的耐蚀性。

2. 抗氧化性

金属材料在高温下抵抗氧化介质氧化的能力称为抗氧化性。加热时，由于高温促使表面强烈氧化而产生氧化皮，可能造成氧化、脱碳等缺陷。在高温下工作的零件，要求材料具有一定的抗氧化性。

3. 化学稳定性

化学稳定性是指金属材料的耐蚀性和抗氧化性。金属材料在高温下的化学稳定性，也称为热稳定性。如工业中的锅炉、汽轮机、喷气发动机等，因为有许多零件在高温下工作，所以要求材料有良好的热稳定性。

2.3 工程材料的工艺性能

材料与零件的差异在于：零件是具有所需形状和尺寸的材料，材料为零件提供所需要的各种性能。由材料到零件还需要一个成形过程，也称为零件的生产制造过程。材料的工艺性能是指在零件的生产制造过程中，为了能顺利地进行成形加工，材料应具备的适应某种加工工艺的能力。它是决定材料能否进行加工或如何进行加工的重要因素。材料工艺性能的好坏，会直接影响零件的制造方法、零件的质量和制造成本。

金属材料的工艺性能一般指铸造性能、锻造（压力加工）性能、焊接性能、热处理性能和切削加工性能等，见表 2-3。各种材料的工艺性能及其成形加工方法将在以后章节中分别讨论。

表2-3　金属材料的工艺性能

名称	加工或成形方法	工艺性能
铸造	将熔炼好的金属浇注到与零件形状尺寸相适应的铸型空腔中，冷却凝固后获得铸件的方法称为铸造。常用的铸造合金有铸铁、铸钢和铸造有色金属	金属材料铸造成形时获得优良铸件的能力，即合金铸造时的工艺性能称为铸造性能 1）流动性。熔融金属的流动能力称为流动性。流动性好的金属容易充满铸型，从而获得外形完整、尺寸精确、轮廓清晰的铸件 2）收缩性。铸件在凝固和冷却过程中，其体积和尺寸减小的现象称为收缩性。液态降温和凝固时的收缩使铸件产生缩孔和缩松；固态降温引起的收缩使铸件尺寸减小，也是使铸件产生变形和开裂等缺陷的原因 3）成分偏析。材料化学成分的不均匀现象称为偏析。偏析造成材料内部的化学成分不均匀，进而引起组织及性能的不均匀
压力加工	金属的压力加工，又称塑性变形，是指在外力的作用下，使金属坯料产生塑性变形，从而获得具有一定形状、尺寸和力学性能的型材、毛坯或零件的成形方法	金属材料对压力加工成形的适应能力称为压力加工性能，压力加工性能主要取决于金属材料的塑性和变形抗力。塑性越好，变形抗力越小，金属的压力加工性能越好。影响金属锻造性能的因素如下：①变形温度。变形温度应能保证金属在加工过程中具有良好的塑性变形能力；②变形速度。变形速度影响回复和再结晶进程，也影响加工后制品性能和加工效率。铜合金和铝合金在高低温下均具有良好的塑性成形性能。碳素钢在加热状态下塑性成形性能较好，其中低碳素钢最好，中碳素钢次之，高碳素钢较差。低合金钢的塑性成形性能接近于中碳素钢，高合金钢的较差。铸铁不能塑性成形
焊接	焊接是指通过物理化学过程，在加热或加压条件下，使相互分离的零件产生原子或分子间的结合而将它们连接起来的工艺方法	材料对焊接加工的适应性称为焊接性能，其体现了在确定的焊接方法和焊接工艺下，获得优质焊接接头的难易程度。焊接使合金局部熔化之后快速冷却凝固，容易使零件产生局部组织恶化、变形或开裂。焊接工艺性能优良，才能够获得稳定而优质的焊接接头。碳的质量分数是钢材焊接性能好坏的主要因素。低碳素钢和碳的质量分数低于0.18%的合金钢具有较好的焊接性能，碳的质量分数大于0.45%的碳素钢和碳的质量分数大于0.35%的合金钢的焊接性能较差。碳的质量分数和合金元素含量越高，焊接性能越差。铜合金和铝合金的焊接性能都较差。钛及钛合金焊接时易产生裂纹
切削加工	切削加工是利用刀具切除金属毛坯上的多余材料，使零件获得符合技术要求规定的形状、尺寸和精度的加工方法	材料的切削加工性能，又称为机械加工性能，是指金属材料被刀具切削加工后成为合格零件的难易程度。切削加工性能的好坏常用加工后零件的表面粗糙度、允许的最高切削速度以及刀具的磨损程度来衡量。一般地，硬度高的材料难于进行切削，其切削加工性能差；但对于塑性、韧性高的材料，硬度虽不高，但切削时黏刀严重、切屑难于断开，也会造成切削困难。一般有色金属材料比钢铁材料切削加工性好，铸铁比碳素钢好。如切削铜、铝等有色金属时，切削力小，切削很轻快；切削不锈钢和耐热合金比切削碳素钢困难得多，刀具磨损也比较严重

（续）

名称	加工或成形方法	工艺性能
热处理	 热处理是指材料在固态下，通过加热、保温和冷却的手段，改变材料表面或内部组织，获得所需性能的一种金属热加工工艺	热处理工艺性能反映材料热处理的难易程度和产生热处理缺陷的倾向大小，主要包括淬透性、回火稳定性、回火脆性、氧化脱碳倾向性和淬火变形开裂倾向性等。含锰、铬、镍等合金元素的合金钢淬透性比较好，碳素钢的淬透性较差。铝合金热处理要求较严，它进行固溶处理时加热温度离熔点很近，温度的波动必须保持在±5℃以内。只有少数几种铜合金能够热处理强化。热处理工艺性能的好坏影响零件热处理工艺的制订及热处理的成本

复习思考题

1. 名词解释：①强度；②硬度；③弹性；④塑性；⑤韧性。

2. 说明以下符号的含义和单位。

①R_m；②R_{eL}；③R_{-1}；④A；⑤Z；⑥a_K；⑦K_{IC}

3. 低碳素钢的拉伸过程会出现几个阶段？

4. 现有标准圆柱形的长、短试样各一根，原始直径 $d = 10mm$，经拉伸试验测得其断后伸长率均为25%，求两试样拉断后的标距长度。

5. 有一碳素钢拉伸试件，$d = 10.0mm$，$L_o = 50mm$，拉伸试验测得 $F_m = 53kN$，$F_{eL} = 31.5kN$，拉伸断裂后直径 $d_u = 6.25mm$，原标距长度变为 $L_u = 66mm$，试确定此钢材的 R_m、R_{eL}、A、Z。

6. 比较布氏、洛氏、维氏硬度的测量原理及应用范围。

7. 在下列材料或零件上测量硬度，用何种硬度测试方法最适宜？

①锉刀；②黄铜；③弹簧；④硬质合金刀片；⑤淬火钢

8. 有四种材料的硬度分别为 45HRC、90HRBW、800HV、240HBW，试比较这四种材料硬度的高低。

9. 强度、塑性、冲击韧度指标在工程上各有哪些实际意义？

10. 反映材料受冲击载荷的性能指标是什么？不同条件下测得的指标能否进行比较？

11. 疲劳宏观断口是由哪三个区域构成的？简要说明各个区域形成的原因。

12. 什么是疲劳强度？什么是疲劳曲线？

13. 断裂韧度 K_{IC} 在工业中的应用有哪些？

14. 在零件设计中必须考虑的力学性能指标有哪些？为什么？

15. 怎样评定材料的高温性能要求？

16. 工程材料有哪些物理性能和化学性能？

17. 什么是材料的工艺性能？材料的工艺性能有哪些？

18. 开放性习题：找出三个用品或零件，分别研究其材料能否满足使用要求。

19. 开放性习题：简单分析自行车中使用了哪些材料，并指出各零件主要应用哪种材料性能。

20. 开放性习题：笔记本电脑散热器采用的是哪种材料？发挥了该材料何种性能优势？

第3章　材料的结构

学习要求

工程材料的结构表明了材料的微观组成及其排列方式，它对材料的使用性能及工艺性能均有巨大的影响。

学习本章后学生应达到的能力要求包括：

1）能够区分常见金属的晶体结构，理解晶体结构的原子排列方式、晶面和晶向的表达方式。

2）掌握空位、位错、晶界等晶体缺陷的特点及其对材料性能的影响。

3）了解非金属材料的结构。

材料的结构是指材料组成单元之间平衡时的空间排列方式。材料的结构从宏观到微观可分为不同的层次，即宏观组织结构、显微组织结构和微观结构。

宏观组织结构是指用肉眼或放大镜能够观察到的结构，如晶粒、相的集合状态等。显微组织结构，又称亚微观结构，是借助光学显微镜或电子显微镜能观察到的结构，其尺寸为 $10^{-7} \sim 10^{-4}$ m。材料的微观结构是指其组成原子（或分子）间的结合方式以及组成原子在空间的排列方式。

材料的性能取决于材料本身的结构，学习材料组织结构的知识，是了解材料性能及改善材料性能的基础。

3.1　晶体的结构

3.1.1　原子间的结合键与结合能

材料的宏观性能一方面取决于其组成原子本身的性质，另一方面取决于材料的微观结构。材料的微观结构又是由原子间的结合性质决定的。下面讲述原子间的结合键。

1. 金属键

金属原子构造的特点是：其最外层电子数目很少，一般为 1~2 个，最多不超过 4 个，且与原子核结合力较弱，很容易脱离原子核的束缚变成自由电子。失去外层电子的金属原子成为正离子，带正电荷。在固态金属中，正离子按一定的规律在空间排列，自由电子则在各正离子之间自由地运动，为整个金属共有，形成所谓的"电子气"。由于正离子和自由电子间的正负电荷产生吸引力，使金属原子结合成整体的金属晶体。金属原子的这种结合方式称为金属键（图3-1）。

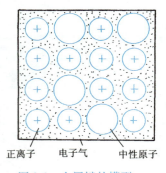

图 3-1　金属键的模型

根据金属键的本质，可解释金属的一些特性。如由于金属中自由电子的存在，在外加电场的作用下，自由电子能够沿着电场方向做定向运动，形成电流，从而显示出良好的导电性。当温度升高时，金属中离子的热振动加剧，阻碍自由电子的流动，所以随温度的升高，金属的电阻增大，表现为正的电阻温度系数，这是金属所固有的一种特性。自由电子的运动和正离子本身的热振动，使金属具有较大的热导率。由于金属键没有饱和性和方向性，所以在外力作用下金属的两部分发生相对移动时，正离子仍和自由电子保持着金属键结合，这样，金属就能经受变形而不断裂，使其具有良好的塑性。

2. 离子键

电负性差别较大的两种原子，通过电子得失变成正离子或负离子，靠正、负离子间的库仑力作用而形成的化学键，称为离子键。

离子键的结合力很大，因此离子晶体的硬度高、强度大、热膨胀系数小、脆性大。离子键中很难产生可以自由运动的电子。所以离子晶体都是良好的绝缘体。如 $NaCl$、MgO、Al_2O_3 等都是以离子键结合的。

3. 共价键

得失电子能力相近的原子在相互靠近时，由共用价电子对产生的结合键称为共价键。

共价键的结合力很大，所以共价晶体强度高、硬度高、脆性大、熔点高，但挥发性低，结构比较稳定。由于相邻原子所共有的电子不能自由运动，所以共价晶体的导电能力较差。

金刚石为共价晶体，它由四个碳原子组成，每个碳原子贡献出 4 个价电子与周围的 4 个碳原子共有，形成 4 个共价键，构成正四面体结构。硅、锗、锡等元素也可构成共价晶体。H_2、N_2、O_2、Cl_2 等单质分子和 HCl、NH_3、H_2O 等化合物也是靠共价键来结合的。

4. 分子键

在原子结构上形成稳定电子壳层的元素，低温时可结合成固体。这些原子在结合的过程中，没有电子的得失、共有或公有化，价电子的分布几乎不变，原子或分子之间的结合力是很弱的范德华力，这样的结合键称为分子键。

由于范德华力很弱，所以分子晶体的结合力很小，熔点很低，硬度也很低。这种引力也存在于其他化学键形成的晶体中，但常可忽略不计。

甲烷分子就是依靠范德华力结合起来的。大部分有机化合物的晶体和 CO_2、SO_2、HCl、H_2、N_2、O_2 等在低温下形成的晶体都是分子晶体。分子键没有方向性和饱和性，晶体结构主要取决于几何因素，并趋向于紧密排列。

5. 结合力与结合能

如上所述，在晶体中原子按一定规律规则地排列。下面从原子间的结合力与结合能来说明，晶体中原子为什么会像图 3-1 所示的那样有规则地排列着，并往往趋向于紧密排列。

为简便起见，首先分析两个原子之间相互作用的情况，即双原子作用模型。当两个原子相距很远时，它们之间实际上不发生相互作用，但当它们逐渐靠近时，它们之间的作用力就会随之显示出来。分析表明，固态金属中两个原子之间的相互作用力包括：①正离子与自由电子之间的引力；②正离子之间电子层的斥力；③正离子之间的斥力。吸引力力图使两原子靠近，而排斥力却力图使两原子分开。

　　图 3-2a 所示为 A 原子对 B 原子的吸引力和排斥力曲线。两原子的结合力为吸引力与排斥力的代数和。吸引力是长程力，排斥力是近程力，当两原子间距较大时，吸引力大于排斥力，两原子自动靠近。两原子靠近到一定距离以后，排斥力急剧增长，当原子过分靠近时，排斥力大于吸引力。原子便相互排斥，自动离开。当原子间距为 D_0 时，吸引力与排斥力恰好相等而平衡，原子既不会自动靠近，也不会自动离开，恰好处于平衡位置。在固态金属中，绝大多数原子都处于这种平衡位置。如果原子偏离平衡位置，不论向哪个方向偏离，立刻会受到一个力的作用，促使它回到原来的位置。然而事实上，原子的热运动永远不会停止，原子不会静止在平衡位置上，而是围绕平衡位置进行着无序的热振动。值得注意的是，在点 D_0 附近，结合力与距离的关系接近直线关系，这是胡克定律的物理本质。

　　图 3-2b 所示为吸引能和排斥能与原子间距离的关系曲线，结合能是吸引能与排斥能的代数和。当两原子处于平衡距离 D_0 时，其结合能达到最低值，此时原子的势能很低，状态最稳定。任何对 D_0 的偏离，都会使原子的势能增加，从而使原子处于不稳定状态，原子就力图回到低能状态，有恢复到平衡距离的倾向。

　　由上所述不难理解，当大量原子结合成固体时，为使晶体具有最低的能量，以保持其稳定状态，原子之间也必须保持一定的平衡距离，这就是固态金属中的原子趋于规则排列的原因。

　　当原子间以离子键或共价键结合时，原子达不到紧密排列的状态，这是由于这些结合方式对周围的原子数有一定的限制。

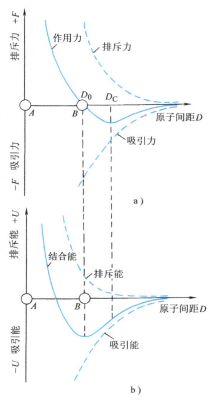

图 3-2　晶体中两个原子之间的相互作用力及结合能
a）作用力　b）结合能

3.1.2　晶体

　　从双原子作用模型可知，金属中原子的排列是有规则的，而不是杂乱无章的。人们把在三维空间中原子做有规则的周期性排列的物质称为晶体，如食盐、冬天的雪花，以及金属和合金都是晶体。而在非晶体中，原子则是杂乱地分布着，但是有些局部地方呈现规则排列，如玻璃、松香、木材等是非晶体。

1. 晶体的特性

　　由于晶体中的原子呈一定规律重复排列，晶体与非晶体在性能上存在明显的不同。

　　首先，晶体具有一定的熔点，非晶体则没有。在熔点以上，晶体变成液体，处于非结晶状态；在熔点以下，液体又变成固体，处于结晶状态。从固体至液体或从液体至固体的转变是突变的。而非晶体没有固定的熔点，随着温度升高，固态非晶体将逐渐变软，最终成为有显著流动性的液体。液体冷却时将逐渐稠化，最终变为固体。

其次，晶体的性能，如强度、弹性模量、导电性、热膨胀性等，在不同方向上具有不同的数值，即具有各向异性，而非晶体则各向同性。

另外，许多晶体的天然外形呈现出规则的几何形状，表面保持一定的角度，具有一定的对称性，如天然金刚石、水晶、结晶盐等，而非晶体则没有这个特点。

2. 晶格与晶胞

在晶体中，原子排列的规律不同。按照金属键的概念，金属离子沉浸在自由运动的电子气中，呈均匀对称分布的形态，没有方向性，不存在结合的饱和性，所以完全可以被设想为固定不动的刚性球体，简称刚球，晶体即由这些刚球堆积而成。图3-3a所示即为这种原子堆垛模型。从图中可以看出，原子在各个方向的排列都是规则的。这种模型的优点是立体感强，很直观；缺点是刚球密密麻麻地堆积在一起，很难看清内部排列的规律和特点，不便于研究。

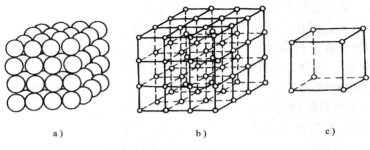

图 3-3 晶体中原子排列示意图
a）原子堆垛模型 b）晶格 c）晶胞

为了清楚地表明原子在空间排列的规律性，常常将构成晶体的实际质点（原子、分子或离子）忽略，而将它们抽象为纯粹的几何点，称之为阵点（或结点）。这些阵点可以是原子或分子的中心，也可以是彼此等同的原子群或分子群的中心，但各个阵点的周围环境都必须相同。为使观察方便，可作许多平行的直线将这些阵点连接起来，构成一个三维的空间格架，如图3-3b所示。这种用以描述晶体中原子（离子或分子）排列规则的空间格架称为空间点阵，简称点阵或晶格。

在晶体中原子按规则重复性排列，人们把晶格中能代表原子排列规则的，由最少数目的原子组成的几何单元称为晶胞（图3-3c），整个晶体都是由相同晶胞周期性地排列而成。

晶胞的大小和形状常以晶胞的棱边长度 a、b、c 及棱边夹角 α、β、γ 表示。晶胞的棱边长度一般称为晶格常数（或点阵常数），晶胞的棱边夹角称为晶轴间夹角。

3.1.3 三种常见的金属晶体结构

自然界中有成千上万种晶体，它们的晶体结构各不相同。但根据"每个点阵周围具有相同的环境"的要求，用数学的方法可推出空间点阵共有14种，而且也只能有14种。在晶体学中，根据晶胞棱边长度 a、b、c 是否相等、晶轴间夹角 α、β、γ 是否相等、是否为直角等因素，又可以把这14种空间点阵归纳为七大晶系，即三斜晶系、单斜晶系、正交晶系、六方晶系、斜方晶系、正方晶系、立方晶系。

工业上使用的金属元素，除了少数具有复杂的晶体结构外，绝大多数都具有比较简单的晶体结构，其中最典型、最常见的金属晶体结构有三种类型，即体心立方、面心立方和密排六方结构，其中体心立方、面心立方属于立方晶系，密排六方属于六方晶系。

1. 体心立方晶格

体心立方晶格的晶胞如图 3-4 所示。晶胞的三个棱边长度相等，三个晶轴间夹角均为 90°，构成立方体。晶胞的八个角上各有一个原子，在立方体的中心还有一个原子，因其晶格常数 $a=b=c$，故通常只用一个常数 a 即可表示。属于体心立方晶格的金属有 α-Fe、Cr、Mo、W、V 等。

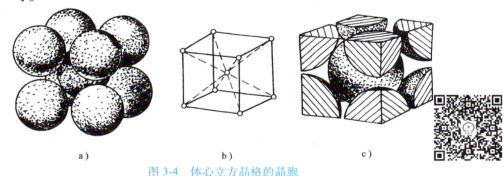

图 3-4　体心立方晶格的晶胞

a) 刚球模型　b) 质点模型　c) 晶胞原子数

在体心立方晶胞的立方体对角线上，原子是紧密相连排列的，相邻原子的中心距恰好等于原子直径。立方体对角线的长度是 $\sqrt{3}a$，等于 4 个原子半径，所以体心立方晶胞的原子半径为 $\sqrt{3}a/4$。

在体心立方晶胞中，每个顶点上的原子同时属于八个晶胞所共有，故只有 1/8 个原子属于这个晶胞。晶胞中心的原子完全属于这个晶胞，所以体心立方晶胞中的原子数为：$8\times1/8+1=2$。

晶胞中原子排列的紧密程度可以用两个参数来反映：配位数和致密度。所谓配位数是指晶体结构中与任一个原子相邻最近、等距离的原子数目。显然，配位数越大，原子排列便越紧密。在体心立方晶格中，以立方体中心的原子来看，与其相邻最近且等距离的原子有 8 个。所以体心立方晶格的配位数为 8（图 3-5）。

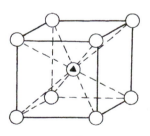

图 3-5　体心立方晶格的配位数

若把原子看成刚性球体，即使是一个挨一个地最紧密地排列，原子之间仍有空隙。致密度（K）就是晶胞中原子所占体积与晶胞体积之比。体心立方晶胞含有两个原子，原子半径 $r=\sqrt{3}a/4$，晶胞体积为 a^3，故体心立方晶格的致密度为

$$K=\left(2\times\frac{4}{3}\pi r^3\right)\bigg/a^3=\left[2\times\frac{4}{3}\pi\left(\frac{\sqrt{3}a}{4}\right)^3\right]\bigg/a^3=0.68$$

即晶格中有 68% 的体积被原子所占据，其余为空隙。

2. 面心立方晶格

面心立方晶格的晶胞如图 3-6 所示。在晶胞的八个角上各有一个原子，晶胞的三个棱边长度相等，三个晶轴间夹角均为 90°，构成立方体，在立方体六个面的中心也各有一个原

子。属于面心立方晶格的金属有 γ-Fe、Cu、Al、Ag、Ni 等。

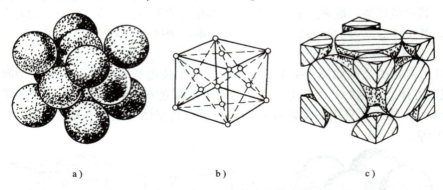

图 3-6　面心立方晶格的晶胞

a）刚球模型　b）质点模型　c）晶胞原子数

位于面心位置的原子同时属于两个晶胞所共有，因此，面心立方晶胞中的原子数为 1/8×8+1/2×6=4。

在面心立方晶胞中，每个面的对角线上的原子彼此相互接触，而对角线的长度为 $\sqrt{2}\,a$，等于 4 个原子半径，所以面心立方晶胞的原子半径 $r=\sqrt{2}\,a/4$。

从图 3-7 可以看出，晶胞中每个原子周围都有 12 个最近邻原子，所以面心立方晶格的配位数是 12。

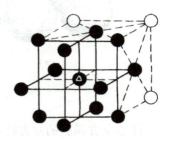

图 3-7　面心立方晶格的配位数

面心立方晶格的致密度为

$$K=\left(4\times\frac{4}{3}\pi r^{3}\right)\bigg/a^{3}=\left[4\times\frac{4}{3}\pi\left(\frac{\sqrt{2}\,a}{4}\right)^{3}\right]\bigg/a^{3}=0.74$$

即晶格中有 74% 的体积被原子所占据，其余为间隙。

3. 密排六方晶格

密排六方晶格的晶胞如图 3-8 所示。晶胞的 12 个角各有一个原子，构成六棱柱，上下底面的中心各有一个原子，晶胞内还有 3 个原子。属于密排六方晶格的金属有 Zn、Mg、α-Ti 等。

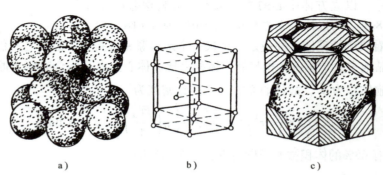

图 3-8　密排六方晶格的晶胞

a）刚球模型　b）质点模型　c）晶胞原子数

密排六方晶胞的晶格常数有两个：一是正六边形的边长 a，另一个是上、下两底面之间的距离 c，c 与 a 之比称为轴比。此时原子半径为 $a/2$。晶胞原子数为 $1/6 \times 12 + 1/2 \times 2 + 3 = 6$，配位数为 12，致密度为 0.74。

由上可见，密排六方晶格的致密度和配位数与面心立方的完全相同，两者都是最紧密的排列方式，所不同的是两种晶格中的最密排面的堆垛次序不同。致密度相同的晶体结构互相转变时，不会造成晶体体积的变化。

3.1.4　晶向指数和晶面指数

在研究金属晶体的空间结构时，为了便于分析原子在某一平面或某一方向上的分布规律，把晶格中由一系列原子所在的平面，称为晶面；任何两个或多个原子所在的直线所指的方向，称为晶向。晶体中晶面和晶向的空间位向分别用"晶面指数"和"晶向指数"来表示。

1. 晶向指数

晶向指数的确定步骤如下：

1）选晶胞的三条棱边建立 OX、OY、OZ 坐标轴，以晶格常数作为坐标轴的度量单位。从坐标轴的原点引一条有向直线，平行于待定晶向。

2）在所引的有向直线上任取一点（为方便起见，通常取距原点最近的阵点），求出该点在三坐标轴的坐标值。

3）将三个坐标值按比例化为最小简单整数，并加上方括号表示为 $[uvw]$，即为所求的晶向指数。

例如，确定图 3-9 中 AB 的晶向指数，从坐标原点 O 引 AB 平行线，交顶面于点 C，点 C 的坐标是（1/2，1/2，1），按比例化为最小整数则为（1，1，2），所以 AB 的晶向指数为 $[112]$。

由晶向指数确定的过程可知，所有互相平行且同向的晶向，都具有相同的晶向指数。同一直线有相反两个方向，其晶向指数的数字和顺序都相同，只是符号完全相反。

原子排列相同但空间位向不同的所有晶向称为晶向族，以尖括号 $\langle uvw \rangle$ 表示。在立方晶系中，晶向指数中数字相同，数字顺序和正负号不同的所有晶向，原子排列情况完全相同，属于同一个晶向族。

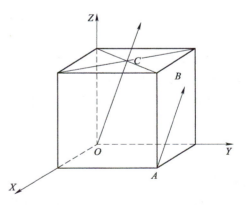

图 3-9　晶向指数

2. 晶面指数

晶面指数的确定步骤如下：

1）在欲定晶面上的晶格中任选一结点作为空间坐标系的原点，选晶格的三条棱边建立 OX、OY、OZ 坐标轴。

2）以晶格常数 a、b、c 分别作为 OX、OY、OZ 坐标轴上的度量单位，求出欲定晶面在此三个轴上的截距。

3）分别取此三个截距的倒数。

4）将三个截距的倒数按比例化为三个最小整数。

5）把化好的三个整数写在圆括号内，整数之间不用标点分开。

现以图3-10所示的晶面为例予以说明，该晶面在 OX、OY、OZ 轴上的截距分别为1、2、1，取其倒数为1、1/2、1，将此三个数按比例化为最简整数2、1、2，故其晶面指数是（2 1 2）。

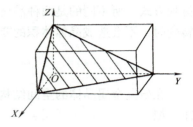

图3-10　晶面指数

由晶面指数确定的过程可知，所有互相平行的晶面，都具有相同的晶面指数，或者晶面指数的数字和顺序完全相同而符号完全相反。因此，某一晶面指数并不只是代表某一具体晶面，而是代表相互平行的晶面。

在同一种晶体结构中，有些晶面虽然在空间的位向不同，但其原子排列情况完全相同，这些晶面均属于同一个晶面族，其晶面指数用大括号 $\{h\,k\,l\}$ 表示。如在立方晶系中：

$$\{1\,0\,0\} = (1\,0\,0) + (0\,1\,0) + (0\,0\,1)$$

$$\{1\,0\,1\} = (1\,1\,0) + (1\,0\,1) + (0\,1\,1) + (\bar{1}\,1\,0) + (\bar{1}\,0\,1) + (0\,1\,\bar{1})$$

$$\{1\,1\,1\} = (1\,1\,1) + (\bar{1}\,1\,1) + (1\,\bar{1}\,1) + (1\,1\,\bar{1})$$

可见，在立方晶系中，$\{h\,k\,l\}$ 晶面族所包括的晶面可以用 h、k、l 的排列组合和改变符号的方法求出。

对比图3-9与图3-10可以看出，在立方晶系中，指数相同的晶向与晶面是互相垂直的。如 $[1\,0\,0] \perp (1\,0\,0)$、$[1\,1\,1] \perp (1\,1\,1)$、$[1\,1\,0] \perp (1\,1\,0)$。

3. 晶面及晶向的原子密度

所谓某晶面的原子密度是指其单位面积上的原子数，而晶向的原子密度则是指其单位长度上的原子数。在各个晶格中，不同晶面和晶向上的原子密度是不同的。如在体心立方晶格中，具有最大原子密度的晶面是 $\{1\,1\,0\}$，具有最大原子密度的晶向是 $\langle1\,1\,1\rangle$。

3.1.5　晶体的各向异性

晶体的性能在不同方向上具有不同的数值，这种现象称为各向异性。它是区别晶体和非晶体的一个重要特征。

晶体的各向异性在单晶体中表现得最为突出，如体心立方晶格的 α-Fe 单晶体，其弹性模量 E 就是各向异性的：在 $\langle1\,1\,1\rangle$ 方向，$E = 284\text{GPa}$，而在 $\langle1\,0\,0\rangle$ 方向，$E = 132\text{GPa}$。单晶体的各向异性，是因为不同晶面和晶向上的原子排列情况不同，因而原子间距不同，原子作用强弱也不同，所以宏观性能就出现了方向性。

多晶体中各向异性表现得很不明显，如 α-Fe 多晶体从各方向测出的弹性模量 E 几乎都是206GPa，看不出方向性，仿佛是各向同性。实际上，在多晶体中，每个晶粒本身都是各向异性的，但是由于各个晶粒的位向都是散乱无序的，因此晶体的性能在各个方向上互相影响，加上晶界的作用，就完全掩盖了每个晶粒的各向异性，所以也称多晶体具有伪各向同性。

3.2　实际金属的晶体结构

上一节所讲的晶体结构都是理想的情况，在实际晶体中，总是不可避免地存在着一些原子偏离规则排列的区域，这就是晶体缺陷。一般说来，晶体中这些偏离其规定位置的原子数目很少，但对金属的许多性能有很大的影响。晶体缺陷有多种，按其几何形态不同，可以分为三大类：点缺陷、线缺陷和面缺陷。

3.2.1　点缺陷

点缺陷是指在三维尺度上都很小，不超过几个原子直径的缺陷。常见的点缺陷是空位、间隙原子和置换原子，如图 3-11 所示。

空位是由于原子被激活，跳离自己平衡位置而形成的。如果原子跳到晶格间隙处，同时就出现一个间隙原子。当异类原子溶入金属晶体时，如果占据在原来基本原子的平衡位置上，则形成置换原子。

无论是哪类点缺陷，都会造成晶格畸变，这将对金属的性能产生影响，如使屈服强度升高，电阻增大，体积膨

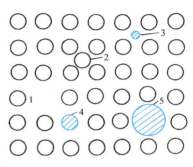

图 3-11　点缺陷
1—空位　2、3—间隙原子
4、5—置换原子

胀等。此外，点缺陷的存在，将加速金属中原子的扩散过程，因而凡是与扩散有关的相变，如化学热处理、高温下的塑性变形和断裂等，都与空位和间隙原子的存在和运动有密切的关系。

3.2.2　线缺陷

线缺陷是晶体内部呈线状分布的缺陷，其特征是在某一方向上的尺寸很大，而另两方向上的尺寸很小，即晶体中某一列或若干列原子发生了有规律的错排现象。它使长达几万个原子间距、宽约几个原子间距范围内的原子偏离其平衡位置，产生晶格畸变。位错有很多类型，其中最简单、最基本的类型有两种：刃型位错和螺型位错。

1. 刃型位错

刃型位错示意图如图 3-12 所示。设有一简单立方体，某一原子面在晶体内部中断，这个原子面中断处的边缘就是一个刃型位错。

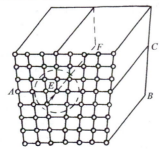 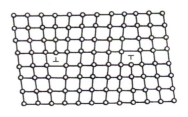

图 3-12　刃型位错示意图

刃型位错有正负之分。若额外半原子位于晶体的上半部，则此位错线称为正刃型位错；反之，则称为负刃型位错。实际上，刃型位错的正负是相对的，并无本质上的区别，只是为了表示两者的相对位置，便于讨论而已。

事实上，晶体中的位错并不是由于额外半原子面造成的，它的形成可能由于多种原因，液态金属结晶或晶体发生滑移即可形成位错。设想在晶体右上部施加一切应力，促使右上部的原子沿着滑移面 ABCD 自右向左移动一个原子间距（图 3-13）。由于此时晶体上部的原子尚未滑移，于是在晶体内部就出现了已滑移区和未滑移区的边界，在边界附近，原子排列的规律性遭到破坏，此边界线 EF 就相当于图 3-12 中额外半原子面的边缘，其结构恰好是一个正刃型位错。因此，可以把位错理解为晶体中已滑移区与未滑移区的分界线。

从图 3-14 可以看出，在刃型位错周围的一个有限区域内，原子偏离了原来的平衡位置，即产生了晶格畸变，并且在额外半原子面左右两侧的畸变是对称的。就好像通过额外半原子面对周围的原子施加一弹性应力，这些原子就产生一定的弹性应变一样，所以可以把位错线周围的晶格畸变区看成是存在一个弹性应力场。就正刃型位错而言，滑移面上方的原子间距很小，晶格受压应力；滑移面下方的原子间距很大，晶格受拉应力；而在滑移面上，晶格只受切应力。在位错中心，即额外半原子面的边缘处，晶格畸变最大，随着距位错中心间距的增加，畸变程度逐渐减小。通常把晶格畸变程度大于其正常原子间距 1/4 的区域称为位错宽度，其大小为 3~5 个原子间距。位错线很长，一般为数万个原子间距，相比之下，位错密度显得非常小，所以把位错看成是线缺陷，但事实上，位错是一条具有一定宽度的细长管道。

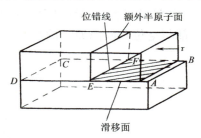

图 3-13　刃型位错的形成

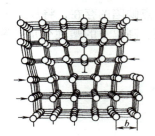

图 3-14　晶体局部滑移
造成的刃型位错

可见，刃型位错具有以下几个重要特征：

1）刃型位错有一额外半原子面。

2）位错线周围既有正应变，又有切应变。对正刃型位错，滑移面上方晶格受压应力，滑移面下方晶格受拉应力，滑移面上只受切应力，负刃型位错与此相反。

3）刃型位错线与晶体滑移方向垂直，位错线运动的方向垂直于位错线。

2. 螺型位错

螺型位错示意图如图 3-15 所示。

设想在简单立方晶体右上端施加一切应力，使右端上下两部分沿滑移面 ABCD 向前后方向发生一个原子间距的相对滑移，已滑移区与未滑移区的边界 BC 就是螺型位错线。从滑

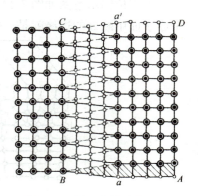

图 3-15　螺型位错示意图

移面上、下相邻两层晶面上原子排列的情况可以看出，在 aa' 的右侧，晶体上、下两层发生了错排和不对齐现象，这一地带称为过渡地带，此过渡地带的原子被扭曲成了螺旋形。如果从 a 开始，按顺时针方向依次连接此过渡地带各原子，每旋转一周，原子就沿滑移方向前进一个间距，犹如一个右旋螺纹一样。由于位错线附近的原子是按螺旋形排列的，所以这种位错称为螺型位错，但位错线仍是一条直线。

根据位错线附近呈螺旋排列的原子的旋转方向的不同，螺型位错可分为左螺型位错和右螺型位错。通常用大拇指代表螺旋的前进方向，以其余四指代表螺旋的旋转方向，凡符合右手法则的称为右螺型位错，符合左手法则的称为左螺型位错。

可见，螺型位错具有以下几个重要特征：

1）螺型位错没有额外的半原子面，但位错线附近原子呈螺旋形排列。

2）螺型位错线是一个具有一定宽度的细长的晶格畸变管道，它只有切应变而无正应变，其应力场呈轴对称分布。

3）螺型位错线与晶体滑移方向平行，位错线运动方向与位错线垂直。

3. 混合型位错

前面描述的刃型位错和螺型位错都是一条直线，这是一种特殊情况。在实际晶体中，位错线一般是刃型和螺型的混合类型，是弯曲的，具有各种各样的形状，这样的位错称为混合型位错（图3-16）。

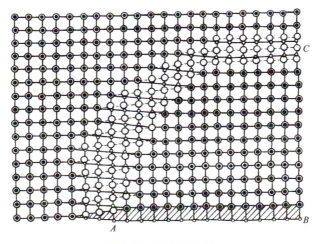

图 3-16　混合型位错

4. 位错密度

在单位体积晶体中，所包含的位错线长度定义为位错密度，即

$$\rho = L/V$$

式中，L 为在体积 V 中的位错线的总长度，ρ 的单位为 m/m^3 或 1/m^2。

位错密度的另一个定义是：穿过单位截面积的位错线数目，单位也是 1/m^2。可通过测量单位面积的位错线露头数求得。在充分退火的金属晶体中，位错密度一般为 $10^{10} \sim 10^{12}$ m^{-2}，而经剧烈塑性变形的金属，位错密度高达 $10^{15} \sim 10^{16}$ m^{-2}。

5. 位错的运动

位错最重要的性质之一是它可以在晶体中运动。刃型位错的运动形式有两种：一种是位错线沿着滑移面的移动，称为位错的滑移；另一种是位错线垂直于滑移面的移动，称为位错的攀移。这里只讨论刃型位错的滑移。

图 3-17 表示含有一个正刃型位错的晶体，图中实线表示位错（半原子面 PQ）原来的位置，虚线表示位错移动一个原子间距后的位置（$P'Q'$）。可见，位错虽然移动了一个原子间距，但位错附近的原子却只有很小的移动，远远小于一个原子间距，而且只需位错线周围少量原子移动，其余大部分原子并未偏离平衡位置，这样的位错只需加一个很小的切应力就可以实现，这就使实际晶体的强度远远低于理论强度。

位错的存在，对金属材料的力学性能、扩散及相变等过程有着重要的影响。位错密度与金属强度之间的关系如图 3-18 所示。如果金属中没有位错，那么它将具有极高的强度，目前采用一些特殊方法已能制造出几乎不含位错的小晶体，即直径约为 $0.05 \sim 2\mu m$、长度为 $2 \sim 10mm$ 的晶须，其强度高达 13400MPa，而工业上应用的退火纯铁，抗拉强度则低于 300MPa，两者相差 40 多倍。如果采用冷塑性变形、合金化、热处理等方法使金属的位错密度大大提高，由于位错之间的交互作用和相互制约，使位错运动的阻力增加，也可以提高金属的强度。

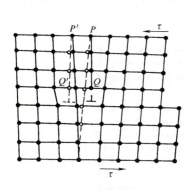

图 3-17　刃型位错的滑移

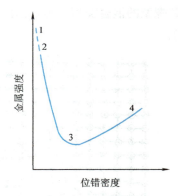

图 3-18　位错密度与金属强度之间的关系
1—理论强度　2—晶须强度　3—未强化的纯金属强度
4—合金化、加工硬化或热处理的合金强度

3.2.3　面缺陷

面缺陷是指二维尺度很大而第三维尺度很小的缺陷。晶体的面缺陷主要指晶界、亚晶界和相界。

1. 晶界

金属材料一般为多晶体。晶体结构相同但位向不同的晶粒之间的边界称为晶界。当相邻晶粒的位向差小于 10° 时，称为小角度晶界；位向差大于 10° 时，称为大角度晶界。晶粒的位向差不同，则其晶界的结构和性质也不同。小角度晶界的一种简单形式是对称倾侧晶界，如图 3-19 所示。对称倾侧晶界由一系列相隔一定距离的刃型位错所组成，有时将这一系列位错称为"位错墙"。

一般认为，大角度晶界可能接近于图3-20所示的示意图，即相邻晶粒在邻接处的形状由不规则的台阶所组成。晶界上包括有不属于任一晶粒的原子 A，也含有同时属于两晶粒的原子 D；既含有压缩区 B，也含有扩张区 C。总之，大角度晶界中的原子排列比较杂乱，但也存在一些比较整齐的区域。因此可以把晶界看成由原子排列杂乱的区域与原子排列较整齐的区域交替相间而成。晶界很薄，纯金属中大角度晶界的厚度不超过三个原子间距。

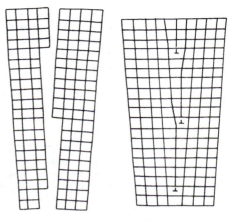

图 3-19　对称倾侧晶界

2. 亚晶界

在多晶体金属中，每个晶粒内的原子排列并不是十分整齐的，其中会出现位向差很小的（通常小于1°）亚结构（或亚组织），在亚结构之间具有亚晶界，如图3-21所示。亚结构可能在凝固、形变、回复再结晶或固态相变时形成。亚晶界为小角度晶界，这点已被实验所证实。

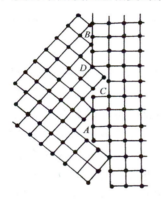

图 3-20　大角度晶界示意图

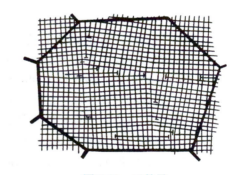

图 3-21　亚晶界

3. 相界

具有不同晶体结构的两相之间的分界面称为相界。相界的结构有三类，即共格界面、半共格界面和非共格界面（图3-22）。

所谓共格界面是指截面上的原子同时位于两相晶格的结点上，为两种晶格所共有。图3-22 a 是一种具有完善共格关系的相界，在相界上，两相原子匹配得很好，几乎没有畸变，显然，这种相界的能量最低，但这种相界很少。

一般两相的晶体结构或多或少有所差异，因此在共格界面上两相晶体的原子间距存在着差异，从而或多或少存在着弹性畸变，使相界一侧的晶体（原子间距很大的）受到压应力。而另一侧（原子间距小的）受到拉应力（图3-22b）。界面两边原子排列相差越大，则弹性畸变越大，这时相界的能量增高，当相界的畸变能高至不能维持共格关系时，则共格关系破坏，变成一种非共格相界（图3-22d）。介于共格与非共格之间的是半共格相界（图3-22c），界面上的两相原子部分地保持着对应关系，其特征是沿相界每隔一定距离即存在一个刃型位错。

非共格界面的界面能很高，半共格界面的次之，共格界面的界面能最低。

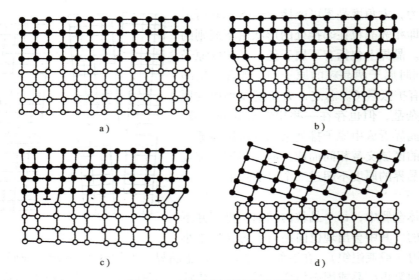

图 3-22　各种相界面结构示意图

a）具有完善共格关系的相界　b）具有弹性畸变的共格相界　c）半共格相界　d）非共格相界

4. 晶界特性

由于晶界的结构与晶粒内部的结构有所不同，使晶界具有一系列不同于晶粒内部的特性。首先，由于界面能的存在，使晶界处于不稳定状态，高的界面能具有向低的界面能转化的趋势，这就导致晶界的运动。晶粒长大和晶界的平直都可减小晶界的总面积，从而降低晶界的总能量。当然，晶界的迁移是原子的扩散过程，只有在比较高的温度下才能进行。

由于界面能的存在，当金属中存在能降低界面能的异类原子时，这些原子就会向晶界偏聚，这种现象称为内吸附。如往钢中加入微量的硼（质量分数为 0.0005%），即向晶界偏聚。相反，凡是能提高界面能的原子，将会向晶粒内部偏聚，这种现象称为反内吸附。内吸附和反内吸附现象，对金属及合金的性能，以及相变过程有重要的影响。

由于晶界上存在晶格畸变，阻碍位错的运动，因此在室温下对金属材料的塑性变形起着阻碍作用，在宏观上表现为使金属材料具有更高的强度和硬度。显然，晶粒越细，金属材料的强度和硬度就越高。

此外，界面能的存在使界面的熔点低于晶粒内部，且易于腐蚀和氧化。晶粒上的空位，位错等缺陷较多，因此原子沿晶界的扩散速度较快。在发生相变时，新相晶核往往首先在晶界形成。

3.3　非金属材料的结构

通常金属材料以外的材料都被认为是非金属材料，主要有高分子材料、陶瓷材料等。它们有许多金属材料所不及的某些性能，在一些生产领域得到越来越多的应用。

3.3.1　高分子材料的结构

高分子材料的主要组分是高分子化合物，高分子化合物是相对分子质量大于 5000 的有机化合物的总称，也称为聚合物或高聚物。虽然高分子化合物的相对分子质量大，且结构复杂多变，但其化学组成并不复杂，都是由一种或几种简单的低分子化合物通过共价键重复连接而成的，这种由低分子化合物通过共价键重复连接而成的链，称为分子链。用于聚合形成大分子链的低分子化合物称为单体。大分子链中重复的结构单元称为链节，而链节的重复次数即链节数，称为聚合度。

如聚乙烯是由数量足够多的低分子乙烯聚合成的，乙烯就是聚乙烯的单体，其聚合反应式为

$$n(CH_2 = CH_2) \xrightarrow[\text{10.13MPa、加热}]{\text{过氧化物引发剂}} -[CH_2-CH_2-]_n$$

反应式中，—CH_2—CH_2—即为聚乙烯大分子链节，n 即为聚乙烯大分子的聚合度。

大分子链可以呈不同的几何形状，一般分为三种，如图 3-23 所示。

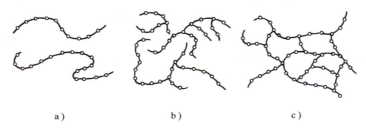

图 3-23　大分子链的几何形状

a）线型　b）支链型　c）体型

（1）线型分子链　整个分子如细长线条，许多链节卷曲成不规则的团状，由于分子链间没有化学键，能相对移动，故易于加工。这类高聚物的弹性和塑性都较好，硬度较低，是典型的热塑性材料。

（2）支链型分子链　在大分子主链节上有一些或长或短的支链，这类高聚物的性能和加工都接近线型分子链结构，而支链的出现使聚合物的黏度增加，性能得以强化。

（3）体型分子链　大分子链之间通过支链或化学键连接成一体，分子键间的许多链节相互交联，呈网状结构。这类高聚物结构稳定、硬度高、脆性大，但弹塑性很低，是典型的热固性材料。

3.3.2　陶瓷材料的结构

陶瓷是由金属或非金属的化合物构成的多晶固体材料，其结构比金属晶体复杂得多。陶瓷多晶固体材料有以离子键为主要键构成的离子晶体，也有以共价键为主要键构成的共价晶体。通常认为其组织结构由晶体相、玻璃相和气相三部分组成。各种相的组成、结构、数量、几何形状及分布状况等都对陶瓷的性能有很大影响。

1. 晶体相

晶体相是陶瓷中的主要组成相，主要有硅酸盐结构和氧化物结构两类。

（1）硅酸盐结构　硅酸盐是传统陶瓷的主要原料，也是陶瓷材料的重要晶体相，它的最基本单元是硅氧四面体 [SiO_4]，由四个氧离子紧密排列成四面体，硅离子居于四面体中心的间隙中。[SiO_4] 既可以在结构中独立存在，又可以互相单链、双链或层状连接。连接

过程中，一个氧原子最多可和两个硅原子连在一起。

（2）氧化物结构 它们是以离子键为主的晶体，大多数氧化物结构是氧离子排列成简单立方、面心立方或密排六方的结构。

2. 玻璃相

玻璃相是一种非晶体的低熔点固体相，它是陶瓷材料在烧结过程中产生的氧化物熔融液相冷却后形成的，在陶瓷中常见的是 SiO_2 等。玻璃相的作用是将晶体粘结起来，填充晶体相间空隙，提高材料的致密度；降低烧成温度，加快烧结过程；阻止晶体的转变，抑制晶体长大；获得一定程度的玻璃特点，如透光性等。但玻璃相对陶瓷的强度、电绝缘性、耐热性等产生不利影响，所以工业陶瓷中玻璃相的体积分数需要控制在 20%～40% 范围内。

3. 气相

气相是指陶瓷内部残留下来的气孔。通常残留气孔率在 5%～10% 范围内，特种陶瓷在 5% 以下。气孔使陶瓷材料的强度、热导率和抗电击穿强度下降，还常常是造成裂纹的根源，同时可降低陶瓷的透明度，所以应尽量减少或避免气孔的存在。有时为了获得密度小、绝缘性能好的陶瓷，则希望会有尽可能多的大小一致、分布均匀的气孔。

复习思考题

1. 名词解释：①晶格；②晶胞；③晶格常数；④致密度；⑤配位数；⑥晶面；⑦晶向；⑧单晶体；⑨多晶体；⑩晶粒；⑪晶界；⑫各向异性。

2. 说明 4 种不同原子结合键的结合方式。

3. 晶体中的原子为什么能结合成长程有序的有规律排列的结构？

4. 晶体与非晶体有何区别？

5. 为什么单晶体具有各向异性，而多晶体材料不表现出各向异性？

6. 画出体心立方晶格、面心立方晶格中原子排列最密的晶面和晶向，并写出其相应的指数。

7. 金属常见的晶格类型有哪几种？如何计算每种晶胞中的原子数？

8. 铁的原子半径为 0.124nm，试计算铁的体心立方和面心立方的晶格常数；银的原子半径为 0.144 nm，求其晶格常数。

9. 在立方晶格中，如果晶面指数和晶向指数的数值相同，那么该晶面与晶向间，如（111）与 [111]、（110）与 [110] 等，存在着什么关系？

10. 晶体常见的缺陷有哪些？

11. 说明位错密度对材料力学性能的影响。

12. 位错分为哪两种？各自有何特征？

13. 判断下面各小题的正误。

1）因为单晶体是各向异性的，所以常用金属材料在各个方向上的性能是不同的。

2）多晶体金属由许多晶体方向相同的单晶体组成。

3）理想金属晶体的强度比实际晶体的强度高。

4）晶体缺陷的共同之处是它们都引起晶格畸变。

5）位错就是原子排列有规律的错排现象。

14. 实际金属晶体结构中存在哪些缺陷？每种缺陷的具体形式如何？

15. 何谓大分子链结构？按其几何形状可分为几种？性能特点各是什么？

16. 陶瓷的典型组织由哪几部分组成？

17. 开放性习题：铺路用的沥青是何种材料？其熔点是否固定？

18. 开放性习题：晶体、非晶体材料中原子的结合键类型是否一致？

19. 开放性习题：通过调研和查阅资料，了解非晶金属材料的结构，分析其结构与金属晶体的差异。

第4章　金属与合金的结晶

金属与合金是工程中应用最多的一类材料，结晶对金属与合金的组织结构具有决定性的影响，进而影响材料的使用性能及工艺性能。

学习本章后学生应达到的能力要求包括：

1）理解纯金属的结晶过程，分析金属的结晶过程对合金组织和性能的影响。

2）能够分析和应用二元合金相图，预测合金的使用性能和工艺性能，为科研或实际生产提供依据。

3）能够掌握铁碳合金的基本组织及组织转变过程。

4）能够分析并应用铁碳合金相图，理解不同碳的质量分数合金的室温组织，并应用它确定铁碳合金的浇注温度、锻造温度和热处理温度。

金属材料经过熔炼后，浇注到模型中，液态金属转变为固态金属，获得所需形状的铸锭或铸件。金属从液态转变为固态的过程称为结晶。此外，金属在进行轧制、锻造、热处理等各种固态加工过程中，其晶体结构也会发生变化，这一过程也称为结晶。因此，了解金属结晶的知识，对改进金属材料的加工工艺具有重要的意义。

4.1　纯金属的结晶

4.1.1　结晶的基本概念

工程上使用的金属材料通常要经过液态和固态的加工过程。如制作机器零件的钢材，要经过冶炼、铸锭、轧制、锻造、机械加工和热处理等工艺过程。广义上讲，金属从一种原子排列状态转变为另一种原子规则排列状态（晶态）的过程均属于结晶过程。通常把金属从液态转变为固体晶态的过程称为一次结晶，而把金属从一种固体晶态转变为另一种固体晶态的过程称为二次结晶或重结晶。一次结晶、二次结晶都遵循着类似的基本规律。

金属从原子动态不规则排列的液态转变到原子规则排列的晶体过程中，都有一个平衡结晶温度，液体低于这一温度时才能结晶，晶体高于这一温度时便发生熔化。在平衡结晶温度，液体与晶体共存，处于平衡状态。

纯金属液体在无限缓慢的冷却条件下的平衡结晶温度，称为理论结晶温度，用 T_0 表示。

实际结晶温度 T_1 总是低于理论结晶温度，这种现象称为过冷。实际结晶温度与理论结晶温度之差 $\Delta T = T_0 - T_1$，称为过冷度。过冷度与金属液体冷却速度有关，冷却速度越快，发生结晶时的实际温度越低，过冷度就越大。当冷却速度极其缓慢时，实际结晶温度与理论结晶温度就很接近，过冷度很小。

纯金属结晶时，放出结晶潜热，抵消了向外界散发的热量，而保持结晶过程温度不变，体现在冷却曲线中，出现了温度平台，如图 4-1 所示，其中 ΔT 为过冷度。金属的结晶是自由能降低的过程，结晶的动力是固态和液态的自由能差 ΔF，如图4-2 所示。

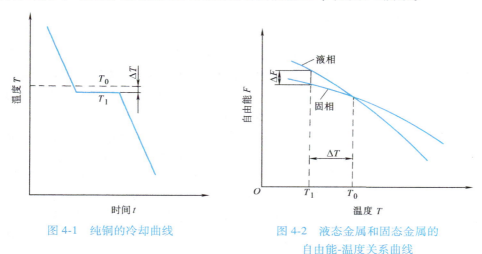

图 4-1 纯铜的冷却曲线 　　　图 4-2 液态金属和固态金属的
　　　　　　　　　　　　　　　　　自由能-温度关系曲线

金属不但在结晶时有过冷现象，而且在固态下结构发生转变时也会有过冷现象，后者的过冷度往往比前者更大。与过冷相反，金属在加热时，实际转变温度将高于理论转变温度，这种现象称为过热，两转变温度之差称为过热度。

4.1.2 金属结晶时晶核的形成和长大过程

纯金属的结晶是在恒温下进行的，它是一个液态金属原子不断形成晶核和晶核不断长大的过程，如图 4-3 所示。

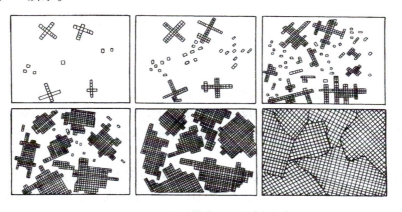

图 4-3 金属结晶过程示意图

1. 晶核的形成

实际上液态金属内部存在着一些规则排列的原子团，其特点是尺寸较小、极不稳定、时聚时散；液体温度越低，尺寸越大的原子团存在的时间就越长。这种不稳定的原子团，是产生晶核的基础。当液体冷却到理论结晶温度以下时，某些尺寸较大的原子团变得稳定，能够自发地长大，成为结晶的晶核。这种只依靠液体本身，在一定过冷度条件下形成晶核的过程，称为自发形核（又叫均匀形核）。实际金属液体中，常常存在各种固态的杂质微粒。金属结晶时，金属原子依附于杂质的表面形核比较容易。这种依附于杂质表面而形成的晶核称为非自发形核。非自发形核在生产中所起的作用更为重要。

2. 晶核的长大过程

晶核形成后，周围的原子不断在晶核上沉积，使晶核不断长大。在晶核长大的同时，液体中又有许多新的晶核产生。这样，晶核的形成和长大两个过程不断进行，直到它们与相邻的晶体相互接触为止，全部液态金属转变为固体，结晶过程终止。这样，晶体内便形成了许多排列方向各不相同，外形不规则，大小不相等的晶粒，晶粒之间的交界面为晶界。

晶核的长大受过冷度影响，当过冷度较大时，金属晶体常以树枝状方式长大。晶核开始长大初期，因其内部原子规则排列的特点，保持比较规则的几何外形。但随着晶核的长大，形成了棱角，棱角处的散热条件优于其他部位，因而得到优先长大，如树枝一样先长出枝干，称为一次晶轴。在一次晶轴生长和变粗的同时，在其侧面棱角处会长出二次晶轴，随后又可能出现三次晶轴、四次晶轴等。相邻的树枝状骨架相遇时，树枝状骨架便停止扩展，每个晶轴不断变粗，长出新的晶轴，直到枝晶间液体全部消失，每一枝晶成长为一个晶粒，如图4-4所示。

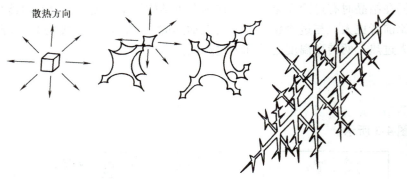
散热方向

图4-4　枝晶长大示意图

金属在结晶时，如果能不断补充因结晶收缩所需的液体，则结晶后将看不到树枝状晶体的痕迹，而只能看到多边形的晶粒；反之，树枝间有空隙，将可以明显看到树枝状晶体的形态。在铸锭的表面和缩孔处，经常可以看到这种未被填满的枝晶结构。

3. 影响金属结晶后晶粒大小的因素

结晶后的金属是由许多晶粒组成的多晶体，晶粒的大小，对金属的力学性能影响很大。晶粒越细小，金属的强度和硬度越高，塑性和韧性也越好。另外，细晶粒金属在热处理时变形、开裂的倾向也比较小，因此细化晶粒是改善金属材料性能的主要措施之一。

金属晶粒的大小用单位体积内晶粒的数目表示，单位体积内晶粒的数目越多，晶粒越小。为测量方便，常以单位截面积上晶粒数目或晶粒的平均直径表示。

结晶后晶粒的大小与形核率 N 和晶核的长大速率 G 两个因素有关。

形核率 N 是指晶核产生的速度，以单位时间内单位体积液体中，所产生的晶核数目来表示〔晶核形成数/（s·mm³）〕；长大速率 G 则是指晶体生长的线速度（mm/s）。影响形核率和长大速率最主要的因素是液体金属的过冷度和液体中难熔杂质的数目。

随着结晶过冷度的增大，形核率和长大速率都将增大，但二者增大的程度不同，形核率增大得快些，故在曲线（图4-5）的实线部分，过冷度越大，结晶后金属的晶粒越细小。当过冷度进一步增大（曲线的虚线部分），由于金属结晶温度太低，原子扩散能力降低，形核率和长大速率将逐渐减小并先后趋向于零，金属结晶速度也随之下降，如图4-5所示。

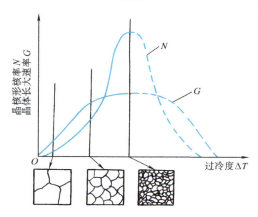

图4-5　过冷度对形核率和长大速率的影响

4. 获得细晶粒的主要措施

在工业生产中，为了细化晶粒，常采用以下方法：

（1）提高冷却速度　提高冷却速度，金属在较大的过冷度下结晶，从而使晶核数目增多，晶粒细化。如在铸造生产中，金属型比砂型的导热性能好，冷却速度快，因此可以得到比较细小的金属晶粒。

（2）进行变质处理　变质处理就是在液体金属中加入孕育剂或变质剂，以细化晶粒和改善组织。变质剂的作用在于增加晶核的数量或者阻碍晶粒的长大。如在铝合金液体中加入钛、锆；钢液中加入钛、钒、铝等，都可使晶粒细化。

（3）振动处理　采用机械振动、超声波振动、电磁振动等措施，使金属液产生相对运动，从而使枝晶受到冲击而破碎。这样不但可使已经长大的晶粒因破碎而细化，而且破碎的枝晶可以起到晶核作用，也能增加晶核数目，细化晶粒。

4.1.3　铸锭组织

生产中，常将液态金属浇入铸型型腔并使其在型腔中凝固，从而获得铸件。金属铸件在凝固时，由于表面和中心的结晶条件不同，铸件的组织结构也不同。以铸锭为例，一般铸件的典型结晶组织分为如下三个区域（图4-6）。

（1）细等轴晶区　液体金属注入锭模时，由于锭模温度不高，传热快，外层金属受到激冷，生成大量的晶核。同时模壁也能起非自发晶核的作用，结果在金属的表层形成一层厚度不大、晶粒很细的细晶区。

（2）柱状晶区　细晶区形成的同时，锭模

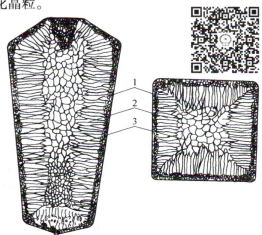

图4-6　铸锭组织示意图

1—细等轴晶区　2—柱状晶区　3—粗等轴晶区

温度升高，液体金属的冷却速度降低，过冷度减小，形核率降低，但此时长大速率受到的影响较小。结晶时，优先长大方向与散热最快方向相同，晶粒向液体内部平行长大，形成柱状晶区。

（3）粗等轴晶区　随着柱状晶区的发展，液体金属的冷却速度很快降低，过冷度大大减小，温度差不断降低，趋于均匀化，此时晶粒向各个方向均匀长大，形成粗大的等轴晶区。

4.2　合金的结晶

由于纯金属的力学性能较差，不能满足各种使用条件的要求，并且冶炼困难，价格较高，在工程上应用较少，因此机械工程中广泛使用的金属材料是合金。

4.2.1　合金的基本概念

（1）合金　合金是由两种或两种以上的金属元素（或金属与非金属元素）组成的具有金属特征的材料。如碳素钢和生铁是由铁与碳等元素组成的合金，黄铜是由铜和锌等元素组成的合金。

（2）组元　组元就是组成合金最基本的、能够独立存在的物质。如铁与碳是铁碳合金的组元。组元可以是化学元素，也可以是稳定的化合物。

（3）相　金属或合金中具有相同化学成分、相同结构并以界面相互分开的各个均匀的组成部分。

（4）相变　金属或合金的一种相在一定条件下转变为另一种相的过程称为相变。

（5）相图　表明合金系中各种相之间关系与平衡条件的一种简图，称为相图，也称为平衡图或状态图。

（6）金相组织　用肉眼、放大镜或显微镜观察到的材料内部的形态结构。组织的含义包括"相"的种类、形状、大小及各"相"的相对数量和分布。

4.2.2　合金的相结构

合金由两种或两种以上组元组成，根据结晶时组元间相互作用的不同，合金的相结构可分为固溶体、金属化合物、机械混合物等类型。

1. 固溶体

固溶体是指合金的组元在固态下相互溶解而形成的一种成分均匀的新晶体。合金中晶格形式被保留的组元称为溶剂，溶入固溶体中失去其原有晶格类型的组元是溶质。固溶体的晶格形式与溶剂组元的晶格相同。

根据溶质原子在溶剂晶格中所占位置的不同，可将固溶体分为置换固溶体和间隙固溶体。若根据组元相互溶解能力的不同，固溶体又可分为有限固溶体和无限固溶体。

（1）置换固溶体　合金两组元的原子直径大小相近，溶质原子占据溶剂晶格的结点，取代部分溶剂原子而形成的固溶体，称为置换固溶体。置换固溶体可以是有限固溶体，也可以是无限固溶体。如锌溶解于铜中形成置换固溶体。当黄铜中的含锌量小于39%时，锌能全部溶解于铜中。当含锌量大于39%时，组织中将出现铜和锌的化合物，可见锌在铜中的溶解度是有限的，这种固溶体是有限固溶体。而铜镍合金因铜与镍的原子半径相差很小，并且晶格类型也相同，它们可以按任意比例溶合，结晶后仍能形成单相固溶体，这种固溶体就是无限固溶体。

（2）间隙固溶体　溶质原子进入溶剂晶格的间隙而形成的固溶体称为间隙固溶体。当溶质原子半径远小于溶剂原子半径，一般地，溶质原子半径与溶剂原子半径之比≤0.59时，则形成间隙固溶体。如铁碳合金中的碳原子溶于铁的间隙中而形成间隙固溶体。由于溶剂晶格的间隙是有限的，因此间隙固溶体只能是有限固溶体。由于溶质原子的溶入，使溶剂晶格发生歪扭和畸变，并使合金的强度、硬度上升，塑性、韧性下降的现象，称为固溶强化。在实际生产中，常应用固溶强化来提高金属材料的力学性能。

2. 金属化合物

金属化合物是合金元素原子间按一定整数比形成的具有金属性质的一种新相，它具有不同于任一组元的复杂的晶格类型，其组成一般可用分子式来表示，如铁碳合金中的 Fe_3C。金属化合物的性能与各个组元的性能有显著的不同，一般具有高熔点和高硬度，而塑性及韧性极差，因此可利用它来提高合金的强度、硬度和耐磨性。生产中，常通过压力加工和热处理等方法，改变金属化合物在合金中的形状、大小及分布，从而调节合金的性能。

根据合金中金属化合物相结构的性质和特点，金属化合物可大致划分为正常价化合物、电子化合物及间隙化合物三类。

（1）正常价化合物　正常价化合物符合正常原子价规律，成分固定，可用分子式来表示。通常金属性强的元素与非金属或类金属都能形成这种类型的化合物，如 Mg_2Sn、Mg_2Si、MnS 等。

正常价化合物具有较高的硬度和脆性，当它在合金固溶体中细小而均匀地分布时，可使合金得到强化。

（2）电子化合物　电子化合物是按一定的电子浓度比组成一定晶体结构的化合物。电子浓度 $C_电$ 是指化合物中价电子数与原子数的比值。当 $C_电 = 21/14$ 时，形成具有体心立方晶格的 β 相，如黄铜；当 $C_电 = 21/13$ 时，形成复杂立方晶格的 γ 相，如 Cu_5Zn_3 化合物；当 $C_电 = 21/12$ 时，形成具有密排六方晶格的 ε 相，如 $CuZn_3$ 化合物。电子化合物熔点高、硬度高，可作为强化相存在于合金中。

（3）间隙化合物　间隙化合物由原子半径较大的过渡族元素和原子半径较小的非金属元素组成。过渡族元素的原子占据新晶格的正常位置，原子半径较小的非金属元素的原子则有规律地嵌入晶格的间隙中。

当原子半径比小于 0.59 时，产生简单晶格间隙化合物，如 TiC、TiN、ZrC、VC、NbC 和 Mo_2N 等。简单晶格间隙化合物的显著特点是熔点和硬度极高，十分稳定。当原子半径比大于 0.59 时，产生复杂晶格间隙化合物，如 Fe_3C、Cr_7C_3、$Cr_{23}C_6$ 和 Mn_3C 等。复杂晶格间隙化合物的熔点、硬度和稳定性均比简单晶格间隙化合物差，这一点对钢铁的热处理有较大影响。

总之，金属化合物的性能特点是硬而脆，熔点高，可以有效地提高材料的强度，硬度和耐磨性，但可使材料的塑性和韧性下降，常作为强化相而存在。

渗碳体是铁碳合金中一种重要的金属化合物，其碳原子半径与铁原子半径之比为 0.63。渗碳体的晶体结构为：碳原子构成一正交晶格（三个晶格常数互不相等，即 $a \neq b \neq c$），在每个碳原子周围都有六个铁原子，构成八面体，各个八面体的轴彼此倾斜某一角度，每个八面体内部有一个碳原子，每个碳原子为两个八面体所共有，铁与碳原子间的比例关系符合 Fe_3C 化学式。

渗碳体的铁原子可以被其他金属原子（如 Mn、Cr、Mo、W 等）所置换，形成合金渗碳体，如 $(Fe、Mn)_3C$、$(Fe、Cr)_3C$；渗碳体的部分碳原子可以被 N、B 等元素的原子置换形成 $Fe_3(C、N)$、$Fe_3(C、B)$。

3. 机械混合物

纯金属、固溶体、金属化合物都是组成合金的基本相，由两种或两种以上基本相组成的多相组织称为机械混合物。在机械混合物中，各相仍保持着它原有的晶格类型和性能，而整个机械混合物的性能则介于各个组成相性能之间，与各组成相的性能以及各相的数量、形状、大小和分布状况等密切相关，在机械工程材料中使用的合金材料，绝大多数是机械混合物。铁碳合金中的珠光体就是固溶体（铁素体）和金属化合物（渗碳体）组成的机械混合物，它的性能介于两者之间。

4.2.3　二元合金相图

合金的结晶过程是在过冷的条件下，形成晶核和晶核长大的过程，最后形成由许多晶粒组成的晶体。但合金的结晶过程比纯金属的复杂，纯金属结晶在恒温下进行，只有一个相变点，合金结晶的结晶开始和结晶终了温度不同。同时，液态合金在结晶过程中析出不同的相，而且各相的成分随着结晶温度的不同而变化，结晶终止后，整个晶体的平均成分才与原合金成分相同。

合金相图是表示平衡条件下合金系中的组元成分、结晶温度与其组织之间关系的图形。具体地说，合金相图表示合金在极其缓慢的冷却或加热条件下，其内部组织随温度、成分的变化规律，它是研究合金的性能与成分、组织之间关系的有效工具。

1. 相图的建立

合金相图一般是通过试验方法得到的，常用方法有热分析法、磁性分析法、膨胀分析法、显微分析法及 X 射线晶体结构法等，其中最基本、最常用的方法是热分析法。

热分析法是将配制好的合金放入炉中加热至熔化温度以上，然后极其缓慢地冷却，并记录下降温度与时间的关系，根据这些数据绘出合金的冷却曲线，由于合金状态转变时，会发生吸热或放热现象，使冷却曲线发生明显转折或者出现水平线段，因此可以确定合金的临界点，再根据这些临界点，即可在温度和成分坐标上绘制出相图。

二元合金系中有两个变量，除了温度外，还有成分的变化，相图纵坐标表示温度，横坐标表示合金的成分，合金的成分一般用质量分数来表示，也可以用摩尔分数表示。

Cu-Ni 二元合金相图的建立过程如图 4-7 所示。图中纵坐标表示温度，横坐标表示合金的浓度，横坐标任一点代表一种合金的成

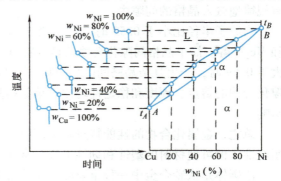

图 4-7　Cu-Ni 相图的建立过程示意图

分，从左到右表示 Ni 含量逐渐增加。

根据组元之间相互作用的不同，相图的图形可以是各种各样的，有的比较简单，有的相当复杂，但是无论何种相图，都由匀晶相图、共晶相图、包晶相图等几种基本的相图所组成。

2. 匀晶相图

在二元合金系中，两组元在液态下能相互溶解，在固态下形成无限固溶体的合金的相图，称为匀晶相图。从液相中析出固溶体的结晶过程，称为匀晶转变。具有这类相图的合金系有 Cu-Ni、Fe-Ni、Cr-Mo、Au-Ag 等。

（1）相图分析　以 Cu-Ni 相图为例，如图 4-8 所示。Cu 的熔点为 1085℃，Ni 的熔点为 1453℃，ALB 为液相线，$A\alpha B$ 为固相线。

液相线之上的区域是液相区，以 L 表示；固相线之下的区域是固相区，以 α 表示；液相线与固相线之间的区域，是液相与固相两相共存区，称为两相区或凝固区，以 L+α 表示。

合金系中任一成分的合金在结晶时，都会发生匀晶转变，从液相中析出单相的固溶体，并可用反应式表示，即 L→α。

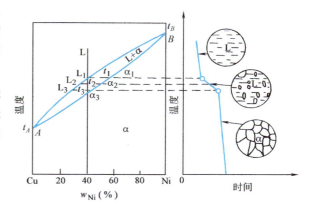

图 4-8　Cu-Ni 合金结晶过程示意图

（2）合金的平衡结晶　从相图中可看出，当液态合金自高温缓慢冷却到液相线温度 t_1 时，开始从液体中析出成分为 α_1 的固溶体，而液相成分将变为 L_1。固溶体 α_1 的 Ni 含量要比液相 L_1 的多。继续冷却到温度 t_2 时，结晶析出固相成分为 α_2，而液相成分为 L_2，这时成分为 α_1 的固相通过扩散变为成分为 α_2 的固相。显然液相成分也必须由 L_1 变化到 L_2 才能达到平衡。所以，当温度不断下降时，析出的固溶体 α 的成分不断沿着固相线变化，与之平衡共存的剩余液相成分相应沿液相线变化。与此同时，固溶体 α 的量不断增加，而液相的量逐渐减少。当冷却到温度 t_3 时，结晶终止，得到与原合金成分相同的单相固溶体，如图 4-8 所示。

（3）枝晶的偏析　在实际生产中，由于合金结晶时冷却速度较快，扩散过程远远跟不上结晶过程，再加上固体中原子扩散困难，因此，按枝晶方式结晶长大的固溶体，成分是不均匀的。开始结晶出来的合金是成分为 α_1 的固溶体，随着温度下降，在它的外面又形成成分为 α_2 的固溶体，之后依次形成成分为 α_3、α_4……的固溶体。由于它们之间的原子来不及进行充分扩散，成分不均匀状态一直保持到温度降至室温。树枝状晶体中的这种成分不均匀现象，称为枝晶偏析。结晶的冷却速度越大，偏析程度越严重。

枝晶偏析是一种不平衡的组织，它使合金的力学性能特别是塑性和韧性下降，同时使材料的耐蚀性和工艺性能下降。生产上常采用扩散退火来消除这种偏析。

3. 共晶相图

在一定温度下，从液相中同时结晶出两种不同固相的转变，称为共晶转变。具有共晶转变的二元合金有 Pb-Sn、Pb-Sb、Al-Si 等。二元合金系中，两组元在液态下完全互溶，在固态下只能形成有限固溶体和化合物，并且有共晶转变的相图，称为共晶相图。

（1）相图分析　以Pb-Sn合金相图为例，如图4-9所示。图中，a为纯Pb，纯Pb的熔点为327℃。b为纯Sn，纯Sn的熔点为232℃。d为共晶点，共晶温度为183℃。cde为共晶线，也是三相平衡线。c、e分别表示固态下Sn溶于Pb中的α固溶体和Pb溶于Sn中的β固溶体的最大溶解度。adb为液相线，$acdeb$为固相线。cf、eg分别为α、β固溶体的溶解度曲线。相图上有三个单相区：L、α、β，三个两相区：L+α、L+β、α+β。

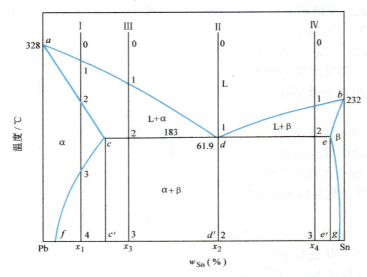

图4-9　Pb-Sn共晶相图

（2）共晶转变（合金Ⅱ）　将含Sn 61.9%的液态合金缓慢冷却到温度为183℃时，随即发生共晶转变：

$$L_d \rightarrow \alpha_c + \beta_e$$

即成分为d的液相在183℃时，结晶出成分是含锡量为c的固溶体α，用α_c来表示；同时还结晶出成分是含铅量为e的固溶体β，用β_e来表示。这一过程在恒温下一直进行到结晶完毕。这种结晶过程称为共晶转变，转变产物是两种固溶体的机械混合物，称为共晶组织。

继续冷却时，因固溶体的溶解度随温度降低而减小，从固溶体α、β中将分别析出二次晶体α_{II}、β_{II}。它们常与共晶体中的同类相混合在一起，在显微镜下难以分辨。图4-10所示为Pb-Sn合金共晶组织，呈片层交替分布，用符号（α+β）表示，黑色为α相，白色为β相。

（3）其他成分的平衡结晶

1）合金Ⅰ（含Sn 10%，代表点f~c间成分的合金）。当合金Ⅰ由液相缓慢冷却到t_1时（t_1为图中1点对应的温度，下同），从液相中开始结晶出固溶体α。随着温度的降低，α固溶体不断增多，液相不断减少。液相的成分沿液相线ad变化，而α固溶体的成分沿固相线ac线变化。当冷却至温度t_2时，合金结晶完毕，成为单相的α固溶体。这一结晶过程与匀晶相图合金相同。

温度在t_2和t_3之间，固溶体不发生任何变化。当温度降到t_3以下时，由于固溶体的溶解度降低，从α固溶体中析出β固溶体。由α固溶体中析出的β固溶体称为二次β固溶体，

并以符号 β_{II} 表示。随着温度的继续下降，β_{II} 固溶体的量不断增多，而 α 和 β 两相的平衡成分，将分别沿着固溶线 cf 和 eg 变化。

在金相显微镜下观察时，该合金的室温组织为 $\alpha + \beta_{II}$。由于 β_{II} 是从 α 固溶体中析出的，所以常常呈小点状分布在晶粒内。

所有成分位于点 $f \sim c$ 之间的合金，其结晶过程都与合金 I 的相似，缓慢冷却至室温后均由 α 和 β 两相组成，只是两相的相对量不同而已。

成分位于点 $e \sim g$ 之间的合金，结晶过程也与合金 I 的相似，但在固溶线 eg 以下，是由 β 固溶体析出二次 α_{II} 固溶体，室温组织由 $\beta + \alpha_{II}$ 组成。

2）合金 III（含 Sn 32%，代表点 $c \sim d$ 间成分的合金）。凡成分位于相图上点 $c \sim d$ 之间的合金均为亚共晶合金。现以 Sn 32% 合金为例分析其结晶过程。温度在 t_1 以上，合金呈液相，温度缓慢下降到 $t_1 \sim 183℃$ 之间，不断从液相中析出 α 固溶体，称为初生固溶体，剩余液相成分沿液相线变化，初生固溶体 α 相的成分沿固相线变化。随温度的下降、液相逐渐减少，固相不断增多。

温度下降到 $183℃$ 时，剩余的液相成分达到共晶成分 d，发生共晶转变，由液相生成共晶体（$\alpha_c + \beta_e$），一直进行到液体全部转变完结。此时，合金由初生的固溶体 α_e 和共晶体（$\alpha_c + \beta_e$）所组成，如图 4-11 所示。

温度降到 $183℃$ 以下时，由于溶解度的减小，从 α 固溶体中不断析出 β_{II}，从 β 固溶体中不断析出 α_{II}，直至温度降至室温为止。二次析出相不多，除了在初生固溶体 α 相上可以看到 β_{II} 外，共晶组织的特征不变。亚共晶合金的室温组织是：暗黑色树枝状晶体为固相 α，其中的小白色为 β_{II} 相，黑白相间组织是共晶体（$\alpha + \beta$）。

3）合金 IV（过共晶合金）。在相图中，凡成分位于点 $d \sim e$ 之间的合金均为过共晶合金。这个合金的结晶过程与亚共晶合金相似，不同的是初生相为 β 固溶体，二次相为 α_{II} 相。合金在室温下的显微组织是：白亮色晶粒为初生固溶体 β，黑白相间的组织为共晶体（$\alpha + \beta$），初生固溶体 β 相内的黑色小点为二次固溶体 α_{II} 相，如图 4-12 所示。

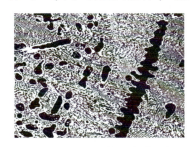

图 4-10 Pb-Sn 合金共晶组织

图 4-11 亚共晶合金组织

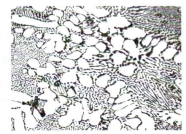

图 4-12 过共晶合金组织

4. 包晶相图

Pt-Ag 包晶相图如图 4-13 所示，这种在恒温下、一定成分的液相和固相形成另一成分固相的结晶过程，称为包晶转变。

（1）相图分析 在 Pt-Ag 相图中，a 为 Pt 的熔点（1772℃），b 为 Ag 的熔点（961.93℃），d 是包晶点，Ag 的含量为 67.6%；adb 是液相线，$aceb$ 是固相线，ced 水平线为包晶转变线，对应的温度是 1186℃；cf 是 Ag 在 Pt 中的溶解度曲线，eg 是 Pt 在 Ag 中的溶

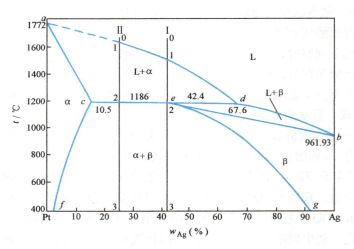

图 4-13　Pt-Ag 包晶相图

解度曲线。

（2）典型成分合金的平衡结晶　合金 I 的结晶过程中，在点 1~2 之间，其结晶过程与一般的匀晶相图的相同。当温度下降到包晶线上的 e 点时，析出的 α 固相成分为 c，剩余液相成分为 d。此时开始发生包晶转变，即

$$L_d + \alpha_c \xrightarrow{1186℃} \beta_e$$

即成分为 c 的固相 α 与包围它的成分为 d 的液相相互作用，Ag 和 Pt 相互扩散，形成另一成分为 e 的固溶体 β 相，在包晶温度下转变一直持续到液相和 α 相全部消失，形成单一的 β 相。

5. 具有共析转变的二元合金相图

在二元合金相图中，经常会遇到这样的情况，经过液相结晶得到单相固溶体，在冷却到某一温度时又发生析出两个成分、结构与母相不同的新固相的转变，这种转变称为共析转变。具有共析转变的二元合金相图，如图 4-14 所示。

图中成分为 C 的合金自液态冷却，通过匀晶结晶过程得到单一的固溶体 γ 相；继续冷却到 C 点温度即发生共析转变，即由 γ 相中析出两个成分、结构均与 γ 相不同的新相 α 和 β 的混合物，这种混合物称为共析体，可表示为（α+β）。共析转变可以表示为

$$\gamma_C \xrightarrow{共析温度下} (\alpha_D + \beta_E)$$

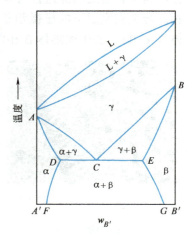

图 4-14　具有共析转变的
二元合金相图

C 点的成分为共析成分，发生共析转变的温度为共析温度，C 点为共析点。由于成分在 DE 之间的合金在冷却过程中均会发生共析转变，所以线 DE 被称为共析线。

共析转变与共晶转变相似，共析转变也是一个恒温转变的过程，有与共晶线、共晶点相似的共析线和共析点，共析转变的产物称为共析体。由于共析转变是在固态合金中进行的，

因此共析转变有以下几个特点：

1）共析转变是固态转变，转变过程中原子的扩散比液态中困难得多，共析转变需要较大的过冷度，即转变温度较低。

2）由于共析转变过冷度大，形核率高，故共析组织比共晶体更为细密。

3）共析转变前后晶体结构不同，转变时引起容积变化，产生较大的内应力。

4.3　合金性能与相图的关系

4.3.1　合金的使用性能与相图的关系

具有匀晶转变、共晶转变、包晶转变的合金的力学性能和物理性能随成分而变化的一般规律如图 4-15 所示。

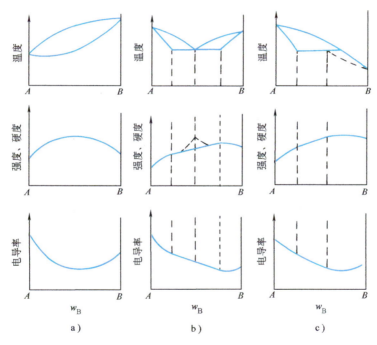

图 4-15　合金的使用性能与相图的关系示意图

a）匀晶相图　b）共晶相图　c）包晶相图

固溶体的性能与溶质元素的溶入量有关，溶质的溶入量越多，晶格畸变越大，则合金的强度、硬度越高，电阻越大。当溶质原子含量大约为 50% 时，晶格畸变最大，而上述性能达到极大值，所以性能与成分的关系曲线为透镜状。

两相组织合金的力学性能和物理性能与成分呈直线关系变化，两相单独的性能已知后，合金的某些性能，可依据其组成相的含量，用叠加的办法求出。对组织较敏感的某些性能如强度等，与组成相或组织组成物的形态有很大关系。组成相或组织组成物越细密，强度越高（见图 4-15 中虚线）。当形成化合物时，则在性能-成分曲线上的化合物成分处出现极大值或极小值。

4.3.2 合金的工艺性能与相图的关系

合金的铸造性能与相图的关系：纯组元和共晶成分的合金的流动性最好，缩孔集中，铸造性能好。相图中液相线和固相线之间距离越小，液体合金结晶的温度范围越窄，对浇注和铸造质量越有利。合金的液、固相线温度间隔大时，形成枝晶偏析的倾向性大；同时先结晶出的树枝晶阻碍未结晶液体的流动，而降低其流动性，增加分散缩孔。所以，铸造合金常选共晶或接近共晶的成分。单相合金的锻造性能好。合金为单相组织时，变形抗力小，变形均匀，不易开裂，因而变形能力大。具有双相组织的合金变形能力差些，特别是组织中存在有较多的化合物相时，这是因为化合物通常都很脆的缘故，如图 4-16 所示。

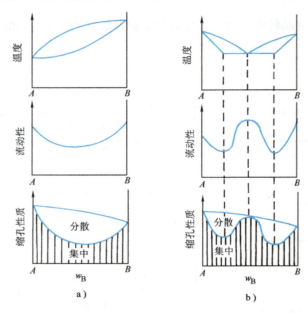

图 4-16　合金的铸造性能与相图的关系示意图

a）匀晶相图　b）共晶相图

4.4　铁碳合金相图

铁碳合金相图是研究钢和铸铁的基础，对于钢铁材料的性能研究及其制备工艺具有重要意义。铁和碳不仅可以形成一系列固溶体，还可以形成一系列化合物，如 Fe_3C、Fe_2C、FeC 等，其中有实用价值并被深入研究的是 Fe_3C。因此，常用的铁碳合金相图又称为 $Fe\text{-}Fe_3C$ 相图。

4.4.1　铁碳合金相图分析

1. 铁碳合金的组元与基本相

（1）纯铁的同素异构转变　不同的金属有不同的晶格，而同一种金属在不同温度下，也可能形成不同的晶格。金属在固态下，随温度的改变由一种晶格转变为另一种晶格的变化称为同素异构转变。金属的同素异构转变具有十分重要的意义。它使金属材料有可能通过热处理改变其组织和性能。纯铁的冷却曲线上有好几个水平线段，每个线段都对应着一种组织转变。

在温度为 1538℃时，纯铁从液态凝固为体心立方晶格 δ-Fe。随着温度下降，冷却至1394℃时，发生同素异构转变，由体心立方晶格 δ-Fe 转变为面心立方晶格 γ-Fe。继续冷却到912℃时，又会发生同素异构转变，由面心立方晶格 γ-Fe 转变为体心立方晶格 α-Fe。再继续冷却，晶格的类型不再发生变化。由同素异构转变所得到的不同晶格的晶体称为同素异构体，如图 4-17 所示。

同素异构转变遵循结晶的一般规律：①有一定的平衡转变温度；②需要一定的过冷度；③经历形核、长大的过程。但是，由于这种转变是在固态下进行的，原子的扩散比在液态下困难得多，因此，同素异构转变还具有如下特点：

1）需要较大的过冷度。

2）密度的变化引起体积变化，产生内应力。当 γ-Fe 转变成 α-Fe 时，体积增大，产生较大的内应力。

（2）铁碳合金的基本相及其性能　在铁碳合金中，铁和碳是它的两个基本组元，在固态下，铁和碳有两种结合方式：一是碳溶于铁中形成固溶体，二是铁与碳化合形成渗碳体。同时，固溶体和金属化合物又可组成机械混合物。此外，碳还能以游离状态存在，这点以后再详述。所以，铁碳合金在固态下的基本组织有铁素体、奥氏体、渗碳体三个基本相和珠光体、莱氏体两种机械混合物。

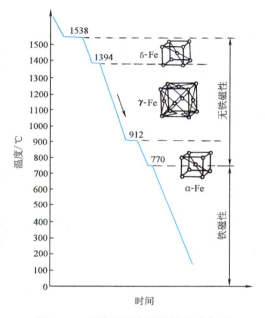

图 4-17　纯铁的同素异构转变示意图

1）铁素体。铁素体是碳溶于 α-Fe 形成的间隙固溶体，用 F 表示。铁素体的晶格结构仍能保持其 α-Fe 体心立方晶格，碳原子位于晶格间隙处。虽然体心立方晶格原子排列不如面心立方紧密，但因晶格间隙分散，原子难以溶入。碳在 α-Fe 中的溶解度很低，727℃时最大，为 0.0218%，室温时为 0.0008%。铁素体的强度和硬度很低，具有良好的塑性和韧性。用4%的硝酸酒精溶液侵蚀后，呈明亮白色多边形晶粒。

2）奥氏体。奥氏体是碳溶于 γ-Fe 形成的间隙固溶体，用 A 表示。奥氏体的晶格结构仍能保持 γ-Fe 面心立方晶格，碳原子半径较小，固溶以后，碳原子位于 γ-Fe 晶格的间隙中。γ-Fe 晶格原子排列紧密，间隙较集中，故能溶解较多的碳。碳在 γ-Fe 中的溶解度比在 α-Fe 中的大，1148℃时最大，为 2.11%，随着温度下降，溶解能力下降，至 727℃时，溶解度为 0.77%。奥氏体硬度不高，易于塑性变形。故在轧钢或锻造时，常把钢加热至奥氏体状态，以获得良好的塑性，使之易于加工成形。用高温金相显微镜观察，奥氏体的显微组织呈多边形晶粒状态，晶界比铁素体平直。

3）渗碳体。渗碳体是铁和碳形成的具有复杂晶体结构间隙的化合物，分子式为 Fe_3C，碳的质量分数为 6.69%，熔点为 1227℃；它的硬度很高，脆性大，塑性和韧性几乎为零。

渗碳体不能单独使用，一般作为碳素钢中的主要强化相。改变它在碳素钢中的数量、形态及分布，对铁碳合金的力学性能有很大影响。

用 4% 的硝酸酒精溶液侵蚀后呈亮白色，用苦味酸钠溶液侵蚀后呈暗黑色。渗碳体的形状有片状、网状、球状和板状。

4）珠光体。珠光体是铁素体和渗碳体的机械混合物，是具有交替排列的片层状组织，如同指纹，用 P 表示。其强度和硬度高，有一定的塑性。

5）莱氏体。莱氏体是奥氏体和渗碳体的机械混合物，常用符号 Ld 表示。其硬度很高，脆性很大。由于奥氏体在 727℃ 时转变为珠光体，因此室温时的莱氏体由珠光体和渗碳体组成。为区分起见，将 727℃ 以上的莱氏体称为高温莱氏体，用符号 Ld 表示；将 727℃ 以下的莱氏体称为低温莱氏体，用符号 Ld′ 表示。低温莱氏体的白色基体为渗碳体，黑色麻点和黑色条状物为珠光体。低温莱氏体的硬度很高，脆性很大，耐磨性能好，常用来制造犁铧、冷轧辊等耐磨性要求高，工作时不受冲击的零件。

2. 铁碳合金相图

铁碳合金相图是表示在极其缓慢冷却（或加热）的条件下，不同成分的铁碳合金在不同的温度下，所具有的组织状态的图形。它反映平衡条件下铁碳合金的成分、温度与组织之间的关系，以及某一成分的铁碳合金当其温度变化时，组织状态的变化规律。因此，它是研究钢和铸铁组织和性能的理论基础，是研究铁碳合金的重要工具。了解和掌握铁碳合金相图，对于选择钢铁材料和制订热加工及热处理工艺，有重要的指导意义。

铁碳合金相图的纵坐标代表温度，横坐标代表铁碳合金的成分，常用碳的质量分数（w_C）表示。横坐标左端原点代表纯铁（$w_C = 0$）；右端末点代表 $w_C = 6.69\%$ 的 Fe_3C，此时的合金全部为渗碳体，渗碳体就可以看成是铁碳合金的一个组元。当碳的质量分数 $w_C > 6.69\%$ 时，铁碳合金几乎全为化合物渗碳体，硬而脆，没有应用价值。所以，研究铁碳合金相图时，只研究 $w_C \leq 6.69\%$ 这部分。铁碳合金相图上的特征点和特征线，国内外一般都使用统一的符号表示。铁碳合金相图如图 4-18 所示。

为了便于实际研究和分析，将图 4-18 的左上角简化，得到简化铁碳合金相图，如图 4-19 所示。

（1）相区

1）单相区。

① 液相区 L：*ACD* 以上。

② 奥氏体区 A：*AESGA* 区。

③ 铁素体区 F：*GPQG* 区。

④ 渗碳体区 Fe_3C：*DFK*。

2）两相区。

① L+A 区：*ACEA* 区，液相与 A 共存并处于平衡。

② L+Fe_3C_I 区：*CDFC* 区，液相与初生 Fe_3C 相共存并处于平衡。

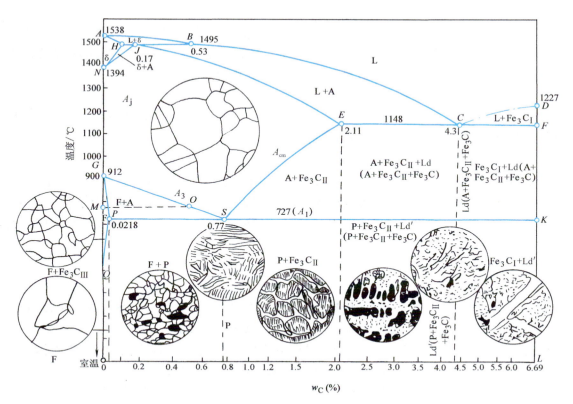

图 4-18　铁碳合金相图

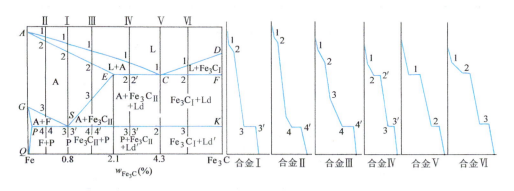

图 4-19　典型铁碳合金在铁碳合金相图中的位置

③ A+Fe$_3$C$_{II}$ 区：*EFKSE* 区，A 的碳的质量分数随温度变化沿 *ES* 线变化，析出 Fe$_3$C$_{II}$。

（2）铁碳合金相图中的重要转变

1）共晶转变。在温度为 1148℃时，具有共晶成分（$w_C = 4.3\%$）的液相发生共晶转变，从液相中同时结晶出碳的质量分数为 2.11% 的奥氏体和渗碳体两个新相。*C* 点为共晶点，水平线是共晶转变线，1148℃为共晶温度。其转变式为

$$L_C \xrightarrow{1148℃} (A_E + Fe_3C)$$

碳的质量分数超过 2.11% 的铁碳合金结晶时，都将发生共晶转变。共晶转变的产物是奥氏体和渗碳体的机械混合物，即（A+Fe₃C），为高温莱氏体。C 点合金全部转变为莱氏体，其他成分的合金因碳的质量分数不同，生成莱氏体的数量也不同。

2）共析转变。在温度 727℃ 时，具有共析成分（w_C = 0.77%）的奥氏体发生共析转变，从奥氏体中同时析出铁素体（w_C = 0.0218%）和渗碳体两个新相。S 点为共析点，水平线是共析转变线，727℃ 为共析温度。其转变式为

$$A_S \xrightarrow{727℃} (F_P + Fe_3C)$$

碳的质量分数大于 0.0218% 的铁碳合金冷却至共析温度时，奥氏体都将发生共析转变。共析转变的产物是铁素体和渗碳体的机械混合物，即（F+Fe₃C），称为珠光体，以 P 表示。碳的质量分数为 0.77% 的合金全部变为珠光体，其他成分的合金因碳的质量分数不同，生成珠光体的数量也不同。

3）二次渗碳体的析出。随温度变化，碳在奥氏体中的溶解度将沿 ES 线变化。奥氏体的饱和碳的质量分数是随温度降低而下降的。因此，随着温度的降低，过饱和的碳将以渗碳体的形式从奥氏体中析出。凡碳的质量分数大于 0.77% 的奥氏体，自 1148℃ 冷却到 727℃ 的过程中，都将析出渗碳体，通常称为二次渗碳体，以 Fe_3C_{II} 表示。

此外，铁素体由 727℃ 冷却到室温的过程中其溶碳能力沿 PQ 线变化，将从铁素体中析出三次渗碳体（Fe_3C_{III}），但由于三次渗碳体的数量极少，故常忽略不计。

（3）特征点 铁碳合金相图中用字母标注的点，都表示一定的特性，称为特征点，见表 4-1。

表 4-1 铁碳合金相图的特征点

特征点	温度/℃	w_C(%)	含义
A	1538	0	纯铁的熔点
C	1148	4.3	共晶点
D	1227	6.69	渗碳体的熔点
E	1148	2.11	碳在奥氏体中的最大溶解度
F	1148	6.69	渗碳体的成分
G	912	0	纯铁的异构转变点
K	727	6.69	渗碳体的成分
P	727	0.0218	碳在铁素体中的最大溶解度
Q	600	0.0057	碳在铁素体中的溶解度
S	727	0.77	共析点

（4）特征线 各个不同成分的合金具有相同意义的临界点连线，称为特征线，见表 4-2。

表4-2　铁碳合金相图的特征线

特征线	含　义
ABCD	液相线
AECF	固相线
GS（又称 A_3）	铁素体完全固溶于奥氏体中（或开始从奥氏体中析出）的温度；奥氏体转变为铁素体的开始线
ES（又称 A_{cm}）	二次渗碳体完全固溶于奥氏体中（或开始从奥氏体中析出）的温度；碳在奥氏体中的溶解度曲线
ECF	共晶转变线
GP	奥氏体转变为铁素体的终了线
PQ	碳在铁素体中的溶解度曲线
PSK（又称 A_1）	共析转变线

4.4.2　典型铁碳合金的结晶过程及其组织

从铁碳合金相图（图4-19）上可以看出，按其碳的质量分数和室温组织的不同，铁碳合金分为工业纯铁（$w_C<0.0218\%$）、碳素钢（$0.0218\%<w_C<2.11\%$）、白口铸铁（$2.11\%<w_C<6.69\%$）三大类。按内部组织的不同，碳素钢又分为亚共析钢、共析钢和过共析钢；白口铸铁分为亚共晶白口铸铁、共晶白口铸铁和过共晶白口铸铁。

1. 钢的结晶过程

（1）共析钢（合金Ⅰ）的结晶过程　该合金在1点以上，为成分均匀的液体。温度缓慢冷却到1点时，开始从液体中析出奥氏体，温度继续下降，奥氏体量不断增多。这时，液体的成分沿 AC 线变化，奥氏体的成分沿 AE 线变化。当温度降到2点时，液体全部凝固为共析成分的奥氏体。在2~3点之间冷却，没有组织、成分的变化。当合金冷却至共析温度（即 S 点）时，奥氏体发生共析转变，全部转变为珠光体。在 S 点以下继续冷却时，铁素体要析出三次渗碳体（Fe_3C_{III}），附着于原有的共析渗碳体（Fe_3C_{II}）上。共析钢（合金Ⅰ）的冷却过程组织变化示意图如图4-20所示。

共析钢的室温组织是单一的珠光体，它是铁素体和渗碳体的机械混合物。珠光体一般多是层片状组织，碳的质量分数为0.77%。其金相组织如图4-21所示，其中，白色基体是铁素体，黑色为渗碳体片。

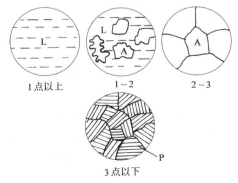

图4-20　共析钢（合金Ⅰ）冷却
过程组织变化示意图

图4-21　共析钢的金相组织

（2）亚共析钢（合金Ⅱ）的结晶过程　合金Ⅱ开始阶段的结晶过程与合金Ⅰ相似，当冷却至3点时，在奥氏体中开始析出铁素体，随着温度的下降，铁素体量逐渐增多，奥氏体量逐渐减少。由于从奥氏体中析出了碳的质量分数很低的铁素体，致使未转变奥氏体的碳的质量分数增高，奥氏体的碳的质量分数沿 GS 线变化，析出的铁素体的成分沿 GP 线变化。冷却至共析线上的4点时，尚未转变的奥氏体将获得共析成分，碳的质量分数达0.77%，并在此温度下发生共析转变，奥氏体转变为珠光体，随后的组织转变如同共析钢。4点以下继续冷却，组织基本上不再发生变化，如图4-22所示。

亚共析钢室温组织是铁素体和珠光体，用符号 F+P 表示，其金相组织如图4-23所示。随着碳的质量分数增加，铁素体的相对数量减少，珠光体的相对数量增加。铁素体形状也由等轴晶向碎块状，再向网状等形状变化。

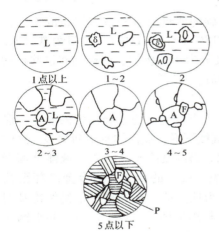

图4-22　亚共析钢（合金Ⅱ）
冷却过程组织变化示意图

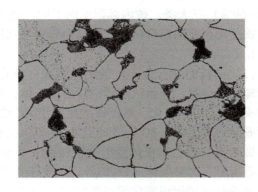

图4-23　亚共析钢的金相组织

（3）过共析钢（合金Ⅲ）的结晶过程　过共析钢（合金Ⅲ）开始阶段的结晶过程与合金Ⅰ、Ⅱ相似，当温度降至3点时，随着温度的下降，碳在奥氏体中的溶解度下降，便开始沿着奥氏体晶界析出二次渗碳体（Fe_3C_{II}）。温度继续下降，二次渗碳体（Fe_3C_{II}）不断析出，同时，奥氏体碳的质量分数减少，沿 ES 线变化。温度降至727℃时，剩余奥氏体中碳的质量分数已降至0.77%，发生共析转变，奥氏体转变为珠光体。共析转变后，组织由珠光体 P 和呈网状分布的二次渗碳体（Fe_3C_{II}）组成。温度继续下降，组织基本上不再发生变化，如图4-24所示。

过共析钢室温时的组织由珠光体 P 和沿晶界呈网状分布的二次渗碳体（Fe_3C_{II}）组成。随着碳的质量分数不同，珠光体 P 与二次渗碳体（Fe_3C_{II}）的相对量也不同，碳的质量分数越高，组织中的二次渗碳体越多，并且二次渗碳体网由细小的、断续的变为连续的、粗大的。

网状的二次渗碳体对材料的力学性能会产生不良的影响，使材料的韧性降低，这是因为裂纹容易沿着脆性的网状二次渗碳体扩展。过共析钢的金相组织如图4-25所示。

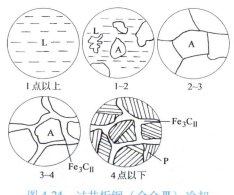

图 4-24　过共析钢（合金Ⅲ）冷却
过程组织变化示意图

图 4-25　过共析钢的金相组织

2. 白口铸铁的结晶过程

（1）共晶白口铸铁（合金 V）的结晶过程　在共晶线 1 点以上时，合金处于液体状态，当温度降至 1 点（1148℃）时，发生共晶转变，从液体中同时析出奥氏体和渗碳体，直至凝固完毕。此时组织是以共晶渗碳体为基体，上面分布着奥氏体，称之为高温莱氏体。在随后的冷却过程中，共晶渗碳体不发生变化，从奥氏体中不断析出二次渗碳体。奥氏体的碳的质量分数沿 ES 线逐渐减少，冷却至 727℃时，奥氏体中碳的质量分数已降到 0.77%，发生共析转变，形成珠光体。但莱氏体组织的分布状态不变，只是莱氏体的组成变为珠光体和渗碳体，为低温莱氏体。2 点以下继续冷却，组织不再发生变化。共晶白口铸铁（合金 V）的冷却过程组织变化示意图如图 4-26 所示。

共晶白口铸铁在室温的组织为低温莱氏体。由于二次渗碳体依附于共晶渗碳体上，因此在显微镜上无法分辨出来。低温莱氏体组织中的白色基体为渗碳体，黑色麻点和黑色条状物为珠光体，保留了共晶转变后的形态特征，如图 4-27 所示。

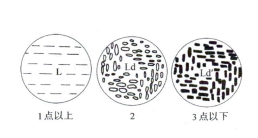

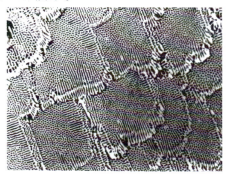

图 4-26　共晶白口铸铁（合金 V）
冷却过程组织变化示意图

图 4-27　共晶白口铸铁的金相组织

（2）亚共晶白口铸铁（合金Ⅳ）的结晶过程　该合金温度在 1 点以上时为液体，温度缓慢冷却至 1 点时，从液体中析出奥氏体。温度继续下降，不断有树枝状奥氏体自液体中析出，奥氏体量不断增多，而液体量不断减少，奥氏体成分沿 AE 线发生变化，直至 E 点，剩余液体成分沿 AC 线变化。冷却至 2 点（1148℃）时，液体碳的质量分数达到 4.3%，剩余液体发生共晶转变，生成高温莱氏体。这时组织为树枝状奥氏体和高温莱氏体。继续冷却，所有的奥氏体都发生如前所述的那些变化，如图 4-28 所示。

亚共晶白口铸铁在室温的组织由珠光体、二次渗碳体和低温莱氏体组成。组织中呈树枝状分布的黑色块是由初生奥氏体转变成的珠光体，二次渗碳体依附于共晶渗碳体上，其余部分为低温莱氏体。亚共晶白口铸铁的室温平衡组织如图 4-29 所示。

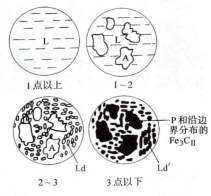

图 4-28 亚共晶白口铸铁（合金Ⅳ）
冷却过程组织变化示意图

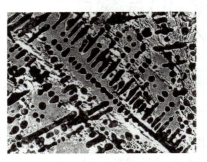

图 4-29 亚共晶白口铸铁
的室温平衡组织

（3）过共晶白口铸铁（合金Ⅵ）的结晶过程 该合金在温度 1 点以上时为液体，温度缓慢冷却至 1 点时，开始从液相中析出一次渗碳体（Fe_3C_I）。在 1~2 点间继续冷却，一次渗碳体（Fe_3C_I）继续析出并长大。一次渗碳体一般都呈板条状析出。同时，液相线沿 DC 线变化。当合金冷却至共晶线上的 2 点时，剩余液体碳的质量分数达到 4.3%，发生共晶转变，生成高温莱氏体。再继续冷却至 727℃ 时，发生共析转变，形成低温莱氏体，如图 4-30 所示。

过共晶白口铸铁的室温平衡组织为低温莱氏体和一次渗碳体，组织中的白色条状物为一次渗碳体，其余部分为低温莱氏体，如图 4-31 所示。

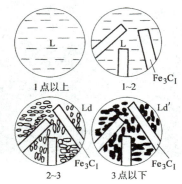

图 4-30 过共晶白口铸铁（合金Ⅵ）
冷却过程组织变化示意图

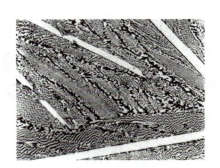

图 4-31 过共晶白口铸铁
的室温平衡组织

以上所描述的铁碳合金组织的形成过程，是在极其缓慢的冷却条件下所进行的过程，但生产实际中的加热和冷却情况并非如此。在这种情况下，不仅其组织变化的温度、相区范围会与相图所示的有所偏离，还会出现相图上所没有的亚稳定或不稳定组织。

铁碳合金相图是了解钢铁热处理原理的基础，也是制订热处理、铸造、压力加工工艺的重要依据，所以必须很好地掌握。

4.4.3　铁碳合金的成分、组织与性能的关系

铁碳合金相图表明了铁碳合金的成分、温度、组织之间的相互关系及变化规律。在一定温度下，铁碳合金的成分决定了合金的组织，从而决定了平衡条件下合金的性能。因此，碳的质量分数对铁碳合金的组织和性能有着重大的影响。随着碳的质量分数的增加，铁碳合金在室温时的显微组织有明显不同，各组织的相对数量也随之变化。铁碳合金组织与碳的质量分数存在一定的对应关系，见表4-3。

表4-3　铁碳合金组织与碳的质量分数的关系

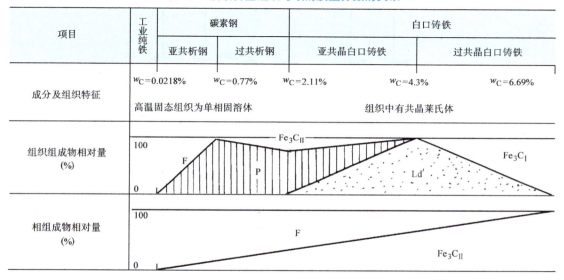

1. 铁碳合金组织与碳的质量分数的关系

在室温下，碳的质量分数不同时，不但 F 和 Fe_3C 的相对含量不同，而且两相组合的形态即合金的组织也在变化。随碳的质量分数增大，组织按下列顺序变化：

$$F、F+P、P、P+Fe_3C_{II}、P+Fe_3C_{II}+Ld'、Ld'、Ld'+Fe_3C、Fe_3C$$

$w_C < 0.0218\%$ 的合金的组织全部为 F，$w_C = 0.77\%$ 时全部为 P，$w_C = 4.3\%$ 时全部为 Ld'；$w_C = 6.69\%$ 时全部为 Fe_3C。在上述碳的质量分数之间，则为相应组织组成物的混合物。

2. 铁碳合金碳的质量分数与性能的关系

铁素体的强度、硬度较低，塑性、韧性较好，是软韧相；珠光体的强度、硬度较高，塑性、韧性较差；Fe_3C 是硬脆相，它的塑性、韧性几乎等于零。铁碳合金的性能取决于这些相的相对含量以及它们的分布。

硬度主要取决于组织组成物的硬度和相对含量，随碳的质量分数的增加，由于硬度高的 Fe_3C 增多，硬度低的 F 减少，合金的硬度呈直线关系增大，由全部为 F 的硬度（约 80HBW）增大到全部为 Fe_3C 时的硬度（约 800HBW）。

强度是一个对组织形态很敏感的性能。随碳的质量分数的增加，亚共析钢中 P 增多而 F 减少。P 的强度比较高，其大小与细密程度有关。组织越细密，则强度值越高。F 的强度较

低。所以亚共析钢的强度随碳的质量分数的增大而增大。但当碳的质量分数超过共析成分之后，由于强度很低的 Fe_3C_{II} 沿晶界出现，因此合金强度的增高变慢，到碳的质量分数约为 0.9% 时，Fe_3C_{II} 沿晶界形成完整的网，强度迅速降低；随着碳的质量分数的进一步增加，强度不断下降，到碳的质量分数为 2.11% 以下，合金中出现 Ld 时，强度已降到很低的值。再增加碳的质量分数时，由于合金基体为脆性很高的 Fe_3C，因此强度变化不大且值很低，趋于 Fe_3C 的强度（20~30MPa）。

由于铁碳合金中 Fe_3C 是脆性相，塑性极差，合金的塑性变形全部由 F 提供，因此随碳的质量分数的增大，F 量不断减少，合金的塑性连续下降。到合金成为白口铸铁时，塑性就接近于零了，如图 4-32 所示。

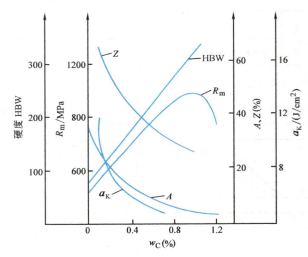

图 4-32　铁碳合金性能与碳的质量分数的关系

复习思考题

1. 简述铸锭三晶区形成的原因及每一个晶区的性能特点。

2. 名词解释：①凝固；②结晶；③过冷度；④合金；⑤相；⑥组织；⑦固溶体；⑧金属化合物；⑨合金；⑩相图；⑪铁素体；⑫奥氏体；⑬渗碳体；⑭珠光体；⑮莱氏体；⑯二次渗碳体。

3. 影响过冷度的因素是什么？它对金属结晶后的晶粒大小有何影响？

4. 在实际生产中，常采用哪些措施控制晶粒大小？

5. 固态合金中的相是如何分类的？相与显微组织有何区别和联系？

6. 说明固溶体与金属化合物的晶体结构特点，并指出二者在性能上的差异。

7. 二元合金相图表达了合金的哪些关系？具有哪些实际意义？

8. 什么是共晶反应？什么是共析反应？什么是匀晶反应？试写出相应的反应式。

9. 指出 $w_{Sn}=30\%$ 的 Pb-Sn 合金在 183℃ 下全部结晶完毕后的组织。

10. 根据 H_2O-NaCl 相图（见图 4-33），下雪天为了尽快化掉道路上的积雪，为什么采取在道路上加盐的措施，怎样加盐最有效？

11. 说明纯铁的同素异构转变及其意义。

12. 铁碳合金的基本相和组织有哪些？各用什么符号表示？分别叙述其基本性能。

13. 绘出铁碳合金相图，并叙述各特征点、线的名称及含义，标出各相区的相和组织组成物。

14. 结合铁碳合金相图简述共晶反应与共析反应。

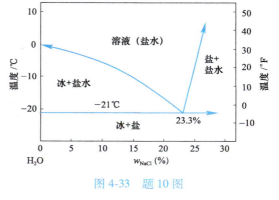

图 4-33　题 10 图

15. 分析 $w_C = 0.3\%$、$w_C = 1.0\%$、$w_C = 3.5\%$、$w_C = 5.0\%$ 的铁碳合金从液态冷却到室温的转变过程，用组织示意图说明各阶段的组织。

16. 写出各类碳素钢和白口铸铁在室温下的平衡组织。

17. 简述铁碳合金碳的质量分数与合金性能的关系。

18. 开放性习题：为什么结晶对材料的性能影响非常大？

19. 开放性习题：在我国最新研制的战斗机发动机中采用了单晶金属叶片，从晶体结构角度简要分析该类材料的优势。

第5章　金属材料热处理

学习要求

热处理是指通过对材料进行加热、保温和冷却，使材料内部组织发生改变，从而获得所需要性能的一种材料加工工艺。

学习本章后学生应达到的能力要求包括：

1）能够在理解热处理原理的基础上，针对提高产品质量和寿命等要求选择合理的热处理工艺。

2）掌握钢铁和有色金属材料经不同热处理后的组织及性能，掌握并运用热处理工艺来提高合金的使用性能和加工性能。

3）了解化学热处理、热处理新技术和热处理的发展趋势。

热处理是将金属材料在固态下加热到预定温度，并在该温度下保持一定时间，然后以一定冷却速度冷却下来的一种热加工工艺，其目的是改变材料的内部组织结构，从而改善材料的性能。

通过热处理可显著提高材料的力学性能，充分发挥材料的潜力，延长机器的使用寿命。恰当的热处理工艺还可以消除铸造、锻造、焊接等热加工造成的部分缺陷，细化晶粒、消除偏析、降低内应力，从而使材料的组织和性能更均匀。通过热处理还可使零件表面具有抗磨损、耐腐蚀等特殊物理、化学性能。

热处理的方法很多，一般根据其生产工艺分为常规热处理、化学热处理和表面热处理。常规热处理主要包括退火、正火、淬火和回火。化学热处理包括渗碳、渗氮和渗合金等。常规热处理主要是改变零件整体的组织和性能；表面热处理只改变零件表面的组织，提高表面强度和硬度等性能，也称为表面强化热处理。表面淬火是最常用的表面热处理。

在了解热处理对材料组织性能影响的基础上，本章主要介绍常用的热处理方法，从而为合理选材和制订零件加工路线奠定基础。

5.1　钢在加热和冷却时的转变

钢经热处理后性能会发生变化，这是因为经过不同的加热和冷却过程，钢的内部组织结构发生了变化。因此，了解钢在不同加热和冷却条件下组织变化的规律，是对钢进行热处理的基础。

5.1.1　钢在加热时的组织转变

1. 组织与加热温度的关系

对不同成分和组织的钢，在进行加热或冷却时，如果加热或冷却速度非常缓慢，那么钢的组织变化规律和铁碳合金相图给出的一致，即铁碳合金相图所揭示的成分、组织、温度的对应规律，正是热处理时平衡条件下材料组织的变化规律。

图 5-1 所示为铁碳合金相图的一部分。碳素钢在缓慢加热至奥氏体状态，或由奥氏体状态缓慢冷却到室温时，它们的临界转变温度相同，分别为 A_1、A_3、A_{cm}。在实际热处理时，加热或冷却不可能非常缓慢，和铁碳合金相图的临界温度相比发生一定的滞后现象，即需要有一定的过热或过冷，组织转变才能进行。碳素钢在加热时的临界温度分别为 Ac_1、Ac_3、Ac_{cm}，而在实际冷却时的临界温度分别为 Ar_1、Ar_3、Ar_{cm}。

在加热过程中，随着温度的提高，钢的组织变化规律如下。

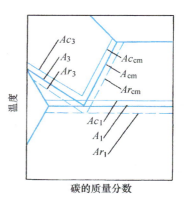

图 5-1　碳素钢的临界温度

对于共析钢，它的原始组织是片状珠光体。在 Ac_1 温度以下加热时，其组织不会发生变化。而当加热至 Ac_1 温度时，钢中原始的珠光体就转变为奥氏体，此时奥氏体中平均碳的质量分数为 0.77%。随着温度的进一步升高，奥氏体发生均匀化等过程，直至温度达到固相线温度，有液体产生；至液相线温度，完全转变为液体。由于钢在热处理时只发生固态相变，通常确定其加热温度时，以能保证奥氏体的形成及其成分均匀为准。

对于亚共析钢，它的原始组织是片状珠光体+铁素体。在 Ac_1 温度以下加热时，其组织基本不会发生变化。而当加热至 Ac_1 温度时，钢中原始的珠光体就转变为碳的质量分数为 0.77% 的奥氏体。随着温度的进一步升高，铁素体不断溶入奥氏体中，奥氏体的碳的质量分数不断降低，至 Ac_3 温度时，铁素体完全消失，最终得到单一的奥氏体组织。

对于过共析钢，它的原始组织是片状珠光体+渗碳体。当加热至 Ac_1 温度时，钢中珠光体就转变为碳的质量分数为 0.77% 的奥氏体。随着温度的进一步升高，渗碳体不断溶入奥氏体中，奥氏体的碳的质量分数不断增高，直到 Ac_{cm} 温度时，渗碳体完全溶入奥氏体中，得到单一的奥氏体组织。

2. 奥氏体的转变过程

下面以共析钢为例，来分析奥氏体化的过程。

当将共析钢加热至 Ac_1 温度时，片状珠光体就转变为奥氏体。钢中奥氏体的形成是一个结晶过程，一般可分为三个阶段：第一阶段是奥氏体的形核和长大；第二阶段是残留渗碳体的溶解；第三阶段是奥氏体的成分均匀化过程，如图 5-2 所示。

在 Ac_1 温度，珠光体处于不稳定状态，通常首先在铁素体和渗碳体相界上形成奥氏体晶核。然后，在奥氏体晶核的两侧，渗碳体不断向奥氏体内溶解，使得奥氏体晶粒不断长大。在奥氏体长大的过程中，碳原子在奥氏体和铁素体中扩散是奥氏体化的重要条件。由于铁素体向奥氏体转变的速度比渗碳体向奥氏体溶解的速度快得多，在珠光体的奥氏体化过程中，总是铁素体首先转变完毕。

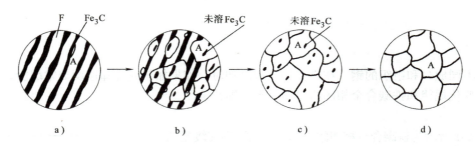

图 5-2　共析钢中奥氏体的形成过程

a）A 形核　b）A 长大　c）残留 Fe₃C 溶解　d）A 均匀化

此后，剩余渗碳体不断向奥氏体内溶解，直到全部溶解完毕，得到单一奥氏体组织。此时，奥氏体中的碳浓度仍然是不均匀的，在原渗碳体处的碳的质量分数要高些。在其后的保温过程中，碳原子逐渐从高碳区向低碳区扩散，使奥氏体成分均匀化。由于碳原子扩散的速度缓慢，碳素钢奥氏体化后必须有一定的保温时间。如果加热温度较高，原子扩散速度快，奥氏体成分均匀化所需要的时间就短。但温度过高可能引起晶粒粗大，导致力学性能变差。

3. 奥氏体的晶粒度

奥氏体晶粒的大小对冷却转变后钢的性能有很大的影响。一般来说，奥氏体晶粒越小，则冷却转变的组织越细，钢的强度越高，塑性、韧性越好。所以在淬火加热时，总是希望得到细小的奥氏体晶粒。奥氏体晶粒的大小是评定加热质量的指标之一。

钢在奥氏体化过程中，奥氏体刚形成时的晶粒度称为起始晶粒度。起始晶粒度的大小受加热速度影响，加热速度越快，则起始晶粒度越小。

在钢保温过程中，奥氏体的晶粒相互合并而长大。加热温度越高，保温时间越长，晶粒长大越明显。但是，不同成分的钢，奥氏体长大的倾向是不一样的。为了比较奥氏体化后晶粒长大的倾向，通常要测定钢的本质晶粒度。其方法是把钢加热到 930℃±10℃，并保温 3~8h，此时具有的晶粒度称为钢的本质晶粒度。

决定钢性能的晶粒度是钢的实际晶粒度，即在具体的热处理加热过程中，奥氏体化完毕后，所得到的最终晶粒度。该晶粒度不仅与钢的成分有关，还取决于具体的热处理工艺。

影响钢奥氏体晶粒大小的因素有：

（1）加热温度和保温时间　奥氏体晶粒大小与原子扩散有密切关系，所以加热温度越高，保温时间越长，奥氏体晶粒就越大。

（2）加热速度　在加热温度相同时，加热速度越快，奥氏体的实际形成温度就越高，其形核率和长大速率越大，奥氏体起始晶粒度越小。因而，在实际生产中，常利用快速加热、短时保温来获得细小的奥氏体晶粒。

（3）钢的化学成分　在一定范围内，随着奥氏体中碳的质量分数的增加，晶粒长大的倾向增大，但碳的质量分数超过一定值后，碳能以未溶碳化物状态存在，反而使晶粒长大的倾向减小。另外，在钢中，用 Al 脱氧或加入 Ti、Zr、V、Nb 等强碳化物形成元素时，奥氏体晶粒长大的倾向减小；而 Mn、P、C、N 等元素可促使奥氏体晶粒长大。

（4）钢的原始组织　通常来说，钢的原始组织越细，碳化物弥散度越大，则奥氏体的晶粒越小。

5.1.2　钢在冷却时的组织转变

1. 奥氏体等温转变图和连续冷却转变图

钢经过奥氏体化，获得均匀、细小的奥氏体晶粒。但是，大多数零件都是常温下工作，高温奥氏体总是要冷却下来的。钢的性能最终取决于奥氏体冷却转变的组织，因此，奥氏体的冷却过程是热处理的关键。

奥氏体在临界转变温度以上是稳定的，不会发生转变。在临界转变温度以下是不稳定的，有发生转变的趋势。通常将低于 Ac_1 温度尚未转变的奥氏体称为过冷奥氏体。

如果冷却速度十分缓慢，钢冷却的组织转变过程可参考铁碳合金相图。在实际的热处理生产中，钢在奥氏体化后通常有两种冷却方式：一种是等温冷却方式，另一种是连续冷却方式（见图5-3）。

（1）等温转变图　过冷奥氏体的转变，也是一个形核和长大的过程。这个过程发生的时间，可用等温转变图来描述。该图表示了过冷奥氏体转变产物的转变量与转变时间的关系，可反映过冷奥氏体的转变过程和转变速度。

等温转变图的测定方法是：将所测钢加工成 $\phi 10mm \times 1.5mm$ 的圆片状试样，并分成若干组。各组试样在相同的温度下奥氏体化后，再将其迅速冷却到 A_1 点温度以下，在不同温度的盐浴炉中保温，每隔一定时间，取出一组试样立即淬入盐水中，使未转变的奥氏体转变为马氏体。然后分析其组织转变量，并将开始转变时间和转变完成时间绘在温度-时间坐标上。由此测定各个等温温度下，转变开始时间和转变完成时间，就得到了等温转变图。

图5-4所示为共析钢等温转变图，该图在 A_1 之下有三个区域：

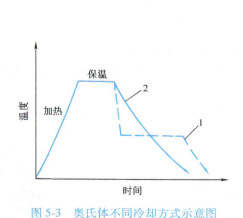

图 5-3　奥氏体不同冷却方式示意图
1—等温冷却方式　2—连续冷却方式

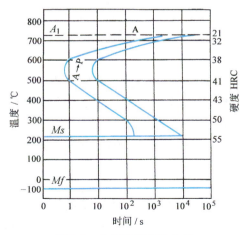

图 5-4　共析钢等温转变图

1）550℃之上为珠光体转变区域，钢在此温度区间进行保温，过冷奥氏体将转变为珠光体。然后快速冷却，将得到珠光体组织。珠光体转变区域内的两条线，分别代表过冷奥氏体的起止转变时间。可见奥氏体并非在冷却至 A_1 温度以下立即转变成珠光体，而是在经过一定时间的等温后，珠光体才开始形成，该时间称为孕育期。在550℃以上的高温区域，由于过冷度小，所需要的孕育期较长。随着温度的下降，过冷度增大，孕育期逐渐缩短。但当温度低于550℃时，由于原子扩散能力的降低，孕育期又逐渐变长。在550℃发生珠光体转变的孕育期最短，表明过冷奥氏体在该温度最不稳定。

2）550℃至 Ms 线之间为贝氏体转变区域，钢在此温度区间进行长时间保温，然后快速冷却，将得到贝氏体组织。

3）Ms 以下为马氏体转变区域，其意义同上。

与共析钢相比，亚共析钢和过共析钢等温转变图的上部多出一条先共析相的析出线，分别如图5-5、图5-6所示。在过冷奥氏体发生转变之前，在亚共析钢中要先析出铁素体，在过共析钢中要先析出渗碳体。

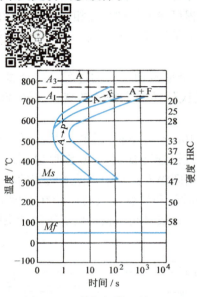

图 5-5 亚共析钢等温转变图

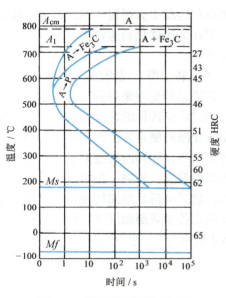

图 5-6 过共析钢等温转变图

（2）连续冷却转变图 奥氏体连续冷却的转变规律可用连续冷却转变图表示，它是工件奥氏体化后连续冷却时，过冷奥氏体开始转变及转变终止的时间、温度及转变产物与冷却速度之间的关系曲线图。

图5-7是用实验方法测定的共析钢的连续冷却转变图。由图可见，共析钢在连续冷却转变过程中，只发生珠光体和马氏体的转变，而不发生贝氏体转变。图中，珠光体转变区由三条曲线构成：Ps 线为 A→P 转变开始；Pf 线为 A→P 转变终止线；K 线为 A→P 转变终止线，它表示冷却曲线碰到 K 线时，过冷奥氏体即停止向珠光体转变，剩余部分一直冷却到 Ms 线以下发生马氏体转变。图中与连续冷却曲线相切的冷却速度线，是保证奥氏体在连续冷却过程中不发生分解而全部过冷到马氏体转变区的最小冷却速度，用 v_K 表示，称为马氏体临界冷却速度。

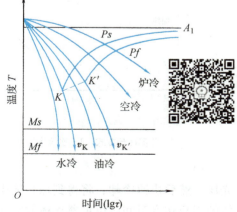

图 5-7 共析钢的连续冷却转变图

钢在淬火时的冷却速度应大于 v_K。

由于连续冷却转变图测定较为困难，到目前为止，还有许多常用钢种没有连续冷却转变图。因此，在实际生产中常用等温转变图来定性地分析连续冷却转变过程。

影响等温转变图和连续冷却转变图形状的主要因素是钢中合金元素的含量，除 Co 之外，其他的合金元素均能增大过冷奥氏体的稳定性，减小钢的临界冷却速度，从而使钢的等温转变图中的曲线右移。过冷奥氏体越稳定，它在冷却过程中分解就越困难，孕育期越长。由于珠光体转变孕育期最短，只要钢在珠光体转变区间的冷却时间不超过孕育期，在其后的冷却过程中，奥氏体就越容易转变成马氏体。部分合金元素如 Cr、Mo、W、V、Ti 等，其含量达到一定值时，不仅会使钢的等温转变图中的曲线右移，还会使等温转变图的形状发生改变，甚至使等温转变图的珠光体转变和贝氏体转变区域发生分离，形成各自独立的两个 C 形曲线。

2. 过冷奥氏体等温转变产物的组织与性能

当过冷奥氏体进行缓慢冷却，或在较高温度等温停留时，由于铁原子和碳原子都能发生扩散，结果奥氏体就能够充分分解，得到平衡组织珠光体或珠光体+先析出相（亚共析钢先析出铁素体，过共析钢先析出渗碳体）。当冷却速度加快或等温温度降低时，随着铁原子和碳原子扩散能力的下降，奥氏体的分解将难以充分进行，甚至完全不能进行，结果奥氏体转变成非平衡组织贝氏体或马氏体。

（1）珠光体转变 共析成分的奥氏体过冷到550℃以上，到珠光体转变区域等温停留时，将发生共析转变，形成珠光体。

珠光体的转变温度较高，是完全扩散型相变，即奥氏体中的铁原子和碳原子都要进行扩散。铁原子的扩散完成奥氏体分解时的晶格转变，碳原子的扩散使奥氏体分解，形成碳的质量分数高的渗碳体与碳的质量分数很低的铁素体，从而形成铁素体和渗碳体的两相混合物。在一般情况下，这两相呈层片状分布。随着过冷度的不同，珠光体中铁素体和渗碳体的厚度也不同。当钢在大于 650℃ 保温时，过冷度较小，所得片间距大于 0.4μm，就是珠光体（P）；当钢在 650～600℃ 保温时，片间距较小（0.4～0.2μm），这种组织称为索氏体（S）；当钢在 600～550℃ 保温时，由于过冷度较大，片间距很小（小于 0.2μm），这种组织称为托氏体（T）。

奥氏体转变的温度越低，所得到的珠光体的片层间距越小，其强度和硬度越高，其塑性和韧性也越好。托氏体的强度比珠光体的高，塑性、韧性都比珠光体的好。

（2）贝氏体转变 过冷奥氏体在550℃~Ms 之间进行等温停留时，将发生贝氏体转变，所得到的组织称为贝氏体。贝氏体转变是一种半扩散型相变。这是因为贝氏体的转变温度比较低，奥氏体内的铁原子难以发生扩散，碳原子能进行扩散。此时奥氏体通过切变方式转变为过饱和的铁素体，并通过碳原子的扩散形成碳化物沉淀。

贝氏体按照形态分为上贝氏体（$B_上$）和下贝氏体（$B_下$）。上贝氏体的形成温度较高，其组织是断续渗碳体颗粒+粗大的铁素体板条，呈羽毛状。下贝氏体的形成温度较低，其组织是微细的渗碳体颗粒+针状的铁素体。下贝氏体具有较高的强度和硬度，良好的塑性和韧性，综合力学性能优良。

（3）马氏体转变 将奥氏体快冷至 Ms 温度以下时，因原子无法扩散，奥氏体难以分解。结果是在巨大的过冷度作用下，奥氏体直接通过切变方式转变成过饱和的 α 固溶体，称为马氏体，常用 M 来表示。

马氏体转变的特点为：①马氏体转变是典型的非扩散型相变，因而不需要孕育期；②马氏体转变有固定的温度区间（$Ms \sim Mf$），其转变量只取决于过冷度，而与保温时间无关；③马氏体转变难以进行完全，常会有部分奥氏体残留下来，称为残留奥氏体。钢的碳的质量分数越高，淬火组织中的残留奥氏体就越多，从而使钢的强度和硬度下降。

过冷奥氏体向马氏体转变时，因为没有原子的扩散，故马氏体的碳的质量分数与过冷奥氏体相同。由于碳的质量分数的过饱和，使得 α 固溶体晶格的 c 轴被拉长，形成体心正方（$a=b\neq c$，$\alpha=\beta=\gamma=90°$）晶格。c 与 a 之比称为马氏体晶格的正方度。马氏体的碳的质量分数越高，其晶格的正方度就越大，进而马氏体的强度和硬度越高。

马氏体的形态主要有两种：碳的质量分数小于 0.3% 的低碳马氏体是板条状的；而碳的质量分数高于 0.6% 的高碳马氏体是针状的。碳的质量分数介于两者之间的则是板条状马氏体与针状马氏体的混合组织。板条状马氏体内部存在着高密度的位错，故又称位错马氏体。这种马氏体具有良好的塑性和韧性，但其强度和硬度较低。针状马氏体内部则具有高密度的孪晶，故又称孪晶马氏体。这种马氏体具有很高的硬度和强度，但其塑性和韧性较差。

5.2　钢的常规热处理

钢的常规热处理主要包括退火、正火、淬火和回火。对钢进行热处理时，将零件加热，使之全部或部分奥氏体化，并通过不同的冷却方式进行冷却，从而获得具有不同组织和性能的材料。退火是零件随炉一起缓慢冷却；正火是工件在空气中冷却；淬火是将零件淬入冷却快的水、油等介质中冷却；回火是指将淬火后的零件加热至 200~600℃进行热处理的工艺。

5.2.1　退火

退火是将零件加热到适当的温度，保温一定的时间，然后缓慢冷却，得到接近于平衡组织的热处理工艺。退火的特点是冷却速度很低，原子扩散充分，其成分、应变、内应力、组织等都向着稳定状态转变。碳素钢常见退火和正火工艺规范示意图如图 5-8 所示。常见的退火工艺有以下几种。

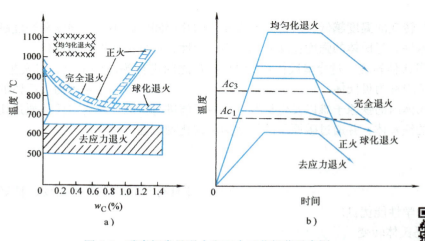

图 5-8　碳素钢常见退火和正火工艺规范示意图

a）加热温度范围　b）工艺曲线

1. 完全退火和等温退火

完全退火是将零件加热到 Ac_3 温度以上 $30\sim50℃$ 保温，缓冷到 $500℃$ 后空冷的热处理工艺。完全退火可获得接近于平衡状态的组织，主要用于亚共析钢的铸件、锻件、型材等。完全退火可以细化晶粒，消除过热组织，完全消除内应力、降低硬度和改善切削加工性能。

完全退火耗时很长，生产中常采用等温退火来代替。等温退火的加热温度和保温时间与完全退火相同，只是冷却方式有差别。等温退火是以较快的冷却速度冷却到 Ac_1 以下的某温度，等温停留一段时间，使奥氏体转变为珠光体，然后空冷。等温退火可大大缩短退火时间。

2. 球化退火

球化退火是将零件加热到 Ac_1 温度以上 $20\sim40℃$ 保温，得到不完全奥氏体，然后随炉缓慢冷却至 $600℃$ 以下，再出炉空冷，如图 5-9 所示。

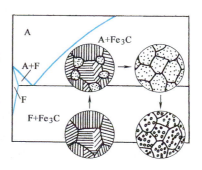

图 5-9　球化退火示意图

球化退火主要应用于过共析钢。由于这类钢的渗碳体呈层片状存在，硬度较高而难以切削加工，通过球化退火可使渗碳体变成细小颗粒，从而降低硬度，改善切削加工性能，为随后的淬火做组织准备。若钢的原始组织中有网状渗碳体存在，在进行球化退火之前，需要先进行正火来消除渗碳体网状组织。

3. 去应力退火

铸件、锻件和焊接件内部往往存在残余应力，这使得零件的尺寸不稳定，容易变形和开裂。为消除零件内部的残余应力而进行的退火，称为去应力退火。该工艺是将零件加热到 $500\sim650℃$，保温一定时间，然后随炉缓慢冷却。由于加热温度低于 Ac_1 温度，故零件的组织不会发生变化。

4. 再结晶退火

将冷变形后的零件加热至其再结晶温度以上 $100\sim200℃$ 保温，使其发生再结晶，然后随炉缓冷的退火工艺称为再结晶退火。该工艺主要用于消除冷变形金属的加工硬化，从而降低金属的硬度，改善其塑性变形能力和切削加工性能。冷变形金属在再结晶退火时，通过再结晶可得到均匀的等轴晶粒。

5. 扩散退火

合金铸件通常会形成粗大的树枝晶，当凝固较快时，还会产生严重的枝晶偏析。为了消除枝晶偏析，将铸件加热至接近其固相线的温度，进行长时间保温，促使合金原子充分扩散，然后随炉缓冷的工艺称为扩散退火。由于该工艺加热温度高，保温时间长，因此成本很高，而且零件极易过热和氧化烧损。经扩散退火后的零件，还需进行完全退火或正火来细化晶粒。

5.2.2　正火

将钢加热至完全奥氏体化温度（Ac_3 或 Ac_{cm} 以上 $30\sim50℃$）保温一定时间，然后在空气中冷却的热处理工艺，称为正火。

正火与退火的主要差别：正火的冷却速度比较快，得到的组织比较细小，强度和硬度也稍高一些，同时生产周期短，生产成本也比退火低。

正火的用途：

1）对亚共析钢铸件或锻件，用正火来代替退火，既可细化晶粒，消除部分铸造或锻造缺陷，又可降低生产成本。

2）对低碳素钢零件用正火可提高硬度，改善切削加工性能。

3）对过共析钢零件用正火来消除网状二次渗碳体。

4）某些要求不高的零件用正火来代替调质可大大降低成本。

5.2.3 淬火

淬火是将钢奥氏体化后快速冷却，获得马氏体组织的热处理工艺。淬火的目的主要是获得高硬度、高强度的马氏体，它是强化钢材最重要的热处理方法。

钢的成分不同，其淬火加热温度也不同。如图 5-10 所示，对亚共析钢必须加热到可完全奥氏体化的温度，其奥氏体化温度为 Ac_3 温度以上 30~50℃。在该温度奥氏体化可获得均匀单一的奥氏体组织，淬火后就可得到马氏体。若其加热温度低于 Ac_3 温度而仅在 Ac_1 温度之上，铁素体就不能完全溶入奥氏体，这样淬火组织中就会有铁素体存在，而造成其强度和硬度不足。

对过共析钢只加热到部分奥氏体化的温度，其加热温度为 Ac_1 温度以上 30~50℃。在该温度奥氏体化渗碳体不能完全溶解，因而所获得的奥氏体的碳的质量分数适中，淬火时不易开裂。同时，未溶的渗碳体弥散分布在马氏体基体上，有利于提高钢的硬度和耐磨性。若加热温度高于 Ac_{cm} 温度，渗碳体就会全部溶入奥氏体中，奥氏体的碳的

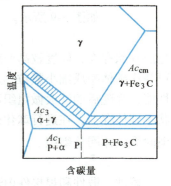

图 5-10 钢的淬火加热温度

质量分数过高，淬火时变形或开裂的倾向增大，淬火后残留奥氏体量增大，使钢的硬度下降。

常见的淬火介质是水和油，水的冷却能力比油的大。为了提高水的冷却能力，还常常在水中加入一定量的盐或碱。油类通常由机油并添加一定量柴油配成，也可采用其他有机溶剂。

1. 常见的淬火工艺

通常根据钢的种类和零件的复杂程度来决定淬火的冷却方式。按照冷却方式的不同，常见的淬火工艺有以下几种（见图 5-11）。

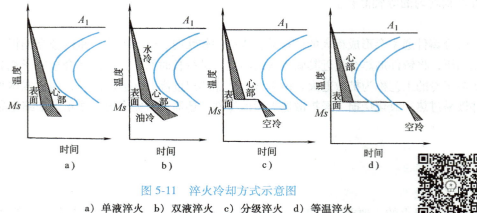

图 5-11 淬火冷却方式示意图

a）单液淬火 b）双液淬火 c）分级淬火 d）等温淬火

（1）单液淬火 单液淬火是将奥氏体化后的零件，直接淬入单一的冷却介质中的淬火工艺。该工艺操作简单，易于实现机械化和自动化，但热应力大，易开裂，不适合某些高碳素钢零件。

（2）双液淬火 双液淬火是将奥氏体化后的零件，先淬入冷却能力较强的水中，以避免奥氏体发生珠光体转变，当冷却至接近 Ms 温度时，再将其取出淬入冷却能力较差的油中，以减小零件的内应力。该工艺操作复杂，难以控制。

（3）分级淬火 分级淬火是将奥氏体化后的零件，先放入温度略高于 Ms 温度的盐浴炉内，进行短暂等温停留，然后取出空冷以得到马氏体的工艺。其特点是零件在等温过程中消除了温差，从而减小了热应力，马氏体转变是在随后的空冷中完成的，应力较小，零件的变形和开裂倾向大大减小。由于盐浴容积有限，该法仅适合小型零件的淬火。

（4）等温淬火 等温淬火是将奥氏体化后的零件，放入盐浴炉内快冷至下贝氏体转变温度（260~400℃）等温停留，得到下贝氏体的淬火工艺。由于零件在等温淬火时的变形开裂倾向小，且下贝氏体既具有较高的强度和硬度，又具有良好的塑性、韧性，因而主要用于形状复杂、尺寸较小、精度要求高的零件。

（5）局部淬火 某些小型零件只要求局部淬硬，可将其整体加热奥氏体化，然后只将需淬硬的局部快冷，称为局部淬火。大型零件也可通过局部加热奥氏体化，并淬火达到局部淬硬的目的。

2. 钢的淬透性

（1）淬透性的概念 淬透性是钢淬火时获得马氏体的能力，是材料本身的性能之一，而与具体的热处理工艺无关。淬透性常用来判断钢淬火时所获得的淬透层深度。

钢在淬火时，只有其冷却速度大于临界冷却速度 v_K 时才能获得马氏体，但由于零件在淬火介质中的冷却速度是由表到里逐渐减小的，对小直径零件来说，其心部的冷却速度可以大于 v_K，即心部能被淬透。而对于直径较大的零件，其心部冷却速度远小于 v_K，因而是不可能全部淬透的。以零件内部冷却速度刚好等于 v_K 处为界，该处至表层的部分能够淬透，得到马氏体，而该处到心部的部分则不能得到马氏体。

淬透性的高低，通常用规定条件下的淬透层深度来表示。为了便于测定，规定从淬火件表面至半马氏体区的距离为淬透层深度。由于马氏体的硬度主要取决于其碳的质量分数，对一定成分的钢来说，其硬度的高低直接取决于其马氏体含量的多少。只要知道某钢的半马氏体的硬度，就可用测定淬火钢硬度的方法，来确定其淬透层深度。

钢的淬透性主要取决于合金元素的含量。除 Co 之外的合金元素，均能提高过冷奥氏体的稳定性，从而减小其临界冷却速度 v_K，而 v_K 越小，钢的淬透性越好。淬透并不意味着淬硬，淬硬性是指钢淬火的硬化能力，它主要取决于钢的碳的质量分数。

（2）淬透性的测定和表示方法 测定淬透性最常用的方法是末端淬火法。要测定某钢的淬透性，首先将该钢制成 $\phi25mm \times 100mm$ 的标准试样，然后将该试样加热至奥氏体化温度，保温规定时间后，放在专门的末端淬火装置上，对试样末端进行喷水冷却，如图 5-12 所示。从试样末端到中间，其冷却速度是逐渐减小的，因而淬火后马氏体量逐渐减少，硬度逐渐降低。末端淬火法所测得的淬透性用 J（HRC/d）来表示。J 表示末端淬透性，d 表示至末端的距离，HRC 表示该处的洛氏硬度值。

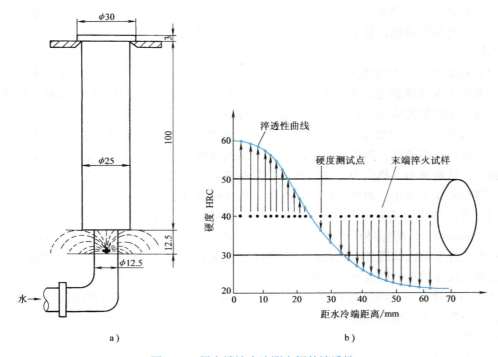

a) b)

图 5-12 用末端淬火法测定钢的淬透性
a）试样尺寸及冷却方法 b）淬透性曲线的测定

除末端淬火法外，另一种常用的测定钢的淬透性的方法是临界直径法，该法是通过测定钢在淬火介质中，心部能完全被淬透的最大直径（D_0）来确定该钢的淬透性。显然，钢的淬透性越好，其临界直径越大。表5-1列出了常用钢的临界直径。

表 5-1 常用钢的临界直径

钢号	临界直径/mm		钢号	临界直径/mm	
	水淬	油淬		水淬	油淬
45	13~16.5	5~9.5	35CrMo	36~42	20~28
60	11~17	6~12	60Si2Mn	55~62	32~46
T10	10~15	<8	50CrVA	55~62	32~40
65Mn	25~30	17~25	38CrMoAl	100	80
20Cr	12~19	6~12	20CrMnTi	22~35	15~24
40Cr	30~38	19~28	30CrMnSi	40~50	32~40
35SiMn	40~46	25~34	40MnB	50~55	28~40

（3）淬透性的应用 钢的淬透性是制订淬火工艺规程时的重要依据，它对淬火后零件的力学性能影响很大。被淬透的零件经回火后，表面和心部的组织及性能均匀一致，而未淬透的零件经回火后，表面和心部的组织不同，未淬透处的屈服强度和冲击韧度显著偏低，如图5-13所示。

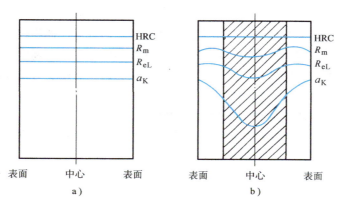

图 5-13　淬透性对淬火后经回火的钢的力学性能的影响

a）已淬透　b）未淬透

在机械设计中，应根据零件使用条件，选用不同淬透性的钢材。对受弯、受扭的零件，应力集中于表面，应选用淬透性较低的钢；对承受拉力或压力的零件，要求里外性能一致，应选用能全部淬透的钢；对焊接件，为防止焊缝及其热影响区产生淬火组织而导致焊件脆裂，一般选用淬透性差的钢。

5.2.4　回火

钢经淬火后强度、硬度提高，但塑性、韧性下降，同时零件内部有很大的内应力。为了消除淬火应力，提高塑性、韧性，将淬火后的钢加热至 Ac_1 以下的某个温度进行适当的保温，然后出炉空冷，此工艺称为回火。钢淬火后的组织一般是马氏体+少量残留奥氏体，这两种组织都不是稳定组织，在加热过程中会逐渐分解，转化为稳定组织。回火加热温度不同，分解程度不同，因而回火后的性能也不同。图5-14 所示为淬火组织和应力随回火温度升高而变化的情况。

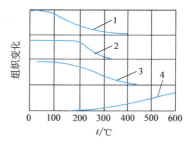

图 5-14　钢在回火时的组织变化

1—马氏体碳的质量分数　2—残留奥氏体量
3—内应力　4—渗碳体尺寸

1. 低温回火（150~250℃）

淬火钢经低温回火后，马氏体中析出部分碳化物，并消除了大部分淬火应力，这种组织称为回火马氏体。低温回火马氏体仍具有很高的硬度和强度。淬火+低温回火主要用于各种工具、滚动轴承、渗碳件，回火后硬度一般为 58~64HRC。

2. 中温回火（350~500℃）

淬火钢经中温回火后，马氏体分解，转变成铁素体和分布在其上的细小渗碳体组织，称为回火托氏体。钢经中温回火后，强度和硬度有一定程度的下降，但弹性极限提高，同时淬火应力全部被消除。该工艺主要用于弹簧钢、锻造模具钢的热处理，回火后硬度一般为 35~50HRC。

3. 高温回火（500~650℃）

淬火钢经高温回火后，马氏体及残留奥氏体完全分解，变成铁素体和渗碳体，且大量的晶格缺陷完全被消除。所得到的组织称为回火索氏体。经高温回火后，钢的强度和硬度虽明显下降，但塑性、韧性大大提高。与正火索氏体相比，回火索氏体组织具有更高的屈服强度和更好的塑性、韧性，因而广泛用于需要综合力学性能好的零件。通常将钢淬火并高温回火的工艺称为调质处理。调质处理广泛用于连杆、螺栓、齿轮、轴类等重要机器零件。高温回火后硬度为200～330HBW。

虽然钢经正火后和调质处理后的硬度值很相近，但重要的结构零件一般都进行调质处理，因为调质处理后的回火索氏体组织中，渗碳体呈粒状，而正火得到的索氏体组织中，渗碳体呈层片状。

5.2.5　45 钢的常规热处理

45 钢加热到 840℃奥氏体化后，经不同热处理后的组织性能见表 5-2。

表 5-2　45 钢经不同热处理后的组织性能

热处理	材料组织	冷却方法	R_m/MPa	R_{eL}/MPa	A（%）	Z（%）	HRC
退火	铁素体+珠光体	随炉冷却	530	280	32.5	49	15～18
正火	铁素体+细珠光体	空气冷却	720	340	15～18	45～50	18～24
淬火	马氏体	油中冷却	900	620	18～20	48	40～50
淬火	马氏体	水中冷却	1100	720	7～8	12～14	52～60
调质	回火索氏体	淬火后 600℃回火	750～850	355	20～25	40	17～25

5.3　钢的表面热处理和化学热处理

5.3.1　钢的表面热处理

工业上使用的轴、齿轮、凸轮等零件因受力复杂，且经受冲击，要求整体具有较高的强度和较好的韧性，同时要求表面硬度高。对其进行常规热处理，难以兼顾表面和内部的性能要求，通常先进行正火或调质，使其心部达到性能要求，然后，再利用快速加热，使零件表层迅速奥氏体化，在热量尚未传至内部时就淬火冷却，使表层获得高硬度的马氏体，而心部为原始组织，这种热处理工艺，称为表面淬火。表面淬火是常用的表面热处理方法。

表面淬火的关键在于加热时表面的升温速度，要远大于向零件内的传热速度，因此表面淬火的升温速度极快。表面淬火所得到的马氏体非常细小，具有很高的硬度和很好的耐磨性，也具有较高的疲劳强度。

钢的表面淬火分为感应淬火、火焰淬火、激光淬火和太阳能淬火等多种，目前生产中应用最广泛的是感应淬火和火焰淬火。

1. 感应淬火

感应淬火的原理：将零件放入高频感应线圈内，线圈产生的交变磁场使零件表面产生感应电流，由于感应电流主要集中于零件的表面，电流所产生的电阻热使零件表面迅速加热并奥氏体化，随即进行喷水冷却，使零件表面淬硬。对均匀截面零件，将其在感应线圈内匀速移动，可使零件表面被均匀淬硬。

感应淬火的淬透层深度主要取决于感应电流的频率，频率越高，零件表面的升温速度就越快，传入内层的热量就越少，因而淬硬层就越薄。

2. 火焰淬火

火焰淬火是利用氧-乙炔或其他可燃气体的火焰，直接加热零件表面至淬火温度，然后喷水冷却，使零件表面被淬硬的淬火工艺。其淬硬层深度一般为 2~6mm。

该工艺设备简单，操作方便灵活，成本低，主要用于单件小批量生产和大型零件的局部表面淬火；缺点是加热温度不易控制，易过热，淬火质量不稳定。

3. 激光淬火或太阳能淬火

用高能量密度的激光束，扫描零件表面，可使零件在极短的时间内升温并奥氏体化，随后依靠零件自身，即可实现激冷淬火。其淬硬层深度一般为 0.3~0.5mm。激光淬火的特点是方便、灵活，可利用激光的反射，实现对不通孔底部、沟槽侧壁、深孔内壁等部位进行表面淬火。

用反射器将太阳能汇聚起来，达到很高的能量密度时，也可用于表面淬火。其特点类似于激光，但成本低得多。

5.3.2　钢的化学热处理

化学热处理是将零件放入化学介质中加热和保温，使介质中的活性原子扩散进入零件表层，通过改变表层的化学成分和组织，以获得与心部不同的性能的热处理工艺。与表面淬火不同，化学热处理不仅改变表层的组织，还改变表层的化学成分。钢通过化学热处理可提高其表面的淬硬性、耐磨性、耐蚀性及疲劳强度。低碳素钢经表面渗碳后，心部具有低碳素钢的高韧性，而表面具有高碳素钢的高淬硬性。一些价格低廉的碳素钢或低合金钢，经化学热处理后，可替代一些价格昂贵的高合金钢，从而降低成本，节省贵金属资源。

化学热处理包括三个基本过程：

1）分解：在高温作用下，渗剂分解放出活性原子。

2）吸收：活性原子被零件表面所吸收。

3）扩散：活性原子向金属内部扩散形成扩散层。

常见的化学热处理有渗碳、渗氮、渗硼等渗非金属元素及渗铬、渗铝等渗金属元素。

1. 钢的渗碳

渗碳是将低碳素钢零件放入渗碳介质中，加热至900~950℃保温，使渗碳剂分解，放出活性碳原子，并渗入零件表面，提高零件表层的碳的质量分数，从而增加零件表面的淬硬性的一种热处理工艺。渗碳炉的结构示意图如图 5-15 所示。

常用的渗碳方法有气体渗碳、固体渗碳和液体渗碳三种。目前生产中广泛采用气体渗碳。

1）气体渗碳在专用的气体渗碳炉内进行。将零件装夹后置入渗碳罐内密闭，加入煤油、天然气等渗碳剂，加热到930℃，渗碳剂分解释放出的活性碳原子渗入零件表层，保温几个小时后，可获得厚度为 0.5~2.5mm 的渗碳层。表层中碳的质量分数通常控制在 0.8%~1.05%。

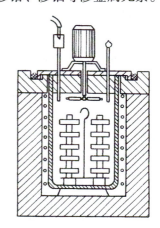

图 5-15　渗碳炉的结构示意图

2）固体渗碳是将零件埋入装有粉末状渗碳剂的密闭渗碳箱内，置入箱式电阻炉内进行加热渗碳。固体渗碳工艺简单，成本低，但渗碳质量不易控制。

3）液体渗碳则是将零件置入熔融的液体渗碳剂内进行渗碳，其优点是加热均匀、速度快、渗碳质量好，但成本高、有毒，且零件渗碳后清洗困难。

为了达到外硬内韧的性能要求，渗碳件淬火后还要进行低温回火，其目的是消除应力，防止表面开裂。

2. 钢的渗氮

渗氮是向钢的表面渗入氮原子的工艺过程。当将零件放入渗氮介质中加热时，氮原子渗入零件表面，与钢中的 Cr、Mo、Al、V、Ti 等元素结合，在零件表层形成高硬度的氮化物，从而提高零件表面的硬度、耐磨性和耐蚀性等性能。常用的渗氮工艺有气体渗氮、离子渗氮、氮碳共渗、碳氮共渗。

渗氮通常作为精密零件的最后一道热处理工艺。与渗碳相比，渗氮温度低，零件变形小。渗氮层具有比渗碳层更高的硬度和耐磨性，且在高温下仍能保持高硬度和热稳定性，同时也具有良好的耐蚀性。渗氮的缺点是工艺周期长，成本高；且渗氮层薄而脆，与钢基体的结合力较差。

1）气体渗氮工艺有两种：一种是以强化表面为目的，其渗氮温度 500~570℃，渗氮时间长达 20~50h，渗氮层的厚度为 0.15~0.75mm；另一种是为了提高表面的耐蚀性，其渗氮温度略高，为 590~720℃，渗氮时间不超过 2h，渗氮层的厚度只有 0.015~0.06mm。气体渗氮的周期长，成本高。

2）离子渗氮是在专用离子渗氮炉内进行的，其原理是在抽成真空的容器内通入氨气（或氮气和氢气的混合气体）等渗氮介质，以零件为阴极，零件四周加阳极网，两极间加 400~700V 直流电压，迫使高温下电离后的氮正离子高速冲击零件，从而促使氮原子向零件内渗入。离子渗氮的优点是渗氮时间短，仅为气体渗氮时间的1/5~1/2，且温度低，渗氮质量好。

3）氮碳共渗和碳氮共渗是将氮原子和碳原子同时渗入零件表面的工艺过程。在较低温度（500~570℃）下，以渗氮为主的称为氮碳共渗。与渗氮相比，氮碳共渗所得的渗层硬度较低，脆性小，且不受钢种限制。在较高温度（820~860℃）下以渗碳为主的称为碳氮共渗。与渗碳相比，碳氮共渗降低了渗碳温度，缩短了时间，效率高，零件变形小，适用钢种与渗碳的相同，渗后也需进行淬火和低温回火。

3. 渗金属工艺简介

渗金属是将金属元素渗入零件表面以提高零件的耐磨、耐热、耐蚀等性能。常用的渗入元素有 Cr、Al、Ti、Nb、V、Ni、W、Zn、Co 等，其中应用最广泛的是渗铬和渗铝。普通钢经渗铬或渗铝后，可大大提高其耐蚀和抗高温氧化性能。有些零件可用价格低廉的普通钢通过渗金属来代替昂贵的高合金钢。

渗金属分为直接渗入法和镀（涂）渗入法。前者与一般化学热处理的渗入原理相同，有固体法、液体法和气体法三种。后者是用镀层（或涂层）先将所要渗入的元素覆盖在零件表面，然后通过加热使之扩散进入零件表层。

由于金属的原子半径比碳、氮等原子的大得多，且与钢内的铁素体形成的是置换固溶体，这使得金属原子向钢内的扩散速度非常缓慢。通常渗金属需要在高温下长时间保温，这使得零件变形严重，而得到的镀层也很薄。目前常采用多元共渗的方法，来提高渗金属的速度。由于渗入元素的相互促进，多元共渗的渗入速度相对较快，因此所采用的渗入温度较低。

5.4　热处理在机械加工中的工序位置

热处理在实际生产中的应用相当广泛，热处理技术条件的提出、热处理工序位置的确定、热处理工艺规范的制订和实施，是相当重要的问题。

一般根据零件的工作条件、所选用的材料及性能要求提出热处理技术条件，并将技术条件标注在零件图上。其内容包括热处理的方法和热处理后应达到的力学性能。一般零件以硬度值为热处理技术条件，重要的零件可以标出强度、塑性、韧性的指标和金相组织的要求。对于化学热处理零件，还应标注渗层的深度和处理部位。

1. 热处理工序位置的确定

根据热处理的目的和工序位置的不同，热处理分为预备热处理和最终热处理两大类。

（1）预备热处理　预备热处理包括退火、正火、调质等工艺。其作用为消除前一工序所造成的内应力、晶粒粗大、组织不均匀等的影响，并为后续工序做准备。其工序位置一般安排在切削加工之前。

1）退火、正火的工序位置。凡经过热加工的毛坯零件，一般先要进行退火或正火处理，以消除毛坯的内应力，细化晶粒，使组织均匀，改善切削加工性能，为最终热处理做好组织准备。其工序位置均安排在毛坯生产之后，切削加工之前。退火、正火零件的加工路线一般为

毛坯→ 正火（或退火）→ 切削加工

2）调质的工序位置。调质主要是为了提高零件的综合力学性能，或为以后表面淬火做好准备。调质工序一般安排在粗加工之后，半精加工之前进行。调质零件的加工路线一般为

毛坯→正火（或退火）→粗加工→调质→半精加工

生产中某些零件经退火、正火或调质后，其性能已能满足使用要求，可不再进行最终热处理。

（2）最终热处理　最终热处理包括各种淬火、回火、渗碳及渗氮处理等。零件经最终热处理，获得所需的性能。因最终热处理后零件硬度高，除磨削加工外，切削加工困难，故其工序位置一般均安排在半精加工之后、磨削加工之前进行。

1）淬火的工序位置有以下两种情况。

①整体淬火零件加工路线一般为

毛坯→退火（或正火）→粗、半精加工→淬火→回火→磨削等精加工

②经预先调质后表面淬火零件的加工路线一般为

毛坯→退火（或正火）→粗加工→调质→半精加工→表面淬火→回火→磨削

2）渗碳淬火的工序位置。渗碳分为整体渗碳和局部渗碳。因局部渗碳时要对不渗碳部位采取防渗措施，故两者在工序安排上略有不同。局部渗碳在工艺上一般在不要求渗碳的部位增大防渗加工余量，待渗碳后淬火前，将防渗加工余量切掉。因此，对于局部渗碳零件，需增加切去防渗加工余量的工序，其余工序与整体渗碳零件的相同。另外，也可对局部不渗碳部位镀铜或涂防渗剂，然后再渗碳，其后加工工艺路线与整体渗碳的相同。

渗碳零件加工路线一般为

毛坯→正火→粗、半精加工→渗碳→淬火→低温回火→磨削切去防渗加工余量

3）渗氮的工序位置。渗氮温度低，变形小，渗氮层硬而薄。因此，工序位置应尽量靠后，一般渗氮后不再磨削加工，个别要求质量高的零件可进行精磨和超精磨。为防止因切削加工产生的内应力使渗氮件变形，常在渗氮前安排去应力退火工序。

渗氮零件的加工路线一般为

毛坯→退火→粗加工→调质→半精、精加工→
去应力退火→精磨→渗氮→精磨或超精磨

2. 热处理工序位置安排实例

（1）连杆螺栓

材料：40Cr 钢

热处理技术条件：调质，硬度为 263~322HBW

组织：回火索氏体，不允许有块状铁素体

工艺路线：毛坯→退火（或正火）→粗加工→调质→精加工

（2）车床主轴

材料：45 钢

热处理技术条件：整体调质处理，硬度为 220~250HBW；轴颈及锥孔表面淬火，硬度为 50~52HRC

工艺路线：毛坯→正火→粗加工→调质→半精加工→高频感应淬火+低温回火→磨削

（3）凸轮

材料：20Cr 钢

热处理技术条件：两侧面渗碳、淬火加低温回火，硬度为 58~62HRC，渗层深 0.8~1.2mm

工艺路线：毛坯→正火→切削加工→镀铜→渗碳、淬火、回火→精加工

5.5 非铁合金的热处理

非铁合金具有许多铁合金所没有的力学、物理和化学性能，成为现代工业不可缺少的金属材料。它们的种类很多，在机械工业中，常用的有铝及其合金、铜及其合金、轴承合金等。

非铁合金因成分组织不同，其强化方法也有所不同。除形变强化、固溶强化外，生产中还用热处理方法强化非铁合金。其中最常用的是固溶时效处理，它分为固溶处理和时效处理两个过程。

5.5.1　非铁合金的固溶处理

将固溶度随温度升高而增大的非铁合金，加热到适当温度，保温适当时间，以使原组织中析出的第二相溶入固溶体，并采取快冷，使第二相来不及析出，得到过饱和固溶体的热处理过程，称为固溶处理。固溶处理旨在获得过饱和固溶体，为时效处理做组织准备。

例如，$w_{Cu}=4\%$ 的 Al-Cu 合金的室温组织为 α+θ，其中 α 相为铜在铝中的固溶体，θ 相为金属化合物，其成分为 $CuAl_2$。Al-Cu二元合金相图如图 5-16 所示，铜在铝中的溶解度随温度升高而增大。在温度为 548℃时，铜在 α 相中的固溶度可达 5.65%，当温度低于 200℃时，铜在 α 相中的固溶度小于0.5%，室温时，铜在 α 相中的固溶度约为 0.05%。

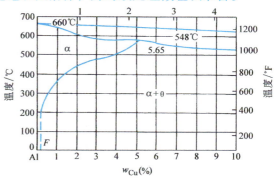

图 5-16　Al-Cu 二元合金相图

若将该合金加热到固溶线对应的温度以上，并保温，由于溶解度增大，$CuAl_2$ 溶入 α 相中，形成单相铝基固溶体 α，此时，铜的固溶度可达 4%。在该状态下进行水冷，$CuAl_2$ 来不及析出，获得过饱和的 α 固溶体，从而完成固溶处理过程。

经过固溶处理，合金的强度较低，塑性较好。对于非铁合金，经固溶处理后一方面可利用其良好的塑性，对其进行压力加工；另一方面利用第二相的脱溶析出，可提高合金的强度。

5.5.2　非铁合金的时效处理

固溶处理后，零件经加热或在室温下放置，过饱和固溶体发生脱溶分解，其强度、硬度升高的过程，称为时效处理。该过程在室温下进行时，称为自然时效；在加热条件下进行时，称为人工时效。

在时效处理时，由于溶质原子的偏聚，形成溶质原子富集区，引起基体晶格畸变，阻碍位错运动，所以合金的强度和硬度升高。

如果时效处理时间过长，富集区内的溶质原子就脱溶形成第二相，导致富集区消失，强化效果失去，这种现象称为过时效。

5.6　常用热处理设备

热处理设备分为主要设备和辅助设备，主要设备有加热设备，冷却设备。辅助设备有起重设备、运输设备、传送设备、检验设备、清理设备和校正设备等。本节仅对常用的加热设备进行简要介绍。

1. 电阻炉

电阻炉是用电阻发热体供热的一种炉子，分为箱式电阻炉、台车式电阻炉和井式电阻炉三种。

（1）箱式电阻炉　其结构如图 5-17 所示，该种炉子通用性强，可进行多种热处理，缺点是炉温不均匀，易氧化脱碳。按其工作温度的不同，该炉可分为高温、中温及低温三种。

（2）台车式电阻炉　其结构如图 5-18 所示，它是箱式电阻炉的改进型，主要用于大型零件的正火、退火及淬火加热。

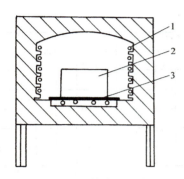

图 5-17　箱式电阻炉

1—加热元件　2—零件　3—耐热钢炉底板

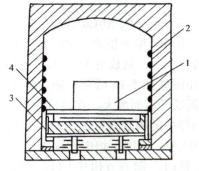

图 5-18　台车式电阻炉

1—零件　2—加热元件　3—炉底板　4—台车架

（3）井式电阻炉　工业电阻加热井式炉分为低温井式电阻炉、中温井式电阻炉、高温井式电阻炉和井式气体渗碳炉四种。

1）低温井式电阻炉：炉温均匀、装卸料方便，适用于淬火零件的回火或有色金属的热处理。

2）中温井式电阻炉：常用于零件淬火、退火、正火等的加热。

3）高温井式电阻炉：它是周期工作井式电阻炉，使用温度为 1200℃，主要供合金钢、高速工具钢、高锰钢、高铬钢等材料的轴类、管类零件进行正火、退火、淬火等热处理使用。

4）井式气体渗碳炉：炉膛密封性好，风扇机构使炉内气氛加热加速循环，炉内温度均匀。可用于零件的气体渗碳，气体渗氮、淬火加热等热处理。

2. 盐浴炉

盐浴炉是利用熔盐作为加热介质的热处理设备，其特点是结构简单、炉温均匀、加热速度快，不易氧化脱碳，多用于淬火加热。按热源的不同，盐浴炉分为外热式和内热式两种。

（1）外热式盐浴炉　常用的外热式盐浴炉为电阻坩埚盐浴炉，如图 5-19 所示，其热源也可采用其他燃料。

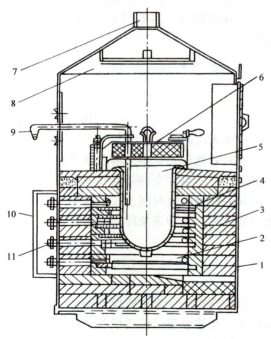

图 5-19　电阻坩埚盐浴炉

1—炉体　2—炉底空隙　3—耐热砖及耐热砖层
4—电热元件　5—坩埚　6—炉盖　7—吸风管
8—钟罩　9—热电偶　10—接线罩　11—接线柱

（2）内热式盐浴炉 它是在井状炉膛内插入或在炉墙中埋入电极，通以低电压大电流的交流电，借助熔盐的电阻发出热能，使熔盐达到要求的温度，并使盐中的零件加热。由于电磁作用使溶盐翻腾，因而炉温均匀，加热迅速。图 5-20 和图 5-21 所示分别为插入式和埋入式电极盐浴炉的结构图。

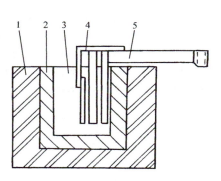

图 5-20 插入式电极盐浴炉

1—绝热层 2—耐热层 3—炉膛
4—起动电阻 5—插入式电阻

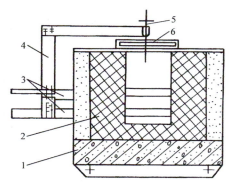

图 5-21 埋入式电极盐浴炉

1、2—绝热层与耐热层 3—埋入式电极
4—起动电阻 5—起动电阻接头 6—吸风口

5.7 其他热处理工艺

随着新能源的利用和计算机技术的发展，近年来，开发出了多项高效、低能耗、控制良好、应用范围广的热处理技术，具有代表性的热处理和表面处理技术列于表5-3 中。

表 5-3 其他热处理工艺

名称	目的及作用	技术方法及应用
可控气氛热处理	在炉气成分可控制的炉内进行的热处理，称为可控气氛热处理。可控气氛热处理具有一系列技术、经济优点：能减少或避免钢件在加热过程中的氧化和脱碳，节约钢材，提高零件质量；可实现光亮热处理，保证零件的尺寸精度；可进行渗碳和碳氮共渗，可使已脱碳的零件表面复碳等	它包括滴注式气氛、吸热式气氛、放热式气氛 1）滴注式气氛。用液体有机化合物，如甲醇、乙醇、丙酮、甲酰胺、三乙醇胺等，滴入热处理炉内，所得到的气氛称为滴注式气氛。它主要用于渗碳、碳氮共渗、氮碳共渗、保护气氛淬火和保护气氛退火 2）吸热式气氛。将天然气、煤气、丙烷按一定比例与空气混合后，通入发生器进行加热，在触媒的作用下，经吸热而制成的气体称为吸热式气氛。吸热式气氛主要用于渗碳气氛和高碳素钢的保护气氛 3）放热式气氛。将天然气和丙烷等燃料，按一定比例与空气混合后，靠自身的燃烧反应加热，称为放热式气氛。它是所有气氛中最便宜的一种，主要用于防止加热时的氧化，如低碳素钢的光亮退火，中碳素钢小件的光亮淬火
真空热处理	在真空中进行的热处理称为真空热处理 真空热处理的效果 1）脱气作用。有利于改善钢的韧性，提高零件的寿命	它包括真空退火、真空淬火、真空渗碳等 1）真空退火。真空退火有避免氧化、脱碳和去气、脱脂的作用，除了钢、铜及其合金外，还可用于处理一些与气体亲和力较强的金属，如钛、钽、铌、锆等

（续）

名称	目的及作用	技术方法及应用
真空热处理	2）可以净化表面。在高真空中，表面的氧化物、油污发生分解，零件可得到光亮的表面，提高耐磨性、疲劳强度，防止零件表面氧化 3）可以减小变形。在真空中加热，升温速度很慢，零件变形小	2）真空淬火。真空淬火已大量用于各种渗碳素钢、合金工具钢、高速工具钢和不锈钢的淬火，以及各种时效合金、硬磁合金的固溶处理 3）真空渗碳（低压渗碳）。它是近年来在高温渗碳和真空淬火的基础上发展起来的一项新工艺。与普通渗碳相比有许多优点：可显著缩短渗碳周期，减少渗碳气体的消耗，能精确控制零件表层的碳浓度、浓度梯度和有效渗碳层深度，不形成反常组织且不发生晶间氧化，零件表面光亮，基本上不造成环境污染，并可显著改善劳动条件等
形变热处理	将塑性变形和热处理有机结合起来，同时发挥材料形变强化和热处理强化的综合热处理工艺，称为形变热处理 形变热处理同普通热处理相比，可使零件获得更高的强度和韧性，还可省去热处理重新加热工序，简化生产流程，节约能源 形变热处理提高钢的强度和韧度的原因：①奥氏体在塑性变形中晶粒得到细化；②形变时奥氏体晶粒内部位错密度增高，并成为马氏体转变的核心，促使马氏体变细；③形变后材料位错密度高，为碳化物弥散析出创造了条件	它分为高温形变热处理和低温形变热处理 高温形变热处理是将钢加热到稳定的奥氏体区域（Ac_3 以上），进行塑性变形后，立即进行淬火、回火的热处理工艺。它不但能提高钢的强度，而且能显著改善钢的塑性、韧性，提高疲劳强度，使钢的综合力学性能得到明显的改善。高温形变热处理在锻造或轧制等零件高温成形的冷却过程中进行，省去了重新加热过程，从而节约能源，减少材料的氧化、脱碳和变形。高温形变热处理不要求大功率设备，生产上容易实现，广泛用于连杆、曲轴、磨具、刀具等形状简单的零件 低温形变热处理是将钢加热到奥氏体区域后，迅速冷却到 P 转变或 B 转变温度区（450~600℃），进行塑性变形之后，快冷淬火并低温回火。其强化效果非常显著，如中碳合金钢经低温形变热处理后，可大大提高强度而不降低塑性。低温形变热处理要求钢的淬透性非常好，孕育期相当长，而且需用大功率变形设备才能实现。其应用于强度和耐磨性要求很高的弹簧钢丝、轴承等小型零件和刀具

复习思考题

1. 何谓热处理？其工艺环节是什么？

2. 影响奥氏体实际晶粒度的因素有哪些？

3. 试述共析钢奥氏体形成的几个阶段，分析亚共析钢和过共析钢奥氏体形成的特点。

4. 试述 A_1、A_3、A_{cm}、Ac_1、Ac_3、Ac_{cm}、Ar_1、Ar_3、Ar_{cm} 的意义。

5. 参考共析钢等温转变图，分析共析钢在等温冷却条件如何获得以下组织：
①珠光体；②索氏体；③托氏体；④下贝氏体；⑤马氏体+残留奥氏体。

6. 参考共析钢连续冷却转变图，分析 T8 钢奥氏体化后，水冷、油冷、空冷和炉冷分别获得什么组织。

7. 正火和退火的主要区别是什么？在生产中应如何选择正火和退火？

8. 对过共析钢零件，何时采用正火？何时采用球化退火？

9. 分别指出下列钢件坯料按碳的质量分数分类的名称、对其正火处理的目的、正火的工序位置及正火后的组织：①20 钢齿轮；②T12 钢锉刀；③性能要求不高的 45 钢小型轴；①、②、③中零件的热处理可否都改用等温退火，为什么？

10. 何谓淬火临界冷却速度、淬透性和淬硬性？它们主要受哪些因素的影响？

11. 简述各种淬火方法及其适用范围。

12. 为什么亚共析钢的正常淬火加热温度为 $Ac_3+(30\sim50)$℃，而共析钢和过共析钢的正常淬火加热温度为 $Ac_1+(30\sim50)$℃？

13. 简述回火的分类、目的、组织性能及其应用范围。

14. 何谓预备热处理与最终热处理？退火和正火可以作为最终热处理吗？

15. 钢件渗碳后还要进行何种热处理？处理前后表层与心部组织各有何不同？

16. 将直径为 5mm 的 T8 钢加热到 760℃并保温足够的时间，问何种冷却工艺可得到如下组织：珠光体、索氏体、托氏体、上贝氏体、下贝氏体、托氏体+马氏体、马氏体+少量残留奥氏体？并在等温转变图上描绘出工艺曲线。

17. 判断下列说法是否正确：

1）钢在奥氏体化后，冷却时形成的组织主要取决于钢的加热温度。

2）低碳素钢与高碳素钢零件为了便于切削加工，可预先进行球化退火。

3）钢的实际晶粒度主要取决于钢在加热后的冷却速度。

4）过冷奥氏体冷却速度越快，钢冷却后的硬度越高。

5）同一钢种在相同加热条件下，水淬比油淬的淬透性好。

6）淬火钢回火后的性能主要取决于回火后的冷却速度。

7）钢的回火温度不能超过 Ac_1。

18. 开放性习题：通过调研和查阅资料，了解金属材料深冷处理工艺，简要分析其相变过程。

19. 开放性习题：成语"炉火纯青"来源于我国古代金属冶炼铸造行业，该成语为热处理过程中何种工艺参数控制的体现？请结合古今技术条件差异，分析古代金属制品质量不一的原因。

20. 开放性习题：百炼钢是我国古代的一种制钢工艺，它的主要特点是制炼过程中要反复加热锻打、千锤百炼，部分国外学者认为百炼过程主要是生铁脱碳。结合本章所学知识，简要分析该过程中材料性能提升原因。

常用工程材料

第6章 钢 铁 材 料

　　钢铁材料是工业上应用最广泛的金属材料，熟悉和掌握钢铁材料的组织性能和适用范围非常重要。

　　学习本章后学生应达到的能力要求包括：

　　1）了解钢铁材料的分类和牌号的表示方法，了解常用钢铁材料的性能特点。

　　2）理解常存元素对钢铁性能的影响，理解合金钢中合金元素对钢铁材料性能组织的影响。

　　3）掌握常用结构钢、工具钢、特殊性能钢的种类、性能特点及应用，能够分析其成分、组织和性能之间的关系。

　　4）理解铸铁中石墨形态对性能的影响，掌握铸铁的种类、性能特点及应用。

　　由于钢铁材料价格低廉、便于冶炼、容易加工，而且性能多种多样，能满足很多生产及应用方面的要求，因此钢铁材料成为目前使用最广、用量最大的金属材料，在现代工业、农业、科研、国防等行业中占有极其重要的地位。

6.1　钢

6.1.1　概述

1. 钢中常存元素对钢性能的影响

　　在钢中，主要元素是 Fe 和 C，其他元素均可称为合金元素。C、Si、Mn、P、S 是任何钢中都有的基本元素，称为常存元素，它们对钢的性能产生极大的影响。

　　1）碳在钢中一部分形成固溶体，提高钢的性能，另外一部分形成碳化物，是重要的增强相。

　　2）硅溶入铁素体中，起强化作用。此外，硅有较强的脱氧能力，可有效清除 FeO，提高钢的质量。硅在钢中是一种有益元素。

　　3）锰经常作为合金元素而特意加入钢中。锰的脱氧能力较强，能很大程度上减少钢中的 FeO，还能与硫化合生成 MnS，减轻硫的有害作用。在室温下，锰大部分溶入铁素体中形成固溶体，产生一定的强化作用，同时锰还能形成合金渗碳体。所以，锰在钢中也是一种有益元素。

4）硫在钢中常以 FeS 的形式存在，FeS 与 Fe 形成低熔点的共晶体，分布在奥氏体的晶界上，当钢材进行热加工时，共晶体过热甚至熔化，减弱了晶粒间的联系，使钢材强度降低，韧性下降，这种现象称为热脆。常加入锰来降低硫的有害作用。

5）磷能溶于 α-Fe 中，但当钢中有碳存在时，磷在 α-Fe 中的溶解度急剧下降。磷的偏析倾向十分严重，即使只有千分之几的磷存在，也会在组织中析出脆性很大的化合物 Fe_3P，并且 Fe_3P 特别容易偏聚于晶界上，使钢的脆性增加，韧脆转化温度升高，发生冷脆。一般磷也是有害元素，故对钢中的硫和磷都要严格控制，其含量的多少是钢质量好坏的重要指标。

除常存元素外，在炼钢过程中，少量炉渣、耐火材料及冶炼中的反应物都可能进入钢液，形成非金属夹杂物。它们都会降低钢的力学性能，在冶炼过程中应加以控制。钢在冶炼时还会吸收和溶解一部分气体，如氧气、氢气、氮气等，给钢的性能带来不利的影响。尤其是氢气，它使钢变脆（称为氢脆），也能使钢产生微裂纹（称为白点）。

2. 钢中合金元素的作用

碳素钢中加入合金元素后，可以改善钢的使用性能。合金钢具有许多碳素钢所不具备的优良的力学或特殊性能，比如较高的强度和韧性，良好的耐蚀性，在高温下具有较高的硬度和强度等。此外，合金钢还具有较好的工艺性能，如冷变形性、淬透性、回火稳定性等。合金钢之所以具有这些优异性能，主要是合金元素与铁、碳及合金元素之间产生相互作用，使钢内部组织结构改变的缘故。

合金元素在钢中的主要存在形式有：①溶入基体中，形成固溶体，对基体起强化作用；②形成强化相，形成金属间化合物，或溶入碳化物中形成合金碳化物。此外，合金元素有时也形成非金属夹杂物，或以单质形式存在。合金元素溶入铁素体对其力学性能的影响如图6-1所示。

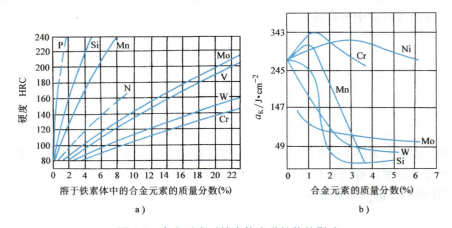

图 6-1 合金元素对铁素体力学性能的影响
a）对硬度的影响　b）对冲击韧度的影响

（1）合金元素与铁的相互作用　不同的合金元素与铁相互作用的结果，会对铁碳合金相图产生不同的影响。按照影响规律的不同，可将合金元素分为两类：一类是缩小奥氏体相区的元素，包括 Cr、Mo、W、Ti、Si、Al、B 等，又称为铁素体形成元素，如图 6-2a 所示；另一类是扩大奥氏体相区的元素，包括 Ni、Mn、Co、Cu、Zn、N 等，又称为奥氏体形成元素，如图 6-2b 所示。想得到室温奥氏体钢，需向钢中加入奥氏体形成元素；想得到铁素体钢，需向钢中加入铁素体形成元素。

同时，大部分合金元素还能使铁碳合金相图中的 S 点和 E 点左移，即降低了共析点的碳的质量分数及碳在奥氏体中的最大溶解度，从而使碳的质量分数相同的碳素钢和合金钢具有不同的组织。

（2）合金元素与碳的相互作用　钢中有些合金元素常与碳发生反应，形成合金碳化物，称为碳化物形成元素。它们形成碳化物的能力由强到弱的顺序为：Hf →Zr→Ti→Ta→Nb→Mo→Cr→Mn→Fe。而其他的合金元素其形成碳化物的能力低于铁，在钢中无法形成碳化物，称为非碳化物形成元素，如 Ni、Al、Si、Co、Cu 等。当碳化物形成元素含量较高时，可形成复杂碳化物，如 Cr_7C_3、$Cr_{23}C_6$。其中的中强或强碳化物形成元素则多形成简单而稳定的碳化物，如 VC、NbC、TiC 等，这些碳化物的熔点及硬度都很高。

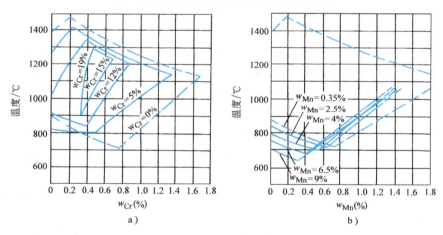

图 6-2　合金元素对奥氏体相区的影响

a）铬的影响　b）锰的影响

当碳化物以微细质点分布于基体上时，产生弥散强化作用，而且合金碳化物有极高的硬度和熔点，显著提高了钢的耐磨性和耐热性。此外，难熔的稳定碳化物分布在奥氏体晶界上，可有效地细化晶粒，改善钢的性能。

（3）合金元素对热处理工艺的影响

1）合金元素对钢在加热时奥氏体化的影响。钢中大部分合金元素，特别是强碳化物形成元素，都减缓奥氏体的形成过程，从而提高了热处理的加热温度，同时延长了保温时间。

此外，合金元素对奥氏体的晶粒度有不同的影响，如 P、Mn 促使奥氏体晶粒长大；Ti、Nb、N 等可强烈阻止奥氏体晶粒长大；W、Mo、Cr 等对奥氏体晶粒长大起到一定的阻碍作用。

2）合金元素对淬透性的影响。实践证明，除 Co、Al 外，能溶入奥氏体中的合金元素，均可减慢奥氏体的分解速度，使等温转变图中的曲线右移并降低 Ms 点（图 6-3），提高钢的淬透性。除 C 外，常用来提高淬透性的合金元素是 Cr、Mn、Ni、W、Mo、V、Ti。合金元素能减缓奥氏体的转变速度，主要是由于合金元素减慢了碳的析出和扩散速度。钢中含有较多的提高淬透性元素，在淬火冷却速度下，更容易得到马氏体组织。

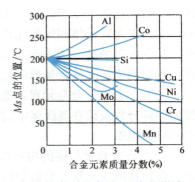

图 6-3 合金元素对 Ms 点的影响

3）合金元素对回火转变的影响。多数合金元素能提高钢的回火稳定性。由于合金元素能使铁碳原子扩散速度减慢，使淬火钢回火时马氏体分解减慢，析出的碳化物也难于聚集长大，保持一种较细小、分散的状态，从而使钢具有一定的回火稳定性。因此，与碳素钢相比，在同一温度回火时，合金钢的硬度和强度高，这有利于提高结构钢的强度、韧性和工具钢的热硬性。

高合金钢在温度为500~600℃范围回火时，其硬度并不降低，反而升高，这种现象称为二次硬化。产生二次硬化的原因是合金钢在该温度范围内回火时，析出细小、弥散的特殊化合物，如 Mo_2C、W_2C、VC 等，这类碳化物硬度很高，在高温下非常稳定，难以聚集长大，提高了合金的强度和硬度。如具有高热硬性的高速工具钢就是靠 W、Mo、V 的这种特性来实现的。

在某一温度下对淬火钢进行回火时，会发生脆性增大的现象，称为回火脆性。在350℃附近回火时发生的脆性，称为第一类回火脆性。无论碳素钢或合金钢，都会发生这种脆性，这种脆性产生后无法消除，所以应尽量避免在此温度区间内回火。

在温度为500~650℃范围回火时，将发生第二类回火脆性，主要出现在合金结构钢（如铬钢、锰钢等）中。当出现第二类回火脆性时，可将构件加热至500~600℃经保温后快冷予以消除。对于不能快冷的大型结构件，加入适量的 W 或 Mo 可防止第二类回火脆性的发生。

3. 钢的分类

生产上使用的钢材品种繁多，性能各异，为了便于钢产品的生产、使用和研究，需要对钢进行分类和编号。

（1）按用途分类　按用途分类是我国钢材的重要的分类方法，根据用途一般将钢材分为以下三类。

1）结构钢。用于制造各种工程结构（船舶、桥梁、车辆、压力容器等）和各种机器零件（轴、齿轮、各种联接件等）的钢种称为结构钢。其中用于制造工程结构的钢又称为工程用钢或构件用钢，它主要包括碳素钢及普通低合金钢；机器零件用钢则包括渗碳素钢、调质钢、弹簧钢、滚动轴承钢等。

2）工模具钢。工模具钢是用于制造各种加工工具的钢种。根据工具用途的不同，又可分为刃具钢、模具钢、量具钢。

3）特殊性能钢。特殊性能钢是指具有某种特殊的物理或化学性能的钢种，包括不锈钢、耐热钢、耐磨钢、电工钢等。

（2）按化学成分分类　按化学成分的不同，钢可分为碳素钢和合金钢两大类。碳素钢又分为：①低碳素钢 $w_C \leqslant 0.25\%$；②中碳素钢 $w_C = 0.25\% \sim 0.6\%$；③高碳素钢 $w_C > 0.6\%$。合金钢可分为：①低合金钢，合金元素总质量分数小于5%；②中合金钢，合金元素总质量分数为5%~10%；③高合金钢，合金元素总质量分数大于10%。另外，根据钢中所含主要合金元素种类的不同，也可分为锰钢、铬钢、铬镍钢、硼钢等。

（3）**按显微组织分类**　根据室温时的显微组织，或平衡状态下的显微组织，可以将钢分为：①亚共析钢、共析钢、过共析钢和莱氏体钢；②珠光体钢、贝氏体钢、马氏体钢、奥氏体钢、铁素体钢、复相钢等。

（4）**按品质分类**　由于P、S对钢的性能有较大的不良影响，钢的品质主要指钢中P、S的含量。根据品质不同，钢分为：①普通钢，$w_P \leq 0.045\%$、$w_S \leq 0.055\%$；②优质钢，$w_P \leq 0.040\%$、$w_S \leq 0.040\%$；③高级优质钢，$w_P \leq 0.035\%$、$w_S \leq 0.030\%$。

4. 钢的编号方法

我国钢的编号，由三大部分组成：化学元素符号、汉语拼音字母和阿拉伯数字。其中化学元素符号表示钢中所含的合金元素种类；汉语拼音字母用来对钢的种类、性质、特点、要求等内容加以说明；阿拉伯数字用来表示合金元素的含量或钢性能的数值。

（1）**碳素钢（非合金钢）**

1）普通碳素结构钢（简称普钢）。普通碳素结构钢的牌号由Q+屈服强度数值（钢材厚度或直径≤16mm）、质量等级符号（分A、B、C、D四级）、脱氧方法（F、Z、TZ）及产品用途、特性和工艺方法表示符号（必要时）四部分按顺序组成。如Q235 AF表示屈服强度为235MPa、沸腾钢、质量等级为A级的碳素结构钢。F、Z、TZ依次表示沸腾钢、镇静钢、特殊镇静钢。一般情况下，符号Z与TZ在牌号表示中可省略。

2）优质碳素结构钢（简称优钢）。优质碳素结构钢的牌号用两位数字表示，这两位数字表示钢中的平均碳的质量分数的万分数。如45钢表示平均碳的质量分数为0.45%。含锰量较高时，则在牌号后面加锰元素符号"Mn"。

优质碳素结构钢根据碳的质量分数的不同又可分为低碳素钢（碳的质量分数在0.25%以下）、中碳素钢（碳的质量分数为0.25%~0.55%）和高碳素钢（碳的质量分数为0.55%~0.85%）。

3）碳素工具钢。碳素工具钢的编号是在"T"的后面附以数字来表示，数字代表钢中的平均碳的质量分数的千分数。如T12表示平均碳的质量分数为1.2%的碳素工具钢。如果是高级优质碳素工具钢，则在数字后面附以A。如T12A表示平均碳的质量分数为1.2%的高级优质碳素工具钢。

4）铸钢。铸钢的牌号由"ZG"和两组数字组成，前一组数字表示最低屈服强度值（R_{eL}或$R_{p0.2}$），后一组数字表示最低抗拉强度值（R_m）。如ZG200-400表示最低屈服强度值为200MPa，最低抗拉强度值为400MPa的碳素铸钢。

（2）**合金钢**

1）合金结构钢。合金结构钢的牌号采用"两位数字加元素符号加数字"表示。前面两位数字表示钢中平均碳的质量分数的万分数，元素符号表示钢中所含的合金元素，而后面的数字表示该元素平均质量分数的百分数。当合金元素平均质量分数小于1.5%时，牌号中只标明元素符号，而不标明含量，如果平均质量分数大于1.5%、2.5%、3.5%等，则相应地在元素符号后面标注2、3、4等。如35SiMn，表示平均碳的质量分数为0.35%；硅的质量分数、锰的质量分数均小于1.5%。

2）合金工具钢。合金工具钢的牌号表示方法与合金结构钢的相似，其区别在于用一位数字表示平均碳的质量分数的千分数，当碳的质量分数大于或等于1.0%时则不予标出。如9SiCr，其中平均碳的质量分数为0.9%，Si、Cr的质量分数都小于1.5%；Cr12MoV表示平均碳的质量分数大于1.0%，铬的质量分数约为12%，Mo、V的质量分数都小于1.5%的合金工具钢。

除此之外，还有一些特殊专用钢，为表示钢的用途在钢号前面冠以汉语拼音，而不标出碳的质量分数。如GCr15为滚动轴承钢，"G"为"滚"的汉语拼音首字母。还应注意在滚动轴承钢中，铬元素符号后面的数字表示铬的质量分数的千分数，其他元素仍用百分数表示，如GCr15SiMn表示铬的质量分数为1.5%，硅、锰的质量分数均小于1.5%的滚动轴承钢。

6.1.2 碳素钢

碳素钢有结构钢和刃具模具用非合金钢之分。结构钢是制造一般机械零件和工程结构所用的钢，常采用普通碳素结构钢和优质碳素结构钢。刃具模具用非合金钢主要用于制造刃具、量具和模具等，这类钢属高碳素钢，而且至少是优质碳素钢，性能要求高时采用高级优质碳素钢。

1. 普通碳素结构钢

普通碳素结构钢产量占钢总产量的70%~80%，其中大部分用作钢结构，少量用作机器零件。由于这类钢易于冶炼、价格低廉，性能也能满足一般工程构件的要求，所以在工程上用量很大。

普通碳素结构钢对化学成分要求不是很严格，钢的磷、硫含量较高（$w_P \leqslant 0.045\%$、$w_S \leqslant 0.055\%$），但必须保证其力学性能。普通碳素结构钢通常以热轧状态供应，一般不经热处理强化，必要时可进行锻造、焊接等热加工，也可通过热处理调整其力学性能。表6-1为常用普通碳素结构钢。

表6-1 常用普通碳素结构钢

牌号	等级	主要化学成分（%）≤			脱氧方法	力学性能			应用举例
		C	S	P		R_{eL}/MPa	R_m/MPa	$A(\%) \geqslant$	
Q195	—	0.12	0.040	0.035	F、Z	195	315~390	33	承受载荷不大的金属结构件、铆钉、垫圈、地脚螺栓、冲压件及焊接件
Q215	A	0.15	0.050	0.045	F、Z	215	335~410	31	
	B		0.045						
Q235	A	0.22	0.050	0.045	F、Z	235	375~460	26	金属结构件、钢板、钢筋、型钢、螺栓、螺母、短轴、心轴，Q235C、Q235D可用作重要焊接结构件
	B	0.20	0.045						
	C	0.17	0.040	0.040	Z				
	D		0.035	0.035	TZ				
Q275	A	0.24	0.050	0.045	F、Z	275	490~610	20	键、销、转轴、拉杆、链轮、链环片等

2. 优质碳素结构钢

优质碳素结构钢产量仅次于普通碳素结构钢，广泛用作较重要的机械零件。优质碳素结构钢既要保证其力学性能，又要保证其化学成分，钢中的磷、硫含量较低（w_S、w_P均不大于0.035%）。优质碳素结构钢在使用前一般都要进行热处理。常用优质碳素结构钢见表6-2。含锰量较高的优质碳素结构钢，用来制作尺寸稍大或强度要求较高的零件。

表 6-2　常用优质碳素结构钢

牌号	力学性能					应用举例
	R_{eL}/MPa	R_m/MPa	$A(\%)$	$Z(\%)$	KU_2/J	
08	195	325	33	60	—	这类低碳素钢由于强度低，塑性好，易于冲压与焊接，一般用于制造受力不大的零件，如螺栓、螺母、垫圈、小轴、销子、链等。经过渗碳或碳氮共渗处理后，可用作表面要求耐磨、耐腐蚀的机械零件
10	205	335	31	55	—	
15	225	375	27	55	—	
20	245	410	25	55	—	
25	275	450	23	50	71	
30	295	490	21	50	63	这类中碳素钢的综合力学性能和切削加工性能均较好，可用于制造受力较大的零件，如主轴、曲轴、齿轮、连杆、活塞销等
35	315	530	20	45	55	
40	335	570	19	45	47	
45	355	600	16	40	39	
50	375	630	14	40	31	
55	380	645	13	35	—	这类钢有较高的强度、弹性和耐磨性，主要用于制造凸轮、车轮、板弹簧、螺旋弹簧和钢丝绳等
60	400	675	12	35	—	
65	410	695	10	30	—	
70	420	715	9	30	—	

3. 铸钢

铸钢是经铸造成形的碳素钢。铸钢适用于难以用压力加工方法成形的零件，如大型零件或形状复杂的零件。

铸钢中碳的质量分数一般在 $0.15\% \sim 0.60\%$ 之间，碳的质量分数过高则塑性变差，易产生裂纹。含锰量与普通碳素结构钢相近，硅有改善流动性的作用，其含量比普通碳素结构钢略高。根据需要也可选用不同级别的磷、硫含量。铸钢的特点是晶粒较粗大，偏析严重、内应力较大，使钢的塑性和韧性下降。一般要通过退火或正火来消除内应力、细化晶粒，从而改善材料性能。

常用铸钢的成分、力学性能和用途见表 6-3。

表 6-3　常用铸钢的成分、力学性能和用途

牌号	主要化学成分（%）			室温下力学性能					应用举例
	C	Si	Mn	R_{eL} 或 $R_{p0.2}$ /MPa	R_m/ MPa	$A(\%)$	$Z(\%)$	KU_2/J	
ZG200-400	0.20	0.60	0.80	200	400	25	40	30	有良好的塑性、韧性和焊接性能。用于受力不大，要求韧性高的各种机械零件，如机座、变速箱壳等

（续）

牌号	主要化学成分（%）			室温下力学性能					应用举例
	C	Si	Mn	R_{eL} 或 $R_{p0.2}$ /MPa	R_m/ MPa	A(%)	Z(%)	KU_2/J	
ZG230-450	0.30			230	450	22	32	25	有一定的强度及较好的塑性、韧性和焊接性。用于受力不大，要求韧性较高的各种机械零件，如砧座、外壳、轴承盖、底板等
ZG270-500	0.40			270	500	18	25	22	有较高的强度和较好的塑性，铸造性能良好，焊接性能较好，切削性好，用作轧钢机机架、轴承座、连杆、曲轴、缸体等
ZG310-570	0.50	0.60	0.90	310	570	15	21	15	强度和切削性良好，塑性、韧性较低。用于载荷较高的零件，如大齿轮、缸体、制动轮、辊子等
ZG340-640	0.60			340	640	10	18	10	有高的强度、硬度和耐磨性，切削性良好，焊接性较差，流动性差。用作起重运输机齿轮、棘轮、联轴器等重要零件

4. 刃具模具用非合金钢

刃具模具用非合金钢中碳的质量分数一般在 0.65%～1.35%，随着碳的质量分数的增加（从 T7 到 T13），钢的硬度无明显变化，但耐磨性增加，韧性下降。

刃具模具用非合金钢的预备热处理一般为球化退火，其目的是降低硬度以便于切削加工，并为淬火做组织准备。但若锻造组织不良（如出现网状碳化物缺陷），则应在球化退火之前先进行正火处理，以消除网状碳化物。其最终热处理为淬火+低温回火（回火温度一般为 180~200℃），正常组织为隐晶回火马氏体、细粒状渗碳体及少量残留奥氏体。

刃具模具用非合金钢的优点是成本低，冷热加工工艺性能好，在手用工具和机用低速切削工具上有较广泛的应用。与合金工具钢相比，刃具模具用非合金钢的淬透性、组织稳定性和热硬性差，综合力学性能欠佳，故一般只用于尺寸不大、形状简单、要求不高的低速切削工具。其中，T7、T8 钢适于制造承受一定冲击而韧性要求较高的工具，如锤子、冲头、錾子、木工工具、剪刀等；T11 钢适于制造冲击较小，要求高硬度、高耐磨性的工具，如丝锥、板牙、小钻头、冲模、手工锯条等；T10 钢应用较广；T12、T13 钢的硬度和耐磨性很高，但韧性较差，用于制造不受冲击的工具，如锉刀、刮刀、剃刀、量具等。

6.1.3　合金结构钢

合金结构钢按用途的不同可分为工程结构用钢和机械零件用钢。机械零件用钢主要用于制造各种机械零件，它是在优质或高级优质碳素结构钢的基础上加入合金元素制成的合金钢，这类钢一般都要经过热处理才能发挥其性能，因此，这类钢的性能与使用都与热处理相关。机械制造用合金结构钢按用途和热处理特点，可以分为合金渗碳素钢、合金调质钢、合金弹簧钢等。

1. 低合金高强度结构钢

低合金高强度结构钢，又称为低合金钢，是在低碳素钢的基础上加入少量合金元素（总质量分数一般<5%）而得到的，具有较高强度。由于强度高，用此类钢可提高构件的可靠性，并能减少质量，节约钢材。其主要用于制造桥梁、船舶、车辆、锅炉、高压容器、输油输气管道、大型钢结构等。

低合金钢中，碳的质量分数一般不超过0.20%，以提高韧性，满足焊接和冷塑成形要求。加入以Mn为主的合金元素，并加入Nb、Ti或V等附加元素，来提高材料的性能。在需要有抗腐蚀能力时，加入少量的Cu（$w_{Cu} \leq 0.4\%$）和P（$w_P = 0.1\%$左右）等。

一般低合金钢的屈服强度在300MPa以上，同时该类钢有足够的塑性、韧性和良好的焊接性能。在低温下工作的构件，必须具有良好的韧性，大型工程结构大都采用焊接制造，这类钢可满足要求。此外，许多大型结构在大气、海洋中使用，还要求有较高的抗腐蚀能力。

低合金钢一般在热轧、空冷状态下使用，不需要专门的热处理。若要改善焊接区性能，可进行正火。

常用的低合金高强度结构钢的牌号、力学性能见表6-4、表6-5。

较低强度级别的钢中，以Q355最具有代表性，其强度比碳素结构钢高20%～30%，耐大气腐蚀的能力比碳素结构钢高20%～38%。用它制造工程结构时，质量可减小20%～30%。

Q420是具有代表性的中等强度的钢种，广泛用于制造大型桥梁、锅炉、船舶、车辆及其他大型焊接结构件。

2. 合金渗碳素钢

合金渗碳素钢通常是指经渗碳处理后使用的钢。合金渗碳素钢主要用于制造耐磨性要求高，并承受动载荷的零件，如汽车、拖拉机中的变速齿轮，内燃机上的凸轮轴、活塞销等机器零件，工作中它们承受强烈的摩擦和动载荷。

渗碳后的钢件，经淬火和低温回火后，表面硬度可达58～64HRC，具有高的耐磨性，而心部组织则视钢的碳的质量分数及淬透性的高低而定，全部淬透时可得到低碳马氏体（硬度为40～48HRC），具有较高的强度和韧性。在多数未淬透的情况下，得到珠光体或铁素体等组织，具有良好塑性与韧性的同时，有一定的强度。

合金渗碳素钢的碳的质量分数决定了零件心部的强度和韧性，从而影响到零件整体的性能。心部过高的碳的质量分数使零件整体的韧性低，不能在承受冲击载荷下使用。一般的合金渗碳素钢都是低碳素钢，碳的质量分数不超过0.25%。

在合金渗碳素钢中加入合金元素，主要目的是提高淬透性。根据零件承受载荷大小的不同，心部需要的显微组织也有差别。承受载荷从大到小，要求心部由低碳马氏体到铁素体加珠光体，这就要求钢的淬透性有所不同。常用的合金元素有锰、铬、镍、钨、硅、钒、钛、硼等。钛和钒还可以阻止奥氏体晶粒在高温渗碳时长大。

合金元素对钢的渗碳工艺也有重要的影响。合金元素能提高表面的碳的质量分数，有利于增加渗碳层深度；合金元素又减缓碳在奥氏体中的扩散，因而不利于渗碳层增厚。就总的效果来看，铬、锰、钼有利于渗碳层增厚，而钛能减小渗碳层的厚度。非碳化物形成元素镍、硅等不利于渗碳层增厚。钢中碳化物形成元素含量过高，将在渗碳层中产生许多块状碳化物，使表面脆性增加。锰既促使渗碳层增厚，又不过多增加渗碳层碳的质量分数。

表 6-4 低合金高强度结构钢的拉伸性能

牌号	等级	上屈服强度 R_{eH}/MPa 不小于									抗拉强度 R_m/MPa			
		公称厚度或直径/mm												
		≤16	>16~40	>40~63	>63~80	>80~100	>100~150	>150~200	>200~250	>250~400	≤100	>100~150	>150~250	>250~400
Q355	B、C	355	345	335	325	315	295	285	275	—	470~630	450~600	450~600	—
	D									265①				450~600①
Q390	B、C、D	390	380	360	340	340	320	—	—	—	490~650	470~620	—	—
Q420②	B、C	420	410	390	370	370	350	—	—	—	520~680	500~650	—	—
Q460②	C	460	450	430	410	410	390	—	—	—	550~720	530~700	—	—

注：当屈服不明显时，可用规定塑性延伸强度 $R_{p0.2}$ 代替上屈服强度。

① 只适用于质量等级为 D 的钢板。

② 只适用于型钢和棒材。

表 6-5 低合金高强度结构钢的断后伸长率

牌号	等级	试样方向	断后伸长率 A（%） 不小于					
			公称厚度或直径/mm					
			≤40	>40~63	>63~100	>100~150	>150~250	>250~400
Q355	B、C、D	纵向	22	21	20	18	17	17①
		横向	20	19	18	18	17	17①
Q390	B、C、D	纵向	21	20	20	19	—	—
		横向	20	19	19	18	—	—
Q420②	B、C	纵向	20	19	19	19	—	—
Q460②	C	纵向	18	17	17	17	—	—

① 只适用于质量等级为 D 的钢板。

② 只适用于型钢和棒材。

　　在渗碳前一般采用正火处理作为预备热处理，对高淬透性的合金渗碳素钢，则采用空冷淬火+高温回火，以获得回火索氏体组织，改善切削加工性能。一般渗碳热处理温度为930℃。渗碳后进行淬火并低温回火作为最终热处理。20CrMnTi 钢齿轮在 930℃渗碳后，可以预冷到 870℃直接淬火，预冷中渗碳层析出部分二次渗碳体，油淬后减少渗碳体层中的残留奥氏体，提高耐磨性和接触疲劳强度，而心部有较高的强度和韧性。

　　常用合金渗碳素钢见表 6-6。

表 6-6　常用合金渗碳素钢

种类	牌号	主要化学成分（%）				900～950℃渗碳后的热处理工艺			力学性能					应用举例
		C	Mn	Si	其他	第一次淬火温度及介质	第二次淬火温度及介质	空冷回火温度	R_{eL}/MPa	R_m/MPa	A（%）	Z（%）	KU_2/J	
低淬透性合金渗碳素钢	20Mn2	0.17～0.24	1.40～1.80	0.17～0.37	—	850℃水、油	—	200℃	590	785	10	40	47	代替 20Cr
	15Cr	0.12～0.17	0.40～0.70	0.17～0.37	Cr0.7～1.0	880℃水、油	770～820℃水、油	180℃	490	685	12	45	55	船舶主机螺钉、活塞销、凸轮、机车小零件及心部韧性要求高的渗碳零件
	20Cr	0.18～0.24	0.50～0.80	0.17～0.37	Cr0.7～1.0	880℃水、油	770～820℃水、油	200℃	540	835	10	40	47	机床齿轮、齿轮轴、蜗杆活塞销及气门顶杆
	20MnV	0.17～0.24	1.30～1.60	0.17～0.37	V0.01～0.12	880℃水、油	—	200℃	590	785	10	40	55	代替 20Cr
中淬透性合金渗碳素钢	20CrMnTi	0.17～0.23	0.80～1.10	0.17～0.37	Cr1.0～1.3 Ti0.04～0.10	880℃油	870℃油	200℃	853	1080	10	45	55	工艺性能优良，可制作汽车、拖拉机的齿轮、凸轮，是 Cr-Ni 钢的代用品
	12CrNi3	0.10～0.17	0.30～0.60	0.17～0.37	Cr0.6～0.9 Ni2.75～3.15	860℃油	780℃油	200℃	685	930	11	50	71	大齿轮、轴
	20CrMnMo	0.17～0.23	0.90～1.20	0.17～0.37	Cr1.1～1.4 Mo0.2～0.3	850℃油	—	200℃	885	1180	10	45	55	代替含镍较高的渗碳素钢，用于大型拖拉机齿轮、活塞销等大截面渗碳件
	20MnVB	0.17～0.23	1.20～1.60	0.17～0.37	B0.0008～0.0035 V0.07～0.12	860℃油	—	200℃	885	1080	10	45	55	代替 20CrNi、20CrMnTi

（续）

种类	牌号	主要化学成分（%）				900～950℃渗碳后的热处理工艺			力学性能					应用举例
		C	Mn	Si	其他	第一次淬火温度及介质	第二次淬火温度及介质	空冷回火温度	R_{eL}/MPa	R_m/MPa	A(%)	Z(%)	KU_2/J	
高淬透性合金渗碳素钢	12Cr2Ni4	0.10～0.16	0.30～0.60	0.17～0.37	Cr1.25～1.65 Ni3.25～3.65	860℃ 油	780℃ 油	200℃	835	1080	10	50	71	大齿轮、轴
	20Cr2Ni4	0.17～0.23	0.30～0.60	0.17～0.37	Cr1.25～1.65 Ni3.25～3.65	880℃ 油	780℃ 油	200℃	1080	1180	10	45	63	大型渗碳齿轮、轴及飞机发动机齿轮
	18Cr2Ni4W	0.13～0.19	0.30～0.60	0.17～0.37	Cr1.35～1.65 Ni4.0～5.0 W0.8～1.2	950℃ 空气	850℃ 空气	200℃	835	1180	10	45	78	同12Cr2Ni4，用于高级渗碳零件

3. 合金调质钢

合金调质钢通常是指经调质后使用的钢，一般为中碳素钢或中碳合金钢，主要用于承受较大变动载荷或各种复合应力的零件。如制造汽车、拖拉机、机床和其他机器上的各种重要零件，包括齿轮、轴类件、连杆、高强度螺栓等。碳素调质钢一般是中碳素钢，如35、40、45钢或40Mn、50Mn等，其中以45钢应用最广，适宜制造载荷较低、小而简单的调质零件。

合金调质钢中 w_C=0.25%～0.50%，要求强度、硬度高，耐磨性好的零件，其值偏上限；要求具有较高塑性、韧性的零件，其值偏下限。调质钢中主加入的合金元素是Mn、Si、Cr、Ni、Mo、B等，主要作用是提高钢的淬透性，并能强化铁素体，起固溶强化作用。辅加元素有Mo、W、V、Al、Ti等，其中Mo、W的作用是防止或减轻第二类回火脆性，并增加回火稳定性，V、Ti的作用是细化晶粒，Mo能防止高温回火脆性，Al能加速渗氮过程。

合金调质钢锻造毛坯应进行预备热处理，以降低硬度，便于切削加工。预备热处理一般采用正火或退火。对淬透性低的合金调质钢可采用正火，能节约处理时间；淬透性高的合金调质钢，若采用正火，其后须加高温回火。如40CrNiMo钢正火后硬度在400HBW以上，经正火+高温回火后硬度降低到207～240HBW，满足了切削要求。合金调质钢的最终热处理为淬火后高温回火，回火温度一般为500～600℃，以获得回火索氏体组织，使钢件具有高强度、高韧性的良好综合力学性能。

常用合金调质钢见表6-7。

表6-7 常用合金调质钢

种类	牌号	主要化学成分（%）				热处理		力学性能					应用举例
		C	Mn	Si	其他	淬火温度及介质	回火温度及介质	$R_{eL}/$ MPa	$R_m/$ MPa	A （%）	Z （%）	KU_2/J	
低淬透性合金调质钢	45Mn2	0.42~0.49	1.40~1.80	0.17~0.37	—	840℃油	550℃ 水、油	735	885	10	45	47	直径在60mm以下时，性能与40Cr相当，用于制造万向接头轴、蜗杆、齿轮、连杆、摩擦盘
	40Cr	0.37~0.44	0.50~0.80	0.17~0.37	Cr0.8~1.1	850℃油	520℃ 水、油	785	980	9	45	47	重要调质零件，如齿轮、轴、曲轴、连杆、螺栓
	35SiMn	0.32~0.40	1.10~1.40	1.10~1.40	—	900℃水	570℃ 水、油	735	885	15	45	47	除要求低温（-20℃以下）韧性很高的情况外，可全面代替40Cr制造调质零件
	42SiMn	0.39~0.45	1.10~1.40	1.10~1.40	—	880℃油	590℃ 水、油	735	885	15	40	47	与35SiMn同，并可制造淬火零件
	40MnB	0.37~0.44	1.10~1.40	0.17~0.37	B 0.0008~0.0035	850℃油	500℃ 水、油	785	980	10	45	47	代替40Cr
	40CrV	0.37~0.44	0.50~0.80	0.17~0.37	Cr 0.8~1.1 V 0.1~0.2	880℃油	650℃ 水、油	735	885	10	50	71	机车连杆、强力双头螺栓、高压锅炉给水泵轴
中淬透性合金调质钢	40CrMn	0.37~0.45	0.90~1.20	0.17~0.37	Cr 0.9~1.2	840℃油	550℃ 水、油	835	980	9	45	47	代替40CrNi、42CrMo，用于制造高速载荷而冲击不大的零件
	40CrNi	0.37~0.44	0.50~0.80	0.17~0.37	Cr 0.45~0.75 Ni 1.0~1.4	820℃油	500℃ 水、油	785	980	10	45	55	汽车、拖拉机、机床、柴油机的轴齿轮连接螺栓、电动机轴
	42CrMo	0.38~0.45	0.50~0.80	0.17~0.37	Cr 0.9~1.2 Mo 0.15~0.25	850℃油	560℃ 水、油	930	1080	12	45	63	代替含Ni较高的调质钢、也可用于制造重载大锻件和机车牵引大齿轮
	30CrMnSi	0.27~0.34	0.80~1.10	0.90~1.20	Cr 0.8~1.1	880℃油	540℃ 水、油	835	1080	10	45	39	高强度钢、高载荷砂轮轴、齿轮轴联轴器、离合器等调质件
	35CrMo	0.32~0.40	0.40~0.70	0.17~0.37	Cr 0.9~1.2 Mo 0.15~0.25	850℃油	550℃ 水、油	835	980	12	45	63	代替40CrNi，用于制造大断面齿轮与轴、汽轮发电机转子、工作温度在480℃以下的零件的紧固件

（续）

种类	牌号	主要化学成分（%）				热处理		力学性能					应用举例
		C	Mn	Si	其他	淬火温度及介质	回火温度及介质	R_{eL}/MPa	R_m/MPa	A（%）	Z（%）	KU_2/J	
高淬透性合金调质钢	37CrNi3	0.34~0.41	0.30~0.60	0.17~0.37	Cr 1.2~1.6 Ni 3.0~3.5	820℃油	500℃水、油	980	1130	10	50	47	高强度、韧性的重要零件，如活塞销、凸轮轴、齿轮、重要螺栓、拉杆
	40CrNiMo	0.37~0.44	0.50~0.80	0.17~0.37	Cr 0.6~0.9 Ni 1.25~1.65 Mo 0.15~0.25	850℃油	600℃水、油	835	980	12	55	78	受冲击载荷的高强度零件，如锻压机床传动偏心轴、压力机曲轴等大断面重要零件
	25Cr2Ni4W	0.21~0.28	0.30~0.60	0.17~0.37	Cr 1.35~1.65 Ni 4.0~4.5 W 0.8~1.2	850℃油	550℃水、油	930	1080	11	45	71	断面不大的完全淬透重要零件，可用于制造高级渗碳零件
	40CrMnMo	0.37~0.45	0.90~1.20	0.17~0.37	Cr 0.9~1.2 Mo 0.2~0.3	850℃油	600℃水、油	785	980	10	45	63	同 40CrNiMo

合金调质钢按淬透性分为以下三类。

1）低淬透性调质钢。液淬临界直径为 20~40mm，最典型的钢种是 40Cr，用于制造一般尺寸的重要零件。40MnB 和 40MnVB 是为节约 Cr 而发展的代用钢，淬透性和稳定性较差，切削加工性能也差一些。

2）中淬透性调质钢。油淬临界直径为 40~60mm，含有较多合金元素，典型的钢种有35CrMo 等，用于制造截面较大、承受较高载荷的零件，如曲轴、连杆等。

3）高淬透性调质钢。油淬临界直径为 60~100mm，主要用于制造大截面、重载荷的重要零件，如汽轮机主轴、叶轮、航空发动机曲轴等。常用的高淬透性调质钢为 40CrNiMo。

4. 弹簧钢

弹簧钢主要用于制造各种弹簧和弹性元件。弹簧是机器和仪表中的重要零件，主要在冲击、振动和周期性扭转、弯曲等交变应力下工作。弹簧利用其弹性变形吸收和释放能量，所以要有高的弹性极限；为防止在交变应力下发生疲劳和断裂，弹簧还应具有高的疲劳强度和足够的塑性和韧性；在某些环境下，还要求弹簧具有导电、无磁、耐高温和耐腐蚀等性能。

常用的弹簧材料是碳素钢或合金钢，见表 6-8。碳素弹簧钢中碳的质量分数在 0.60%~1.05% 之间。合金弹簧钢中碳的质量分数一般在 0.50%~0.64% 之间。弹簧钢中常加入 Si、Mn、Cr、W、Mo、V 等合金元素，其中 Si、Mn 的主要作用是提高淬透性，并使铁素体得到强化，使屈强比和弹性极限提高；Si 使弹性极限提高的作用很突出，但易导致表面脱碳；Mn 能增加淬透性，但也使钢的过热和回火脆性倾向增大。另外，弹簧钢中加入 Cr、W、Mo、V 等可减少硅锰弹簧钢脱碳和过热的倾向，同时可进一步提高弹性极限、屈强比、耐热性和耐回火性。V 能细化晶粒，提高韧性。

表 6-8 常用弹簧钢

种类	牌号	主要化学成分（%）						热处理			力学性能（不小于）				应用举例
		C	Si	Mn	Cr	V	其他	淬火温度/℃	淬火介质	回火温度/℃	R_{eL}/MPa	R_m/MPa	A (%)	Z (%)	
碳素弹簧钢	65	0.62~0.70	0.17~0.37	0.50~0.80	≤0.25	—	—	840	油	500	785	980	—	35	一般机器上的小型弹簧，或拉成钢丝的小型机械弹簧
	85	0.82~0.90	0.17~0.37	0.50~0.80	≤0.25	—	—	820	油	480	980	1130	—	30	汽车、拖拉机和机车等机械上承受振动的小型螺旋弹簧
	65Mn	0.62~0.70	0.17~0.37	0.90~1.20	≤0.25	—	—	830	油	540	785	980	—	30	各种小型弹簧，如弹簧发条、制动弹簧等
合金弹簧钢	60Si2Mn	0.56~0.64	1.50~2.00	0.70~1.00	≤0.35	—	—	870	油	440	1375	1570	—	20	螺旋弹簧
	50CrV	0.46~0.54	0.17~0.37	0.50~0.80	0.80~1.10	0.10~0.20	—	850	油	500	1130	1275	10.0	40	用于较大尺寸的承受大应力的各种重要的螺旋弹簧，也可用于大截面的及工作温度低于400℃的气阀弹簧、喷油器弹簧等
	60Si2CrV	0.56~0.64	1.40~1.80	0.40~0.70	0.90~1.20	0.10~0.20	—	850	油	410	1665	1860	6.0	20	用于尺寸不太大的弹簧，工作温度低于250℃的极重要的和重载荷下工作的板簧与螺旋弹簧
	30W4Cr2V	0.26~0.34	0.17~0.37	≤0.40	2.00~2.50	0.50~0.80	W4.0~4.5	1075	油	600	1325	1470	7.0	40	用于高温下（500℃以下）工作的弹簧，如锅炉安全阀用弹簧等

5. 滚动轴承钢

滚动轴承钢主要用来制造滚动轴承的滚动体、内外套圈等，也用于制造精密量具、冲模、机床丝杠等耐磨件。

轴承钢在工作时承受很高的交变接触压力，同时滚动体与内外套圈之间还产生强烈的摩擦，并受到冲击载荷的作用以及大气和润滑介质的腐蚀作用。这就要求轴承钢必须具有高而均匀的硬度和耐磨性，高的抗压强度和接触疲劳强度，足够的韧性和抗大气、润滑油腐蚀的能力。

为获得上述性能，一般 $w_C = 0.95\% \sim 1.15\%$，$w_{Cr} = 0.40\% \sim 1.65\%$。高碳的质量分数是为了获得高的强度、硬度、耐磨性，Cr 的作用是提高淬透性，增加回火稳定性。为进一步提高淬透性，还可以加入 Si、Mn 等元素，以适于制造大型轴承。轴承钢的纯度要求极高，

P、S 含量限制极严（$w_S < 0.020\%$、$w_P < 0.027\%$）。

轴承钢的热处理包括预备热处理、球化退火和最终热处理（淬火与低温回火）。

球化退火的目的是获得球状珠光体组织，以降低钢的硬度，有利于切削加工，并为淬火做组织准备。淬火并低温回火可获得极细的回火马氏体和均匀、细小的粒状合金碳化物及少量残留奥氏体组织，硬度为 61~65HRC。对于精密轴承，为了稳定组织，可在淬火后进行冷处理（-80~-60℃），以减少残留奥氏体，然后再进行低温回火和磨削加工，最后再进行一次稳定尺寸的时效处理（在 120~130℃保温10~20h），以彻底消除内应力。

常用滚动轴承钢见表 6-9。最有代表性的是 GCr15，它用于制造中、小型轴承，也常用来制造冲模、量具、丝锥等。GCr15SiMn 用于制造大型轴承。

6.1.4 合金工模具钢

合金工模具钢是在碳素钢的基础上，加入合金元素（Si、Mn、Cr、V 等）制成的。由于合金元素的加入，提高了材料的热硬性、耐磨性，改善了材料的热处理性能。合金工模具钢常用来制造各种切削刃具、模具、量具和其他耐磨工具，因而对应地也就有刃具钢、模具钢、量具钢之分，其性能、化学成分和组织状态也不同。

表 6-9 常用滚动轴承钢

牌号	主要化学成分（%）				球化退火后硬度 HRW	应用举例
	C	Cr	Si	Mn		
GCr4	0.95~1.05	0.35~0.50	0.15~0.30	0.15~0.30	179~207	直径 100mm 的滚珠、滚柱和滚针
GCr15	0.95~1.05	1.40~1.65	0.15~0.35	0.25~0.45	179~207	壁厚<12mm、外径<250mm 的套圈，直径为 25~50mm 的钢球，直径<22mm 的滚子
GCr15SiMn	0.95~1.05	1.40~1.65	0.45~0.75	0.95~1.25	179~217	壁厚≥12mm、外径大于 250mm 的套圈，直径>50mm 的钢球，直径>22mm 的滚子

1. 量具刃具用钢

切削时刃具受切削力的作用且产生大量的热量，还要承受一定的冲击和振动。在切削速度不高时，刃具的温度不高，此时对刃具钢的性能要求是高的抗弯、抗压强度，高硬度、高耐磨性，足够的塑性和韧性。

量具钢用于制造各种测量工具，如卡尺、千分尺、螺旋测微仪、块规和塞规等。量具钢在使用过程中主要受磨损，要求材料有高的硬度（不小于 56HRC）和耐磨性，高的尺寸稳定性。量具钢的热处理关键在于保证量具的尺寸稳定性，因此，常采用下列措施：尽量降低淬火温度，以减少残留奥氏体量；淬火后立即进行-80~-70℃的冷处理，使残留奥氏体尽可能地转变为马氏体，然后进行低温回火；精度要求高的量具，在淬火、冷处理和低温回火后还需进行时效处理。

量具刃具用钢的牌号、成分、热处理及用途见表 6-10。量具刃具用钢碳的质量分数一般为 0.9%~1.1%，并加入 Cr、Mn、Si、W、V 等合金元素，钢中碳化物数量较多硬度高，合金元素能提高淬透性。这类钢的最高工作温度不超过 300℃。量具刃具用钢的主要热处理工序为：在机械加工前退火、机械加工后进行淬火和低温回火。

表 6-10　量具刃具用钢

牌号	主要化学成分（%）					试样淬火			退火钢材硬度 HRC 不小于	应用举例
	C	Mn	Si	Cr	其他	淬火温度/℃	淬火介质	HRC≥		
Cr06	1.30~1.45	≤0.40	≤0.40	0.50~0.70	—	780~810	水	64	64	锉刀、刮刀、刻刀、刀片、剃刀
Cr2	0.95~1.10	≤0.40	≤0.40	1.30~1.65	—	830~860	油	62	62	车刀、插刀、铰刀、冷轧辊等
9SiCr	0.85~0.95	0.30~0.60	1.20~1.60	0.95~1.25	—	820~860	油	62	62	丝锥、板牙、钻头、铰刀、冲模等
8MnSi	0.75~0.85	0.80~1.10	0.30~0.60	—	—	800~820	油	60	60	长铰刀、长丝锥
9Cr2	0.80~0.95	≤0.40	≤0.40	1.30~1.70	—	820~850	油	62	62	尺寸较大的铰刀、车刀等刃具
W	1.05~1.25	≤0.40	≤0.40	0.10~0.30	W 0.80~1.20	800~830	水	62	62	低速切削硬金属刃具，如麻花钻、车刀和特殊切削工具

　　9SiCr 广泛用于制造各种低速切削的刃具如板牙、丝锥等加工工具；8MnSi 钢符合我国资源，由于其中不含 Cr 而价格较低。为改善刃具的切削效率和提高耐用度，生产上经常采用表面强化处理。表面强化处理主要有化学热处理和表面涂层处理两大类。

　　量具刃具用钢含 Cr、W、Mn 等元素，淬透性较高，淬火变形很小，尺寸稳定性较好，可用来生产精度要求高并且形状复杂的量规、块规、螺旋塞头、千分尺等。

2. 高速工具钢

　　在高速切削时，由于来不及散热，刃具和工件温度升高，此时量具刃具用钢还需要具有在高温下保持高硬度的能力，称为热硬性。高速切削能够显著提高加工效率，用于高速切削的刃具钢称为高速工具钢。

　　高速工具钢碳的质量分数在 0.7% 以上，最高可达 1.5% 左右。经验表明，加入质量分数约为 4% 的 Cr，钢具有最好的切削加工性能；加入 W、Mo，能保证高的热硬性；加入 V，能提高耐磨性。

　　高速工具钢的加工、热处理工艺复杂，其要点如下。

　　高速工具钢铸态组织中含有大量粗大共晶碳化物，并呈鱼骨状分布（见图 6-4a），由此大大降低钢的力学性能。这些碳化物不能用热处理来消除，因此高速工具钢的锻造具有成形及改善碳化物形态和分布的双重作用。

　　锻造后进行球化退火，便于机械加工，并为淬火做组织准备。球化退火后的基体为索氏体基体和均匀分布的细小粒状碳化物（见图 6-4b）。

　　高速工具钢的导热性很差，淬火温度又很高，所以淬火加热时必须进行预热。高速工具钢淬火后的组织为隐针马氏体、残余合金碳化物和大量残留奥氏体（见图 6-4c）。

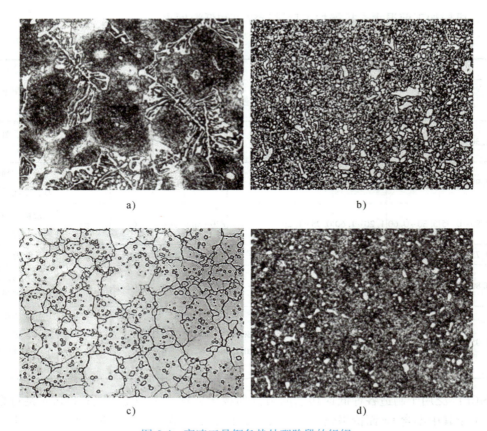

a）　　　　　　　　　　　　　b）

c）　　　　　　　　　　　　　d）

图 6-4　高速工具钢各热处理阶段的组织

a）铸态　b）铸造和球化退火后　c）淬火后　d）淬火回火后

高速工具钢通常在二次硬化峰值温度或稍高一些的温度（550～750℃）下，回火三次。W18Cr4V 在淬火后约有 30% 的残留奥氏体，经一次回火后约剩 15%～18%，二次回火后降到 3%～5%，第三次回火后仅剩 1%～2%，具体工艺曲线如图 6-5 所示。

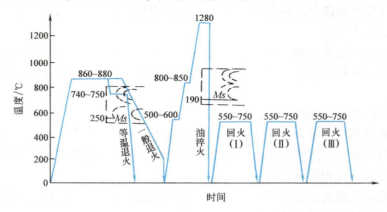

图 6-5　W18Cr4V 热处理工艺曲线示意图

高速工具钢回火后的组织为回火马氏体、碳化物及少量残留奥氏体（见图 6-4d），正常回火后的硬度一般为 63~66HRC。

　　近年来，高速工具钢的等温淬火也广泛应用于形状复杂的大型刀具和冲击韧性要求高的刃具。表 6-11 列出了我国常用的高速工具钢。钨系 W18Cr4V 钢是发展最早、应用最广泛的高速工具钢，它具有较高的热硬性，过热和脱碳倾向小，但碳化物较粗大，韧性较差。钨钼系 W6Mo5Cr4V2 钢用钼代替了部分钨。钼的碳化物细小，韧性较好，耐磨性也较好，但热硬性稍差，过热与脱碳倾向较大。

表 6-11　常用高速工具钢

种类	牌号	主要化学成分（%）					热处理			硬度	
		C	Cr	W	Mo	V	预热温度/℃	淬火温度/℃（盐浴沪）	回火温度/℃	退火 HBW ≤	淬火+回火 HRC ≥
钨系	W18Cr4V	0.73~0.83	3.80~4.50	17.20~18.70	—	1.00~1.20	800~900	1250~1270	550~570	255	63
钨钼系	W6Mo5Cr4V2	0.80~0.90	3.80~4.40	5.50~6.75	4.50~5.50	1.75~2.20	800~900	1200~1220	540~560	255	64
	CW6Mo5Cr4V2	0.86~0.94	3.80~4.50	5.90~6.70	4.70~5.20	1.75~2.10	800~900	1190~1210	540~560	255	64
	W6Mo5Cr4V3	1.15~1.25	3.80~4.50	5.90~6.70	4.70~5.20	2.70~3.20	800~900	1190~1210	540~560	262	64
	W12Cr4V5Co5	1.50~1.60	3.80~4.40	11.75~13.00	—	4.50~5.25	800~900	1220~1240	540~560	277	65
	W6Mo5Cr4V2Al	1.05~1.15	3.80~4.40	5.50~6.75	4.50~5.50	1.75~2.20	850~870	1200~1220	550~570	269	65

　　近年来我国研制的含钴、铝等高速工具钢已用于生产，其淬火并回火后的硬度可达 60~70HRC，热硬性高，但脆性大，易脱碳，不适宜制造薄刃刀具。

3. 模具钢

　　模具钢分为冷作模具用钢和热作模具用钢。冷作模具用钢用于制造各种冲模、冷镦模、冷挤压模和拉丝模等，工作温度不超过 300℃。热作模具用钢用于制造各种热锻模、热挤压模和压铸模等，工作时型腔表面温度可达 600℃以上。

　　冷作模具在工作时，承受很大的压力、弯曲力、冲击载荷和摩擦。主要损坏形式是磨损，也常出现崩刃、断裂和变形等失效现象。因此冷作模具用钢应具有高硬度、高耐磨性、足够的韧性与疲劳强度、热处理变形小等基本性能。

　　热作模具在工作时，承受很大的冲击载荷、强烈的摩擦、剧烈的冷热循环，存在较大的热应力以及高温氧化，常出现崩裂、塌陷、磨损、龟裂等失效现象。因此，热作模具用钢的主要性能要求是：高的热硬性和高温耐磨性；高的抗氧化能力；高的热强性和足够的韧性；高的热疲劳强度，以防止龟裂破坏。此外，由于热模具一般较大，还要求有较高的淬透性和导热性。

　　冷作模具用钢中碳的质量分数多在 1.0% 以上，有时高达 2.0% 以上；加入 Cr、Mo、W、

V 等合金元素，能强化基体，形成碳化物，提高硬度和耐磨性等。

热作模具用钢中碳的质量分数一般为 0.3%~0.6%；加入 Cr、Ni、Mn 等元素，能提高钢的淬透性和强度等性能；加入 W、Mo、V 等元素，能防止回火脆性，提高热稳定性及热硬性；适当提高 Cr、Mo、W 在钢中的含量，可提高钢的抗热疲劳性。

热作模具用钢的最终热处理一般为淬火后高温（或中温）回火，以获得均匀的回火索氏体组织，硬度在 40HRC 左右，并具有较高的韧性。

要求不高的冷模具可用低合金刃具钢制造。大型冷模具用 Cr12 钢。目前应用较普遍、性能较好的为 Cr12MoV 钢，这种钢热处理变形很小，适合制造重载和形状复杂的模具。冷挤压模工作时受力很大，可用马氏体时效钢来制造。

热锻模对韧性要求较高而对热硬性要求不太高，典型的钢种有 5CrMnMo 等。热挤压模受到的冲击载荷较小，但对热强度要求较高，常用钢种有 3Cr2W8V 等。目前国内许多厂家用 4Cr5MoSiV1 钢代替 3Cr2W8V 制造热作模具，效果良好。

常用模具钢见表 6-12。

表 6-12　常用模具钢

种类	牌号	主要化学成分（%）							热处理				应用举例
									淬火			退火	
		C	Mn	Si	Cr	W	V	Mo	淬火温度/℃	冷却介质	硬度HRC≥	硬度HBW	
冷作模具用钢	Cr12	2.00~2.30	≤0.40	≤0.40	11.50~13.00	—	—	—	950~1000	油	60	217~269	冲模冲头、冷切剪刀、钻套、量规冶金粉模、落料模、拉丝模、木工工具
	Cr12MoV	1.45~1.70	≤0.40	≤0.40	11.00~12.50	—	0.15~0.30	0.40~0.60	950~1000	油	58	207~255	冷切剪刀、圆锯、切边模、滚边模、缝口模、标准工具与量规、拉丝模等
热作模具用钢	5CrNiMo	0.50~0.60	0.50~0.80	≤0.40	0.50~0.80	—	0.15~0.30	—	830~860	油	a	197~241	料压模、大型锻模等
	5CrMnMo	0.50~0.60	1.20~1.60	0.25~0.60	0.60~0.90	—	0.15~0.30	—	820~850	油	a	197~241	中型锻模等
	3Cr2W8V	0.30~0.40	≤0.40	≤0.40	2.20~2.70	7.50~9.00	0.20~0.50	—	1075~1125	油	a	≤255	高应力压模、螺钉或铆钉热压模、热剪切刀、压铸模等

注：表中数据 a 的值根据需方要求，并在合同中注明，可提供实测值。

6.1.5　特殊性能钢

凡具有特殊的物理、化学性能的钢，都称为特殊性能钢。特殊性能钢的种类很多，本节主要介绍机械工程中比较重要的不锈钢、耐热钢和耐磨钢。

1. 不锈钢

不锈钢是指在腐蚀性介质中具有高度化学稳定性的合金钢。能在酸、碱、盐等腐蚀性较强的介质中使用的钢，又称为耐蚀钢。在空气中不易生锈的钢，不一定耐酸、耐蚀，而耐酸、耐蚀的钢，一般都具有良好的抗大气腐蚀性能。

（1）金属腐蚀的概念　腐蚀是由外部介质引起金属破坏的过程。腐蚀分两类：一类是化学腐蚀，指金属与介质发生纯化学反应而破坏，如钢的高温氧化、脱碳、在燃气中腐蚀等；另一类是电化学腐蚀，指金属在酸碱盐等溶液中，由于原电池的作用而引起的腐蚀。

对于金属材料，电化学腐蚀是出现最多、破坏性最大的腐蚀形式。钢在介质中，由于本身各部分电极电位的差异，在不同区域产生电位差。如图 6-6 所示，在 I 区电位低，为负极；II 区电位高，为正极。电介质溶液在这两个区发生不同的反应，在负极发生氧化反应：$Fe \rightarrow Fe^{2+}+2e$，即铁原子变成离子进入溶液；在正极，介质中的氢离子接受负极流来的电子发生还原反应：$2H^+ + 2e \rightarrow H_2 \uparrow$。显然，这种腐蚀是形成了原电池作用的结果，电位较低的负极区不断被腐蚀，而电位较高的正极区受到保护。不幸的是，金属的电极电位较低，总是成为负极而被腐蚀。钢的腐蚀原电池是由于电化学不均匀引起的，钢的组织和成分

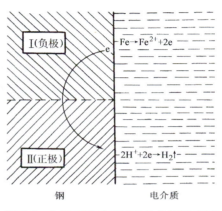

图 6-6　金属腐蚀过程原电池作用示意图

不均匀，在介质中会产生原电池，发生电化学腐蚀。合金中不同相之间的电位差越大，负极的电极电位越低，其腐蚀速度越快。

（2）不锈钢成分特点　在材料中加入合金元素，提高材料的耐蚀性是控制腐蚀的重要途径。在钢中加入 Cr、Ni、Si 等元素，提高金属的电极电位，可有效地提高耐蚀性。

Cr 是提高基体的电极电位，提高耐蚀性的最主要元素。当基体中 Cr 的质量分数大于 11.6% 时，会使基体的电极电位突然增高而变为正值，其耐蚀性显著提高。而同时，Cr 是铁素体形成元素，当基体中 Cr 的质量分数超过 12.7% 时，可使钢呈单一的铁素体组织。Cr 在氧化性介质中，生成致密的氧化膜，对金属有很好的保护作用。

Cr 在非氧化性溶液（如盐酸、稀硫酸和碱溶液等）中的钝化能力差，加入 Mo、Cu 等元素，可提高钢的耐蚀性。加入 Ti、Nb 等元素，优先同碳形成稳定的碳化物，使 Cr 保留在基体中，从而减轻钢的晶间腐蚀倾向。加入 Ni、Mn、N 等可获得奥氏体组织，在改善力学性能的同时，能提高不锈钢在有机酸中的耐蚀性。

不锈钢中的碳以碳化物形式存在时，会降低基体中的含铬量，且增加了原电池的数量，因此不锈钢的碳的质量分数越低越好，高级不锈钢中碳的质量分数一般小于 0.1%。

不锈钢主要用来制造在各种腐蚀介质中工作的零件或构件，如化工装置中的各种管道、阀门和泵，医疗手术器械、防锈刃具和量具等。

对不锈钢的性能要求最主要的是耐蚀性。此外，制作工具的不锈钢，还要求硬度高、耐磨性好；制作重要结构零件时，要求有高强度。

（3）常用不锈钢　按组织的不同，不锈钢可分为马氏体型不锈钢、铁素体型不锈钢、奥氏体型不锈钢和奥氏体-铁素体型不锈钢。常用不锈钢见表 6-13。

表 6-13 常用不锈钢

种类	牌号	主要化学成分（%）			应用举例
		C	Cr	Ni	
马氏体型	12Cr13	≤0.15	11.50~13.50	(0.60)	制作能抗弱腐蚀性介质、能受冲击载荷的零件，如汽轮机叶片、水压机阀、结构架、螺栓、螺母等
	20Cr13	0.16~0.25	12.00~14.00	(0.60)	
	30Cr13	0.26~0.35	12.00~14.00	(0.60)	制作具有较高硬度和耐磨性的医疗工具、量具、滚动轴承等
	40Cr13	0.36~0.45	12.00~14.00	(0.60)	
	95Cr18	0.90~1.00	17.00~19.00	(0.60)	不锈切片机械刃具、剪切刃具、手术刀、高耐磨和耐蚀件
铁素体型	10Cr17	≤0.12	16.00~18.00	(0.60)	制作硝酸工厂设备，如吸收塔、热交换器、酸槽、输送管道以及食器工厂设备等
奥氏体型	06Cr19Ni10	≤0.08	18.00~20.00	8.00~11.00	具用良好的耐蚀及耐晶间腐蚀性能，为化学工业用的良好耐蚀材料
	12Cr18Ni9	≤0.15	17.00~19.00	8.00~10.00	制作耐硝酸、冷磷酸、有机酸及盐、碱溶液腐蚀的设备零件
奥氏体-铁素体型	022Cr22Ni5Mo3N	0.03	21.00~23.00	4.50~6.50	硝酸和硝铵工业设备和管道，尿素液蒸发部分设备及管道

注：括号内值为允许添加的最大值。

1）马氏体型不锈钢。这类钢中铬的质量分数为 13%~18%，碳的质量分数为 0.1%~1.0%。典型牌号有 12Cr13、20Cr13、30Cr13、40Cr13、95Cr18 等。马氏体型不锈钢一般要经过淬火并回火处理，以得到强度、硬度高的马氏体组织。因只用 Cr 进行合金化，故只在氧化性介质中耐蚀。马氏体不锈钢的耐蚀性能稍差，但强度硬度高，适于力学性能要求高、耐蚀性要求低的场合。

2）铁素体型不锈钢。这类钢碳的质量分数低，含铬量高，为单相铁素体组织，其耐蚀性比马氏体型不锈钢更好。主要用于耐蚀性要求很高，而强度要求不高的构件。

3）奥氏体型不锈钢。奥氏体型不锈钢是工业上应用最广泛的不锈钢。这类不锈钢中碳的质量分数大多在 0.1% 左右。具有单一的奥氏体组织，其有很好的耐蚀性，同时具有优良的抗氧化性和力学性能。其在强氧化性、中性及弱氧化性介质中的耐蚀性远比铬不锈钢好，室温及低温韧性、塑性及焊接性也是铁素体不锈钢不能比的。

4）奥氏体-铁素体型不锈钢。这类钢具有奥氏体加铁素体双相组织，兼有奥氏体和铁素体的优点，不仅耐蚀性优异，而且具有很好的力学性能。

2. 耐热钢

耐热钢是指在高温下工作并具有一定强度和抗氧化、耐腐蚀性能的合金钢。耐热钢包括热稳定钢和热强钢。热稳定钢是指在高温下抗氧化或抗高温介质腐蚀而不破坏的钢。热强钢是指在高温下具有足够强度，而不产生大量变形、且不开裂的钢。

为了提高钢的抗氧化性，加入 Cr、Si 和 Al 的合金元素，在钢的表面形成完整稳定的氧化物保护膜。但 Si 和 Al 的含量较多时钢易变脆，所以一般都以加 Cr 为主。为了提高钢的热强性，加入 Ti、Nb、V、W、Mo、Ni 等合金元素。

耐热钢主要用于石油化工的高温反应设备和加热炉、火力发电设备的汽轮机和锅炉、汽车和船舶的内燃机、飞机的喷气发动机以及热交换器等设备。

耐热钢按组织的不同可分为奥氏体型耐热钢和马氏体型耐热钢。

奥氏体型耐热钢含有较高的镍、锰、氮等奥氏体成形元素，高温下有较高的强度和组织稳定性，一般工作温度在 600~700℃ 范围内。常用牌号有 06Cr19Ni10N、45Cr14Ni14W2Mo 等。奥氏体型耐热钢的切削加工性差，但其耐热性、焊接性、冷作成形性较好，得到广泛的应用。奥氏体型耐热钢常用于制造一些比较重要的零件，如燃气轮机轮盘和叶片发动机气阀、喷气发动机的某些零件等。这类钢在使用前一般需要进行固溶处理和时效处理。

马氏体型耐热钢的工作温度在 550~750℃ 范围内。向相应马氏体型不锈钢中加入 Mo、W、V 等合金元素，形成马氏体耐热钢，常用牌号有 13Cr13Mo、12Cr5Mo、14Cr11MoV、90Cr18MoV 等，常用于制作汽车发动机、柴油机的排气阀，故称为气阀用钢。

3. 耐磨钢

耐磨钢主要用于制造承受严重磨损和强烈冲击的零件，如车辆履带板、挖掘机铲斗、破碎机颚板和铁轨分道叉、防弹板等。对耐磨钢的主要要求是具有很好的耐磨性和韧性。

高锰钢能很好地满足这些要求，它是重要的耐磨钢。高锰钢一般含有较高的碳和锰，碳的质量分数一般为 1.0%~1.3%，并含有 11%~14% 的锰，还含有一定量的硅以改善钢的流动性。其牌号主要有 ZG120Mn7Mo1、ZG100Mn13 等。

高锰钢在室温时为奥氏体组织，加热冷却并无相变。其处理工艺一般都采用水韧处理，即将钢加热到 1000~1100℃，保温一段时间，使碳化物全部溶解，然后迅速水淬，在室温下获得均匀单一的奥氏体组织。此时钢的硬度很低而韧性很好，当在工作中受到强烈冲击或强大压力而变形时，表面层产生强烈的形变硬化，并且还发生马氏体转变，使硬度显著提高，心部则仍保持为原来的高韧性状态。

除高锰钢外，还有其他种类的马氏体中低合金耐磨钢。

6.2　铸铁

铸铁是以铁、碳、硅为主要成分，并有共晶转变的工业铸造合金。在实际生产中，通常铸铁中碳的质量分数为 2.5%~4.0%，硅的质量分数为 0.8%~3.0%。铸铁具有良好的铸造性、耐磨性、减振性和切削加工性，而且生产简单，价格便宜，在工业生产中获得广泛的应用。经合金化后，铸铁还可具有良好的耐热、耐磨或耐蚀等特殊性能。

6.2.1　铸铁的基本知识

1. 铸铁中碳的存在形式

铸铁中的碳除极少量固溶于铁素体中外，大部分以两种形式存在：

（1）碳化物状态　如果铸铁中的碳几乎全部以碳化物形式存在，其断口呈银白色，则称为白口铸铁。对非合金铸铁，其碳化物是硬而脆的渗碳体（Fe_3C），对合金铸铁，有其他各种碳化物。白口铸铁很难进行切削加工，工业上利用其硬度高、耐磨损的特点，制造一些轧辊、犁铧、货车车轮等要求耐磨性的机件。

（2）游离状态的石墨（常用 G 来表示） 如果铸铁中的碳主要以石墨形式存在，则断口呈暗灰色。根据石墨形态的不同，可分为灰铸铁、球墨铸铁、可锻铸铁和蠕墨铸铁等。石墨的晶格类型为简单立方晶格，如图 6-7 所示，其基面中的原子间距为 0.142nm，结合力较强；两基面之间的距离为 0.340nm，结合力弱，故石墨的基面很容易滑动，其强度和硬度极低，塑性和韧性极差，在基体中相当于空洞。

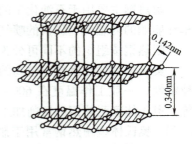

图 6-7 石墨的晶体结构

如果铸铁中的碳一部分以石墨形式存在，另一部分以渗碳体形式存在，则断口呈灰白交错的麻点，称为麻口铸铁。

2. 铸铁的石墨化

前面介绍过铁碳合金相图，在此相图中，除形成固溶体外，碳也可以渗碳体的形式存在。在实际生产中，对高碳的质量分数的合金，碳也常以石墨形式存在。那么是什么原因使碳以不同的形式存在？下面首先讨论这一问题。

（1）化学成分 铸铁的化学成分是决定石墨以何种方式存在的基础。对铸铁来说，根据成分的不同，有些铸铁中的碳容易以碳化物形式存在，有些铸铁中的碳容易以石墨形式存在。各种元素对石墨化的影响互有差异，促进石墨化的元素按其作用由强到弱的排列顺序为 Al、C、Si、Ti、Cu、P；阻碍石墨化的元素按作用由弱至强的排列顺序为 W、Mn、Mo、S、Cr、V、Mg。

铸铁中常见元素的影响如下：

C 和 Si 都是强烈促进石墨化的元素。在生产实际中，调整 C 和 Si 含量是控制铸铁组织最基本的措施之一。为了综合考虑 C 和 Si 对铸铁组织及性能的影响，引入碳当量 C_e 和共晶度 S_c：

$$C_e = w_C + (w_{Si} + w_P)/3$$

$$S_c = w_C / [4.26\% - (w_P + w_{Si})/3]$$

式中 w_C、w_{Si}、w_P——铸铁中 C、Si、P 的质量分数。

随着 C_e 和 S_c 的增大，石墨化能力增强，碳倾向于以石墨状态存在。

P 能够促进石墨化，但其作用不如 C 强烈。S 和 Mn 都是阻碍石墨化元素，但其中 Mn 与 S 结合成 MnS，削弱 S 的有害作用，同时也间接地促进了石墨化。

（2）冷却速度 一般来说，铸件冷却速度越缓慢，越有利于石墨化过程的进行。铸件冷却速度太快，将阻碍原子的扩散，不利于石墨化的进行，尤其是在共析阶段的石墨化，由于温度较低，冷却速度增大，原子扩散更加困难，所以通常情况下，共析阶段的石墨化难以完全进行。由于冷却速度的差异，将有可能使同一化学成分的铸铁得到不同的组织，如图6-8 所示。

由此可见，化学成分和冷却速度是决定铸铁中碳以何种方式存在的主要因素。当铁碳合金中有较多的促进石墨化的元素，其碳当量较高，冷却速度又非常缓慢时，从液体或奥氏体中将直接析出石墨，而不是渗碳体。另一方面，若将渗碳体加热到高温并维持较长时间，会分解成铁素体和石墨（即 $Fe_3C \rightarrow F+G$）。可见，铸铁中的石墨比渗碳体稳定。如果在加热或冷却过程中原子能进行充分的扩散，石墨存在的倾向就增大。

3. 铁碳合金双重相图

要说明铁碳合金中石墨的析出规律，一般用铁-石墨相图。为了便于分析比较应用，习惯上把铁-石墨相图和铁碳合金相图合画在一起，称为铁碳合金双重相图，如图6-9所示。其中实线表示铁碳合金相图、虚线表示铁-石墨相图，凡实线与虚线重合的线条都只用实线表示。

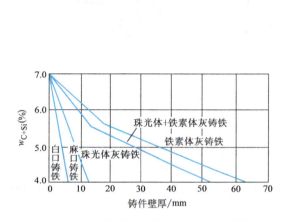

图 6-8　C、Si 总量和壁厚对铸铁组织的影响　　　　图 6-9　经简化的铁碳合金双重相图

当 $w_C = 2.5\% \sim 4.0\%$ 的铸铁全部按铁-石墨相图结晶时，其石墨化过程如下。

液态合金在 1154°C 发生共晶反应，同时析出奥氏体和共晶石墨，即 $L_{C'} \rightarrow (A_{E'} + G_{晶})$，称为第一阶段石墨化。

在共晶温度和共析温度之间（738~1154℃），随着温度降低，从奥氏体中不断析出二次石墨，即 $A_{E'} \rightarrow A_{S'} + G_{II}$。称为第二阶段石墨化。

在共析温度（738℃）以下，奥氏体发生共析反应，同时析出铁素体和共析石墨，即 $A_{S'} \rightarrow (F_{P'} + G_{析})$，称为第三阶段石墨化。

控制石墨化进行的程度，即可获得不同的铸铁组织。如果第一、二阶段石墨化充分进行，则获得灰口组织；如果第一、二阶段石墨化未充分进行，则获得麻口组织；如果第一、二阶段石墨化完全被抑制，则获得白口组织。铸铁的基体组织一般取决于其第三阶段石墨化进行的程度，如进行充分，P 分解为 F+G 组织，如进行不充分，就会得到 P+G、F+P+G 等基体组织。

6.2.2　常用铸铁

常用铸铁有灰铸铁、球墨铸铁、蠕墨铸铁、可锻铸铁等。

1. 灰铸铁

由于石墨的晶体结构特点，正常的石墨结晶时长成片状。因此，灰铸铁的显微组织由金属基体与片状石墨所组成，相当于在钢的基体上嵌入了大量的石墨片。灰铸铁按金属基体的不同分为铁素体灰铸铁、珠光体灰铸铁和铁素体-珠光体灰铸铁（图6-10）。

 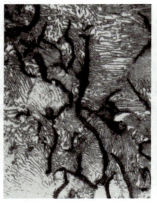 

a） b） c）

图 6-10 灰铸铁的显微组织

a）铁素体灰铸铁 b）珠光体灰铸铁 c）铁素体-珠光体灰铸铁

石墨的强度极低，塑性和韧性极差，因此灰铸铁的组织相当于钢的基体上存在很多裂纹。这就决定了灰铸铁的力学性能较差，抗拉强度很低（$R_m = 100 \sim 400MPa$），塑性几乎为零。但抗压强度与钢接近，并且具有良好的铸造性能、减振性、耐磨性和低的缺口敏感性。另外由于灰铸铁成本低廉，所以应用广泛。

为了改善灰铸铁的强度和其他性能，生产中常进行孕育处理。孕育处理就是在浇注前向铁液中加入孕育剂，使石墨细化、基体组织细密。常用的孕育剂是硅的质量分数为75%的硅铁，加入量为铁液质量的 0.25%～0.6%。孕育铸铁的强度、硬度比普通灰铸铁显著提高。孕育铸铁适用于静载荷下要求有较高强度、高耐磨性或高气密性的铸件，特别是厚大的铸件。HT300 和 HT350 称为孕育铸铁（或称变质铸铁），适用于制造力学性能要求较高、截面尺寸变化较大的大型铸件。

灰铸铁的性能与壁厚尺寸有关，厚壁件的性能低一些。如壁厚为 30～50mm 的 HT250 零件，其抗拉强度为 200MPa，壁厚为 10～20mm 时，其抗拉强度则为 240MPa。

灰铸铁的牌号以其汉语拼音的缩写"HT"及 3 位数的最小抗拉强度值来表示，如 HT200 表示用该灰铸铁浇注的直径为 ϕ30mm 的单铸试棒，抗拉强度值不小于200MPa。常用灰铸铁见表 6-14。

表 6-14 常用灰铸铁

牌号	铸件类别	铸件壁厚/mm		最小抗拉强度 R_m/MPa	应用举例
		>	≤		
HT100	铁素体灰铸铁	5	40	100	低载荷和不重要零件，如盖、外罩、手轮、支架、重锤等
HT150	珠光体+铁素体灰铸铁	5	10	150	承受中等应力（抗弯应力小于100MPa）的零件，如支柱、底座、齿轮箱、工作台、刀架、端盖、阀体、管路附件及一般无工作条件要求的零件
		10	20		
		20	40		
		40	80		

（续）

牌号	铸件类别	铸件壁厚/mm		最小抗拉强度 R_m/MPa	应用举例
		>	≤		
HT200	珠光体灰铸铁	5	10	200	承受较大应力（抗弯应力小于300MPa）和较重要的零件，如气缸体、齿轮、机座、飞轮、床身、缸套、活塞、刹车轮、联轴器、齿轮箱、轴承座、液压缸等
		10	20		
		20	40		
		40	80		
HT250		5	10	250	
		10	20		
		20	40		
		40	80		
HT300	孕育铸铁	10	20	300	承受弯曲应力（小于500MPa）及拉伸应力的重要零件，如齿轮、凸轮、车床卡盘、剪床和压力机的机身、床身、滑阀壳体等
		20	40		
		40	80		
HT350		10	20	350	
		20	40		
		40	80		

2. 球墨铸铁

正常的石墨结晶时长成片状，如果在铁液中加入镁、稀土等元素，可促使石墨生长成球状，这样的铸铁称为球墨铸铁。

球墨铸铁的金相组织为基体上分布着球状石墨（图6-11）。根据成分和加工工艺的不同，球墨铸铁可以有不同的基体组织。随着基体由 F、F+P、P 到 M 或 B，球墨铸铁的强度不断升高而塑性下降。铁素体球墨铸铁强度较低，塑性、韧性较好；珠光体球墨铸铁强度高，耐磨性好，但塑性、韧性较差。铸铁的力学性能除了与基体组织的类型有关外，还与球状石墨的形状、大小和分布有很大关系。一般地，石墨球越细、球的直径越小、分布越均匀，则球墨铸铁的力学性能越好。

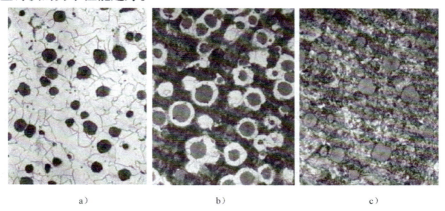

a）　　　　　　　　　　　b）　　　　　　　　　　　c）

图6-11　球墨铸铁的显微组织

a）铁素体球墨铸铁　b）铁素体-珠光体球墨铸铁　c）珠光体球墨铸铁

由于球状石墨对基体组织的割裂作用和产生的应力集中作用很小，基体强度利用率可达70%~90%，所以球墨铸铁的力学性能优于灰铸铁，接近于碳素钢。珠光体球墨铸铁的抗拉强度、屈服强度和疲劳强度高于正火45钢，特别是屈强比高于45钢，其硬度和耐磨性也高于高强度灰铸铁。因此，广泛用球墨铸铁制造各种受力复杂及强度、韧性和耐磨性要求较高的零件，如柴油机的曲轴、轮机、连杆，拖拉机的减速齿轮，大型冲压阀门，轧钢机的轧辊。

球墨铸铁的牌号由"QT"和两组数字组成，前一组数字表示最低抗拉强度（R_m），后一组数字表示最低伸长率（A）。常用球墨铸铁见表6-15。

表6-15　常用球墨铸铁

牌号	主要基体组织	R_m/MPa	$R_{p0.2}$/MPa	A(%)	HBW
		不小于			
QT400-18	铁素体	400	250	18	120~175
QT400-15	铁素体	400	250	15	120~180
QT450-10	铁素体	450	310	10	160~210
QT500-7	铁素体+珠光体	500	320	7	170~230
QT600-3	珠光体+铁素体	600	370	3	190~270
QT700-2	珠光体	700	420	2	225~305
QT800-2	珠光体或索氏体	800	480	2	245~335
QT900-2	回火马氏体或托氏体+索氏体	900	600	2	280~360

球墨铸铁有效地保证了基体承受载荷的能力，热处理能有效地改变基体组织，从而提高其性能。生产中常用退火、正火、调质处理、等温淬火等处理工艺，改变球墨铸铁的基体组织，以改善球墨铸铁的性能，进而满足不同的使用要求。

球墨铸铁兼有钢的高强度和灰铸铁的优良铸造性能，是一种有发展前途的铸造合金，目前已成功地代替了一部分可锻铸铁、铸钢件和锻钢件，可用来制造受力复杂、力学性能要求高的铸件。但是，球墨铸铁凝固时收缩率大，对原铁液成分要求较严，对熔炼工艺和铸造工艺要求较高。

3. 蠕墨铸铁

蠕墨铸铁是一种新型铸铁，其中的碳主要以蠕虫状形态存在，如图6-12所示，其石墨形状介于片状和球状之间，类似于片状，但片状短而厚，头部较圆，形似蠕虫。

蠕墨铸铁的工艺性能和力学性能优良，同时克服了灰铸铁力学性能差和球墨铸铁工艺性能差的缺点。目前主要用于生产气缸盖、排气管、钢锭模等铸件。其主要缺点是成本偏高，并且生产技术尚不成熟。蠕墨铸铁的

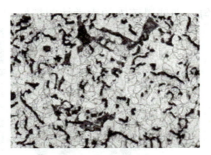

图6-12　蠕墨铸铁的显微组织

力学性能介于相同基体组织的灰铸铁和球墨铸铁之间。铸造性能、减振能力以及导热性能都优于球墨铸铁，并接近灰铸铁。

蠕墨铸铁的牌号用"RuT"（蠕铁）加一组数字表示，数字表示最小抗拉强度值。如RuT420表示抗拉强度不低于420MPa的蠕墨铸铁。

4. 可锻铸铁（又称为玛钢）

可锻铸铁中的石墨呈团絮状。由于团絮状石墨形态的改善，并且数量较少，石墨对基体的割裂作用及促使应力集中产生的作用均大大减弱，从而使铸铁力学性能显著提高，特别是韧性和塑性提高明显，但远未达到"可锻"的程度。

可锻铸铁是由白口铸铁经石墨化退火而获得的具有团絮状石墨的铸铁。可锻铸铁的生产过程分两步：第一步先生产出白口铸件，第二步进行石墨化退火。为缩短石墨化退火的周期，常在浇注前往铁液中加入少量铝-铋、硼-铋、硼-铋-铝等多元复合孕育剂进行孕育处理。石墨化退火工艺如图 6-13所示，具体处理方式分如下三种。

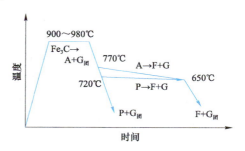

图 6-13　石墨化退火工艺

1）可锻铸铁在 900～980℃ 温度范围内长时间保温，使合金中共晶渗碳体分解，生成团絮状石墨，$Fe_3C \rightarrow A + G_{团}$。在共晶渗碳体转变完毕后，如果快速冷却，使奥氏体发生珠光体转变，这样就得到了珠光体基体。珠光体可锻铸铁的室温组织为：珠光体+团絮状石墨（$P + G_{团}$）。为防止脱碳，热处理时将铸铁件埋在中性介质中以隔绝空气。

2）如果在共晶渗碳体分解生成团絮状石墨之后，没有快冷而是在共析转变温度范围内长时间保温，使奥氏体发生 $A \rightarrow F + G$ 转变，即发生第二阶段石墨化，那么就得到铁素体可锻铸铁。其组织为铁素体+团絮状石墨（$F + G_{团}$）。这种铸件在折断后，断口心部呈暗黑色，而断口的边缘因脱碳的原因而呈灰白色，被称为黑心可锻铸铁。

团絮状石墨的缺口效应不像片状石墨那样严重，对基体破坏作用较轻，可锻铸铁的强度和塑性主要由基体组织而定。铁素体可锻铸铁的强度不高，但是塑性和韧性比较好；珠光体可锻铸铁强度和硬度比较高，但其塑性和韧性比较差。铁素体可锻铸铁和珠光体可锻铸铁的显微组织如图 6-14 所示。

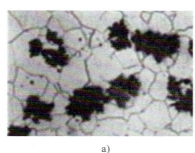 

a)　　　　　　　　　　　　　　　　b)

图 6-14　可锻铸铁的显微组织

a）铁素体可锻铸铁　b）珠光体可锻铸铁

3）将白口铸铁件在氧化性气氛中长时间退火，退火工艺为：温度 980～1050℃，保温时间 3~5 天。长时间退火使铸铁中的碳大部分通过氧化而脱除，使铸件碳的质量分数和铸铁组织均与钢相近，冷却下来得到断口呈白色的白心可锻铸铁。

可锻铸铁的牌号用 KT 及其后的 H（表示黑心可锻铸铁）、Z（表示珠光体可锻铸铁）和

B（表示白心可锻铸铁），再加上分别表示其最小抗拉强度和伸长率的两组数字表示。

可锻铸铁性能优于灰铸铁，在铁液处理、质量控制等方面优于球墨铸铁，故常用可锻铸铁制作截面薄、形状复杂、强韧性要求较高的零件，如低压阀门、管接头、曲轴、连杆、齿轮等。

6.2.3 特种铸铁

随着生产的发展，不仅要求铸铁具有较高的力学性能，有时还要求具有某些特殊的性能。为此，在熔炼时有意加入一些合金元素，制成特种铸铁，又称为合金铸铁。特种铸铁与合金钢相比，熔炼简单，成本低廉，能满足特殊性能的要求，但力学性能较差，脆性较大。

常用的特种铸铁有耐磨铸铁、耐热铸铁和耐蚀铸铁。

1. 耐磨铸铁

铸铁件经常在摩擦条件下工作，承受不同形式的磨损。为了保证铸铁件的使用寿命，除力学性能外，还要求铸铁具有耐磨性能。

耐磨性要求材料具有高的硬度，耐磨铸铁应具有均匀的高硬度组织。含有石墨的铸铁其耐磨性就很差，而白口铸铁则是较好的耐磨铸铁。但普通白口铸铁脆性大，不能承受冲击载荷。

生产中常采用金属型铸造铸件上要求耐磨的表面，而其他部位用砂型，同时适当调整铁液的化学成分（如减少含硅量），保证白口层的深度，而心部为灰口组织，从而使整个铸件既有较高的强度和耐磨性，又能承受一定的冲击。这种铸铁称激冷铸铁，或冷硬铸铁。

在铸铁中加入合金元素，改善基体的组织，使之形成马氏体基体，提高其耐磨性；同时在铸铁中形成大量的合金碳化物，能有效地提高铸铁的耐磨性。随着生产的发展，先后出现了几代耐磨铸铁，其耐磨损能力越来越强。它们是低合金白口铸铁、镍硬铸铁、高铬铸铁。后两者能够应用在强磨损工况，如球磨机衬板、砂泵等。

2. 耐热铸铁

在高温下工作的铸铁件，如炉底板、换热器、坩埚、炉内运输链条和钢锭模等，要求具有良好的耐热性。铸铁的耐热性主要是指铸铁在高温下抗氧化和抗生长能力。

在铸铁中加入 Si、Al 等合金元素，使表面形成一层致密的 SiO_2、Al_2O_3、Cr_2O_3 等化合物，保证铸铁内部不被氧化。此外，这些元素还有提高铸铁的临界点，使铸铁在使用温度范围内不发生固态相变，使基体组织为单相铁素体等作用，因而提高了铸铁的耐热性。

常用的耐热铸铁有中硅球墨铸铁（$w_{Si} = 5.0\% \sim 6.0\%$）、高铝球墨铸铁（$w_{Al} = 21\% \sim 24\%$）、铝硅球墨铸铁（$w_{Al} = 4.0\% \sim 5.0\%$、$w_{Si} = 4.4\% \sim 5.4\%$）和高铬耐热铸铁（$w_{Cr} = 32\% \sim 36\%$）等。

3. 耐蚀铸铁

在酸、碱、盐、大气、海水等腐蚀性介质中工作的铸铁，需要具有较高的耐蚀能力。普通铸铁是由石墨、渗碳体、铁素体、珠光体等基体所组成的，其耐蚀性很差。

为提高铸铁的耐蚀性，常加入 Cr、Si、Mo、Cu、Ni 等元素改变基体并提高基体的耐腐蚀能力，也在铸铁中加入 Si、Al、Cr 等元素，使它们在铸铁表面生成牢固而致密的保护膜。常用的耐蚀铸铁有高硅、高铬、高铝等耐蚀铸铁。

复习思考题

1. 钢中主要的合金元素有什么作用？

2. 不同碳的质量分数的碳素钢的应用范围有什么不同？

3. 一般钢中为什么要严格控制杂质元素 S、P 的含量？

4. 简述合金元素在合金钢中的作用。

5. 什么是合金钢？

6. 合金钢与普通钢相比有什么优点？

7. 常用机械零件用钢有哪些？

8. 简述渗碳素钢、轴承钢、调质钢、弹簧钢的性能要求，并写出每种钢一个牌号。

9. 简述高速工具钢的组织性能特点。

10. 简述不锈钢的分类及其应用。

11. 奥氏体不锈钢或奥氏体耐热钢为什么要进行固溶处理？

12. 在钢中常见的碳化物形成元素有哪些？

13. 铸铁的碳当量有什么意义？

14. 影响铸铁石墨化的主要因素有哪些？

15. 常用的灰铸铁、球墨铸铁、蠕墨铸铁、可锻铸铁中的石墨各具有什么形态？

16. QT600-3 中"600"代表什么含义？"3"表示代表什么意思？

17. 球墨铸铁在浇注前要经过什么处理？

18. 简述为什么球墨铸铁的强度和塑韧性比灰铸铁好。

19. HT250 牌号中"HT"和"250"分别表示什么含义？

20. W18Cr4V 钢所制的刀具（如铣刀）的生产工艺路线为：下料→锻造→等温退火→机械加工→最终热处理→喷砂→磨削加工→产品检验。

1）指出合金元素 W、Cr、V 在钢中的主要作用。

2）为什么 W18Cr4V 下料后必须锻造？

3）锻造后为什么进行等温退火？

4）最终热处理工艺有何特点？为什么？

5）写出最终组织组成物。

21. 请完成下表。

材料牌号	应用举例	所属类别	最终热处理	使用态组织
12Cr18Ni9				
20CrMnTi				
40CrMn				
65Mn				
95Cr18				
9SiCr				
Q235				

（续）

材料牌号	应用举例	所属类别	最终热处理	使用态组织
GCr15				
T10				
W18Cr4V				
HT250				
QT500-7				
45				

22. 开放性习题：从原料、成本、性能等方面说明为什么在工程材料中钢铁材料使用最广泛。

23. 开放性习题：调研市场中常用钢铁材料价格，并列举 5~10 种钢铁材料价格。

24. 开放性习题：不锈钢目前已深入我们的生活中，列举 2~3 种生活中常用的不锈钢应用场景。

第7章　有色金属材料

学习要求

有色金属材料又称为非铁金属材料，有色金属材料的某些性能明显优于普通钢，具有密度小、比强度高、耐热、耐腐蚀、良好的导电性以及具有某些特殊的物理性能等优点，成为现代工业中不可缺少的金属材料。

学习本章后学生应达到的能力要求包括：

1）了解常见的有色金属材料的分类方法和牌号表示方法。

2）理解铝合金、铜合金、钛合金、镁合金、轴承合金的成分、组织、性能特点及应用工况。

有色金属及其合金在工程材料中占有非常重要的地位。许多有色金属具有密度小，比强度高、耐热、耐蚀和良好的导电性及某些特殊的物理性能，有些性能明显优于普通钢，成为现代工业中不可缺少的金属材料。本章仅对机械、仪器、飞机制造等工业中广泛使用的铝及铝合金、铜及铜合金、钛及钛合金、轴承合金、镁及镁合金等进行介绍。

7.1　铝及铝合金

7.1.1　概述

1. 铝及铝合金的性能特点

（1）加工性能良好　铝及铝合金（退火状态）的塑性好，可以冷塑性成形；硬度不高，切削性能良好。超高强度铝合金成形后经热处理，可达到很高的强度；铸造铝合金的铸造性能极好。

（2）密度小、比强度高　纯铝的密度只有 $2.7g/cm^3$，约为铁的 1/3。采用各种手段强化后，铝合金的强度可以达到低合金高强度钢的水平，因此其比强度比一般高强度钢高。

（3）有优良的物理、化学性能　铝的导电性好，仅次于银、铜和金，在室温下的电导率约为铜的 64%。铝及铝合金具有相当好的抗大气腐蚀能力，其磁化率极低，接近于非铁磁性材料。而且铝资源丰富，成本较低。

由于具有以上优点，铝及铝合金在航空航天、机械和轻工业中有广泛的应用。

2. 铝合金的热处理

铝中加入合金元素后，可获得较高的强度，并保持良好的加工性能。许多铝合金能通过冷变形提高强度，而且能通过热处理大幅度地改善其性能。因此，铝合金可用于制造承受较大载荷的零件和构件。

铝合金通常具有图 7-1 所示类型的相图。将成分位于相图中 D~F 之间的合金加热到 α 相区，经保温获得单相 α 固溶体后迅速水冷，可在室温得到过饱和的 α 固溶体。其组织不稳定，有分解出强化相过渡到稳定状态的倾向，因此在室温下放置或低温加热时，强度和硬度有明显的提高。这种现象称为时效。在常温下进行的时效，称为自然时效；在加热条件下进行的时效，称为人工时效。显然，铝合金能进行时效的条件是：在高温能形成均匀的固溶体，并且固溶体中溶质的溶解度必须随温度的降低而显著降低。

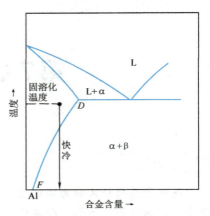

图 7-1 通用类型的铝合金相图

例如，$w_{Cu} = 4\%$ 的 Al-Cu 合金（见图 7-2），加热到 550℃并保持一段时间后，在水中快冷时，θ 相来不及析出，合金获得过饱和的 α 固溶体组织，其强度为 $R_m = 250MPa$。若在室温下放置，随时间的延长，强度将逐渐提高，经 4~5d 后，R_m 可达 400MPa。图 7-3 所示为该合金的自然时效曲线，图 7-4 所示为其在不同温度下的时效曲线。由此可以看出：

1）温度越低，过饱和固溶体越稳定，时效越缓慢。

2）时效温度越高，强度峰值越低、时效速度越快、强度峰值出现所需的时间越短。

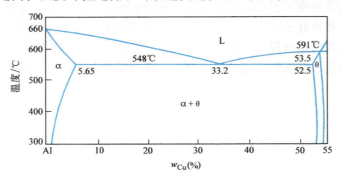

图 7-2 Al-Cu 合金相图

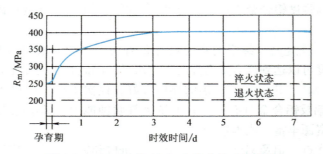

图 7-3 $w_{Cu} = 4\%$ 的 Al-Cu 合金自然时效曲线

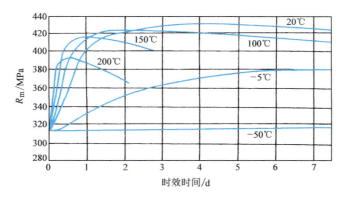

图 7-4 $w_{Cu} = 4\%$ 的 Al-Cu 合金在不同温度下的时效曲线

3. 铝合金的分类

根据成分及成形方法的不同，铝合金分为铸造铝合金和变形铝合金两类。

如图 7-5 所示，成分含量低于 D 的合金，在加热时能形成单相固溶体组织，因其塑性较好，适宜压力加工，故称为变形铝合金。变形铝合金中成分含量低于 F 的合金，因不能热处理强化，称为不能热处理强化的铝合金；成分含量位于 F、D 之间的铝合金，由于 α 固溶体成分随温度变化，可进行固溶时效强化，称为能热处理强化的铝合金。成分含量高于 D 的铝合金，由于冷却时有共晶反应发生，流动性好，适于铸造，称为铸造铝合金。

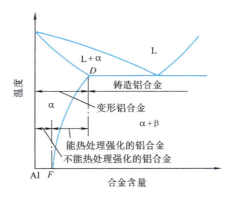

图 7-5 铝合金分类示意图

7.1.2 铸造铝合金

铸造铝合金的铸造性能好。常用铸造铝合金见表 7-1，其热处理种类和应用见表 7-2。

1. Al-Si 铸造铝合金

图 7-6 所示为 Al-Si 合金相图。Al-Si 铸造铝合金通常称为硅铝明。$w_{Si} = 10\% \sim 13\% \, Si$ 的简单铸造铝合金（ZL102）具有优良的铸造性能，铸造后全部为共晶组织（α+Si）。但在一般情况下，ZL102 的共晶体由粗针状硅晶体和 α 固溶体构成（见图 7-7a），强度和塑性都较差。因此，生产上常采用变质处理，即浇注前向合金液中加入占合金质量 $2\% \sim 3\%$ 的变质剂（常用钠盐混合物），以细化合金组织，提高合金的强度和塑性（见图 7-8）。经变质处理后的组织是细小均匀的共晶体+初生 α 固溶体，如图 7-7b 所示。在加入钠盐进行变质处理时，在迅速冷却凝固的条件下，共晶点右移，使合金获得亚共晶组织。

表 7-1 常用铸造铝合金

种类	牌号	代号	主要化学成分(%)(余量为Al)					铸造方法	热处理	应用举例
			Si	Cu	Mg	Mn	其他			
铝硅合金	ZAlSi7Mg	ZL101	6.5~7.5		0.25~0.45			金属型 砂型变质	淬火+自然时效 淬火+人工时效	飞机、仪器零件
	ZAlSi12	ZL102	10.0~13.0					砂型变质 金属型	—	仪表、抽水机壳体等复杂零件
	ZAlSi9Mg	ZL104	8.0~10.5		0.17~0.35	0.2~0.5		金属型 金属型	人工时效 淬火+人工时效	电动机壳体、气缸体等
	ZAlSi5Cu1Mg	ZL105	4.5~5.5	1.0~1.5	0.4~0.6			金属型 金属型	淬火+不完全时效 淬火+稳定回火	发动机气缸头、油泵壳体
	ZAlSi12Cu1Mg1Ni1	ZL109	11.0~13.0	0.5~1.5	0.8~1.3		Ni 0.8~1.5	金属型 金属型	人工时效 淬火+人工时效	活塞及高温下工作的零件
铝铜合金	ZAlCu5Mn	ZL201		4.5~5.3		0.6~1.0	Ti 0.15~0.35	砂型 砂型	淬火+自然时效 淬火+不完全时效	内燃机气缸头、活塞等
	ZAlCu10	ZL202		9.0~11.0				砂型 金属型	淬火+人工时效 淬火+人工时效	高温不受冲击的零件
铝镁合金	ZAlMg10	ZL301			9.5~11.0			砂型	淬火+自然时效	舰船配件
	ZAlMg5Si	ZL303	0.8~1.3		4.5~5.5	0.1~0.4		砂型 金属型	—	氨用泵体
铝锌合金	ZAlZn11Si7	ZL401	6.0~8.0		0.1~0.3		Zn 9.0~13.0	金属型	人工时效	结构形状复杂的汽车、飞机仪器零件
	ZAlZn6Mg	ZL402			0.5~0.65		Zn 5.5~6.5 Ti 0.15~0.25 Cr 0.4~0.6	金属型	人工时效	

表 7-2　铸造铝合金的热处理种类和应用

热处理类别	表示符号	工艺特点	目的和应用
不淬火	T1	铸件快冷（金属型铸造、压铸或精密铸造后进行时效）	改善切削加工性能，降低表面粗糙度的值
退火	T2	退火温度一般为290℃并保温2~4h	消除铸造内应力后加工硬化，改善合金的塑性
淬火+自然时效	T4	通过加热保温使可溶相溶解，然后急冷使合金元素固溶在α固溶体内，获得过饱和固溶体，以改善性能	提高零件的强度和耐蚀性
淬火+不完全时效	T5	淬火后进行短时间时效（时效温度较低或者时间较短）	得到一定的强度，保持较好的塑性
淬火+人工时效	T6	时效温度较高（约180℃），时间较长	得到高强度
淬火+稳定回火	T7	时效温度比T5和T6的高，接近零件的工作温度	保持较高的组织稳定性和尺寸稳定性
淬火+软化回火	T8	回火温度高于T7	降低硬度提高塑性

ZL102 的铸造性能和焊接性能很好，并有相当好的耐蚀性和耐热性。但它不能时效强化，强度较低，经变质处理后 R_m 最高达到 180MPa。因此，该合金仅适于制造形状复杂但强度要求不高的铸件，如仪表、水泵壳体及一些承受低载荷的零件。

为了提高 Al-Si 铸造铝合金的强度，在合金中加入 Cu、Mg 等元素，形成强化相 $CuAl_2$（θ 相）、$MgSi$（β 相）、Al_2CuMg（S 相）等，以使 Al-Si 铸造铝合金能进行时效硬化，如 ZL104 的热处理工艺为：在温度为 530~540℃ 的条件下加热，保温 5h，在热水中淬火，然后在 170~180℃ 的条件下时效 6~7h。经热处理后，合金的强度 R_m 可达 200~230MPa。可用来制造低强度、形状复杂的铸件，如电动机壳体、气缸体及一些承受低载荷的零件。ZL107 中含有少量的铜，能形成强化相 $CuAl_2$，可进行时效硬化，强度可达 250~280MPa，用于制造强度和硬度要求较高的零件。

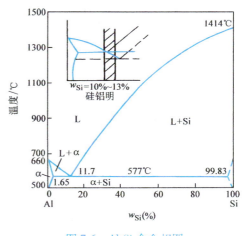

图 7-6　Al-Si 合金相图

ZL105、ZL108、ZL109、ZL110 等合金中含有铜与镁，因而能形成 $CuAl_2$、Mg_2Si、Al_2CuMg 等多种强化相，经淬火时效后可获得很高的强度和硬度。用于制造形状复杂，性能要求较高、在较高温度下工作的零件。

2. Al-Zn 铸造铝合金

Al-Zn 铸造合金价格便宜，铸造性能良好，经变质处理和时效处理后强度较高，但耐蚀性差，热裂倾向大。常用来制造汽车零件、医疗器械、结构复杂的仪器元件，也可用来制造日用品。

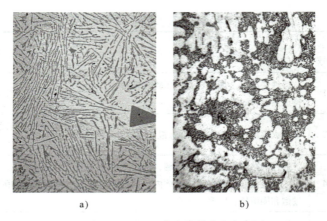

a) b)

图 7-7 ZL102 合金的铸态组织

a）未变质处理 b）经变质处理

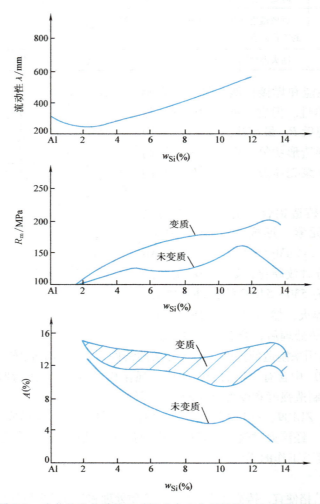

图 7-8 硅含量及变质处理对铝硅合金力学性能和流动性的影响

3. Al-Cu 铸造铝合金

Al-Cu 铸造合金的强度较高，耐热性好，但铸造性能和耐蚀性差。经淬火时效，适于制造在 300℃ 以下工作的形状简单、承受重载的零件。

4. Al-Mg 铸造铝合金

Al-Mg 铸造合金强度高，密度小，有良好的耐蚀性，但铸造性能差，易氧化和产生裂纹。它可进行时效处理，主要用于制作受冲击载荷、耐海水腐蚀、外形不太复杂的零件，如舰船配件、发动机机匣等。

随着高强度铸造铝合金和铸造工艺的发展，铸造铝合金在飞机结构及其他工业产品中被广泛地应用。铸造铝合金适用于砂型、金属型、压铸、熔模等铸造方法，能生产出各种形状复杂的铸件。

7.1.3　变形铝合金

变形铝合金包括硬铝合金、锻铝合金、防锈铝合金、超硬铝合金等。常用变形铝合金见表 7-3。

表 7-3　常用变形铝合金

牌号	化学成分（%）								
	Si	Fe	Cu	Mn	Mg	Zn	其他	Ti	Al
1035	0.35	0.60	0.10	0.05	0.05	0.10	V0.05	0.03	99.35
1040	0.30	0.50	0.10	0.05	0.05	0.10	V0.05	0.03	99.40
1045	0.30	0.45	0.10	0.05	0.05	0.05	V0.05	0.03	99.45
1050	0.25	0.40	0.05	0.05	0.05	0.05	V0.05	0.03	99.50
1050A	0.25	0.40	0.05	0.05	0.05	0.07	—	0.05	99.50
1060	0.25	0.35	0.05	0.03	0.03	0.05	V0.05	0.03	99.60
1065	0.25	0.30	0.05	0.03	0.03	0.05	V0.05	0.03	99.65
1070	0.20	0.25	0.04	0.03	0.03	0.04	V0.05	0.03	99.70
1070A	0.20	0.25	0.03	0.03	0.03	0.07	—	0.03	99.70
1080	0.15	0.15	0.03	0.02	0.02	0.03	Ga0.03、V0.05	0.03	99.80
1080A	0.15	0.15	0.03	0.02	0.02	0.06	Ga0.03	0.02	99.80

1. 硬铝合金

硬铝合金是在 Al-Cu 系合金基础上发展起来的，具有较高的力学性能。它们可以进行时效强化，属于可热处理强化类的合金。合金中的 Cu、Mg 可形成强化相 θ 及 s 相；Mn 主要提高耐蚀性，并起固溶强化作用，其析出倾向小，没有时效作用；少量钛或硼可细化晶粒，提高合金强度。

1）低合金硬铝。Mg、Cu 元素含量较低，塑性好、强度低。采用固溶处理和自然时效提高其强度和硬度，时效速度较慢，主要用于制作铆钉、承力结构零件、蒙皮等。

2）标准硬铝。合金元素含量中等，强度和塑性属中等水平。退火后成形加工性能良好，时效后切削加工性能也较好。主要用于轧材、锻材、冲压件和螺旋桨叶片等重要零件。

3）还有些硬铝合金的合金元素含量较多，强度和硬度较高，塑性变形性能较差。主要用于制造航空模锻件，重要的锻件，销、轴等零件。

2. 锻铝合金

锻铝合金为 Al-Mg-Si-Cu、Al-Cu-Mg-Ni-Fe 系合金。这类合金的元素种类多但用量少，有良好的热塑性、铸造性能、锻造性能和较好的力学性能。可用于制造各种锻件，通常要进行固溶处理和人工时效。

3. 防锈铝合金

防锈铝是在大气、水和油等介质中具有良好耐蚀性的变形铝合金，其中的主要合金元素是 Mn 和 Mg。Mn 的主要作用是提高抗腐蚀能力，并起固溶强化的作用。Mg 也有固溶强化的作用，同时能降低密度。防锈铝合金锻造退火后是单相固溶体，耐蚀性好，塑性好。这类合金不能进行时效强化，属于不可热处理强化的铝合金，但可冷变形，可利用加工硬化提高强度。

4. 超硬铝合金

超硬铝合金为 Al-Mg-Zn-Cu 系合金，并含有少量的铬和锰。锌、铜、镁与铝形成固溶体和多种复杂的第二相（如 $MgZn_2$、Al_2CuMg、AlMgZnCu 等），合金经固溶处理和人工时效后，可获得很高的强度和硬度，所以对它进行合金时效强化的效果最为显著。但其耐蚀性差，高温下迅速软化，可用包铝法提高其耐蚀性。超硬铝合金多用于飞机结构中重要的受力件，如飞机大梁、桁架、起落架等。

7.2 铜及铜合金

铜及铜合金具有下列优良特性：

1）良好的加工性能。铜及其合金的塑性很好，容易进行冷、热加工成形；铸造铜合金有很好的铸造性能。

2）色泽美观。

3）优异的物理、化学性能。铜及其合金的导电、导热性很好，抗大气和水的腐蚀能力很高，同时铜是抗磁性物质。

4）某些特殊的性能。如某些铜合金有优良的减摩性和耐磨性，高的弹性极限和疲劳极限。

铜及铜合金在电气、仪表、造船及机械制造工业部门中获得了广泛的应用。但铜的储量较小，价格较高，属于应节约使用的材料，只在有特殊需要的情况下，如要求有特殊的磁性、耐蚀性、加工性能、力学性能及特殊的外观等条件下，才考虑使用。

7.2.1 纯铜

纯铜呈紫红色，常称紫铜，广泛用于制造电线、电刷、铜管、铜棒及作为配制合金的原料。根据纯度的大小，纯铜分为 T1、T2、T3、T4 四种。编号越大，纯度越低。

除工业纯铜外，还有一类无氧铜，其氧含量极低，质量分数不大于 0.003%。牌号主要有 TU1、TU2，主要用于电真空器件。无氧铜能抵抗氢的作用，不发生氢脆。纯铜的强度低，不宜作为结构材料。

7.2.2 铜合金

铜中加入合金元素后，可获得较高的强度，同时保持纯铜的某些优良性能。铜合金按其色泽的不同分为黄铜、青铜和白铜三大类。

1. 黄铜

由锌和铜组成的合金称为黄铜。按照化学成分的不同，黄铜分为普通黄铜和特殊黄铜两种。

（1）普通黄铜 普通黄铜是铜锌二元合金，其相图如图7-9所示。其中α相是锌溶于铜中的固溶体，具有面心立方晶格，塑性好，可以进行冷、热加工，并有优良的锻造、焊接和镀锡性能。β相是以电子化合物CuZn为基的固溶体，具有体心立方晶格，塑性好，可进行热加工。γ相是以电子化合物$CuZn_3$为基的固溶体，具有六方晶格。普通黄铜按退火后组织的不同分为单相黄铜（α黄铜）和双相黄铜（α+β黄铜）。

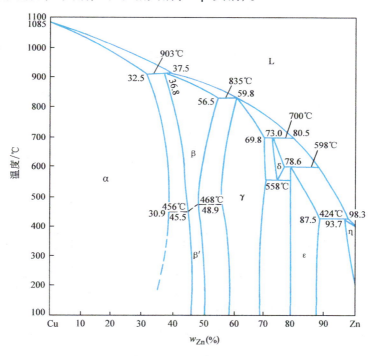

图 7-9 Cu-Zn 合金相图

黄铜不仅有良好的变形加工性能，还有优良的铸造性能。黄铜的耐蚀性较好，与纯铜接近，优于铸铁、碳素钢及普通合金钢。因为有残余应力的存在，黄铜在潮湿的大气或海水中，特别是在含有氨的介质中，容易开裂，称为季裂。黄铜中含锌量越大，季裂倾向就越大。生产中可通过去应力退火来消除应力，减轻季裂倾向。图7-10所示为黄铜的力学性能与含锌量的关系。

常用单相黄铜的牌号有 H90、H70、H68 等。数字表示平均含铜量。由于单相黄铜塑性很好，可进行压力加工，因此常用于制造各种板材、线

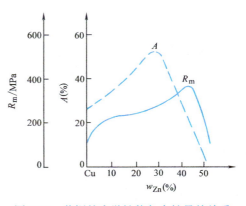

图 7-10 黄铜的力学性能与含锌量的关系

材、形状复杂的深冲零件。

常用双相黄铜的牌号有 H62 等，因其高温塑性好，通常热轧成棒材、板材。这类黄铜也可进行铸造。常用黄铜见表7-4。

表7-4　常用黄铜

牌号	主要化学成分（%）		制品种类或铸造方法	力学性能			应用举例
	Cu	Zn 及其他元素		$R_m/$ MPa	A （%）	硬度	
H90	89.0~91.0	Zn 余量	板、棒线、管	≥245	≥35	—	导管、冷凝器、散热片及导电零件；冷冲、冷挤零件，如弹壳、铆钉、螺母、垫圈
H68	67.0~70.0			≥290	≥40	≤90HV	
H62	60.5~63.5			≥290	≥35	≤95HV	
HPb59-1	57.0~60.0	Pb0.8~1.9 Zn 余量	板、棒线	≥340	≥25	—	结构零件，如销、螺钉、螺母、衬套、垫圈
HMn58-2	57.0~60.0	Mn1~2 Zn 余量	板、棒线	≥380	≥30	—	船舶和弱电用零件
ZCuZn16Si4	79.0~81.0	Si2.5~4.5 Zn 余量	S、R	345	15	90HBW	在海水、淡水和蒸气条件下工作的零件，如支座、法兰盘、导电外壳
			J	390	20	100HBW	
ZCuZn40Pb2	58.0~63.0	Pb0.5~2.5 Al0.2~0.8 Zn 余量	S、R	220	15	80HBW	选矿机大型轴套及滚动轴承套

注：表中牌号为 H90、H68、H62、HPb59-1、HMn58-2 的力学性能给出的是软化退火态下的值。

（2）特殊黄铜　为了获得更高的强度、更好的耐蚀性和良好的铸造性能，在铜锌合金中加入铝、铁、硅、锰、镍等元素后形成的铜合金，称为特殊黄铜。其编号方法是：H+主加元素符号+铜含量+主元素含量，如 HPb59-1。铸造黄铜则在编号前加"Z"字，如 ZCuZn16Si4，见表7-4。

2. 青铜

青铜原指铜锡合金，但目前已将铝、硅、铅、铍、锰等的铜基合金统称为无锡青铜。青铜包括锡青铜、铝青铜、铍青铜等。它也可分为压力加工青铜和铸造青铜两类。青铜的编号方法是：Q+主加元素符号+主加元素含量+其他元素含量。如 QSn4-3。铸造青铜是在编号前加"Z"字。

以锡为主加元素的铜基合金，称为锡青铜。Cu-Sn 合金相图如图 7-11 所示，其中 α 相是锡溶于铜中的固溶体，它具有面心立方晶格，而且塑性好，容易进行冷、热变形。β 相是以电子化合物 Cu_5Sn 为基的固溶体，具有体心立方晶格，在高温下塑性

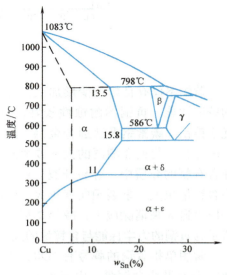

图7-11　Cu-Sn 合金相图（铜端）

良好，可热变形。γ相是以电子化合物 Cu_3Sn 为基的固溶体。δ相是以电子化合物 $Cu_{31}Sn_8$ 为基的固溶体，具有复杂立方晶格。

锡原子在铜中的扩散比较困难，生产条件下的铜锡合金组织，与平衡状态的相差很远。在一般铸造条件下，只有锡含量较低时，才能获得α单相组织。锡含量较高时，组织中出现α+δ。

锡对青铜铸态时力学性能的影响如图 7-12 所示。含锡量的增加会使强度和塑性增大，但当 $w_{Sn}>7\%$ 后，合金中出现硬脆的 δ 相，塑性急剧下降，而强度继续增高。当 $w_{Sn}>20\%$ 后，大量的 δ 相使强度显著下降，合金变得硬而脆，无经济价值。在工业中锡青铜适于热加工；$w_{Si}>10\%$ 的锡青铜适于铸造。

锡青铜的铸造收缩率很小，可铸造出形状复杂的零件。但铸件易生成分散缩孔，使密度降低，在高压下容易渗漏。锡青铜在大气、淡水、海水及高压蒸气中的耐蚀性比纯铜和黄铜的好，但耐酸腐蚀能力差。

锡青铜在机械、化工、造船、仪表等工业中广泛应用，主要制造轴承、轴套等耐磨零件和弹簧等弹性元件。

3. 白铜

以镍为主加元素的铜合金称为白铜。可分为普通白铜和特殊白铜两类。普通白铜只含铜和镍，其编号为 B（白）+镍的平均含量，如 B19 表示 $w_{Ni}=19\%$ 的普通白铜。特殊白铜是在普通白铜中添加其他元素的白铜，其性能和用途与普通白铜不同，如 Mn 含量高的锰白铜可制作热电偶丝、测量仪器等。

普通白铜的力学性能与含镍量的关系如图 7-13 所示。普通白铜的强度高、塑性好，能进行冷、热变形加工。冷变形加工能提高强度和硬度。此外普通白铜的耐蚀性好，电阻率较高。主要用于制造医疗器械、化工机械零件等。常用白铜的牌号、成分、力学性能和用途，可参考相关的手册。

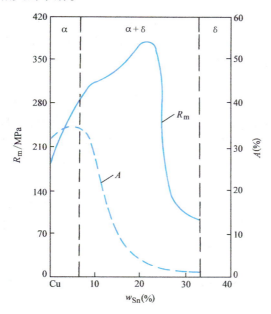

图 7-12　铸造锡青铜的力学性能与含锡量的关系

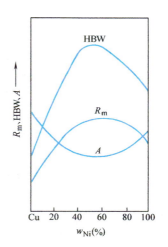

图 7-13　普通白铜的力学性能与含镍量的关系

7.3 钛及钛合金

由于钛及钛合金具有比强度高、耐热性好、耐蚀性优良等性能，因此成为化工工业、航空航天、造船等行业中的重要结构材料。

7.3.1 纯钛

钛的力学性能与纯度有关，钛中常存有 O、N、H、C 等元素，能与钛形成间隙固溶体，显著提高钛的硬度与强度，降低韧性与塑性。

纯钛的牌号有 TA1、TA2、TA3 等。"T"为钛的汉语拼音首字母，序号越大，纯度越低。工业纯钛常用于制造在 350℃ 以下工作，强度要求不高的各种零件，如飞机骨架、发动机部件、阀门等。

7.3.2 钛合金

工业钛合金按其退火组织的不同可分为 α 钛合金、β 钛合金和 α+β 钛合金三大类。其牌号分别以 TA、TB、TC 代表。

1. α 钛合金

组织全部为 α 相的钛合金称为 α 钛合金。它具有良好的焊接性和铸造性、高的蠕变强度、良好的热稳定性；但它塑性较低，对热处理强化和组织类型不敏感，只能进行退火处理。它具有中等的强度和高的热强性，长期工作温度可达 450℃。主要用于制造发动机零件、叶片等。

2. β 钛合金

钛合金加入 Mo、Cr、V 等合金元素后，可获得亚稳组织的 β 相。它的强度较高、具有良好的压力加工性能和焊接性能，经淬火和时效处理后，析出弥散的 α 相，强度进一步提高。主要用于制造气压机叶片、轴、轮盘等重载荷零件。

3. α+β 钛合金

钛中加入稳定 β 相元素，再加入稳定 α 相元素，在室温下即可获得（α+β）双相组织。这类合金的热强度和加工性能处于 α 钛和 β 钛之间；可通过淬火+时效进行强化，且塑性较好，具有良好的综合性能。双相钛在海水中抗应力腐蚀的能力很好。主要用于在 400℃ 温度下长期工作的零件，如火箭发动机外壳，航空发动机叶片、导弹的液氢燃料箱等。

4. 低温用钛合金

近年来，随着新技术的飞速发展，要求在低温和超低温条件下工作的结构件日益增多。如宇宙飞行器中的液氧储箱，工作温度为 -183℃，液氢储箱为 -253℃ 等。在这样低的工作温度下，要求材料必须保持良好的力学性能和物理性能。

钛合金用于低温合金材料时，比强度高，可减小构件的质量；强度随温度的降低而提高，又能保证良好的塑性；在低温下冷脆敏感性小。此外，钛合金的导热性低、膨胀系数小。适宜制造火箭、管道等结构件。

目前，专用的低温钛合金有 Ti-5Al-2.5Sn，其使用温度可达 -253℃，用于制造宇宙飞船的液氢容器；Ti-6Al-4V 使用温度为 -196℃，用于制造低温高压容器、导弹储氢容器等。钛合金用于高、低温条件下的结构材料，具有广阔的发展前景。

7.4 轴承合金

7.4.1 概述

用于制作滑动轴承轴瓦和轴套的合金称为轴承合金。当轴承支承轴进行工作时，由于轴在旋转，轴瓦和轴产生强烈的摩擦，并承受周期性载荷。因此轴承合金应具有如下性能：

1）良好的工艺性，便于制造，且价格低。

2）足够的强度和硬度，以承受轴颈较大的压力。

3）和轴之间具有良好的磨合能力，并可储存润滑油。

4）足够的塑性和韧性，以保证轴与轴承配合良好并抵抗冲击和振动。

5）良好的耐蚀性、导热性、较小的膨胀系数，以防止摩擦升温而发生咬合。

轴承材料不能为高硬度的金属，以免轴颈受到磨损；也不能为软的金属，以防止承载能力过低。因此轴承合金的组织是软基体上分布硬质点，或者在硬基体上分布软质点。若轴承合金的组织是软基体上分布硬质点，则运转时软基体受磨损而凹陷，硬质点将凸出于基体上，使轴和轴瓦的接触面积减小，而凹坑能储存润滑油，降低轴和

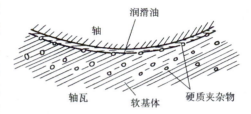

图 7-14 软基体硬质点轴瓦与轴的接触面

轴瓦之间的摩擦因数，从而减小轴和轴承的磨损。另外，软基体能承受冲击和振动，使轴和轴瓦能很好地结合，并能起镶嵌外来硬物的作用，保证轴颈不被擦伤（图 7-14）。

若轴承合金的组织是硬基体上分布软质点，也可达到上述同样的目的。

常用的轴承合金按主要成分的不同可分为锡基轴承合金、铝基轴承合金、铅基轴承合金、铜基轴承合金等数种，前两种称为巴氏合金。常用轴承合金的牌号、成分、力学性能及用途，可参考相关的手册。

7.4.2 锡基轴承合金

锡基轴承合金是一种软基体硬质点类型的轴承合金。常用的是 ZSnSb11Cu6。其组织可用 Sn-Sb 合金相图来分析（图 7-15）。α 相是锑溶解于锡中的固溶体，为软基体。β′是以化合物 SnSb 为基的固溶体，为硬质点。

ZSnSb11Cu6 的显微组织为 $\alpha + \beta' + Cu_6Sn_5$，如图 7-16 所示。其中黑色部分是 α 相软基体，白方块是 β′ 相硬质点，白针状或星状组成物是 Cu_6Sn_5。

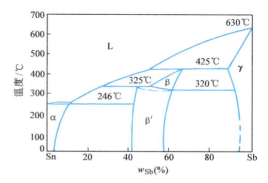

图 7-15 Sn-Sb 合金相图

锡基轴承合金的摩擦因数和膨胀系数小，塑性和耐磨性好，适于制造运转速度高、承受压力和冲击载荷的轴承，如汽轮机、汽车、压气机用高速轴瓦。但锡基轴承合金的疲劳强度

较差，工作温度也较低。

7.4.3 铝基轴承合金

铝基轴承合金是一种新型减摩材料，具有原料丰富、价格低廉，密度小，导热性好、疲劳强度高和耐蚀性好等优点，但其膨胀系数大，运转时容易与轴颈咬合。铝基轴承合金分为高锡铝基轴承合金和铝锑镁轴承合金。

高锡铝基轴承合金的成分为 $w_{Sn} = 20\%$、$w_{Cu} = 1\%$，其余为 Al。由于在固态时锡在铝中的溶解度极小，合金经轧制与再结晶退火后，显微组织为铝基体上均匀分布

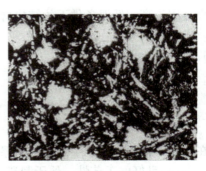

图 7-16　ZSnSb11Cu6 轴承合金的
显微组织

着软的锡质点。合金中加入铜，溶于铝使基体强化。该合金也可以 08 钢为衬背，轧制成双合金带。这类合金的疲劳强度高，耐热性、耐磨性、耐蚀性好，可代替铝锑镁轴承合金和铜基轴承合金，适宜制造载荷小于 28MPa、滑动速度小于 3m/s 的轴承，目前已在汽车、拖拉机、内燃机上广泛使用。

铝锑镁轴承合金成分为 $w_{Sb} = 3.5\% \sim 4.5\%$、$w_{Mg} = 0.3\% \sim 0.7\%$，其余为 Al。室温时显微组织为 Al+β。Al 为软基体，β 相是铝锑化合物，为硬质点，分布均匀。加入镁可提高合金的屈服强度。它可以 08 钢为衬背，一起轧制成双合金带，由此改进轴瓦的生产工艺，并提高了轴瓦的承载能力。这种合金有高的疲劳强度和耐磨性，但承载能力较小，适宜制造载荷不超过 20MPa、滑动速度不大于 10m/s 的轴承，如承受中等载荷内燃机上的轴承。

7.4.4 铅基轴承合金

铅基轴承合金是一种软基体硬质点的轴承合金。铅锑系的铅基轴承合金应用很广，典型牌号有 ZPbSb16Sn16Cu2，成分为 $w_{Sb} = 16\%$、$w_{Sn} = 16\%$、$w_{Cu} = 2\%$、其余为 Pb。图 7-17 所示为 Pb-Sb 合金相图，α 为锑在铅中的固溶体，β 为铅在锑中的固溶体。

ZPbSb16Sn16Cu2 的显微组织为 (α+β)+β+Cu_6Sn_5，如图 7-18 所示。(α+β) 共晶体为软基体，白方块为以 SnSb 为基的 β 固溶体，起硬质点作用，白针状晶体为化合物 Cu_6Sn_5。该合金的铸造性能和耐磨性较好，价格较低，用于制造高速低载的轴承，如汽车、拖拉机上曲轴的轴承和电动机、破碎机轴承。

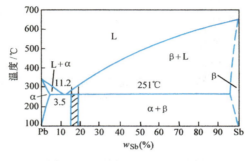

图 7-17　Pb-Sb 合金相图

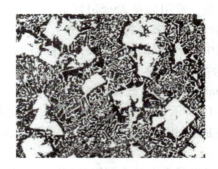

图 7-18　ZPbSb16Sn16Cu2 合金的显微组织

7.4.5　铜基轴承合金

铜基轴承合金是以铅为主加元素，如ZCuPb30是一种硬基体软质点类型的轴承合金，Cu-Pb 合金相图如图 7-19 所示。铜和铅在固态时互不溶解，室温时显微组织为 Cu+Pb。Cu 为硬基体，粒状 Pb 为软质点。这类合金的耐疲劳性、耐热性好，摩擦因数小，承载能力强。常用于制造在大载荷、高压下工作的轴承，如航空发动机轴承。

由于不含锡的铅青铜、铅基、锡基轴承合金的强度较低，不能承受较大的压力，所以使用时必须

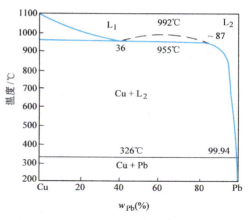

图 7-19　Cu-Pb 合金相图

将其镶在钢的轴瓦上，形成一层薄而均匀的内衬，制成双金属轴承。含锡的铅青铜，锡溶于铜中使合金强化，获得较高的强度，所以不必制成双金属轴承，而可直接制成轴承、轴套使用。

7.5　镁及镁合金

7.5.1　纯镁

镁是地壳中储量丰富的金属元素。镁的原子序数为 12，相对原子质量约为 24.31。镁的晶体结构为密排六方。

镁是常用结构材料中最轻的金属，密度为 $1.738g/cm^3$。镁的体积热容比其他所有金属的都低，其升温或降温速度比其他金属快。

镁的电极电位很低，化学性质很活泼。镁在潮湿大气、海水、无机酸、无机盐、有机酸、甲醇等介质中均会产生剧烈的腐蚀；但镁在干燥的大气、碳酸盐、氟化物、铬酸盐、氢氧化钠、四氯化碳、汽油、煤油及润滑油中却很稳定。在室温下，镁的表面能与空气中的氧起反应，形成氧化镁薄膜，但由于氧化镁薄膜比较脆，而且不致密，因此对内部金属无明显的保护作用。

镁的室温塑性很差。纯镁单晶体的临界切应力只有 $(48\sim49)\times10^5 Pa$，纯镁的强度和硬度也很低，因此不能直接用于制作结构材料，而主要用来配制其他合金。纯镁的力学性能见表 7-5。

表 7-5　纯镁的力学性能

加工状态	R_m/MPa	R_{eL}/MPa	E/GPa	$A(\%)$	$Z(\%)$	硬度 HBW
铸态	11.5	2.5	45	8	8	30
变形状态	20.0	9.0	45	11.5	12.5	36

7.5.2　镁合金

1. 镁的合金化

镁是地壳中含量丰富的金属元素，储量占地壳的 2.5%，仅次于铝和铁。镁的原子序号

为12，为密排六方晶体结构。镁熔点651℃，沸点为1107℃。镁密度为$1.738×10^3 kg/m^3$，相当于铝的2/3，是常用结构材料中最轻的金属。镁的体积热容比其他所有的金属都低，其升温或降温速度比其他金属快。镁的化学性质活泼，在空气中容易氧化，在氧化反应放出的热量不能及时散失时则容易燃烧。

工业纯镁的强度和硬度很低，塑性比铝低得多，不常用作结构材料，但通过形变硬化、晶粒细化、合金化、热处理等多种方法，镁的力学性能会得到大幅度地改善。在这些方法中，镁的合金化是最基本的强化途径，通过合金化，镁的力学性能、耐腐蚀性能和耐热性能均得到提高。

镁合金中常加入的合金元素有 Al、Zn、Mn、Zr 及稀土元素。铝在镁中起固溶强化作用，又可析出沉淀强化相 $Mg_{17}Al_{12}$，有助于提高合金的强度和塑性；锌在镁中除固溶强化作用外，也产生时效强化相 MgZn，但强化效果不如 $Mg_{17}Al_{12}$ 显著，一般还需要加入其他元素；锰加入镁中可提高合金的耐热性能和耐腐蚀性能，并改善焊接性能；镁合金中加入锆，除细化晶粒外，还可减小热裂倾向，并提高力学性能；稀土元素则具有细化晶粒、提高耐热性能、改善铸造性能和焊接性能等多种作用。镁合金中的杂质以 Fe、Cu、Ni 的危害最大，需要严格控制其含量。

工业中应用的镁合金主要集中于 Mg-Al-Zn、Mg-Zn-Zr、Mg-RE-Zr、Mg-Th-Zr 和 Mg-Ag-Zr 等几个合金系，其中前两个合金系应用较多。

2. 镁合金的性能特点

（1）密度低，比强度高　镁合金的强度虽然比铝合金低，但其比强度却比铝合金高。如以镁合金代替铝合金，则可减小电动机、发动机、仪表等零件的质量。

（2）减振性好　镁合金弹性模量小，当受外力作用时，弹性变形功较大，即吸收能量较多，所以能承受较大的冲击或振动载荷。因此飞机起落架轮毂多采用镁合金制造。

（3）可加工性好　镁合金具有优良的切削加工性能，既可采用高速切削也易于进行研磨和抛光。

（4）耐蚀性差　镁的电极电位很低，耐腐蚀性能很差。在潮湿大气、淡水、海水及绝大多数酸、盐溶液中易受腐蚀。但镁在干燥的大气、碳酸盐、氟化物、铬酸盐、氢氧化钠、四氯化碳、汽油、煤油及润滑油中却很稳定。在空气中，镁表面生成疏松多孔的氧化膜，对镁基体没有保护作用。在使用时，镁合金必须采取氧化处理、涂漆保护等防护措施。

（5）室温塑性差　镁合金的室温塑性很差，塑性加工须在高温下进行。

3. 镁合金的热处理

镁合金常用的热处理工艺有人工时效（T1）、退火（T2）、固溶不时效（T4）和固溶加人工时效（T6）等，具体工艺规范根据合金成分及性能需要确定。

与铝合金相比，镁合金的热处理有以下几个特点：①镁合金的组织比较粗大，因此固溶温度较低；②合金元素在镁中的扩散速度较慢，固溶时间较长；③铸造镁合金及未经退火的变形镁合金一般具有不平衡组织，固溶前加热速度不宜过快，通常采用分段方式加热；④在自然时效时，镁合金沉淀相析出速度太慢，因此镁合金大都采用人工时效处理；⑤镁合金的氧化倾向大，热处理时加热炉需要密封，炉内需保持中性气氛，一般采用通入 SO_2 气体或在炉内放置碎块状硫铁矿石等方法。

4. 铸造镁合金

我国的铸造镁合金有9个牌号，其合金代号的表示方法为"ZM"加数字，其牌号和室温力学性能要求见表7-6。根据合金的化学成分和性能特点，铸造镁合金分为高强度铸造镁合金和耐热铸造镁合金两大类。

表 7-6　铸造镁合金的牌号和室温力学性能要求

合金牌号	合金代号	状态	R_m/MPa	$R_{p0.2}$/MPa	A(%)
ZMgZn5Zr	ZM1	T1	235	140	5.0
ZMgZn4RE1Zr	ZM2	T1	200	135	2.5
ZMgRE3ZnZr	ZM3	F	120	85	1.5
ZMgRE3Zn3Zr	ZM4	T1	140	95	2.0
ZMgAl8Zn ZMgAl8ZnA	ZM5 ZM5A	F	145	75	2.0
		T1	155	80	2.0
		T4	230	75	6.0
		T6	230	100	2.0
ZMgNd2ZnZr	ZM6	T6	230	135	3.0
ZMgZn8AgZr	ZM7	T6	275	150	4.0
ZMgAl10Zn	ZM10	T6	230	130	1.0
ZMgNd2Zr	ZM11	T6	225	135	3.0

高强度铸造镁合金有 ZM1、ZM2、ZM5、ZM7 和 ZM10，它们属于 Mg-Al-Zn 系和 Mg-Zn-Zr 系。这些合金在固溶（T4）或固溶并时效（T6）后使用，具有较高的强度、良好的塑性，适于制造各种类型的零件。但高强度铸造镁合金的耐热性能较差，使用温度不能超过 150℃。

ZM5 合金含 Al 量较高，能形成较多的强化相，可以通过固溶处理和人工时效来强化。ZM5 合金固溶处理的加热温度为（415±5）℃，保温时间为 12~24h，保温后在空气中冷却。人工时效的加热温度为 175~200℃，保温时间为 8~12h，在空气中冷却。ZM5 广泛应用于制造飞机、发动机、仪表、卫星及导弹仪器舱中承受较高负载的结构件。

耐热铸造镁合金有 ZM3、ZM4、ZM6 和 ZM11，属于 Mg-RE-Zr 系。该类合金的铸造工艺性能良好、热裂倾向小、铸件致密。合金的常温强度和塑性较低，但耐热性高，长期使用温度为 200~250℃，短时使用温度可达 300~350℃。

5. 变形镁合金

按化学成分，国标中的变形镁合金分为 Mg-Al 系、Mg-Zn 系、Mg-Mn 系、Mg-RE 系、Mg-Gd 系、Mg-Y 系、Mg-Li 系，共 7 类变形镁合金 40 多个牌号。

与铸造镁合金相比，变形镁合金具有更高的强度、更好的延展性和更多样化的力学性能，能够满足零件的多样化性能需求。然而镁合金具有密排六方晶体结构，室温下独立滑移系少，导致变形加工困难。因此，变形镁合金往往在加热到一定温度下，通过挤压、轧制及锻造等热成形技术来成形。

航空工业上应用较多的变形镁合金为 ZK61M 合金。它是高强度变形镁合金，属 Mg-Zn-Zr 合金系，成分为 Zn5.0%~6.0%、Zr0.3%~0.9%、Mn0.1%。由于其含锌量高，锌在镁中的溶解度随温度变化较大，并能形成强化相 MgZn，所以能热处理强化。锆加入镁中能细化晶粒，并能改善耐蚀性。ZK61M 合金经热加工变形后，在空气中冷却即相当于固溶处理。人工时效工艺为 160~170℃保温 10~24h，空冷。ZK61M 性能为抗拉强度 329MPa，屈服强度 275MPa，伸长率为 6%，它常用来制造在室温下承受较大负荷的零件，如机翼、翼肋等，使用温度不能超过 150℃。

复习思考题

1. 铝及铝合金的物理、化学性能、力学性能及加工性能有什么特点？

2. 为什么 Al-Si 铸造铝合金具有良好的铸造性能？在变质处理后其组织和性能有何变化？

3. 解释铝合金的时效强化现象。什么是人工时效处理？什么是自然时效处理？两者对材料性能的影响有什么不同？

4. 单相黄铜与双相黄铜在加工方式上有什么不同？为什么？

5. 哪种铜合金的铸造性能最好？锡青铜常用于生产哪些零件？

6. 说明含锡量对锡青铜的影响。

7. 说明钛合金的特性、分类及各类钛合金的用途。

8. 试举例说明轴承合金在性能上有何要求？在组织上有何特点？

9. 指出下列牌号的材料各属于哪类有色合金，并说明牌号中字母及数字的含义：ZAlSi12、1050A、H62、HMn58-2、ZCuZn16Si4。

10. 开放性习题：找出几种有色金属材料，识别其种类，并分析它们的用途。

11. 开放性习题：结合本章知识简要分析人类历史上青铜器最早出现、普及的原因。

12. 开放性习题：从工艺角度简要分析粉末冶金制备的铝合金和铸造铝合金的差异。

第8章 非金属材料与复合材料

学习要求

非金属材料是指除金属材料以外的工程材料，可分为高分子材料和陶瓷材料两大类。非金属材料具备金属材料所不具备的性能，如塑料质轻而耐腐蚀，橡胶的弹性大，陶瓷耐热、耐腐蚀而且绝缘。

复合材料在各行各业中有着重要的应用。复合材料是从材料性能的角度和材料结构的角度来开发能够满足多种性能要求的材料。

学习本章后学生应达到的能力要求包括：

1）掌握塑料和橡胶的成分、组织、性能特点以及应用领域。

2）了解塑料制品的生产方法。

3）掌握陶瓷材料的性能特点及其应用范围。

4）了解陶瓷材料的制备过程。

5）能够了解材料复合的基本思想，为开发满足多种性能要求的新材料打下基础。

6）能够理解复合材料的增强原理、增强相种类及其形态。

7）能够了解常用复合材料的性能、结构及其应用。

除金属材料以外的工程材料，均称为非金属材料。按化学成分的不同，可将其分为无机非金属材料（又称为陶瓷材料）和有机非金属材料（又称为高分子材料）两大类。常见的无机非金属材料有陶瓷、玻璃、水泥、耐火材料、石墨、铸石等；常见的有机非金属材料有塑料、橡胶、有机纤维、有机黏结剂、木材、皮革、纸制品等。

随着技术的发展，在航天、航空、军工等尖端领域对材料性能提出了多方面的高要求，在单一材料难以满足多方面性能要求时，便设计出将多种材料有机结合在一起的复合材料来满足使用要求。

8.1 高分子材料

高分子材料也称为聚合物材料，它是以高分子化合物为基体，配有其他添加剂所构成的材料。一般情况下，高分子化合物的相对分子质量在 5000 以上，有的甚至达到几十万。

高分子材料有各种不同的分类方法。按来源可分为天然高分子材料和合成高分子材料。按大分子主链结构可分为碳链高分子材料、杂链高分子材料及元素有机高分子材料。按性能和用途可分为塑料、橡胶、纤维、黏结剂、涂料、功能高分子材料等。

8.1.1 高分子化合物的基本知识

1. 高分子化合物的合成

把低分子化合物（单体）聚合起来，形成高分子化合物的过程，称为高分子化合物的合成。

有机材料都是用基本有机原料生产出来的。基本有机原料都是天然的资源，如农林产品、煤、石油和天然气等。将它们经过脱氢、裂解、合成和发酵等化学加工，而得到甲醇、甘油、乙醛、丙酮、苯酚、氯乙烯等低分子化合物。低分子化合物经过加聚和缩聚反应，由单体结合而成高聚物，成为高分子化合物。

合成反应主要有两种：加聚反应和缩聚反应。

（1）加聚反应　加聚反应是由一种或多种单体相互加成而连接成聚合物的反应。它是在加热、光照或化学引发剂的作用下，由许多不饱和低分子化合物打开不饱和链、环状化合物开环，从而连接形成大分子的反应，其产物称为加聚物。在加聚反应过程中，没有低分子产物析出，而且生成的聚合物和原料具有相同的化学组成，其相对分子质量为低分子化合物相对分子质量的整数倍。加聚反应是高分子合成工业的基础，近80%的高分子材料是由加聚反应得到的。如聚乙烯就是由乙烯单体聚合而成，即

$$n(CH_2 = CH_2) \xrightarrow[\text{10.13MPa、加热}]{\text{过氧化物引发剂}} +CH_2—CH_2+_n$$

最常见的加聚反应的单体是烯类化合物，另外羰基化合物和环状化合物也可以进行加聚反应。

加聚反应的单体可以是一种，此时进行的反应称为均加聚反应，简称均聚，所得的产物称为均聚物。如二丁烯单体在催化剂的作用下加聚合成为顺丁橡胶的反应。

由两种或多种单体进行的加聚反应，称为共加聚反应，所得的产物称为共聚物。如二丁烯单体与苯乙烯单体通过反应合成为丁苯橡胶。

均聚物的应用很广，产量很大，但受结构限制，性能的开发受到影响。共聚物则通过单体的改变，可以改进聚合物的性能，保持各单体的优越性能，并创造新品种。同时，共聚反应扩大了单体的使用范围，有些单体本身不能进行均聚反应，但可共聚，因而扩大了制造聚合物的原料来源。

（2）缩聚反应　在加热或催化剂的作用下，由许多相同或不相同的低分子化合物（单体）相互混合，发生化合反应，得到高分子化合物，同时析出某些低分子产物（如水、氨、卤化氢、醇或酚等）的过程称为缩聚反应，所生成的聚合物称为缩聚物。缩聚物的成分与单体不同，且缩聚反应比加聚反应要复杂得多。尼龙66就是由己二酸和己二胺缩聚制成的，反应式为

$$nNH_2(CH_2)_6NH_2 + nCOOH(CH_2)_4COOH \rightarrow$$
$$+NH(CH_2)_6NH—CO(CH_2)_4CO+_n + 2nH_2O$$

并不是所有的化合物都能进行缩聚反应，只有具有两个或两个以上官能团的化合物才能进行缩聚反应。缩聚反应是制取聚合物的主要方法之一。它是涤纶、尼龙、聚碳酸酯、聚氨酯、环氧树脂、酚醛树脂、有机树脂等高聚物的合成方法。对性能要求较高的新型耐热高聚

物，如聚酰亚胺、聚苯并咪唑、聚苯并恶唑、吡龙等，也都是用缩聚的方法合成的。缩聚反应因其特有的反应规律和产物结构上的多样性，是合成杂链聚合物，即在大分子主链上引进O、N、S、Si等原子的重要途径，对改善聚合物性能和开发新品种具有非常重要的意义。

2. 高分子材料的性能特点

高分子材料是以高聚物为主要组分，并添加各种辅助组分而形成的。在高分子材料中，高聚物称为基料，是主要组分，对高分子材料的性能起决定性作用；辅助组分称为添加剂，如填充剂、增塑剂、固化剂、发泡剂、着色剂等，起改善、补充材料性能的作用。

（1）力学性能　与金属材料相比，高分子材料的力学性能有如下特点：

1）比强度高。高聚物的拉伸强度平均为100MPa左右，远远低于金属，但由于其密度低，故其比强度并不比金属低。玻璃钢的强度比合金结构钢的高，而其质量却小得多。

2）高弹性和低弹性模量。其实质就是弹性变形量大而弹性变形抗力小，这就是高聚物特有的性能，不管是线型还是体型高分子化合物，都有一定的弹性。

3）低硬度。高聚物的硬度远低于金属，但有些高聚物的摩擦因数小，且本身就具有润滑性能，如聚四氟乙烯、尼龙等，减摩性能好。

（2）物理性能　高分子材料的物理性能表现在以下几个方面：

1）电绝缘性优良。高聚物中，原子一般以共价键相结合，因而不易电离，故导电能力低，绝缘性能好。

2）耐热性差。耐热性是指材料在高温下长期使用后保持性能不变的能力。由于高聚物链段间的分子结合力较弱，在同时受热、受力时易发生链间滑脱和位移，而导致材料软化、熔化，使其性能发生变化，所以耐热性差。如耐热性较高的氟橡胶，其最高使用温度也仅为300℃。

3）导热性差、易膨胀。因此在机械装置中，高分子材料的零件可能会因膨胀过量而引起开裂、脱落、松动等。

（3）化学性能　高分子材料的化学稳定性高，在酸、碱、盐中耐蚀性较强，如聚四氟乙烯在沸腾的王水中仍很稳定，但高分子材料在某些特定的有机溶剂中会发生软化、熔胀等现象。

（4）高分子材料的老化　高分子材料在长期使用或存放过程中，在热、光、辐射、氧和臭氧、酸碱、微生物等的作用下，聚合物内部结构发生变化，导致聚合物的性能随时间延长而逐渐恶化，直至丧失使用功能，这个过程称为老化。发生老化时，橡胶主要表现为龟裂或变软、变黏，塑料主要表现为脱色、失去光泽、开裂等，这些现象均是不可逆的。因此，老化是高聚物的一大缺点。造成高聚物老化的主要原因有两点：一是分子链产生交联或支化，使其变硬、变脆；二是大分子发生断链或裂解，相对分子质量降低，这个过程称为降解，使聚合物发软变黏，力学性能劣化。一般可通过表面防护、加入抗老化剂等手段提高高聚物的抗老化能力。

8.1.2　工程塑料

塑料是指以树脂为主要成分的有机高分子固体材料。它在一定的温度和压力下具有可塑性，能塑制成一定形状的制品，且在常温下能保持形状不变，因而得名为"塑料"。

1. 塑料的组成

（1）合成树脂 塑料极少使用天然树脂，而主要用合成树脂来制备，如酚醛树脂、聚烯等。它是塑料的主要组分，并决定着塑料的基本性能。

（2）填料或增强材料 多数填料主要起增强作用，并且可改善塑料的力学性能。如石墨、二硫化钼、石棉纤维和玻璃纤维等，都可以改善塑料的力学性能。

（3）固化剂 它的作用在于通过交联使树脂具有体型网状结构，成为较坚硬和稳定的塑料制品。如在酚醛树脂中加入六亚甲基四胺，在环氧树脂中加入二胺、顺丁烯二酸酐等。

（4）增塑剂 它是可以提高树脂可塑性和柔性的添加剂。常用的增塑剂为液态或低熔点固体有机化合物。如聚氯烯树脂中加入邻苯二甲酸二丁酯后，塑性增大，变为橡胶一样的软塑料。

（5）稳定剂 为了防止塑料在热、光等作用下过早老化，加入少量能起稳定作用的物质。如能抗氧的物质有酚类及胺类等有机物；炭黑则可作为紫外线吸收剂。

（6）阻燃剂 它的作用是阻止燃烧或造成自熄。比较成熟的阻燃剂有氧化锑等无机物或碳酸酯类和含溴化合物等有机物。

塑料中还有其他的一些添加剂，如润滑剂、着色剂、抗静电剂、发泡剂、溶剂和稀释剂等。加入银、铜粉末可制成导电塑料；加入磁粉可制成磁性塑料等。

2. 塑料的分类

塑料的种类繁多，常用的分类方法有以下两种。

（1）按塑料受热后的性质分类

1）热塑性塑料。热塑性塑料又称为热熔性塑料。这类塑料的特点是受热时软化并熔融，成为可流动的黏稠液体，冷却后便固化成形。这一过程可以反复进行，而树脂的化学结构基本不变。典型品种有聚乙烯、聚丙烯、聚氯烯、聚苯烯、聚酰胺、ABS 塑料、聚甲醛、聚碳酸酯、聚苯醚、聚砜、有机玻璃等。其优点是易加工成型，力学性能较好；缺点是耐热性和刚性差。

2）热固性塑料。热固性塑料的特点是在一定的温度下能软化或熔融，冷却后便固化（或加入固化剂）成型。一旦成型后便不能被溶剂溶解；再度加热，也不会再度熔融，温度过高时只能分解而不能软化。所以热固性塑料只能塑制一次。这是因为热固性塑料的加热变化，不仅有物理变化（塑化），还有化学变化（交联固化）。树脂在加热变化前后的性质完全不同。所以这种变化是不可逆的。热固性塑料有酚醛塑料、氨基塑料、环氧树脂塑料、有机硅树脂塑料、不饱和聚酯塑料等。它们具有耐热性好、受热受压不易变形等优点，但是一般强度不高。

（2）按塑料的功能分类

1）通用塑料。通用塑料是指产量大、用途广、价格低廉的塑料，主要包括六大品种：聚乙烯、聚丙烯、聚氯乙烯、聚苯乙烯、酚醛塑料和氨基塑料。这六大品种的产量占塑料总产量的 3/4 以上，构成了塑料工业的主体。

2）工程塑料。工程塑料通常是指强度较高、刚度较大、可以代替钢铁和有色金属材料制造机械零件和工程结构的塑料。这类塑料除了具有较高的强度外，还有很好的耐蚀性、耐磨性、自润滑性以及制品尺寸稳定性等特点。主要品种包括聚酰胺、聚碳酸酯、聚甲醛、聚氯醚、聚砜、有机玻璃、ABS 树脂等。

随着塑料的应用范围不断扩大，工程塑料和通用塑料越来越难以划分。如通用塑料的聚氯乙烯现在已代替工程塑料作为耐蚀材料，大量地应用于化工设备上。

3）特种塑料。这类塑料主要是指耐高温或具有特殊用途的塑料。这类塑料的产量少，价格较高。包括氟塑料、有机硅树脂、环氧树脂、不饱和聚酯以及离子交换树脂等。

3. 塑料的特性

（1）质量小、比强度高　大部分塑料的密度为 $1000 \sim 2000 kg/m^3$。聚乙烯、聚丙烯的密度最小（约为 $900 kg/m^3$），最重的聚四氟乙烯的密度不超过 $2300 kg/m^3$，但比强度却非常高，可超过金属材料。从这个角度考虑，用塑料去替代某些金属材料，制造机械构件，尤其对要求减轻自重的车辆、船舶、飞机等具有特别重要的意义。

（2）良好的耐蚀性　一般塑料对酸、碱、有机溶剂等都具有良好的抗腐蚀能力，其中最突出的是聚四氟乙烯，甚至连"王水"也不能腐蚀它。所以塑料的出现，帮助人们解决了化工设备方面的腐蚀问题。

（3）优异的电气绝缘性能　几乎所有的塑料都具有优异的电气绝缘性能，可与陶瓷、橡胶、云母相媲美，是电机电器、无线电和电子工业中所不可缺少的绝缘材料。

（4）突出的减摩、耐磨和自润滑性能　大部分塑料的摩擦因数都比较低，并且很耐磨，可以制作轴承、齿轮、活塞环和密封圈等零件，在各种液体介质（如油、水、腐蚀性介质）中或者在少油、无油润滑的条件下能有效地运转工作。这种特性是一些金属材料所不能比拟的。

（5）优良的消声吸振性　用塑料制作的传动摩擦零件，可以减小噪声、降低振动、提高运转速度。

（6）成型加工容易　塑料在加热后熔化有较好的流动性，而且塑性好，便于成型。

（7）其他特殊性能　如有机玻璃的透光性超过了普通玻璃，而且质轻、耐冲击、不易碎；离子交换树脂可以使矿泉水净化、海水淡化，也可提取非铁合金、稀有金属和放射性元素等；感光树脂可以代替一般卤化银作为感光材料；泡沫塑料可用来制作隔声、隔热或保温材料；有些塑料加入导电性填料后，可做成导电导磁塑料等。

虽然塑料有以上优点，但在某些方面目前还有不足之处。如强度、硬度和刚度远不及金属材料，使用温度大多在100℃左右，仅有少数品种可在 $250 \sim 300℃$ 的范围内使用；同时，导热性极差、热膨胀系数较大、易老化、易燃烧、易变形。这些缺点使塑料的使用受到一定的限制。针对这些缺点，人们正在不断加以研究、改进。已出现的新型耐高温塑料，使用温度有望达到500℃以上。特别是以塑料为基体，用玻璃纤维、碳纤维、硼纤维等增强的复合材料发展非常迅速，其强度和刚度都已接近或超过金属，为塑料的发展开辟了新的道路。塑料的发展前景是非常广阔的，它将是引导人类进入高分子时代的开路先锋。

4. 常用工程塑料及应用

塑料的品种很多，应用极广，六大通用塑料已成为一般工农业生产和日常生活不可缺少的廉价材料。工程塑料相对金属来说，具有密度小、比强度高、耐腐蚀、电绝缘性好、耐磨和自润滑性好，以及具有透光、隔热、消声、吸振等优点，也有强度低、耐热性差、容易蠕变和老化的缺点。而不同类别的塑料有着各自不同的性能特点。表8-1和表8-2分别列出了工业上常用的热塑性塑料和热固性塑料的性能特点和用途。

表 8-1 常用热塑性塑料的性能特点和用途

名称（代号）	主要性能特点	应用举例
聚氯乙烯（PVC）	硬质聚氯乙烯强度较高，电绝缘性优良；化学稳定性好，对酸、碱的抵抗力强。可在 $-15\sim60℃$ 的范围内使用，有良好的热成型性能，且密度小	作为耐蚀的结构材料，常用于化工行业，如输油管、容器、离心泵、阀门管件
	软质聚氯乙烯的强度不如硬质，但伸长率较大，有良好的电绝缘性，可在 $-15\sim60℃$ 的范围内使用	电线、电缆的绝缘包皮，农用薄膜，工业包装。但因有毒，故不适于食品包装
	泡沫聚氯乙烯质轻、隔热、隔声、防振	泡沫聚氯乙烯衬垫、包装材料
聚乙烯（PE）	低压聚乙烯质地坚硬，有良好的耐磨性、耐蚀性和电绝缘性，而耐热性差，在沸水中变软；高压聚乙烯是聚乙烯中较轻的一种，其化学稳定性好，有良好的高频绝缘性、柔软性、耐冲击性和透明性；超高分子量聚乙烯的冲击强度高，耐疲劳，耐磨，需冷压浇注成型	低压聚乙烯用于制造塑料板、塑料绳，承受小载荷的齿轮、轴承等；高压聚乙烯最适宜吹塑成薄膜、软管、塑料瓶等用于食品和药品包装的制品；超高分子量聚乙烯可制作减摩、耐磨件及传动件，还可制作电线及电缆包皮等
聚丙烯（PP）	密度小，是常用塑料中较轻的一种。强度、硬度、刚性和耐热性均优于低压聚乙烯，可在 $-100\sim120℃$ 的范围内长期使用；几乎不吸水，并有较好的化学稳定性，优良的高频绝缘性，且不受温度影响。但低温脆性大，不耐磨，易老化	制作一般机械零件，如齿轮、管道、接头等耐腐蚀件，如泵叶轮、化工管道、容器、绝缘件；制作电视机、收音机、电风扇、电机罩等
聚酰胺（通称尼龙）（PA）	无味、无毒；有较高的强度和良好的韧性；有一定耐热性，可在 $100℃$ 下使用。优良的耐磨性和自润滑性，摩擦因数小，良好的消声性和耐油性，能耐水、油、一般溶剂；耐蚀性较好；抗霉菌；成型性好。但蠕变较大，导热性较差，吸水性高，成型收缩率较大	常用的有尼龙6、尼龙66、尼龙610、尼龙1010 等。用于制造要求耐磨、耐蚀的某些承载和传动零件，如轴承、齿轮、滑轮、螺钉、螺母及一些小型零件；还可制作高压耐油密封圈和金属表面的防腐耐磨涂层
聚甲基丙烯酸甲酯（俗称有机玻璃）（PMMA）	透光性好，可透过99%以上的太阳光；着色性好，有一定强度，耐紫外线及大气老化，非常耐腐蚀，优良的电绝缘性能，可在 $-60\sim100℃$ 的范围内使用。但质地较脆，溶于有机溶剂中，表面硬度不高，易擦伤	制作航空、仪器仪表、汽车和无线电工业中的透明件，如飞机座窗、灯罩、电视机、雷达的屏幕，油标、油杯、设备标牌，仪表零件等
苯乙烯-丁二烯-丙烯腈共聚体（ABS）	性能可通过改变三种单体的含量来调整。有高的冲击韧度和较高的强度，优良的耐油、耐水性和化学稳定性，高的电绝缘性和耐寒性，好的尺寸稳定性和一定的耐磨性。表面可以镀饰金属，易于加工成型，但长期使用易起层	制作电话机、扩音机、电视机、仪表、电机的壳体，齿轮、泵叶轮、轴承、把手、管道、贮槽内衬、仪表盘、轿车车身、汽车扶手等
聚甲醛（POM）	优良的综合力学性能，耐磨性好，吸水性低，尺寸稳定性好，着色性好，良好的减摩性和抗老化性，优良的电绝缘性和化学稳定性，可在 $-40\sim100℃$ 的范围内使用。但加热易分解，成型收缩率大	制作减摩、耐磨传动件，如轴承、滚轮、齿轮、电气绝缘件、耐蚀件及化工容器等
聚四氟乙烯（也称塑料王）（PTFE）	几乎能耐所有化学药品的腐蚀；良好的耐老化性及电绝缘性，不吸水；优异的耐高、低温性，在 $-195\sim250℃$ 的范围内可长期使用；摩擦因数很小，有自润滑性。但不能热塑成型，只能烧结成型，高温时分解出有害气体，价格较高	制作耐蚀件、减摩耐磨件、密封件、绝缘件，如高频电缆、电容线圈架以及化工反应器、管道等

（续）

名称（代号）	主要性能特点	应用举例
聚砜（PSF）	双酚A型：有优良的耐热、耐寒、耐候性，抗蠕变及尺寸稳定性，强度高，优良的电绝缘性，化学稳定性好，可在-100~150℃的范围内长期使用。但耐紫外线性较差，成型温度高	制作高强度件、耐热件、绝缘件、减摩耐磨件、传动件，如精密齿轮、凸轮、真空泵叶片、仪表壳体和罩、耐热或绝缘的仪表零件、汽车护板、仪表盘、衬垫和垫圈、计算机零件、电镀金属制成集成电子印制电路板
	非双酚A型：耐热、耐寒，可在-240~260℃的范围内长期工作，硬度高、能自熄、耐老化、耐辐射、力学性能及电绝缘性都好、化学稳定性好，但不耐极性溶剂	
氯化聚醚（或称聚氯醚）	极好的耐化学腐蚀性，易于加工，可在120℃下长期使用，良好的力学性能和电绝缘性，吸水性很低，尺寸稳定。但耐低温性较差	制作在腐蚀介质中的减摩、耐磨传动件，精密机械零件，化工设备的衬里和涂层等
聚碳酸酯（PC）	透明度高达86%~92%，使用温度在-100~130℃的范围内，韧性好、耐冲击、硬度高、抗蠕变、耐热、耐寒、耐疲劳、吸水性好。有应力开裂倾向	飞机座舱罩，防护面盔，防弹玻璃及机械电子、仪表的零部件

表8-2 常用热固性塑料的性能特点和用途

名称（代号）	主要性能特点	应用举例
聚氨酯（PUR）	耐磨性优越，韧性好，承载能力高，低温时硬而不脆裂，耐氧、臭氧、耐候，耐许多化学药品和油，抗辐射，易燃。软质泡沫塑料吸声和减振效果好，吸水性大；硬质泡沫高低温隔热性能优良	用于制作密封件，传动带，隔热、隔声及防振材料，齿轮，电气绝缘件，实心轮胎，电线电缆护套，汽车零件
酚醛树脂（俗称电木）（PF）	高的强度、硬度及耐热性，工作温度一般在100℃以上，在水润滑条件下具有极小的摩擦因数，优异的电绝缘性，耐蚀性好（除强碱外），耐霉菌，尺寸稳定性好。但质地较脆、耐光性差、色泽深暗，成型加工性差，只能模压	制作一般机械零件，水润滑轴承，电绝缘件，耐化学腐蚀的结构材料和衬里材料等，如仪表壳体、绝缘板、绝缘齿轮、整流罩、耐酸泵、制动片等
环氧树脂（EP）	强度较高，韧性较好，电绝缘性优良，防水、防潮、防霉、耐热、耐寒，可在-80~200℃的范围内长期使用，化学稳定性较好，固化成型后收缩率小，对许多材料的粘结力强，成型工艺简便，成本较低	塑料模具、精密量具、机械仪表结构零件，电气、电子元件及线圈的灌注、涂覆和包封以及修复机件等
有机硅树脂	耐热性好，可以180~200℃下长期使用。电绝缘性优良，高频绝缘性好，防潮性好，有一定的耐化学腐蚀性，耐辐射、耐臭氧，也耐低温。但价格较贵	用于制作高频绝缘件，湿热带地区电机、电器绝缘件，电气、电子元件及线圈的灌注与固定，耐热件等
聚对羟基苯甲酸酯	是一种新型耐热性热固性塑料。可在315℃下长期使用，短期使用温度范围为371~427℃，热导率极高，比一般塑料高出3~5倍，有很好的耐磨性和自润滑性，优良的电绝缘性、耐溶剂性和自熄性	耐磨、耐蚀及尺寸稳定的自润滑轴承，高压密封圈，汽车发动机零件，电子和电气元件以及特殊用途的纤维和薄膜等

5. 塑料成型工艺简介

塑料制品的生产主要由成型、加工、修饰和装配四个过程组成，其中成型是按技术要求制成坯件的过程。热塑性塑料的典型成型方法有挤压法、注模法等；热固性塑料的典型成型方法是压模法。

（1）挤压法　挤压法又称为挤塑，它是使呈塑性流态甚至液态的塑料颗粒在挤压力的作用下，强行通过出口模而成为具有所需截面的连续型材的成型方法。挤压法生产效率高、用途广、适应性强，主要用于生产塑料板材、片材、棒材、异型材等型材。

图8-1所示为单螺杆挤出机挤塑生产示意图，加热装置4使塑料呈塑性流态，螺杆2施加挤压力，使呈塑性流态的塑料穿过模孔，便可制出截面为模孔形状的型材。

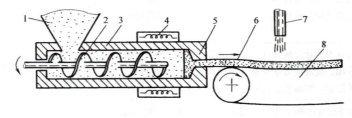

图8-1　单螺杆挤出机挤塑生产示意图

1—料斗　2—螺杆　3—料筒　4—加热装置　5—出口模
6—成型塑料　7—冷却装置　8—传送装置

（2）注模法　注模法又称为注塑，是将热塑性塑料加热到熔点以上，用柱塞或螺杆将熔体注射入模具型腔中成型，从而生产出具有所需形状尺寸零件的方法，如图8-2所示。注塑是生产各种塑料零件的重要方法，它具有生产周期短、生产率高、易于实现自动化生产和适应性强的特点。

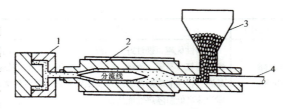

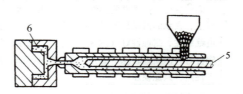

（3）压模法　压模法又称为压塑，是将称量好的原料置于已加热的模具模腔内，通过模压机对模具加压，塑料在模腔内受热塑化（熔化）流动，并在压力下充满模腔，同时发生化学反应而固

图8-2　热塑性塑料的注模法

1—模具　2—机筒　3—料斗　4—柱塞
5—螺杆　6—零件

化得到塑料制品的过程。压模法生产零件的过程如图8-3所示。压模成型主要用于热固性塑料，如用于酚醛、环氧、有机硅等热固性树脂的成型。

8.1.3　橡胶

大部分橡胶是二烯类化合物的高聚物，平均相对分子质量高达20万以上。正因为其分子链很长，侧基少而小，使橡胶分子柔性有余而刚性不足，温度稍低时就硬而脆，温度稍高时便发黏。为了赋予橡胶在工程中的实用性，必须添加硫化剂使分子某些部位产生交联，易于成型，另需加入其他配合剂，提高其物理及力学性能。未加配合剂、

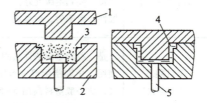

图8-3　热固性塑料的压模法

1—上模　2—下模　3—原料
4—零件　5—顶杆

未经硫化的橡胶称为生胶。

1. 橡胶分类

橡胶根据来源可分为天然橡胶和合成橡胶两大类。合成橡胶根据其实用性又可分为通用合成橡胶和特种合成橡胶，其分类及代号如下所示：

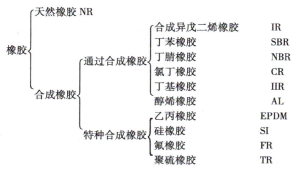

常用橡胶的性能及用途见表8-3。

表8-3　常用橡胶的性能及用途

名称	天然橡胶	丁苯橡胶	氯丁橡胶	丁腈橡胶	乙丙橡胶	硅橡胶	氟橡胶	聚硫橡胶
代号	NR	SBR	CR	NBR	EPDM	SI	FR	TR
拉伸强度/MPa	25~30	15~20	25~27	15~30	10~25	4~10	20~22	9~15
伸长率（%）	650~900	500~800	800~1000	300~800	400~800	50~500	100~500	10~700
使用温度/℃	−50~120	−50~140	−35~130	−35~175	150	−70~275	−50~300	80~130
特性	高强度、绝缘防振	耐磨	耐酸碱、阻燃	耐油、水，气密性好	耐水、绝缘	耐热、绝缘	耐油、碱、真空	耐油、耐碱
应用举例	通用制品、轮胎	通用制品、胶板、胶布、轮胎	管道、胶带、电缆外皮，黏结剂，轮胎	耐油垫圈、油管	汽车零件、绝缘体	耐高低温零件	衬里、密封件、高真空件，尖端技术用橡胶	丁腈改性用、管子水龙头、衬垫

2. 工业橡胶的性能

（1）高弹性　高弹性是橡胶的主要特征，橡胶作为结构材料不同于金属和其他非金属材料，其弹性模量低，约1MPa（而塑料可高至20000MPa），回弹性能特别好，承受外力后，立即产生很大的变形，变形量可为100%~1000%，外力除去后又立即恢复原状，而其他高聚物的变形量仅为0.01%~0.1%。

（2）机械强度　工业生产中常以抗撕裂强度（或拉伸强度）及定伸强度来决定橡胶的使用寿命。抗撕裂强度与分子结构有关，一般线型结构的强度高；相对分子质量大的强度高。定伸强度是指在一定伸长率的情况下而产生弹性变形的应力大小，相对分子质量越大，交联越多，强度也越高。

（3）**耐磨性** 即抵抗磨损的能力。橡胶制品因受热或机械力的作用，产生摩擦，进而引起表面磨损，即橡胶大分子链开始断裂，使小块橡胶从损坏的表面相继被撕裂下来。并且当橡胶强度一定时，其制品所受的外力越大，磨损量就越大；而当所受外力一定时，橡胶强度越高，磨损量就越小，耐磨性也越好。

3. 工业橡胶的应用

橡胶有良好的弹性、耐磨性、绝缘性，因而成为常用的弹性材料、密封材料、减振材料和传动材料。

8.1.4 合成纤维

凡是保持长度比本身直径大 100 倍的均匀条状或丝状的高分子材料均称为纤维。合成纤维是指以石油、天然气、煤及农副产品等作为原料，经过化学合成方法而制得的化学纤维。按用途不同，合成纤维分为普通合成纤维和特种合成纤维两大类。

普通合成纤维以六大纶为主，其产量占合成纤维总产量的 90% 以上，分别是锦纶（尼龙）、涤纶（的确良）、腈纶（人造毛）、维纶、氯纶和丙纶，其性能及用途见表 8-4。

表 8-4　主要合成纤维的性能及用途

商品名称	锦纶	涤纶	腈纶	维纶	氯纶	丙纶
化学名称	聚酰胺	聚酯	聚丙烯腈	聚丙烯醇缩醛	含氯纤维	聚烯烃
密度/(kg/m³)	1140	1380	1170	130	1390	910
吸湿率（%）	3.5~5	0.4~0.5	1.2~2.0	4.5~5	0	0
软化温度/℃	170	240	190~230	220~230	60~90	140~150
特性	耐磨、强度高、弹性模量低	强度高、弹性好、吸水性低、耐冲击、黏着力小	柔软、蓬松、耐晒、强度低	价格低、性能比棉纤维优异	化学稳定性好、不燃、耐磨	轻、坚固、吸水性低、耐磨
应用举例	轮胎帘子布、渔网、缆绳、帆布	电绝缘材料、运输带、帐篷、帘子线	窗布、帐篷、船帆、碳纤维的原料	包装材料、帆布、过滤布、渔网	化工滤布、工作服、安全帐篷	军用被服、水龙带、合成纸、地毯

特种合成纤维的品种较多，而且还在不断发展，目前已经应用较多的有耐高温纤维（如芳纶 1313）、高强力纤维（如芳纶 1414）、高模量纤维（如有机碳纤维、有机石墨纤维）、耐辐射纤维（如聚酰亚胺纤维）、防火纤维、离子交换纤维、导电性纤维、导光性纤维等。

8.1.5 黏结剂

黏结工艺简单、方便、实用，因此备受人们青睐。人类使用黏结剂更是历史悠久。由于黏结技术在连接两种不同材料或者连接那些尺寸相差特别悬殊、微小、复杂的零部件时，显示出铆焊等无法比拟的优势，因而发展极为迅速。当今黏结技术已经发展成为一门独立的边缘科学技术，特别是在航空工业、汽车工业等方面显示出了巨大的潜力，而黏结剂更是渗透到国民经济的各个领域，成为各行各业不可缺少的重要原材料之一。

黏结剂一般由几种材料组成，通常是以有黏性或弹性的天然产物和合成高分子化合物（无机黏结剂除外）为基料加入固化剂、填料、增塑剂、稀释剂、防老化剂等添加剂而组成的一种混合物。但并非任何一种黏结剂都需要这些组分，主要根据所需胶种的性质和使用要求而进行调整。

黏结剂按固化形式的不同可分为三类：①溶剂型，是全溶剂蒸发型，通过挥发或吸收固化；②反应型，由不可逆的化学反应固化；③热熔型，通过加热熔融黏结，随后冷却固化。

黏结剂的品种极其繁多，成分十分复杂，大致的分类如下所示。

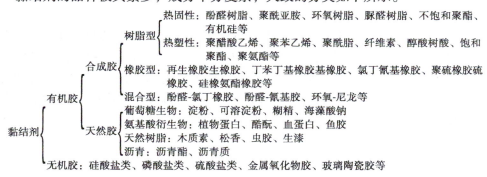

8.2　陶瓷材料

所谓陶瓷是指以天然硅酸盐（黏土、石英、长石等）或人工合成化合物（氮化物、氧化物、碳化物等）为原料，经过制粉、配料、成型、高温烧结而成的无机非金属材料。工业陶瓷分为普通陶瓷和特种陶瓷两大类。普通陶瓷主要用于工艺品、餐具等日常生活用品，而特种陶瓷则主要用于高温、机械、电子、宇航、医学工程等尖端科学技术方面。本节主要介绍常用工业陶瓷的性能及应用。

8.2.1　陶瓷的组织结构

陶瓷常被当作所有无机非金属材料的简称，其组织结构比金属复杂得多，并且不同晶体类别的陶瓷有着不同的结构，但它们都是由晶相、玻璃相和气相组成的。

8.2.2　陶瓷的性能

1. 力学性能

陶瓷在外力的作用下只产生弹性变形，其弹性模量较高，变形量小。特别是氧化铝、氮化硅、碳化硅等特种陶瓷，即使在很高的温度下，蠕变也很小，这是陶瓷的可贵性能之一。

特种陶瓷的强度高、硬度大、耐磨性好，是制造各种特殊要求的易损零部件的重要材料。例如用碳化硅陶瓷制造的各种泵类的机械密封环，寿命很长，可以用到整台机器报废为止；用氮化硅陶瓷制造的滚动轴承，和全部钢制轴承相比，载荷可加大，转速可加快，其寿命可增加2~7倍。硅酸盐陶瓷的抗弯强度一般从几到上百兆帕，特种陶瓷的强度还要比它大几倍到几十倍。例如一种添加氧化钇和氧化铝的热压氮化硅陶瓷，室温下抗弯强度可达到1500MPa，与高强度合金钢相当。

2. 物理性能

陶瓷的热容随温度升高而增加，达到一定温度后则与温度无关；其线膨胀系数一般为 $10^{-6} \sim 10^{-2}/℃$；热导率受材料的组成和结构影响，一般为 $10^{-5} \sim 10^{-2}W/(m·K)$，具有更良好的保温性能。陶瓷的抗急冷急热能力较差，常在热冲击下破坏。但现代陶瓷的研制，使其高温使用性能有了显著的提高，陶瓷在若干尖端工业上得到了应用。

陶瓷是传统的绝缘材料，几乎所有的电子都受到材料中各个离子的强烈约束作用，只有材料温度升高到熔点附近时，离子热振加强，才表现出一定的导电能力。

3. 化学性能

陶瓷的组织结构非常稳定，通常情况下不会与氧发生作用，即使 1000℃ 以上也不会氧化，如氧化铝陶瓷在空气中的使用温度达 1350℃ 以上，这是金属和塑料根本做不到的。并且可在酸、碱、盐及熔融有色金属等有较强腐蚀的工况中应用。氮化硅、碳化硅等特种陶瓷除氢氟酸和熔融氢氧化钠外，几乎可抵抗一切无机酸和大部分碱溶液的腐蚀，可用于制造化工管道、泵和阀等。

8.2.3 陶瓷的分类及应用

1. 普通陶瓷

普通陶瓷是指黏土类陶瓷，由黏土、长石、石英按一定配比，并经烧制而成，其性能取决于三种原料的纯度、粒度与比例。其质地坚硬、耐腐蚀、不氧化、不导电，能耐一定的高温，加工成形性好。工业上主要有绝缘用的电瓷、耐腐蚀用的化学瓷和承载要求较低的结构零件用瓷，如耐蚀容器、管道及日常生活中的装饰瓷、餐具等。

2. 特种陶瓷

（1）氧化铝陶瓷　是以 Al_2O_3 为主要成分的陶瓷（$w_{Al_2O_3} > 45\%$）。根据陶瓷中主晶相的不同，可分为刚玉瓷、刚玉-莫来石瓷等，也可按 Al_2O_3 的含量分成 75 瓷、95 瓷、99 瓷等。

氧化铝陶瓷的熔点高、硬度高、强度高，且具有良好的抗化学腐蚀能力和介电性能。但脆性大，抗冲击性能和抗热振性差，不能承受环境温度的剧烈变化。其可用于制造高温炉的炉管、炉衬、坩埚、内燃机的火花塞等，还可制造高硬度的切削刀具，又是制造热电绝缘套管的良好材料。

（2）氮化硅陶瓷　氮化硅陶瓷的化学性能稳定、耐磨性好、摩擦因数小、热膨胀系数小，本身具有润滑性；并有优越的抗高温蠕变性，在 1200℃ 下工作，强度仍不降低；其抗热振性是氧化铝等其他陶瓷所不能比拟的。可用于耐磨、耐腐蚀的泵和阀、高温轴承、燃气轮机的转子叶片及金属切削工具，也是测量铝液热电偶套管的理想材料。

（3）碳化硅陶瓷　碳化硅陶瓷的高温强度高、热传导能力强，并耐磨、耐蚀、抗蠕变性能高。它可用于制造火箭尾喷管的喷嘴、热电偶套管、炉管等高温零件。还可用于汽轮机的叶片、轴承等高温高强度零件。由于热传导能力高，也被用于制造高温热交换器、核燃料的包封材料等。

（4）氮化硼陶瓷　氮化硼有六方氮化硼和立方氮化硼两种。六方氮化硼具有良好的耐热性，热导率与不锈钢相当，热稳定性好，在 2000℃ 时仍然是绝缘体，硬度低，有自润滑性，常用于制造热电偶套管、半导体散热绝缘零件、高温轴承、玻璃制品成形模具等。

立方氮化硼的硬度与金刚石相近，是优良的耐磨材料，可用于制作磨料和金属切削刀具。

8.2.4 陶瓷材料的制备

陶瓷材料的熔点高，难于铸造成形，塑性几乎为零，不能压力加工，硬度高，难于切削加工。陶瓷零件的制备均采取烧结成型，其工艺过程如下：先制备粉状或粒状陶瓷坯料，再将坯料压制成型、然后进行烧结使之固化。陶瓷材料的生产工艺流程如图 8-4 所示。

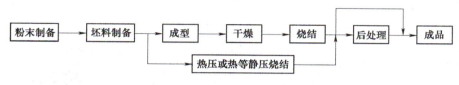

图 8-4 陶瓷材料的生产工艺流程

烧结是坯体在高温和压力下致密化的过程。随着温度升高，陶瓷坯体中的粉粒由于比表面积大，表面能较高，力图向降低表面能的方向变化，不断进行物质迁移，晶界随之移动，气孔逐步排除，产生收缩，使坯体成为具有一定强度和致密度的固态零件。烧结可分为有液相参加的烧结和纯固相烧结两类。为降低烧结温度，通常在陶瓷坯料中加入一些添加物作为助熔剂，形成少量液相，促进烧结。如添加少量二氧化硅，促进钛酸钡陶瓷烧结；又如添加少量氧化镁、氧化钙、二氧化硅，促进氧化铝陶瓷烧结。烧结温度与组成原料的熔点有关，普通陶瓷的烧结温度一般为 1250~1450℃，特种陶瓷的烧结温度一般为其组分熔点的 2/3~4/5。陶瓷一旦烧成后，便很难进行机械加工。

在陶瓷的生产过程中，原料的颗粒尺寸、混合的均匀程度、烧结温度、炉内气氛、升降温速度等因素，都会影响制品质量，生产时必须对上述各种因素予以控制。

8.3 复合材料

复合材料是由两种或两种以上不同的材料组合而成的多相固体材料。自然界存在很多天然复合材料，如木材由纤维素和木质素组成，动物骨骼由硬而脆的无机磷酸盐和韧而软的蛋白质骨胶原组成，二者都是复合材料。人造复合材料的应用由来已久，古时用草和泥土制成的土坯建造房子，当今用钢筋混凝土建造大楼，土坯和钢筋混凝土也是复合材料。

在航天、航空、军工等领域尖端技术发展的带动下，对零件材料的性能提出了多方面的高要求，如要求材料同时具有高强度、高弹性模量、耐高温、低密度、耐腐蚀等多种性能。在单一材料难以满足多方面性能要求时，可以利用材料复合的思想，同时应用多种材料的优点，通过扬长避短，设计和生产复合材料来满足使用要求。

8.3.1 复合材料的结构

复合材料是多相材料，它由基体相和增强相组成，也可以说复合材料是由基体材料与增强材料复合而成的新材料。

基体相在复合材料中起基础作用，给予材料基础的力学、物理及化学性能。在复合关系中基体相起固定、支撑、保护增强相的作用，在承载时基体相承受的应力不大，它把外加载荷传递到增强相上去。基体相可以由金属、高分子材料、陶瓷等构成。根据基体相的不同，复合材料分为金属基复合材料、高分子基复合材料、陶瓷基复合材料等。

增强相在复合材料中起增强某一方面性能的作用。对于结构复合材料，增强相是主要承载相，起承受载荷或减小变形的作用；对于功能复合材料，增强相起赋予或增强材料在声、光、电、磁等某方面性能的作用。本书仅介绍结构复合材料。

复合材料中的增强相具有各种各样的形态，有连续纤维状、颗粒状、短纤维状、片状等形态，如图8-5所示。根据增强相形态的不同，复合材料分为连续纤维增强复合材料、颗粒增强复合材料、短纤维增强复合材料、片状材料增强复合材料等。

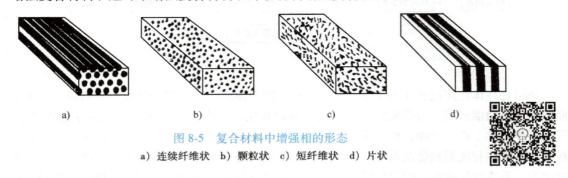

图 8-5　复合材料中增强相的形态
a）连续纤维状　b）颗粒状　c）短纤维状　d）片状

如玻璃钢是由环氧树脂和玻璃纤维组成的复合材料，其中环氧树脂是基体相，起固定、支撑、保护增强相的作用；玻璃纤维是增强相，主要用来承受载荷。

8.3.2　增强相及增强原理

复合的目的是为了得到最佳的性能组合。复合材料的性能，主要取决于四个方面的因素：①基体相的类型与性质；②增强相的类型与性质；③增强相的形状、大小、含量及其在基体相中的分布；④基体相同增强相之间的结合性能。高性能的增强材料是影响复合材料性能好坏的关键因素。

1. 纤维增强

（1）纤维增强原理　纤维的增强作用取决于纤维与基体的性质、结合强度、纤维的体积分数以及纤维在基体中的排列方式。因此纤维增强的效果取决于以下因素：

1）纤维是增强相，要求纤维强度高。为了使纤维确实起到承受载荷的作用，还要求纤维的弹性模量大于基体相的弹性模量。复合材料在变形时，增强相和基体相往往产生相等的应变，由于在弹性变形范围内，应力 $\sigma = E\varepsilon$，弹性模量大的材料所承担的应力较大。只有增强纤维的弹性模量大于基体时，才能起到增强作用。

2）连续纤维增强复合材料是各向异性材料，沿纤维方向的强度大于沿垂直纤维方向的强度，故纤维方向要和零件受力方向一致才能很好地发挥增强作用。因此在零件生产时，纤维的排列方向要和零件受力情况匹配。

3）增强纤维所占的体积分数、纤维长度 L 和直径 d 及长径比 L/d 等，必须满足一定的要求才具有最好的增强效果，并能满足制备要求。一般是增强纤维所占的体积分数越高，纤维越长、越细，增强效果越好，但制备时也越困难。

4）增强纤维和基体的结合强度需要具有合适水平。若增强纤维和基体的结合强度过低，纤维容易从基体中拔出，则不能保证基体所受的力通过界面传递给纤维，纤维对基体起不到强化作用；若二者结合强度过高，在材料受力破坏时失去纤维的拔出过程，则缺少了拔出过程中的能量消耗，材料的韧性降低。一般情况下，可通过对纤维进行表面处理，来调整增强纤维和基体的结合强度。

此外，纤维和基体的热膨胀系数不能相差过大，否则在材料制备或使用过程中会由于热胀冷缩而产生应力。

（2）增强纤维　常用增强纤维见表8-5。

表8-5　常用增强纤维

纤维种类	密度/(g/cm³)	拉伸强度/MPa	弹性模量/GPa	断后伸长率(%)	稳定性温度界限/℃
铝硼硅酸盐玻璃纤维	2.5~2.6	1370~2160	58.9	2~3	700（熔点）
高模量玻璃纤维	2.5~2.6	3830~4610	93~108	4.4~5	<870
高模量碳纤维	1.75~1.95	2260~2850	275~304	0.7~1	2200
石墨纤维	2.25	20000	1000	—	—
硼纤维	2.5	2750~3410	383~392	0.72~0.8	980
氧化铝	3.97	2060	167	—	1000~1500
碳化硅	3.18	3430	412	—	1200~1700
钨丝	19.3	2160~4220	343~412	—	—
钼丝	10.3	2110	353	—	—
钛丝	4.72	1860~1960	118	—	—

1）玻璃纤维。将玻璃熔化成液体，然后从液体中抽出细丝（其直径大多在 $3~20\mu m$ 之间），即成为玻璃纤维。其主要成分是 SiO_2 和 Al_2O_3。玻璃纤维的强度较高、耐蚀性好、绝缘性好，成本低。但其弹性模量比较低，大大限制了其应用，只能用于增强高分子材料和陶瓷材料。

2）碳纤维。碳纤维的成分是碳元素。工业上广泛采用的碳纤维是用聚丙烯腈纤维、胶粘纤维或沥青纤维在隔绝空气和水分的情况下加热到1300℃左右使之分解碳化而制得的，若继续加热到2600℃，还可生成石墨纤维。一般把 $w_C = 92\%~95\%$，弹性模量在344GPa以上，并在1900℃以上发生热解的此类纤维划归为石墨纤维。

碳纤维的主要性能特点是密度小、弹性模量高、强度高，在比强度方面碳纤维的性能优于其他纤维；高低温力学性能好，在高达2000℃下强度和弹性模量不降低，在-180℃下也不变脆；具有高的化学腐蚀稳定性、导电性和低的摩擦因数；脆性较大、表面光滑，与树脂的结合力差，通常需要进行表面氧化处理以改善与基体的结合力。碳纤维可用来增强塑料、金属或陶瓷。

3）硼纤维。硼纤维是一种无机高强度、高弹性模量的纤维。它是用沉积的方法将非晶态的硼涂覆到钨丝或碳丝上而制得的。硼纤维的熔点为2300℃，具有高弹性模量，其强度为2750~3410MPa，与玻璃纤维相当，弹性模量为玻璃纤维的5倍，而与碳纤维相当，可达383~392GPa。具有良好的抗氧化性和耐蚀性，在潮湿的环境中存放一年，强度不发生明显变化。其缺点是直径较大，一般为100μm。硼纤维硬而脆、加工困难、生产工艺复杂、成本高、价格昂贵，它的密度大，比强度、比刚度都低于碳纤维。

2. 颗粒增强

将增强颗粒高度弥散地分布在基体中，基体主要承受载荷，而增强颗粒阻碍导致塑性变形的位错运动或分子链运动。增强颗粒的大小、数量、形状和分布等因素对强化效果有直接影响。实践证明，增强颗粒的直径过大（>0.1μm），容易引起应力集中，而使强度降低；直径过小（<0.01μm），则近于固溶体结构，颗粒强化作用不大。增强颗粒的直径一般在 0.01~0.1μm 范围内时增强效果最好。增强颗粒的含量大于20%时称为颗粒增强复合材料，增强颗粒的含量少时称为弥散强化材料。

增强颗粒的种类很多，如在塑料中加入的木粉、石棉粉、云母粉，在橡胶中加入的炭黑、二氧化硅等都有显著的增强作用。

陶瓷颗粒具有强度高、弹性模量高、熔点高、化学性能稳定等特点，是工业上应用较多的增强颗粒，如 Al_2O_3 颗粒（熔点2050℃，硬度2370HV）、ZrO_2（熔点2690℃，硬度1410HV）、WC（熔点2785℃，硬度1730HV）、TiC（熔点3140℃，硬度2850HV）、SiC（熔点2827℃，硬度3300HV）等。

此外，还有铝、铜、镍、锌等金属粉末也是现代复合材料常用的增强颗粒。

8.3.3 复合材料的性能特点

1. 比强度、比模量高

比强度是指材料的强度与相对密度之比，用来表示单位质量材料的承力能力。比模量是指弹性模量与相对密度之比，表示单位质量材料抵抗弹性变形的能力。表8-6给出了常用材料与复合材料性能比较。表中碳纤维Ⅱ/环氧树脂复合材料的比强度约为钢的8倍，比模量约为钢的3.6倍。复合材料在比强度和比刚度方面优势明显，这对希望尽量减轻自重，而仍需要保持高强度和高刚度的结构件来说，无疑是非常重要的。用等强度的树脂基复合材料制造零件时比用钢制零件质量减小70%以上。

表8-6 常用材料与复合材料性能比较

材料名称	密度/(g/cm³)	拉伸强度/MPa	弹性模量/GPa	比强度/(10^3MPa)	比模量/(10^3MPa)
钢	7800	1030	210	0.13	27
铝	2800	470	75	0.17	27
钛	4500	960	114	0.21	25
玻璃钢	2000	1060	40	0.53	20
碳纤维Ⅱ/环氧树脂	1450	1500	140	1.03	97
碳纤维Ⅰ/环氧树脂	1600	1070	240	0.67	150
有机玻璃PRD/环氧树脂	1400	1400	80	1.0	57
硼纤维/环氧树脂	2100	1380	210	0.66	100
硼纤维/铝	2650	1000	200	0.38	75

2. 抗疲劳性能好

纤维复合材料，特别是树脂基复合材料对缺口、应力集中敏感性小，而且纤维和基体的界面可以使裂纹尖端变钝或改变方向，即阻止了裂纹的迅速扩展，所以复合材料具有较高的疲劳强度，如图 8-6 和图 8-7 所示。碳纤维聚酯树脂复合材料的疲劳极限可达其拉伸强度的 70%～80%，而金属材料的疲劳极限只有拉伸强度的 40%～50%。

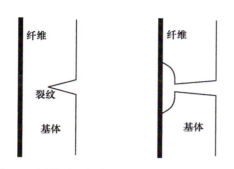

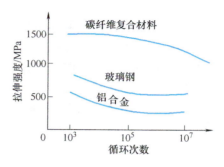

图 8-6　纤维增强复合材料裂纹尖端变钝示意图　　图 8-7　碳纤维复合材料的疲劳强度

3. 破损安全性好

纤维增强复合材料中合成有大量分散的纤维，一般每平方毫米截面上有几十到几百根。由于超载或其他原因，当少数纤维断裂时，载荷迅速重新分布，而由未断裂的纤维来承担，因而零件不至于突然破坏；当部分纤维受力断裂时，断口很难都出现在一个平面上；在零件断裂前，大量纤维从基体中被拔出，使零件断裂需要的能量大大增多。因此纤维增强复合材料的断裂安全性能较好。

4. 减振性能好

飞机、汽车、机床等许多机械和设备的振动问题非常突出，它不仅产生噪声，还使零件发生疲劳破坏，尤其是外载荷频率与结构固有频率相同时，将产生共振，危害最大。纤维增强复合材料具有很好的减振性能。一是复合材料的比模量高，其自振频率高，可避免与其他零件产生共振；二是复合材料中的大量界面对振动有反射吸收作用，从而使振动波在复合材料中快速衰减，而表现出良好的减振性能。复合材料的阻尼特性示意图如图 8-8 所示。

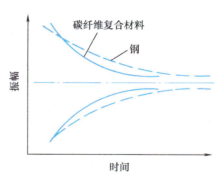

图 8-8　复合材料阻尼特性示意图

5. 高温性能好，抗蠕变能力强

由于增强纤维在高温下仍能保持较高的强度，所以纤维增强金属基复合材料具有较好的耐高温性能。例如，铝合金的强度随温度的增加下降速度很快，而用石英玻璃增强的铝基复合材料，在 500℃下能保持室温强度的 40%；用硼纤维增强的铝合金（Al+1%Mg+0.5%Si，即 6061 合金），可以在 316℃下使用。此外，复合材料的抗拉蠕变模量比基体材料的大，如图 8-9 所示。碳纤维增强尼龙 66 的蠕变量约是玻璃纤维增强尼龙 66 的一半，约是纯尼龙 66 的 1/10。

复合材料还具有一些特殊的性能，如耐摩擦、耐磨损、自润滑性好、隔热性好、化学稳定性好等。复合材料具有成本较高、制备困难、性能具有方向性等方面的不足，这些方面限制了复合材料的使用和推广。随着这些问题的解决，复合材料将得到更大的发展。

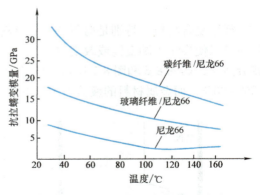

图 8-9 抗拉蠕变模量与温度的关系

8.3.4 常用复合材料

复合材料种类很多，其分类和命名方法尚未统一。命名时，通常把增强材料的名称放在前面，基体材料的名称放在后面，再加上"复合材料"几个字，也经常在增强材料与基体材料之间加上"增强"两字。例如，"碳纤维-环氧树脂复合材料"，也可称为"碳纤维增强环氧树脂复合材料"。复合材料发展迅速，品种不断增加，应用越来越广泛。

1. 纤维-树脂复合材料

（1）玻璃纤维-树脂复合材料 它是以玻璃纤维为增强相、以合成树脂为基体相的复合材料，又称为玻璃钢。根据树脂基体的种类，玻璃钢分为热塑性玻璃钢和热固性玻璃钢。

1）热塑性玻璃钢。其基体相为尼龙、聚碳酸酯、ABS、聚苯乙烯等热塑性树脂，增强相为含量在 20%～40% 之间的玻璃纤维。常用热塑性玻璃钢的性能见表 8-7。用玻璃纤维增强后，热塑性树脂的拉伸强度和弯曲模量成倍地提高。此外热塑性玻璃钢还具有高的冲击韧度、良好的低温性能和低的热膨胀系数、高的比强度、优良的工艺性能等优点。热塑性玻璃钢用于制造高强度的受力结构件、传动零件和绝缘件等。

表 8-7　常用热塑性玻璃钢的性能

性能项目	尼龙 66		ABS		聚苯乙烯		聚碳酸酯	
	未增强	增强后	未增强	增强后	未增强	增强后	未增强	增强后
密度/(g/cm³)	1.14	1.37	1.05	1.28	1.07	1.28	1.20	1.43
拉伸强度/MPa	81.2	182	42	101	49	94.5	63	129.5
弯曲模量/(10^2MPa)	28.7	91	22.4	77	31.5	91	23.1	84

2）热固性玻璃钢。其基体相为环氧树脂、聚酯、酚醛和有机硅等热固性树脂，增强相为含量在 60%～70% 之间的玻璃纤维。常用热固性玻璃钢的性能见表 8-8。热固性玻璃钢的比强度超过一般高强度钢、铝合金和钛合金。它的优点有绝缘、绝热、耐腐蚀、隔声、吸水性低、防磁、微波穿透性好、易着色、易加工成形等。它的缺点是弹性模量低，只有结构钢的 1/10～1/5，刚性差，耐热性比热塑性玻璃钢好，但只能在 300℃ 以下工作，容易老化，容易蠕变。它具有明显的方向性，是一种各向异性材料。

玻璃钢具有很高的实用价值，应用较为广泛，主要用于制造要求自重轻的受力构件和要求无磁性、绝缘和耐腐蚀的零件。在航空航天工业中，玻璃钢用于制造雷达罩、螺旋桨叶片、直升机机身、火箭导弹发动机壳体、液体火箭燃料箱；在交通工具工业中，用于制造车

表 8-8 常用热固性玻璃钢的性能

材料种类	密度/（g/cm³）	拉伸强度/MPa	抗压强度/MPa	抗弯强度/MPa	性能特点
环氧树脂（101）	1.73	341	311	520	机械强度高，工艺性好，可在常温或加温、常压或加压下固化，收缩率小，制品的尺寸稳定性好，成本高
聚酯（3193）	1.75	290	93	237	工艺性好，常温、常压下可成形固化，可制成大型异形构件。但耐热性差，一般在90℃以下使用。强度不及环氧玻璃钢，收缩率大，成形时气味和毒性大
酚醛（3230）	1.8	100	—	110	有一定耐热性，可在150~200℃的范围内长期工作。价格便宜，但制造工艺性差，需高温高压成形，收缩率和吸水性大，而且脆性大，强度不够高
有机硅	—	210	61	140	耐热性好，可长期在20~250℃的范围内使用。介电性高，吸水性小，故防潮绝缘性好。但强度不太高

身，发动机机罩，轻型船、舰、艇等；在电机电器工业中，用于制造重型发电机环、大型变压器线圈绝缘箱以及各种绝缘零件等；在石油化工工业中，用于制造耐酸、耐碱和耐油的容器、管道、储槽等各种化工设备和机械结构零部件；玻璃钢还用于制造各种生活用品。

（2）碳纤维-树脂复合材料 碳纤维-树脂复合材料常用的基体相为酚醛树脂、环氧树脂、聚酯树脂、聚四氟乙烯等合成树脂，增强相为碳纤维。碳纤维-树脂复合材料的性能优于玻璃钢，具有更高的强度和弹性模量。这类材料的密度比铝的小，强度比钢的高，弹性模量比铝合金和钢的大，疲劳强度高，冲击韧度高；化学稳定性好，摩擦因数小，导热性好，受 X 射线辐照时强度和弹性模量不变化。

在汽车工业中，碳纤维-树脂复合材料用于制造汽车外壳、发动机壳体；在航空航天工业中，它用于制造飞机机身、螺旋桨、尾翼、发动机风扇叶片、卫星壳体、宇宙飞行器表面防热层；在电机工业中，它用于制造大功率发电机护环；在化学工业中制作管道、容器等；在机械工业中，用于制作轴承、齿轮、活塞、密封圈和连杆等。

（3）硼纤维-树脂复合材料 其常用的基体为环氧树脂、聚酰亚胺和聚苯并咪唑等树脂，增强相为硼纤维。它具有高比强度、高比模量、良好的耐热性，主要用在航空航天和军事工业上要求高刚度的结构件，如飞机机身、机翼、轨道飞行器隔离装置接合器等。但其各向异性明显、加工困难、成本高、抗冲击能力差，其应用不如其他纤维增强塑料普遍。

（4）芳纶纤维-树脂复合材料 芳纶纤维是一种芳香族聚酰胺纤维，是目前强度最高的纤维，拉伸强度达 2800~3700MPa，比玻璃纤维高 45%，其密度只有 1.45g/cm³。芳纶纤维价格便宜，还具有优良的抗疲劳性、耐蚀性、绝缘性和良好的加工性能。

芳纶纤维-树脂复合材料由芳纶纤维和树脂基体组成，基体相主要有环氧树脂、聚乙烯、聚碳酸酯和聚酯等树脂。它的拉伸强度与碳纤维-环氧树脂复合材料相近，但塑性和韧性更好，与金属相近。它的冲击韧性好，抗疲劳性能优于玻璃钢和铝合金，抗振能力是钢的 8倍，是玻璃钢的 4~5 倍。芳纶纤维-树脂复合材料的原料易得、成本低，制造简单，用途广泛，主要用于宇宙飞行器和高压容器、雷达天线罩、火箭发动机燃烧室外壳、轻型船舰和快艇等。

（5）碳化硅纤维-树脂复合材料 碳化硅纤维的拉伸强度为3430MPa，弹性模量为412GPa，其突出的优点是具有优良的高温强度，在1100℃时拉伸强度仍高达2100MPa。

碳化硅纤维-树脂复合材料常用环氧树脂作为基体，这种复合材料的比强度、比模量高，拉伸强度接近于碳纤维-环氧树脂复合材料，但其抗压强度为碳纤维-环氧树脂复合材料的两倍，是一种有发展前途的新型材料。碳化硅纤维-树脂复合材料主要用于制造宇航器上减重的结构件，还用于制造飞机的门、降落传动装置箱和机翼等。

2. 纤维-金属复合材料

纤维-金属复合材料一般由高强度、高模量、韧性差的纤维与低强度、低模量、韧性好的金属基体组成。

常用增强纤维为硼纤维、碳纤维、碳化硅纤维与氧化铝纤维；常用基体相为铝合金、镁合金、钛合金、高温合金。一般根据零件的使用温度选择基体相，低于400℃时，使用铝、镁及其合金；低于650℃时，使用钛及钛合金；高于1000℃时，使用高温合金。

金属基复合材料发挥了金属与增强相的优点，具有高的比强度、比模量、疲劳强度以及良好的耐磨、耐蚀性能。与树脂基复合材料相比，它的耐热性能突出，导热、导电性能好，对热冲击及表面缺陷不敏感。其缺点是生产工艺复杂，价格昂贵。

（1）硼纤维-铝合金复合材料 它是金属基复合材料中研究最成功、应用最广的一种复合材料。硼纤维-铝合金复合材料的性能优于硼纤维-环氧树脂复合材料，也优于铝合金和钛合金。它具有高弹性模量，高抗压强度、剪切强度和疲劳强度，用于制造飞机和航天器蒙皮、大型壁板、长梁加强筋、航空发动机叶片等。

（2）石墨纤维-铝合金复合材料 石墨纤维-铝合金复合材料具有高比强度和高温强度，在500℃时其比强度比钛合金高1.5倍。用于制造航天飞机外壳、接合器、油箱、飞机蒙皮、螺旋桨、涡轮发动机的压气机叶片和重返大气层运载工具的防护罩等。

（3）石墨纤维-铜（或铜合金）复合材料 其基体为铜、铜合金、铜镍合金。为了增加石墨纤维和基体的结合强度，常在石墨纤维表面上镀铜。石墨纤维增强铜或铜镍合金复合材料具有高强度、高导电性、低摩擦因数、高的耐磨性、高尺寸稳定性，用于制造高负荷的滑动轴承、集成电路的电刷和滑块等。

（4）硼纤维-钛合金复合材料 其增强相为硼纤维，或碳化硅改性硼纤维。这类复合材料的增强相为硼纤维，或碳化硅改性硼纤维，最常用的基体为Ti-6Al-4V钛合金。其具有低密度、高强度、高弹性模量、高耐热性和低膨胀系数的特点，是理想的航空航天用结构材料。如碳化硅改性硼纤维和Ti-6Al-4V组成的复合材料，其密度为$3.6g/cm^3$，比钛的密度还小，拉伸强度可达1210MPa，弹性模量可达2340GPa，热膨胀系数为$1.39 \times 10^{-6} \sim 1.75 \times 10^{-6}K^{-1}$。

3. 颗粒增强复合材料

颗粒增强金属基复合材料是这类复合材料的代表，其研究发展较成熟。

颗粒增强金属基复合材料的组成范围大，可根据要求选择基体合金和增强颗粒。氧化物、碳化物、氮化物以及石墨均可作为增强颗粒；铝、镁、钛、铜、铁、钴等及其合金也都可作为基体材料。增强颗粒的尺寸一般在$3.5 \sim 10 \mu m$，含量一般为15%～20%和65%左右，视需要而定。典型的复合材料有SiC/Al、Al_2O_3/Al、SiC/Mg、TiC/Ti、WC/Ni等。

颗粒增强金属基复合材料的制造方法多样，不仅可用粉末冶金法、真空压力浸渍法、共喷射沉积法等制造零件，还可以利用常规的铸造、挤压、锻造、轧制等金属制备工艺来制造零件，制造成本较低。

4. 多层复合材料

多层复合材料由两层或两层以上不同材料组成。各个分层采用不同的材料，能有效地发挥各层不同方面的性能优势，可使复合材料获得强度、刚度、耐磨、耐腐蚀、绝热、隔声和减重等多种性能组合。常用的多层复合材料有双金属复合材料、塑料-金属多层复合材料、夹层结构复合材料等。

（1）双金属复合材料 双金属片是将膨胀系数不一样的两层金属片叠在一起制成的复合材料。如果温度升高，膨胀系数大的金属层膨胀量大，另一层膨胀量小，双金属片向膨胀量小的一侧弯曲。弯曲程度显然与金属片的尺寸和金属片的材料有关。目前应用上较成熟的金属片材料有镍、锰镍铜合金、镍铬铁合金、镍铁合金等。双金属片广泛应用于继电器、开关、控制器、荧光灯的辉光启动器，温度计等。

常用的锡基、铅基、铜基轴承合金强度较低，承载能力差，为提高零件寿命，常在轴承合金的非工作侧加上一层强度高的合金钢材，制成双金属轴承，这样既能满足滑动轴承零件工作面的使用要求，又增加滑动轴承的强度，还可节省有色金属。

（2）塑料-金属多层复合材料 塑料-金属多层复合材料能够发挥塑料的耐腐蚀、减摩、自润滑性能优势，也能发挥金属材料的强度高、韧性好的优势。如 SF 型三层复合材料是以钢材为基体，烧结多孔青铜作为中间层，聚四氟乙烯或聚甲醛塑料为表面层的三层复合材料。它利用了钢材高强度的优势、利用了塑料在减摩、自润滑性能上的优势，中间层是为了增加钢材和塑料的黏结力。这种材料可用于制造无油润滑轴承、机床导轨和活塞环等，承载能力和寿命得到明显地提高，在矿山、化工、农业机械、汽车等行业中得到应用。

（3）夹层结构复合材料 夹层结构复合材料由两层薄而强的面板，中间夹着一层轻而弱的芯子组成。在夹层结构中，面板用于承受载荷，夹层结构的芯子起支撑面板和传递剪力的作用，为了增加面板的连接强度，有时面板间设有蜂窝格子。面板和芯子的连接，一般采用黏结剂或焊接方法连接。常用金属、玻璃钢、高强塑料等强度高的材料制造面板；常用泡沫塑料、木屑等作为芯子。夹层结构的特点是相对密度小、比强度高、刚度大、抗压稳定性好，还能获得所需要的绝热、隔声、绝缘等性能。这种材料已用于飞机上的天线罩、隔板、火车车厢和运输容器等。

在高技术领域，单一材料很难满足对材料性能的多种要求，将现有的金属材料、高分子材料、陶瓷材料组成复合材料，能够产生多种新的性能组合，从而满足工业需求。

目前，在各行各业中已有数万种复合材料得到应用。复合材料的研究及应用大大促进了其他技术的发展，可以预见复合材料必将起到越来越重要的作用。

复习思考题

1. 高聚物的加聚反应和缩聚反应有何区别？
2. 解释下列术语：①高分子化合物；②单体；③大分子链；④链节；⑤聚合度；⑥加聚反应；⑦缩聚反应；⑧热塑性；⑨热固性。
3. 简述高分子材料的性能特点。

4. 塑料中常用的添加剂有哪几类？它起什么作用？

5. 热塑性塑料和热固性塑料的性能有何不同？

6. 常用的工程塑料有哪些？

7. 塑料制品有哪些成型方法？它们各自的应用范围如何？

8. 简述橡胶和纤维的主要特性和用途。

9. 陶瓷材料的力学性能有哪些特点？它主要应用于哪些领域？

10. 何谓陶瓷材料？普通陶瓷与特种陶瓷有什么不同？

11. 普通陶瓷材料的显微组织中通常有哪三种相？它们对材料的性能有何影响？

12. 陶瓷材料的生产工艺包括哪几个阶段？

13. 何为复合材料？

14. 常用复合材料的基体相与增强相有哪些？它们在材料中各起什么作用？

15. 复合材料有哪些复合状态？不同的复合状态对其性能会造成什么样的影响？

16. 什么是玻璃钢？说明此类复合材料的主要特点。

17. 比较树脂基与金属基纤维增强复合材料的性能及其应用特点。

18. 开放性习题：列举几处可以使用复合材料的应用场景，并说明使用复合材料的优势。

19. 开放性习题：聚四氟乙烯被人称为"塑料王"，请通过调研和查阅资料列举出聚四氟乙烯5种以上的应用。

20. 开放性习题：调查研究陶瓷材料的发展历史以及现代陶瓷的优势和用途。

第三篇

材料成形工艺

第9章 铸 造

学习要求

铸造几乎不受零件结构、尺寸大小、复杂程度和合金种类的限制，适用范围非常广泛，而且生产周期短、成本低，是制造业的基础成形技术。

学习本章后学生应达到的能力要求包括：

1) 理解铸造工艺原理和砂型铸件的生产过程。

2) 理解砂型铸造工艺设计中铸造工艺参数、浇注位置和分型面、砂芯、浇注系统和冒口等的设计要点，以提高铸件质量、提高生产率和降低生产成本。

3) 了解特种铸造的生产工艺过程，了解铸造技术的发展趋势。

将液体金属浇注到与零件形状相适应的铸型空腔中，待其冷却凝固后，以获得零件或毛坯的方法称为铸造。在一般机械设备中，铸件质量占整个机械设备质量的 45%～90%，如汽车中铸件质量占 40%～60%，拖拉机中铸件质量占 70%，切削加工机床中铸件质量占 70%～80% 等。铸造具有适应范围广、设备投资少、生产成本低等优点。

9.1 铸造工艺基础

铸造的生产方法很多，主要可分为砂型铸造和特种铸造两大类，其中砂型铸造为铸造生产最基本的方法。

9.1.1 铸造成形原理

铸造是将液态金属转变为固态零件的过程，如图 9-1 所示。

如果将容器内腔制作成零件的形状和大小，将金属液注入，金属液就轻松地具有了零件的形状，再通过降低温度使液体发生凝固而变成固体，于是就形成了具有固定形状的零件毛坯。

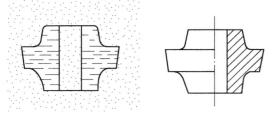

图 9-1　铸造原理示意图

铸造的实质是利用液态合金的凝固过程来使合金具有所需要的形状。铸造原理可用如下简单的流程表示：零件形状的液体→凝固→固体零件。铸造过程思路明确，利用液体的流动性使材料方便地具有零件所需要的形状和尺寸，利用凝固过程使材料变为固体，从而使其形状固定下来，能满足零件保持一定形状的要求。

相对于锻造、焊接和切削加工等其他成形方法，铸造具有以下独特的优点：

1）适于生产形状复杂的零件。铸造由于通过液体流动而成形，特别适合生产外形、内腔复杂的零件，如形状复杂的箱体、阀体、叶轮、发动机气缸体、螺旋桨等。

2）适应范围广。零件材料不受限制，凡是能熔化成液态的合金均可铸造生产，如铸钢、铸铁，各种铝合金、铜合金、镁合金、钛合金及锌合金等；对于塑性较差的脆性合金（如普通铸铁等），铸造是唯一可行的成形方法。铸造也不受零件的大小和壁厚限制。铸件的壁厚可在 $0.3 \sim 1000mm$ 的范围内，长度可从几毫米到十几米，质量可从几克到数百吨。铸造也不受生产批量限制，单件小批或大批大量零件均可用铸造生产。

3）铸造产品具有一定的尺寸精度，铸件局部辅以机械加工后，能满足绝大多数零件的尺寸精度和表面精度要求。

4）铸造成本低廉、一般不需要昂贵的设备、综合经济性能好、能源与材料消耗及成本均低于其他成形方法。

铸造广泛应用于机床、汽车、飞机、船舶、冶金、化工、动力机械等行业，是现代工业不可缺少的成形方法。

9.1.2　合金的铸造性能

铸造生产中很少采用纯金属，主要使用各种合金。铸造合金除应具有符合要求的力学性能和物理化学性能外，还必须考虑其铸造性能。合金的铸造性能主要是指流动性和收缩性等，这些性能对于能否容易获得优质铸件至关重要。

1. 合金的流动性

（1）流动性　液态金属本身的流动能力称为流动性。流动性是液态金属充满铸型型腔，获得形状完整、轮廓清晰铸件的基本条件。流动性好的合金充型能力强，流动性差的合金充型能力差。在不利的情况下，如果金属的流动性不足，则会在金属液还未充满铸型前就停止流动，使铸件产生浇不足或冷隔缺陷。

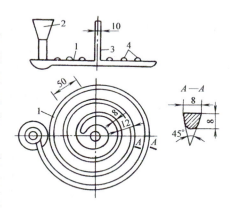

图 9-2　流动性试样
1—试样铸铁　2—浇口　3—冒口
4—试样凸点

合金流动性的大小用浇注流动性试样的方法衡量。流动性试样如图 9-2 所示。在试验中，将试样的结构和铸型条件固定不变，在相同过热度或在同一浇注温度下，浇注流动性试样，以试样的长度表示该合金的流动性。合金的流动性越好，浇注出的试样越长。常用合金的流动性数据见表 9-1。

表 9-1　常用合金的流动性数据

合金	造型材料	浇注温度/℃	螺旋线长度/mm
灰铸铁 $w_{C+Si} = 5.2\%$	砂型	1300	1000
灰铸铁 $w_{C+Si} = 4.2\%$	砂型	1300	600

（续）

合金	造型材料	浇注温度/℃	螺旋线长度/mm
铸钢 $w_C = 0.4\%$	砂型	1600 1640	100 200
锡青铜 $w_{Sn} = 0.9\% \sim 11\%$、$w_{Zn} = 2\% \sim 4\%$	砂型	1040	420
硅黄铜 $w_{Si} = 1.5\% \sim 4.5\%$	砂型	1100	1000
铝合金（硅铝明）	金属型（300℃）	680~720	700~800

（2）影响合金流动性的因素

1）合金的成分。不同成分的合金具有不同的结晶特点。纯金属和共晶成分合金是在恒温下凝固的，液体金属在充填过程中，从表层开始逐层向中心凝固。由于已凝固硬壳的内表面比较光滑，对金属液的阻力较小，金属流动的距离长。同时，在相同浇注温度下共晶成分合金凝固温度最低，液态金属的过热度大。因此，纯金属和共晶成分合金的流动性最好。而其他合金在一定温度范围内凝固，即经过一个液态和固态并存的双相区域。在这个区域内，初生的树枝状晶体不仅导热快，还阻碍液态金属的流动，流动性变差。合金的结晶间隔越宽，其流动性越差。

2）浇注条件。浇注温度越高，合金的黏度越小且过热度越大，合金在铸型中保持流动的时间长，故流动性好；反之，流动性差。因此，对薄壁铸件或流动性较差的合金，可适当提高浇注温度，以防产生浇不足和冷隔缺陷。浇注时充型压力越大，液态金属流动压力越大，流动性就越好。浇注系统的结构越复杂，流动的阻力就越大，流动性就越差。

3）铸型。液态合金充型时，铸型的阻力将影响合金的流动速度，而铸型与合金间的热交换又将影响合金保持流动的时间。因此，铸型对流动性有显著影响。铸型的蓄热能力是指从液态金属吸收和储存热量的能力。铸型材料的热导率和比热容越大，铸型对液态合金的激冷能力越强，合金的流动性就越差。铸型温度高时，相当于铸型蓄热能力降低，减少了铸型和金属液间的温差，减缓了冷却速度，提高了流动性。在金属液的热作用下，型腔中原有的气体膨胀，而且型砂中的水分、煤粉和其他有机物燃烧也会产生大量气体，型腔中气体的压力增大，阻碍充型。当铸件壁厚过小、厚薄过渡多、有大的水平面等结构时，都将降低充型能力。

2. 铸件的凝固方式

在铸件的凝固过程中，其断面上一般存在三个区域，即固相区、凝固区和液相区，其中，对铸件质量影响较大的是液相和固相并存的凝固区的宽窄。铸件的"凝固方式"就是依据凝固区的宽窄（图9-3b中 S）来划分的。

（1）逐层凝固　纯金属或共晶成分合金在凝固过程中因不存在液、固并存的凝固区（图9-3a），故断面上外层的固体和内层的液体由一条界线清楚地分开。随着温度的下降，固体层不断加厚，液体层不断减少，直达铸件的中心，这种凝固方式称为逐层凝固。

（2）糊状凝固　如果合金的结晶温度范围很宽，且铸件的温度分布较为平坦，则在凝固的某段时间内，铸件表面并不存在固体层，而液、固并存的凝固区贯穿整个断面（图9-3c）。这种凝固方式是先呈糊状而后固化，故称为糊状凝固。

（3）中间凝固　大多数合金的凝固介于逐层凝固和糊状凝固之间（图9-3b），称为中间凝固方式。

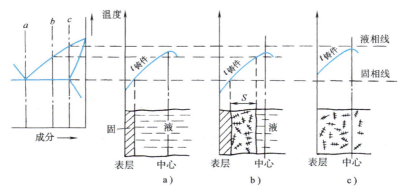

图 9-3 铸件的凝固方式

铸件质量与其凝固方式密切相关。逐层凝固时，合金的充型能力强，便于防止缩孔和缩松；糊状凝固时，难以获得组织致密的铸件。因此，倾向于逐层凝固的合金，如灰铸铁、铝合金等，便于铸造。

3. 合金的收缩性

合金在从液态至常温固态的凝固和冷却过程中，所发生的体积缩小的现象称为收缩。收缩是铸件中许多缺陷（如缩孔、缩松、热裂、应力、变形和冷裂等）产生的基本原因。合金的收缩性能是用体收缩率和线收缩率来表示的。

合金的收缩分为三个阶段：液态收缩阶段、凝固收缩阶段、固态收缩阶段。

（1）液态收缩　它是指合金从浇注温度冷却到液相线温度过程中的收缩。浇注温度高，过热度大，液态收缩增加。

（2）凝固收缩　它是指合金凝固过程中的收缩。对于纯金属和共晶温度范围的合金，凝固期间的体收缩是由于状态的改变而产生的，与温度无关；具有结晶温度范围的合金，凝固收缩由状态改变和温度下降两部分产生。

液态收缩和凝固收缩使金属液体积缩小，一般表现为铸型内液面降低，因此常用单位体积收缩量（即体收缩率）来表示。体收缩是铸件产生缩孔和缩松的基本原因。

（3）固态收缩　它是指合金从固相线温度冷却到室温时的收缩。固态收缩通常直接表现为铸件外形尺寸的减小，故一般用线收缩率来表示。固态收缩对铸件的形状和尺寸精度影响很大，是铸造应力、变形和裂纹等缺陷产生的基本原因。

影响收缩的因素有化学成分、浇注温度、铸件结构和铸型条件等。不同成分的铁碳合金体收缩率不同，见表 9-2。铸钢的收缩大而灰铸铁的收缩小。灰铸铁中大部分碳以石墨状态存在，其体收缩率小。钢液的比热容及其结晶温度范围随碳的质量分数的提高而增加，使铸钢的收缩随之增大。

表 9-2 几种铁碳合金的体收缩率

合金种类	w_C/%	浇注温度/℃	液态收缩（%）	凝固收缩（%）	固态收缩（%）	总体积收缩（%）
碳素铸钢	0.35	1610	1.6	3	7.86	12.46
白口铸铁	3.0	1400	2.4	4.2	5.4~6.3	12~12.9
灰铸铁	3.5	1400	3.5	0.1	3.3~4.2	6.9~7.8

9.1.3 铸件的常见缺陷

1. 铸件中的缩孔与缩松

（1）缩孔和缩松的形成 液态合金在冷凝过程中，若其液态收缩和凝固收缩得不到补充，则会在铸件最后凝固的部位形成一些孔洞。按照孔洞的大小和分布，将其分为缩孔和缩松两类。

1）缩孔。它是集中在铸件上部或最后凝固的部位，并且容积较大的孔洞。缩孔多呈倒圆锥形，内表面粗糙，可以看到发达的枝晶末梢，通常隐藏在铸件的内层。有时也暴露在铸件的上表面，呈明显的凹坑状。

缩孔的形成过程如图 9-4 所示。当铸件逐层凝固时，靠近型腔表面的金属很快凝结成一层外壳（图9-4b），而内部仍然是温度高于凝固温度的液体。随着温度下降，合金的液态收缩和凝固收缩使液面下降，液体与硬壳的顶部脱离。随着外壳加厚，内部液体液

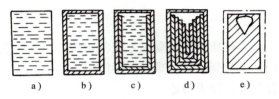

图9-4 缩孔的形成过程

面不断下降，直到完全凝固，在铸件上部形成了一个倒锥形的缩孔（图9-4e）。

2）缩松。它是分散在铸件某区域内的细小缩孔。缩松的形成过程如图 9-5 所示。其形成的基本原理与缩孔一样，是由于合金的液态收缩和凝固收缩形成的。形成缩松的基本条件是合金的结晶温度范围较宽，合金呈糊状凝固，凝固时生成发达的树枝晶，当粗大树枝晶相互连接后，将尚未凝固的液态金属分割成一个个互不相通的熔池，最后形成分散的小缩孔，即缩松。

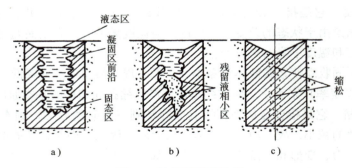

图9-5 缩松的形成过程

（2）缩孔和缩松的防止 缩孔和缩松使铸件的力学性能显著下降，缩松还影响铸件的致密性、物理和化学性能。因此，必须采取适当的工艺措施予以防止。

工业上采取加放冒口、冷铁等工艺措施防止缩孔和缩松，使铸件上远离冒口的部位（图9-6中Ⅰ）先凝固，然后是靠近冒口部位（图9-6中Ⅱ、Ⅲ）凝固，最后才是冒口本身凝固。按照这样的凝固顺序，铸件先凝固部位的收缩，由后凝固部位的金属液来补充；后凝固部位的收缩，由冒口中的金属液补充，最后将缩孔转移到冒口之中，从而获得优质铸件。

冒口是铸型中能储存一定的金属液，可对铸件进行补缩，以防止产生缩孔和缩松的工艺

"空腔"。

冷铁是用来控制铸件冷却速度的一种激冷物。图9-7所示铸件的热节不止一个，若仅靠顶部冒口，难以向底部凸台补缩，为此，在该凸台的型壁上安放了两个外冷铁。由于冷铁加快了该处的冷却速度，使厚度较大的凸台反而最先凝固，从而实现了自下而上的顺序凝固，防止了凸台处缩孔、缩松的产生。

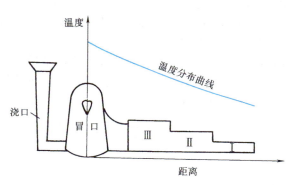

图9-6 缩孔和缩松的防止措施   图9-7 冷铁的应用

2. 铸造应力、变形和裂纹

铸件凝固后将在冷却至室温的过程中继续收缩，若收缩受到阻碍，或有些合金发生固态相变而引起收缩或膨胀，会使铸件内部产生内应力。内应力是铸件产生变形和裂纹的主要原因。

（1）内应力的形成　按照产生的原因，内应力可分为热应力和机械应力两种。

1）热应力。由于铸件的壁厚不均匀、各部分冷却速度不同，造成在同一时期内铸件各部分收缩不一致而引起的内应力，称为热应力。

金属在冷却过程中，从凝固终止温度到再结晶温度阶段，处于塑性状态。在较小的外力下，就会产生塑性变形，变形后应力可自行消除。低于再结晶温度的金属处于弹性状态，受力时产生弹性变形，变形后应力减小。

下面用图9-8所示的框形铸件来分析热应力的形成。该铸件中杆Ⅰ比杆Ⅱ直径大。凝固开始时，两杆均处于塑性状态，冷却速度虽不同、收缩不一致，但瞬时的应力均可通过塑性变形而自行消失。继续冷却后，冷速较快的杆Ⅱ已进入弹性状态，而杆Ⅰ仍处于塑性状态。由于细杆Ⅱ冷却速度快，收缩大于粗杆Ⅰ，所以细杆Ⅱ受拉伸、粗杆Ⅰ受压缩（图9-8b），形成暂时内应力，但这个内应力随之便被粗杆Ⅰ的微量塑性变形压短而消失（图9-8c）。进一步冷却，已被塑性压短的粗杆Ⅰ也处于弹性状态，此时尽管两杆的长度相同，但所处的温度不同。粗杆Ⅰ的温度较高，还会进行较大的收缩；细杆Ⅱ的温度较低，收缩已停止。粗杆Ⅰ的收缩必然受到细杆Ⅱ的强烈阻碍，因此杆Ⅱ受压缩，杆Ⅰ受拉伸，到室温时内应力和变形状态如图9-8d所示。

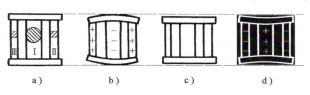

a)   b)   c)   d)

图9-8 热应力的形成

+表示受拉应力　−表示受压应力

综上所述，固态收缩使铸件厚壁或心部受拉伸，薄壁或表层受压缩。合金的固态收缩率越大，铸件的壁厚差别越大，形状越复杂，热应力就越大。预防热应力的基本途径是尽量减少铸件各部位间的温度差，使其均匀地冷却。

2）机械应力。铸件的收缩受到铸型、型芯及浇注系统的机械阻碍而引起的内应力，称为机械应力。铸型或型芯退让性良好，机械应力则小。

（2）铸件的变形及其防止　存在内应力的铸件处于不稳定状态，当内应力超过合金的屈服强度时，铸件通过变形来减缓内应力。因此铸件上厚的部分产生拉伸变形、薄的部分产生压缩变形。细而长的铸件或大而薄的铸件最容易产生变形。

如图 9-9 所示，车床床身的导轨部分因厚而受拉应力，床壁部分因薄而受压应力，于是导轨下挠。图 9-10 所示为一平板铸件，尽管其壁厚均匀，但其中心部分比边缘散热慢，而铸型上面又比下边冷却快，所以该平板发生图示方向的变形。

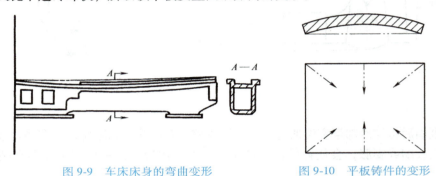

图 9-9　车床床身的弯曲变形　　　　图 9-10　平板铸件的变形

为防止铸件变形，除在设计铸件时尽可能使铸件的壁厚均匀或形状对称外，还要在铸造工艺上采取措施保证铸件上各部分之间温差尽量小，以便冷却均匀，这样可使铸件的内应力变小，产生变形和裂纹的倾向减小。这个原则主要用于凝固收缩小的合金以及壁厚均匀、结晶温度范围宽而对致密性要求不高的铸件。此外，对于长而易变形的铸件，还可采用"反变形"工艺（将模样制成与铸件变形方向相反的形状）；也可在薄壁处附加工艺肋。

实际上，变形后铸件的内应力有所减缓，但并未彻底去除。铸件在经机械加工之后，由于内应力的作用还将发生微量变形，使零件丧失应有的精度。因此，对于机床床身等重要的、精密的零件须进行去应力退火或时效处理，以将残余应力消除。

（3）铸件的裂纹及其防止　当铸件的内应力超过金属的强度极限时，铸件将产生裂纹。裂纹是铸件的严重缺陷，多使铸件报废。裂纹可分为热裂和冷裂两种。

1）热裂。热裂是铸件在凝固后期产生的裂纹，主要是由于收缩受到机械阻碍而产生的。其形态特征是：裂纹短，缝隙宽，形态曲折，缝内呈氧化色、无金属光泽，裂口沿晶界产生和发展等。热裂在铸钢和铝合金中常见。

防止热裂的主要措施是：除了使铸件的结构合理外，应合理选用型砂或芯砂的黏结剂，以改善其退让性；大的型芯可中空或内部填以焦炭；严格限制铸钢和铸铁中硫的含量；选用收缩率小的合金等。

2）冷裂。冷裂是在低温下形成的裂纹，常出现在铸件受拉伸的部位，特别是在应力集中的地方。其形态特征是：裂纹细小，呈连续直线状，缝内干净，有时呈轻微氧化色。

壁厚差别大，形状复杂或大而薄的铸件易产生冷裂，特别是应力集中处（如尖角、缩孔、夹渣等缺陷附近）。故凡是能降低铸造内应力或降低合金脆性的因素，都能防止冷裂的形成。同时，除应设法减小铸造内应力外，还应控制钢铁中的含磷量。

3. 铸件中的气孔

气孔是气体在铸件中形成的孔洞。气孔破坏了金属的连续性，减小了有效的承载面积，引起应力集中，使铸件的力学性能降低，特别是使冲击韧度和疲劳强度显著降低。弥散性气孔还可促使显微缩松的形成，使铸件的气密性降低。

按照气体的来源，气孔可分为浸入气孔、析出气孔和反应气孔三类。

砂型表面层聚集的气体浸入金属液中而形成的气孔，称为浸入气孔。它多位于上表面附近，尺寸较大，呈椭圆形或梨形，孔的内表面被氧化。浸入铸件的气体主要来自造型材料中的水分、黏结剂和各种附加物。预防浸入气孔的基本途径是降低型砂的发气量和增加铸型的排气能力。

溶解于金属液中的气体在冷凝过程中因溶解度下降而析出所形成的气孔，称为析出气孔。H_2、N_2、O_2 等可随炉料、炉气进入金属液而形成析出性气孔。析出气孔的特征是：尺寸较小而分布面积较广，甚至遍及整个铸件截面。

液态金属与铸型材料、型芯撑、冷铁或熔渣之间相互作用，发生反应产生气体而形成的气孔，称为反应气孔，其多分布在铸件表层下 $1\sim 2mm$ 处，多呈皮下气孔。

9.2　砂型铸造

砂型铸造是将液态金属浇注到砂型型腔内，从而获得铸件的生产方法。砂型铸造是传统的铸造方法，它适用于各种形态、大小及各种合金铸件的生产。掌握砂型铸造是合理选择铸造方法和正确设计铸件的基础。

9.2.1　砂型铸造的生产过程

砂型铸造的生产工序包括制模、配砂、造型、造芯、合型（合箱）、熔炼、浇注、落砂、清理和检验等。套筒铸件的砂型铸造过程如图 9-11 所示。

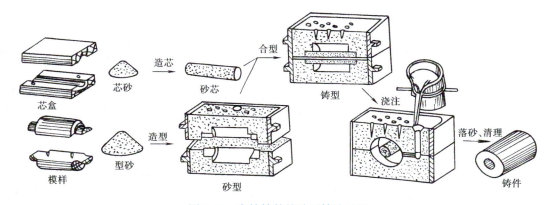

图 9-11　套筒铸件的砂型铸造过程

9.2.2 配砂和模样制造

为满足铸造要求，砂型需要具有一定的强度，使其在造型、搬运、合型、浇注等过程中不损坏；砂型还需要具有很高的耐火度，能经受高温金属液的侵蚀。此外，对砂型还需要具有透气性、退让性等性能。用于制造砂型的砂子称为原砂，各种原砂都具有很高的耐火度；为了提高铸型强度，用黏结剂将原砂牢固地黏结在一起；此外还需要加入各种附加物，来提高铸型的透气性、退让性并改善铸型表面粗糙度。将原砂、黏结剂、附加物混合在一起的过程，称为配砂。

在进行造型前，除了配制型砂外，还需要加工制造铸件模样。

9.2.3 造型

造型是砂型铸造最基本的工序，造型方法对于铸件质量和成本有着重要影响。造型方法分为手工造型和机器造型两种，造型方法的选定是制订铸造工艺的前提。

1. 手工造型

（1）砂型组成 图 9-12 所示为合型后的砂型。型砂被捣紧在上、下砂箱中，连同砂箱一起，分别称为上砂型和下砂型。从砂型中取出木模后留下的空腔称为型腔。上、下砂型的分界面称为分型面。图 9-12 中在型腔中有剖面线的部分表示型芯，型芯是为了形成铸件的内腔。型芯上的延伸部分，称为型芯头，用以安放和固定型芯，型芯头坐落在砂型的型芯座上。金属液从浇口盆浇入，经直浇道、横浇道和内浇道而流入型腔。型腔的上方开有出气口，以排出型腔中的气体，在高温金属液的作用下，型芯中产生的气体则由型芯通气孔排出。

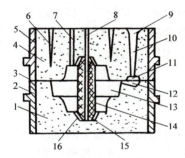

图 9-12 砂型组成

1—下型　2—下箱　3—分型面　4—上型
5—上箱　6—通气孔　7—出气口　8—型芯排气道
9—浇口盆　10—直浇道　11—横浇道　12—内浇道
13—型腔　14—型芯　15—型芯头　16—型芯座

（2）常用手工造型方法 造型分为手工造型和机器造型两类。手工造型操作灵活，工艺装备简单，但生产效率低，劳动强度大，适用于单件小批量生产。手工造型方法很多，可根据铸件的形状、大小和批量进行选择。

图 9-13 所示为套筒的分模造型过程。分模造型适用于形状较复杂的铸件。特别是用于有孔的铸件，如套筒、阀体、管子等。将木模沿外形的最大截面处分成两半，上、下木模用定位销钉定位，造型时分别造上、下砂型。

2. 机器造型

在成批、大量生产时，应采用机器造型，使紧砂和起模过程实现机械化。与手工造型相比，机器造型生产效率高，铸件尺寸精度高，表面粗糙度的值低；但设备及工艺装备费用高，生产准备时间长。

机器造型均使用模板造型。图 9-14 所示为水管接头下型的机器造型过程。模板是将模样、浇注系统、冒口等沿分型面与模底板连接成一个整体的专用模具。造型时，模底板形成

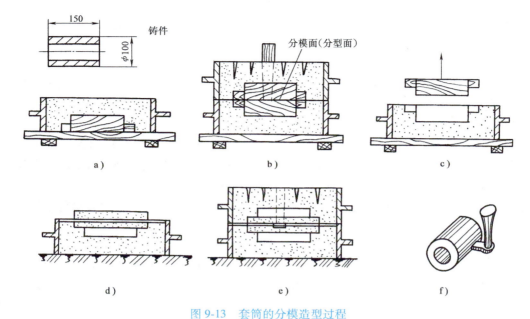

图 9-13 套筒的分模造型过程

a) 造下型 b) 造上型 c) 起模 d) 开浇道、下芯 e) 合型 f) 带浇道的铸件

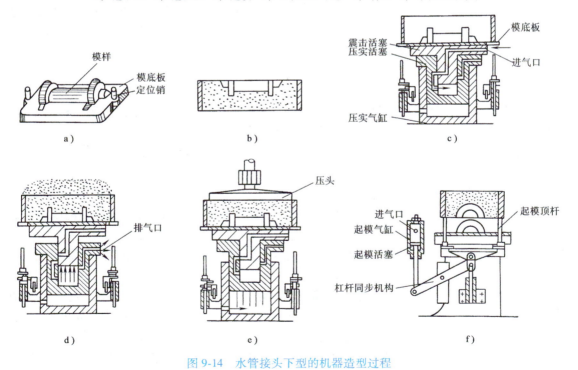

图 9-14 水管接头下型的机器造型过程

a) 水管的下模板 b) 造好的下型 c) 置型 d) 填砂、震实 e) 压实 f) 起模

分型面，模样形成铸型空腔，而模底板的厚度并不影响铸件的形状与尺寸；模板上有定位销与专用砂箱的定位孔配合。模板用螺钉紧固在造型机工作台上，可随工作台上下振动。利用模板分别造出上下型，合型时将二者组合在一起，就形成了完整的砂型。同时，为提高生产

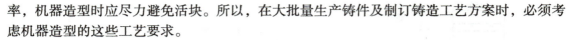

率，机器造型时应尽力避免活块。所以，在大批量生产铸件及制订铸造工艺方案时，必须考虑机器造型的这些工艺要求。

3. 砂芯制造

砂芯的主要作用是形成铸件的内腔，有时也形成铸件局部外形。由于砂芯的表面被高温金属液所包围，受到的冲刷及烘烤比砂型严重，因此要求砂芯要有更高的强度、透气性、耐火度和退让性等。

为了满足以上要求，生产中常采用以下措施：型砂中放入芯骨（常用铁丝、铁钉等），以提高强度；在砂芯中开通气道，以提高砂芯的透气性；在砂芯表面刷涂料，以提高耐高温性能，防止铸件粘砂；烘干砂芯，使其强度和透气性提高。

砂芯可通过手工或机器制造，可用芯盒制造，也可用刮板制造。其中芯盒造芯是最常用的方法。

4. 合型

将上型、下型、砂芯、浇口等组合成一个完整铸型的操作过程称为合型，又称合箱。合型是浇注前最后一道工序，若合型操作不当，会使铸件产生错型、偏芯、跑火及夹砂等缺陷。合型工作包括：①铸型的检查；②下芯，将型芯的芯头准确放在砂型上；③合上下型，合型时应注意使上型保持水平下降，并应对准合型线；④上、下型的定位，对于批量生产是靠砂箱上的销子定位，对于单件小批量生产常采用划泥号定位；⑤铸型的紧固，浇注时，金属液将充满整个型腔，上型受到金属液的浮力，并通过型芯头作用到上型，将上型抬起，铸件产生跑火缺陷。因此，合型后要压箱或将铸型紧固。

9.2.4 熔炼及浇注

在加热炉中将金属原料熔化并调整其成分，使其满足铸造生产要求的过程，称为熔炼。保证合金成分是熔炼的整体目标，熔炼质量不好时铸件可能产生各种缺陷。

把液体金属浇入铸型的操作称为浇注。浇注不当，会引起浇不足、冷隔、跑火、夹渣和缩孔等铸造缺陷。

（1）浇注温度　浇注温度过低时，合金流动性差，易产生浇不足、冷隔、气孔等缺陷。浇注温度高，合金的收缩量增加，易产生缩孔、裂纹及粘砂等缺陷。合适的浇注温度应根据合金种类、铸件的大小及形状等来确定。若金属液的出炉温度太高，常在包内放一段时间再进行浇注。对于形状复杂的薄壁铸铁件，浇注温度为 1350~1400℃，形状简单的厚壁件，浇注温度为 1260~1350℃。

（2）浇注速度　浇注速度太慢，充型时金属液降温过多，易产生浇不足、冷隔和夹渣等缺陷。浇注速度太快，型腔中的气体来不及跑出而产生气孔；同时，由于金属液流速快，易产生冲砂、抬箱、跑火等缺陷。浇注速度依具体情况而定，一般用浇注时间表示。

浇注时注意扒渣、挡渣和引火。为了便于挡渣和扒渣，可在浇包表面撒稻草灰和珍珠岩等。浇注过程不要断流。

9.2.5 落砂和清理

1. 落砂

从砂型中取出铸件的过程，称为落砂。落砂时要注意开箱时间。开箱过早，由于铸件未凝固或温度很高，会造成跑火、变形、表面硬皮等缺陷，并且会形成内应力、裂纹等缺陷；开箱过晚，将占用生产场地及工装，使生产率降低。落砂的时间与合金种类、铸件大小和形状有关。形状简单、小于 10kg 的铸铁件，可在浇后 20~30min 落砂；10~30kg 的铸铁件，可在浇后 30~60min 落砂。

2. 清理

落砂后的铸件必须经过清理，才能使铸件外表面达到要求。清理工作主要包括下列内容：①铸铁件用铁锤敲掉浇冒口，铸钢件用气割切除，有色合金铸件用锯割切除；②铸件内腔的型芯和芯骨可用手工或水力清砂装置去除；③铸件表面常常黏结着一层砂子，一般用钢丝刷、錾子、风铲等手工工具清除。对于批量生产的铸件，广泛采用滚筒清理或喷丸机等机器清理。

9.3 铸造工艺

设计合理的铸造工艺对获得优质铸件、简化工艺过程、提高生产率、降低铸件成本起着决定性的作用。本节介绍砂型铸造工艺设计的要点。

9.3.1 浇注位置与分型面的选择

1. 浇注位置的确定

浇注位置是指浇注时铸件所处的方位，选择铸件浇注位置时，以保证铸件质量为前提，同时尽量做到简化造型和浇注工艺。浇注位置要符合铸件的凝固方式，保证铸型充填，保证铸件质量。

浇注位置一般在确定造型方法之后确定，其设计过程如下：①先确定铸件上质量要求高的部位（如重要加工面、受力较大的部位、承受压力的部位等）；②结合生产条件，估计主要废品倾向和容易发生缺陷的部位（如厚大部位容易出现收缩缺陷，大平面上容易产生夹渣结疤，薄壁部位容易发生浇不足、冷隔，薄厚相差悬殊的部位应力集中，容易产生裂纹等）；③在确定浇注位置时，应使重要部位处于有利的状态。铸件上质量要求高的部位一定要置于下面或侧面，并针对容易出现的缺陷，采取相应的工艺措施予以防止。

图 9-15a 所示的机床床身，其导轨面是关键部位，应当把导轨面放到最下面。锥齿轮齿牙部分质量要求高，应将其放到下面，如图 9-15b 所示。图 9-15c 所示为起重机卷筒，表面要求均匀一致，关键部位是内外圆柱面，多采用立浇方案，以保证旋转一圈时各处性能一致。图 9-15d 所示为电机端盖的浇注位置。

2. 铸型分型面的选择

分型面是指两个铸型相互接触的表面，是造型时模样能否从砂型中取出的关键。分型面的选择，对铸件质量、制模、造型、造芯、合型或清理等工序影响都很大。

设置分型面是为了起模方便，使造型时能从砂型中取出模样。因此，分型面一般选在铸件某一方向上的最大截面上，而且要保证铸件各个部分不妨碍取模。图 9-16 所示的方案（1）或方案（2），均可取出模样，图 9-17 所示的分型方案就不能取出模样。

为了保证铸件质量或简化铸造过程，对分型面还有其他要求。如将铸件的重要加工面与

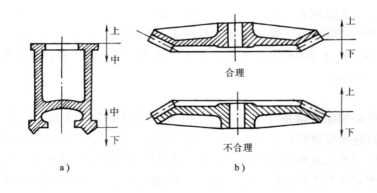

c)

d)

图 9-15　几种零件的浇注位置

a）床身　b）锥齿轮　c）起重机卷筒　d）电机端盖

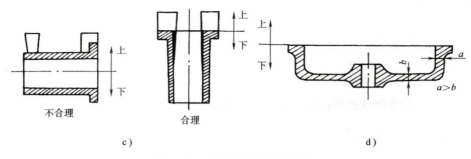

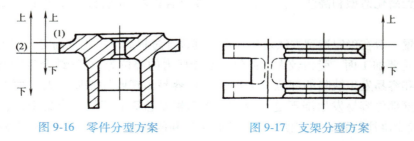

图 9-16　零件分型方案　　　　　图 9-17　支架分型方案

加工基准面放在同一个砂箱中，以便保证铸件的尺寸精确；为了简化操作过程，保证铸件尺寸精度，应尽量减少分型面的数目，减少活块的数目；分型面应尽量采用平面。如图 9-18 所示，采用砂芯使三箱造型变为两箱造型，图 9-19 所示起重壁采用平直分型面。

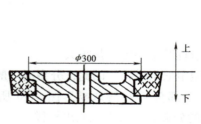

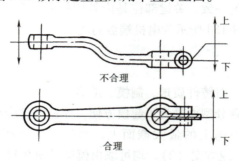

图 9-18　绳轮的两箱造型　　　图 9-19　起重壁平直分型面的选择

9.3.2　铸造工艺参数的选择

铸造工艺参数是指在铸造工艺设计时确定的工艺数据，这些工艺参数既与铸件的精度有关，也与造型、造芯、下芯及合型的操作过程有关。铸造工艺参数包括铸造收缩率、机械加工余量、起模斜度、最小铸出孔的尺寸等。选择正确的铸造工艺参数，能够保证铸件尺寸精度和形状精度，简化造型过程，提高生产率并降低生产成本。

1. 铸造收缩率

固态收缩使铸件冷却后尺寸比型腔尺寸略为缩小，为保证铸件尺寸，型腔必须比铸件大一点。铸造收缩率反映了铸造时型腔应该比铸件大多少。铸造收缩率 K 为

$$K = \left[(L_{模样} - L_{铸件}) / L_{铸件} \right] \times 100\%$$

在铸件冷却过程中，其线收缩率除受到铸型和型芯的机械阻碍外，还受到铸件各部分之间的相互制约。因此，铸造收缩率除与合金的种类和成分有关外，还与铸件结构、大小和砂芯的退让性能、浇冒口系统的类型和开设位置、砂箱的结构等有关。表 9-3 为砂型铸造时，各种合金的铸造收缩率数据。

表 9-3　各种合金的铸造收缩率

铸件种类		收缩率（%）	
		阻碍收缩	自由收缩
灰铸铁	中小型铸铁件	0.8~1.0	0.9~1.1
	大型铸铁件	0.7~0.9	0.8~1.0
	特大型铸铁件	0.6~0.8	0.7~0.9
球墨铸铁	珠光体球墨铸铁件	0.6~0.8	0.9~1.1
	铁素体球墨铸铁件	0.4~0.6	0.8~1.0
蠕墨铸铁	蠕墨铸铁件	0.6~0.8	0.8~1.2
铸钢	碳素钢与合金结构钢铸件	1.3~1.7	1.6~2.0
	奥氏体、铁素体钢铸件	1.5~1.9	1.8~2.2
	纯奥氏体钢铸件	1.7~2.0	2.0~2.3

2. 机械加工余量

为了保证零件的尺寸精度和表面质量，在铸件加工表面上留出的准备切去的金属层厚度称为机械加工余量。加工余量过大，浪费金属和机械加工工时；加工余量过小，零件会因残留黑皮而报废，或者因表层粘砂和黑皮硬度高而加快刀具磨损。应根据铸件的材质、生产方法、尺寸大小、复杂程度、加工面要求等因素确定机械加工余量。机械加工余量见表 9-4。

表 9-4　与铸件公称尺寸配套使用的铸件机械加工余量　　　　　　　　（单位：mm）

铸件公称尺寸		铸件的机械加工余量等级 RMAG 及对应的机械加工余量 RMA									
大于	至	A	B	C	D	E	F	G	H	J	K
—	40	0.1	0.1	0.2	0.3	0.4	0.5	0.5	0.7	1	1.4
40	63	0.1	0.2	0.3	0.3	0.4	0.5	0.7	1	1.4	2
63	100	0.2	0.3	0.4	0.5	0.7	1	1.4	2	2.8	4

（续）

铸件公称尺寸		铸件的机械加工余量等级 RMAG 及对应的机械加工余量 RMA									
大于	至	A	B	C	D	E	F	G	H	J	K
100	160	0.3	0.4	0.5	0.8	1.1	1.5	2.2	3	4	6
160	250	0.3	0.5	0.7	1	1.4	2	2.8	4	5.5	8
250	400	0.4	0.7	0.9	1.3	1.8	2.5	3.5	5	7	10
400	630	0.5	0.8	1.1	1.5	2.2	3	4	6	9	12
630	1000	0.6	0.9	1.2	1.8	2.5	3.5	5	7	10	14
1000	1600	0.7	1.0	1.4	2	2.8	4	5.5	8	11	16
1600	2500	0.8	1.1	1.6	2.2	3.2	4.5	6	9	13	18
2500	4000	0.9	1.3	1.8	2.5	3.5	5	7	10	14	20
4000	6300	1	1.4	2	2.8	4	5.5	8	11	16	22
6300	10000	1.1	1.5	2.2	3	4.5	6	9	12	17	24

注：等级 A 和等级 B 只适用于特殊情况，如带有工装定位面、夹紧面和基准面的铸件。

3. 起模斜度

为了方便起模，避免损坏砂型，在模样的出模方向留有一定的斜度，这个斜度称为起模斜度，如图 9-20 所示。起模斜度设置在垂直分型面的零件壁面上，原则是，越靠近分型面，零件壁越宽。起模斜度的大小根据模样的高度、模样表面粗糙度、造型方法来确定。通常，模样越高，起模斜度越小；机器造型比手工造型小。起模斜度在工艺图上用角度或宽度表示。

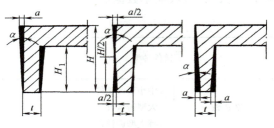

图 9-20 起模斜度

4. 最小铸出孔

机械零件上的许多孔应尽可能铸出，这样可节约金属，减少机械加工。当铸件上孔的尺寸太小时，铸造难度会显著增加。为了铸出小孔，必须采用复杂而且难度较大的工艺措施，当实现这些措施不满足经济和方便两方面要求时，小孔允许不铸出，而是在铸件上通过机械加工的方式制造出来。表 9-5 所列为最小铸出孔的数值。

表 9-5 铸件的最小铸出孔

生产批量	最小铸出孔直径/mm	
	灰铸铁件	铸钢件
大量生产	12~15	—
成批生产	15~30	30~50
单件小批量生产	30~50	50

5. 芯头

芯头是指伸出铸件以外不与金属液接触的砂芯部分。其主要作用是定位、支撑砂芯和排气。为了承受砂芯本身重力及浇注时液体金属对砂芯的浮力，芯头的尺寸应足够大才不致破损；浇注后，砂芯所产生的气体，应能通过芯头排至铸型以外。在设计芯头时，除了要满足上面的要求外，还应使下芯、合型方便，应留有适当斜度，芯头与芯座之间要留有间隙且间隙不宜过大，只要便于放入芯头、定位即可。图 9-21 所示为芯头与芯座间隙的形成。

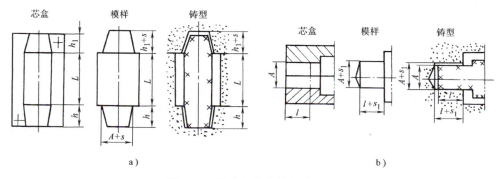

图 9-21 芯头与芯座的间隙形成

a）垂直芯头 b）水平芯头

6. 综合分析举例

大批量生产的某支座零件图及铸造工艺简图如图 9-22 所示。

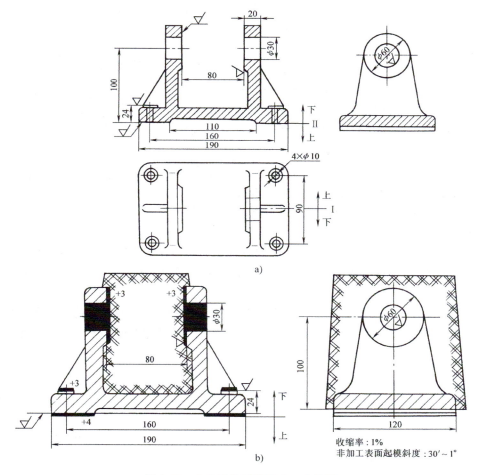

收缩率：1%
非加工表面起模斜度：30′~1°

图 9-22 支座零件图及铸造工艺简图

a）零件图 b）铸造工艺简图

图 9-22 所示的支座为普通支承件，没有特殊质量要求。其材料为铸造性能优良的HT150，在凝固过程中有石墨析出，不需重点考虑补缩。因此，在制订铸造工艺方案时主要考虑工艺的简化，不必考虑浇注位置要求；支座底板上有四个 ϕ10mm 孔的凸台及两个轴孔内凸台可能妨碍起模；轴孔若要铸出，必须考虑怎样下芯方便。

由于此零件为大批量生产，用机器造型，难以应用活块，采用型芯解决起模问题。选方案Ⅱ沿底面分型，铸件全部在下箱，这样下芯方便，型芯数量少；若考虑铸出轴孔，可采用组合型芯；铸件全部在下箱不会产生错箱缺陷，铸件清理简便。若选方案Ⅰ的分型方式，底板上四个凸台必须采用活块。由铸造工艺简图可知，轴孔不铸出，采用一个方砂芯形成铸件内腔。

9.3.3 浇注系统

为了使金属液流入型腔而在铸型中所设计的熔融液体流动通道称为浇注系统。浇注系统主要起下列作用：使金属液能平稳地流入并充满型腔，避免冲坏型壁和型芯；防止熔渣、砂粒或其他杂质进入型腔；对调节铸件的凝固顺序有一定作用。

浇注系统通常由四部分组成，如图 9-23 所示，包括浇口杯、直浇道、横浇道和内浇道。浇口杯的作用是承接来自浇包的金属液，防止金属液飞溅和溢出，也有减轻液流对型腔的冲击、分离渣滓和气泡、增加充型压力的作用。直浇道的作用是引导金属液从浇口杯向下进入横浇道，并提供足够的压力，使金属液在重力作用下克服各种流动阻力，在规定时间内充满型腔。直浇道高度越高，金属液流入型腔的速度越快，充型能力越强。横浇道的作用是将金属液从直浇道引入内浇道，兼起挡渣作用。内浇道是金属液流入型腔的最后一段路程。根据充型要求并结合金属液的流动，布置各浇道位置和各浇道间的相对位置。

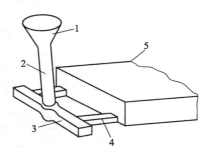

图 9-23 浇注系统
1—浇口杯 2—直浇道 3—横浇道
4—内浇道 5—铸件

设计浇注系统时，浇口杯中金属液面的位置要高于铸件最上部位，这样才能充满。浇道液面高度还需要留有一定的余量，因为铸件最上部位需要一定的压力才能保证形状尺寸精确。

如果浇注系统各部分的横截面积很大，合金液流动顺畅，充型速度就快，反之充型速度慢。由于充型速度对铸件质量影响很大，因此生产中应根据充型速度要求来设计各浇道的横截面积。

9.3.4 冒口

金属液浇入铸型后在冷却和凝固过程中，发生的体积收缩若留在铸件中，就会产生缩孔或缩松缺陷。生产中防止缩孔、缩松缺陷的有效措施是放置冒口。冒口的主要作用是补缩，此外还有出气和集渣的作用。

1. 冒口设置原则

在设计冒口时要遵循以下原则：冒口的凝固时间应大于或等于铸件的凝固时间；有足够

的金属液补充铸件的收缩；与铸件被补缩部位之间必须存在补缩通道。

合理确定冒口设置位置，可以有效地消除铸件中的缩孔、缩松缺陷。冒口设置位置一般应遵循以下原则：冒口应尽量设置在铸件上被补缩部位的上部；冒口应尽量设置在铸件最高、最厚的地方，以便利用金属液的自重进行补缩；冒口最好布置在铸件需要机械加工的表面上，以减少铸件清理的时间。

2. 利用模数法设计冒口

（1）模数及其计算方法　模数又称为铸件折算厚度，模数 M 为铸件体积 V 与其散热面积 $A_{散热}$ 之比，即

$$M = \frac{V}{A_{散热}}$$

模数反映了一定条件下铸件或铸件局部的散热速度，而散热快慢直接决定了金属液体的冷却速度和凝固速度。根据模数的大小可以判断铸件上哪一部分先凝固，哪一部分后凝固。显然，模数大的后凝固。根据相关经验，凝固时间 t 与模数的平方成正比，即 $t = KM^2$。在其他条件相同的条件下，如果 A 铸件（或铸件局部）的模数 M_A 是 B 铸件（或铸件局部）模数 M_B 的 2 倍，即 $M_A = 2M_B$，那么 A 的凝固时间是 B 的 4 倍，即 $t_A = 4t_B$。模数的计算方法如图 9-24 所示。

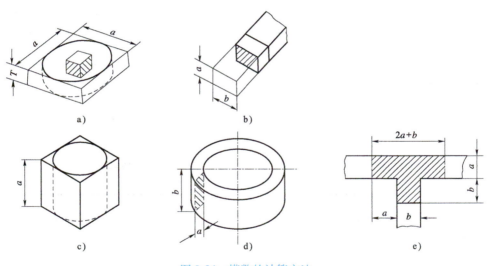

图 9-24　模数的计算方法

a）平板或圆板（$a \geq 5T$）$M = \dfrac{T}{2}$　b）矩形杆或方形杆 $M = \dfrac{ab}{2\,(a+b)}$　c）立方体、正圆柱体或球体 $M = \dfrac{a}{6}$

d）空心圆柱体（$b > 5a$）$M = \dfrac{a}{2}$　e）用一倍厚度法求 T 形热节模数 $\left[M = \dfrac{b^2 + ab + 2a^2}{4a + 3b} \right]$

（2）用模数法设计冒口大小　为了保证冒口的凝固时间大于等于铸件被补缩部位的凝固时间，冒口模数 M_r 需要大于铸件上被补缩部位的模数 M_c，即

$$M_r = fM_c$$

式中　f——冒口安全系数，$f > 1.0$。根据经验，对于大多数铸件一般均取 $1.0 \leq f \leq 1.2$。

碳素钢、低合金钢铸件，冒口模数 M_r、冒口颈模数 M_n、铸件模数 M_c 间的关系如下。

对侧冒口：$M_c : M_n : M_r = 1.0 : 1.1 : 1.2$；对顶冒口：$M_r : M_c = (1.0 \sim 1.2)$。

在铸件上找出需要补缩的部位，并确定其模数 M_c，根据上面的比例关系来确定冒口模数 M_r 和冒口颈模数 M_n，从而设计冒口的大小。冒口的形状可根据补缩的需要设计成圆柱形、球顶圆柱形、腰圆柱形等形状。

（3）冒口总体积的验算　设计冒口时，在确定冒口形状、大小、位置之后，需要对补缩液体总量能否满足要求进行验算。

液态合金从浇注时开始到完全凝固时为止，体积收缩量 $V_{体收缩}$ 是液态收缩和凝固收缩之和，它用铸件总体积 $V_{铸件}$ 与合金体收缩率 ε 之积表示，即 $V_{体收缩} = \varepsilon V_{铸件}$。常用合金的体收缩率见表9-6。但是，在铸件冷却凝固过程中冒口也在冷却凝固，冒口能够提供的液体只占冒口总体积的一部分，冒口能够补缩的液体占冒口体积的比率用冒口补缩效率 η 表示，见表9-7。冒口能补缩的液体量为 $V_{补缩} = \eta V_{冒口}$。

表 9-6　常用合金的体收缩率 ε

铸件材质	ε（%）
灰铸铁	1.90~膨胀
白口铸铁	4.0~5.5
纯铝	6.6
纯铜	4.92

表 9-7　冒口的补缩效率 η

冒口种类或工艺措施	η（%）
圆柱或腰圆柱形冒口	12~15
球形冒口	15~20
补浇冒口时	15~20
浇道通过冒口时	15~25
发热保温冒口	30~45
大气压力冒口	15~20

为保证冒口能够提供足够的液体来对铸件补缩，$V_{补缩} = \eta V_{冒口} \geqslant V_{体收缩} = \varepsilon V_{铸件}$，因此确定冒口总体积为

$$V_{冒口} \geqslant \frac{\varepsilon V_{铸件}}{\eta}$$

如果总冒口体积不合适，则需要重新设计冒口来满足要求。

9.3.5　铸造工艺图

为了获得健全的铸件并降低铸件成本，在铸造生产准备前，必须进行技术准备，即合理地制订铸造工艺方案，并绘制铸造工艺图。

铸造工艺图是在零件图上用各种工艺符号表示出铸造工艺方案的图形，其中包括：铸件的浇注位置、铸型分型面、型芯、加工余量、起模斜度、铸造收缩率、浇注系统、冒口等。铸造工艺图是指导模样设计、生产准备、铸型制造和铸件检验的基本工艺文件。

盖板的铸造工艺图如图9-25所示。

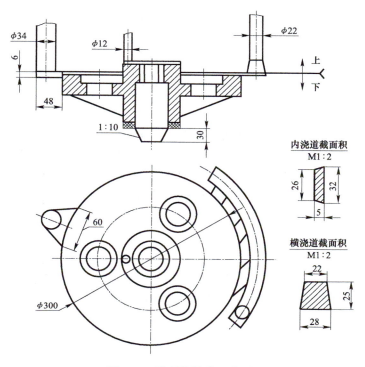

图 9-25　盖板的铸造工艺图

9.4　铸件的结构工艺性

　　进行铸件设计时，不仅要保证其工作要求和力学性能要求，还要使铸件结构本身符合铸造生产的要求。这种相对于铸造工艺过程来说，零件结构的合理性，称为铸件的"结构工艺性"。铸件的结构是否合理，和铸造合金的种类、产量的多少、铸造方法和生产条件等有密切的关系。

9.4.1　铸件质量对铸件结构的要求

　　某些铸造缺陷的产生，有可能是铸造工艺设计不合理造成的，也可能是铸件结构设计不合理造成的。有时由于零件结构不合理，使得消除铸造缺陷的措施非常复杂且成本高，大大增加铸造生产成本并降低生产效率。因此，在同样满足使用要求的情况下，采取合理的铸件结构，常可简便地消除许多缺陷。

1. 铸件的壁厚应合理

　　铸件壁太薄，受合金流动性的限制，会产生浇不足、冷隔等缺陷；铸件壁太厚，受冷却凝固速度的限制，合金晶粒粗大，力学性能恶化。因此，要求铸件有合适的壁厚范围。表 9-8 列出了几种常用的铸造合金在砂型铸造条件下的铸件最小允许壁厚。一般同一情况下，最大允许壁厚为最小允许壁厚的 3 倍。

表 9-8　砂型铸造时铸件的最小允许壁厚　　　　　（单位：mm）

铸件尺寸	铸钢	灰铸铁	球墨铸铁	可锻铸铁	铝合金	铜合金	镁合金
200×200 以下	6~8	5~6	6	4~5	3	3~5	
200×200~500×500	10~12	6~10	12	5~8	4	6~8	3
500×500 以下	18~25	15~20			5~7		

2. 铸件壁的连接

铸件的壁厚应力求均匀，如果因结构所需，不能达到壁厚均匀，则铸件各部分不同壁厚的连接应采用逐渐过渡。壁厚的过渡形式如图 9-26 所示。图 9-27 列举了两种铸钢件的结构，图 9-27a 所示结构由于两截面交接处成直角拐弯，并形成热节，故在此处易产生热裂。改进设计后如图 9-27b 所示，可以有效地消除热裂缺陷。

3. 壁厚力求均匀

金属过多地聚集在一起，会使铸件冷却不均匀，形成较大的内应力，而且易形成缩孔、缩松及裂纹，因此应取消不必要的厚大部分，减小、减少热节，如图 9-28 所示。

4. 应防止产生变形

某些壁厚均匀的细长铸件、较大面积的平板铸件以及壁厚不均匀的长形箱体，都会由于应力而产生翘曲变形，可采用合理的结构设计予以解决，如图 9-29 所示。

图 9-26　壁连接的几种形式
a）不合理　b）合理

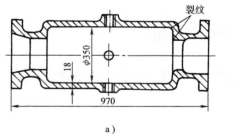

a）

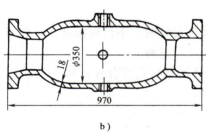

b）

图 9-27　铸钢件结构对热裂的影响
a）不合理　b）合理

5. 避免水平方向出现较大的平面

在浇注时，如果型内有较大的水平型腔存在，当液体金属上升到该位置时，由于断面突然扩大，上升速度缓慢，高温液体较长时间烘烤顶部型面，极易造成夹砂、浇不足等缺陷，同时也不利于金属夹杂物和气体的排出。因此，应尽量设计成倾斜壁，如图 9-30 所示。

9.4.2　铸造工艺对铸件结构的要求

铸件的结构不仅应有利于保证铸件的质量，还应使造型、造芯和清理等操作方便，以利

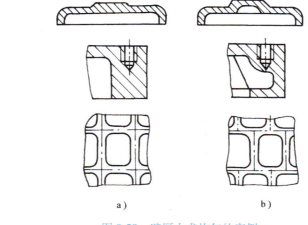

图 9-28 壁厚力求均匀的实例
a) 不合理 b) 合理

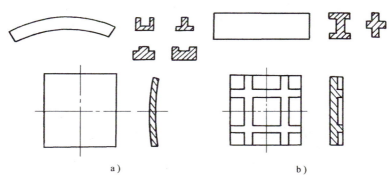

图 9-29 防止变形的铸件结构
a) 不合理 b) 合理

于简化铸造工艺过程，稳定质量，提高生产率并降低成本。因此，进行铸件设计时，必须考虑下列问题。

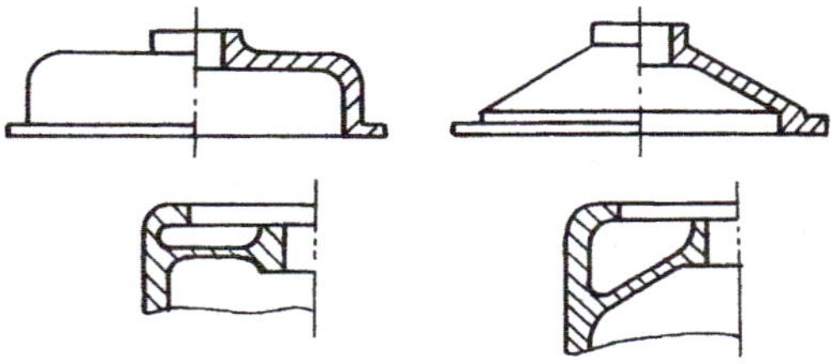

1. 减少和简化分型面

铸件分型面的数量应尽量少，且尽量为平面，以利于减少砂箱数量和造型工时，而且能简化造型工艺，减少错型、偏芯等缺陷，提高铸件精度。

2. 铸件外形和内腔力求简单

采用型芯和活块可以制造出各种复杂的

图 9-30 避免过大平面的铸件结构
a) 不合理 b 合理

铸件，但型芯和活块将使造型、造芯和合型的工作量增加，且易出现废品，所以设计铸件时，其外形和内腔力求简单，尽量避免不必要的型芯和活块。图 9-31c、d 所示为合理结构，改进后凸台就不再妨碍起模；采用图 9-32b 和图 9-33b 的设计，铸造时可避免设计型芯。

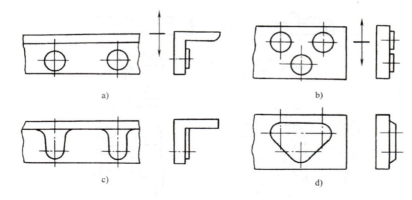

图 9-31 凸台的设计

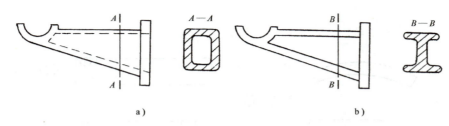

图 9-32 悬臂支架避免型芯的设计

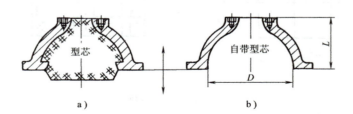

图 9-33 内腔的两种设计

3. 铸件结构应有利用于减少型芯及便于型芯的定位、固定、排气和清理

图 9-34 所示为一轴承支架砂芯设计示意图，图 9-34a 所示的内腔采用两个型芯，其中较大的呈悬臂状，须采用型芯撑来支撑。若改为图 9-34b 所示的零件结构，可采用整体型芯，则型芯的稳定性大为提高，而且下芯简便，排气方便。

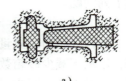

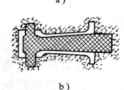

图 9-34 轴承支架

4. 应有一定的结构斜度

铸件上凡垂直于分型面的不加工面都应设计一定的斜度。结构斜度的大小与垂直壁的高度有关。铸件的结构斜度与起模斜度不能混淆。结构斜度直接在零件图上标出，且斜度值较大；起模斜度绘制在铸造工艺图中，对零件图上没有结构斜度的立壁给予很小的角度（0.5°~3.0°）。如果铸件的结构斜度能够满足起模的要求，就不需要设计起模斜度。

9.4.3 不同铸造合金对铸件结构的要求

不同合金具有不同的铸造性能，在设计零件时充分考虑不同铸造合金的铸造性能，并采取合适的零件结构以方便铸造。表9-9列出了常用铸造合金的性能及零件结构特点。

表9-9 常用铸造合金的性能及零件结构特点

合金种类	性能特点	结构特点
灰铸铁	流动性好，体收缩和线收缩小，缺口敏感性小。综合力学性能差，抗压强度比抗拉强度高3~4倍。吸振性比钢大10倍。弹性模量低	因流动性好，可铸造壁较薄、形状复杂的铸件，铸件残余应力小，吸振性好。常用来制作机床床身、发动机壳体、机座等铸件
铸钢	流动性差，体收缩和线收缩较大，综合力学性能好，抗压强度与抗拉强度高。吸振性差，缺口敏感性大	铸件最小允许壁厚比灰铸铁大，不易铸出复杂件。铸件内应力大，易挠曲变形。结构上应尽量减少热节，并创造顺序凝固的条件。壁的连接圆角与壁之间的过渡段要比灰铸铁大些
球墨铸铁	流动性和线收缩与灰铸铁相近，体收缩及内应力形成倾向比灰铸铁大，易产生缩孔、缩松和裂纹。强度、塑性、弹性模量均比灰铸铁高，抗磨性好，吸振性比灰铸铁差	一般都设计成均匀壁厚，尽量避免大断面。对某些厚大断面的球墨铸铁件可用空心结构，如大型曲轴等
可锻铸铁	流动性差，体收缩大。退火前很脆，毛坯易损坏；退火后，线收缩小，综合力学性能稍次于球墨铸铁，冲击韧度比灰铸铁高3~4倍	由于铸态要求白口，故一般不宜做均匀壁厚的小件。最合适的壁厚5~16mm。壁厚应尽量均匀。为增加刚性，截面形状多设计成T字形，避免十字形截面。零件的突出部分应该用肋条加固

9.5 特种铸造

砂型铸造是应用普遍的一种铸造方法，在铸件生产中居于主要地位。但砂型铸造存在精度低、表面粗糙、内部质量差、不易实现机械化等不足，对于一些有特殊要求的零件，可采用改变铸型材料、改变模样材料、改变充型或凝固条件等新的铸造方法来生产，这就是特种铸造。特种铸造主要有熔模铸造、金属型铸造、压力铸造、低压铸造、离心铸造等。每种特种铸造方法在提高铸件精度、改善合金性能、提高劳动生产率、降低成本等方面，各有其优越之处。表9-10介绍了几种常用的特种铸造方法。

表9-10 特种铸造方法

名称	成形方法及工艺过程	铸造特点和应用范围
熔模铸造	熔模铸造是用蜡料等易熔材料制成模样，然后在模样上涂耐火材料制备型壳，在型壳硬化后把模样熔化，倒出型外。型壳内腔形状与零件形状一致，在壳内浇注金属液，凝固后获得铸件。这种方法也称为失蜡铸造，是发展较快的一种精密铸造方法 熔模铸造的工艺过程 （1）压型制造 压型是用来制造蜡模的专用模具，压型一般用钢、铜或铝经机械加工而成，内腔有较高的精度	熔模铸造有以下优点：由于铸型精密，没有分型面，型腔表面光洁，铸件的公差等级可达IT11~IT14，表面粗糙度值可达 $Ra1.6$ ~ $12.5\mu m$，可实现少、无切削加工。故铸件的精度及表面质量均优。同时，铸型在加热状态浇注，合金在型腔中流动性好，

（续）

名称	成形方法及工艺过程	铸造特点和应用范围
熔模铸造	（2）蜡模制造　最常用的蜡模材料是50%硬脂酸+石蜡的混合料。将蜡料加热至糊状，在一定的压力下压入压型内，待蜡料冷却凝固便可从压型内取出，修去分型面上的毛刺，即得单个蜡模。如表图1所示 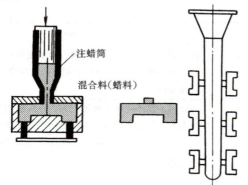 表图1　蜡模的制造和组装 （3）蜡模组装　通常将多个蜡模焊在一个预先制好的蜡制浇口棒上，制成蜡模组，见上图，从而实现一模多铸 （4）结壳　结壳即是制造型壳的过程。首先将蜡模组浸入涂料中，使涂料均匀地覆盖在模组表面。然后向模组上撒石英砂，然后将模组浸入质量分数为25%左右的氯化氨水溶液中硬化，使型壳变硬。如此重复5~7遍，制成5~10mm厚的耐火型壳 （5）脱蜡　将包着蜡模的型壳浸入温度约90℃的热水中，使蜡料熔化，经浇道上浮，倒掉型壳中的水，就制得了型壳 （6）焙烧、浇注　为了提高型壳强度、防止型壳破裂，浇注前将型壳加热到850℃以上进行焙烧，焙烧后趁热浇注 （7）落砂和清理	可生产形状复杂的薄壁铸件。由于型壳由耐火材料制成，可以适应各种合金的生产，对于生产高熔点合金及难切削加工合金，更显出独特的优越性。熔模铸造的生产批量不受限制，除常用于成批、大量生产外，也可用于单件生产 熔模铸造的缺点：材料昂贵，工艺过程繁杂，生产周期长（4~15天），铸件成本比砂型铸造的高数倍。此外，难以实现机械化和自动化生产，且只能生产从几十克到几千克的小件，最大件质量不超过25kg 综上所述，熔模铸造最适于高熔点合金精密铸件的成批、大量生产。它主要适用于形状复杂、难以切削加工的小零件 目前，熔模铸造已在汽车、拖拉机、机床、刀具、汽轮机、仪表、兵器等制造行业中得到了广泛的应用
金属型铸造	将液体金属浇注到用金属材料制成的铸型中，获得铸件的铸造方法称为金属型铸造。由于金属铸型可反复使用许多次，故又称为永久型铸造 1. 金属型构造 根据分型面的不同，可把金属型分为垂直分型式（表图2）、水平分型式、复合分型式等。其中垂直分型式易于开设内浇口和取出铸件，且易于实现机械化，故应用较多。金属型常由灰铸铁或铸钢制成 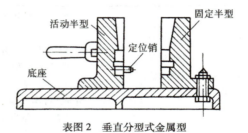 表图2　垂直分型式金属型	金属型铸造具有许多优点： ①可承受多次浇注，便于实现机械化和自动化，能实现"一型多铸"，大大提高了生产率 ②铸件精度和表面质量比砂型铸造显著提高，从而减少切削加工工作量 ③由于结晶组织致密，铸件的力学性能得到改善 ④节省许多工序，铸型不用型砂，使铸造车间劳动条件变好，劳动生产率提高，造型的劳动强度降低 金属型铸造的主要缺点是金属型制造成本高，周期长，铸造工艺要求严格；适用的铸件形状和尺寸有一定的限制

（续）

名称	成形方法及工艺过程	铸造特点和应用范围
金属型铸造	**2. 金属型铸造工艺特点** 　　由于金属型导热速度快，没有退让性和透气性，为了保证铸件质量和延长金属型寿命，必须严格控制其工艺 　　金属型铸造工艺过程为：喷刷涂料→金属型预热→浇注→凝固成形→取出铸件→清理	主要适用于有色合金铸件的大批量生产，如铝活塞、气缸盖、油泵壳体、铜瓦、衬套等
压力铸造	压力铸造简称压铸，它是在高压作用下（20~200MPa）使液态或半液态金属以较高的速度充填压铸型型腔，并在压力作用下凝固而获得铸件的方法 　　压力铸造是在压铸机上进行的，它所用的铸型称为压型。压铸机一般分为热压室压铸机和冷压室压铸机两大类。目前应用最多的是冷压室卧式压铸机（表图3），主要由合型机构、压射机构、动力系统和控制系统等组成。合型机构用于开合铸型和锁紧铸型。压铸型由固定半型和活动半型组成，固定半型固定在机架上，活动半型由合型机构带动，可水平移动 　　压力铸造工艺过程：首先合型，然后将金属通过注液孔向压室内注入；然后压射冲头向前推进，金属液压入铸型中；当铸件凝固以后，动型左移开型，依靠顶出机构将铸件顶出（表图4） 表图3　冷压室卧式压铸机结构 a)　　　　b)　　　　c) 表图4　压力铸造工艺过程示意图	压力铸造铸件的精度及表面质量较高，铸件的公差等级可达IT11~IT13，表面粗糙度值达到 $Ra1.6~6.3\mu m$，不经机械加工或少许加工即可使用。由于压力铸造件精密，在高压下浇注，极大地提高了合金的充型能力，可压铸出形状复杂的薄壁件或镶嵌件。由于铸件的冷却速度快，又在高压下结晶凝固，其组织密度大，晶粒细，铸件的强度和硬度均高。抗拉强度可比砂型铸造提高25%~30%。压力铸造的生产率比其他铸造方法均高，其生产能力可达 50~150 次/h。而且较易实现生产过程的自动化 　　压力铸造的主要缺点是：设备投资大。由于压力铸造的速度高，型内的气体很难及时排除，铸件内部有气孔。因此，铸件不宜进行较大余量的切削加工和进行热处理，以防孔洞外露和加热时铸件内气体膨胀而起泡。受压型材料熔点的限制，压力铸造只能生产低熔点合金。压铸型的寿命较低 　　压力铸造在汽车、拖拉机、仪表、兵器等行业有广泛的应用
低压铸造	低压铸造是用较低压力（一般为 0.02~0.06MPa）将金属液由铸型底部注入型腔，并在压力下凝固，以获得铸件的方法。与压力铸造相比，所用的压力较低，故称为低压铸造。金属液在压力推动下进入型腔，并在外力作用下结晶凝固（表图5）	低压铸造具有以下优点：底注充型，平稳且易于控制。减少了金属液注入型腔的冲击、飞溅现象，铸件的气孔、夹渣等缺

（续）

名称	成形方法及工艺过程	铸造特点和应用范围
低压铸造	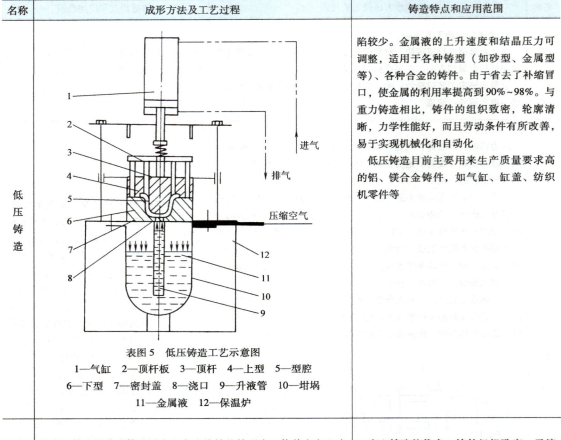 表图5　低压铸造工艺示意图 1—气缸　2—顶杆板　3—顶杆　4—上型　5—型腔 6—下型　7—密封盖　8—浇口　9—升液管　10—坩埚 11—金属液　12—保温炉	陷较少。金属液的上升速度和结晶压力可调整，适用于各种铸型（如砂型、金属型等）、各种合金的铸件。由于省去了补缩冒口，使金属的利用率提高到90%～98%。与重力铸造相比，铸件的组织致密，轮廓清晰，力学性能好，而且劳动条件有所改善，易于实现机械化和自动化 低压铸造目前主要用来生产质量要求高的铝、镁合金铸件，如气缸、缸盖、纺织机零件等
离心铸造	离心铸造是将液体金属浇入高速旋转的铸型中，使其在离心力的作用下充型并凝固的铸造方法。离心铸造必须在离心铸造机上进行，根据铸型旋转轴空间位置的不同，离心铸造机可分为立式和卧式两大类。立式离心铸造机主要用来生产高度小于直径的圆环铸件；卧式离心铸造机主要用来生产长度大于直径的套类和管类铸件（表图6） 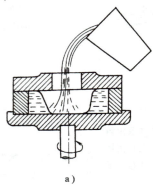 a） 表图6　圆筒件的离心铸造示意图 a）立式离心铸造	离心铸造的优点：铸件组织致密、无缩孔、缩松、气孔和夹渣等缺陷，力学性能好。铸造中空铸件时，可不用芯型和浇注系统，生产过程大大简化。在离心力作用下，金属液的充型能力得到提高，可以浇注流动性较差的合金铸件和薄壁铸件。便于铸造双金属铸件 离心铸造的缺点：依靠自由表面所形成的内孔尺寸偏差大，且内表面粗糙，必须增大加工余量。不适于铸造比重偏析大的合金及轻合金。此外，因需要较多的设备投资，故不适宜单件、小批量生产

（续）

名称	成形方法及工艺过程	铸造特点和应用范围
离心铸造	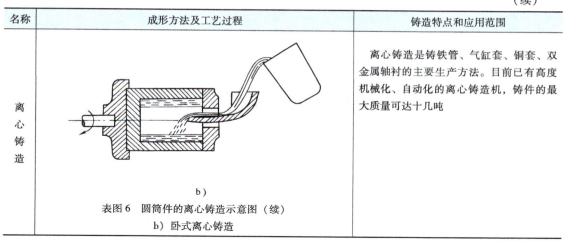 b） 表图6 圆筒件的离心铸造示意图（续） b）卧式离心铸造	离心铸造是铸铁管、气缸套、铜套、双金属轴衬的主要生产方法。目前已有高度机械化、自动化的离心铸造机，铸件的最大质量可达十几吨

复习思考题

1. 什么是液态合金的流动性？影响合金流动性的因素有哪些？

2. 缩孔和缩松是怎样形成的？生产中采取什么措施来避免在铸件上产生缩孔？

3. 防止和减小铸件产生应力的措施有哪些？

4. 如何防止铸件变形？

5. 解释名词：铸造；铸造应力；冒口；逐层凝固与顺序凝固；铸造收缩率；起模斜度；加工余量。

6. 简述砂型铸造的生产过程。

7. 什么是分型面？它主要起什么作用？

8. 铸造收缩率对于铸造有何影响？

9. 为什么要留起模斜度？

10. 简述砂芯的作用、浇注系统的组成、冒口的主要作用、冷铁的作用。

11. 铸件、模样、零件三者在尺寸上有何区别？

12. 开放性习题：结合对工程材料的基本要求，分析铸造成形的特点，并说明铸造适合于哪些零件的生产。

13. 开放性习题：铸造是一种历史悠久的金属材料成型工艺，我国出土了大量商周时期的青铜鼎，它们采用何种铸造方法？具有哪些优势？

14. 开放性习题：调查我国铸造、锻造、焊接三个行业中每个行业的年产值。

第10章　金属塑性成形

学习要求

　　塑性成形能使材料晶粒细化、组织均匀、消除成分偏析，从而使零件的性能得到改善。金属塑性成形在民用和军用工业中都有着广泛的应用。

　　学习本章后学生应达到的能力要求包括：

　　1）能够理解塑性变形的基本理论及其基本生产方式。

　　2）能够理解自由锻和模锻的工艺要点。

　　3）了解板材冲压的生产过程和工艺技术，了解新型塑性成形方法，把握现代塑性成形的发展趋势。

　　金属的塑性成形又称为压力加工，是指在外力的作用下，使金属坯料产生塑性变形，从而获得具有一定形状、尺寸和力学性能的型材、毛坯或零件的成形加工方法。

　　金属塑性成形在民用和军用工业中都有着广泛的应用。因此，了解金属塑性成形的变形机理，并掌握各种金属塑性成形生产方式的特点及适用范围，对于机械类专业的学生将来从事产品设计和工艺制订工作都是十分必要的。

10.1　塑性变形基本理论

10.1.1　金属塑性变形的实质

　　金属材料在外力的作用下经历两个变形阶段——弹性变形阶段和塑性变形阶段。在外力不超过弹性极限时，金属材料只发生弹性变形，一旦外力去除，由它引起的变形随即消失。金属在弹性变形状态下，其内部原子间的距离会有所改变，但在外力去除后其距离即恢复原状；而当外力继续增大，使金属的内部应力超过了该金属的屈服强度以后，引起的变形即使外力去除也不会自行消失，这就是塑性变形。其实质是应力迫使晶粒内部产生滑移和孪晶，或者晶粒间产生滑移和转动等不可恢复的变形。

　　日常生活中，人们用手折弯钢丝即是一个可用来说明弹性、塑性变形的很好例子。当弯曲程度小时，发生弹性变形，松手后钢丝恢复原来的直线状态；当弯曲程度大时，发生塑性变形，松手后，仍保持弯曲状态。

10.1.2 塑性变形的基本形式

一般来说，实际使用的金属绝大多数是多晶体，而其塑性变形的机理较为复杂。因此，为了便于理解，必须先来了解单晶体的塑性变形规律。

1. 单晶体的塑性变形

单晶体的塑性变形方式主要为滑移和孪晶。

滑移是金属中最常见的一种塑性变形方式。它是指晶体的一部分沿一定的晶面（原子密排晶面）和晶向（原子密排晶向）相对于另一部分产生位移。图 10-1 所示为单晶体以滑移方式进行的塑性变形。

滑移的过程是位错运动的过程，并非刚性整体滑动，故实际需要的临界切应力远小于理论临界切应力。这说明滑移的实质是位错在切应力的作用下沿滑移面的运动。

除了滑移，金属晶体还可以以孪晶的方式产生塑性变形。

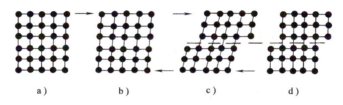

图 10-1 单晶体滑移示意图

a）未变形 b）弹性变形 c）弹塑性变形 d）塑性变形

2. 多晶体的塑性变形

多晶体由许多微小的单个晶粒杂乱组合而成。实验证明，晶界对常温塑性变形有显著的阻碍作用。因此，多晶体的塑性变形抗力比同种金属的单晶体大得多。

金属晶粒越细，晶界的总面积越大，每个晶粒周围具有不同方位的晶粒数目越多，金属的塑性变形抗力便越大，其强度便越高，塑性和韧性也越好。这是因为晶粒越细，在一定体积内的晶粒数目越多，变形时同样的变形量可分散在更多的晶粒中发生，产生较均匀的变形，而不至于造成局部的应力集中，引起裂纹过早产生和发展。另外，晶粒越细，晶界的曲折越多，越不利于裂纹的传播，从而使其在断裂前能够承受较大的塑性变形，具有较高的抗冲击能力，即表现出较高的塑性和韧性。因此，根据这一原理，在生产时经常通过压力加工及热处理等工艺使金属获得细而均匀的组织，从而达到强化金属的目的。

10.1.3 金属的形变强化、回复与再结晶

1. 形变强化

金属在冷塑性变形时，随着变形程度的增加，会因晶格内位错密度增加和晶格畸变加剧等原因，出现强度和硬度提高、塑性和韧性下降的现象，称为形变强化，也称为加工硬化。形变强化的主要原因是碎晶及晶格扭曲增加了滑移阻力。

在实际生产中，形变强化可以作为强化金属的一种手段，特别是对那些不产生相变，不能通过热处理强化的金属材料，如某些有色金属及其合金、奥氏体合金钢等。另外，形变强化也常常在零件短时过载时，提供一定程度的安全保证。如发电机的护环、某些冷冲模具的

凹模环等就是利用冷塑性变形产生的形变强化在零件内部产生与其所受工作应力方向相反的预应力，以达到强化金属，提高零件寿命的目的。

形变强化的不良影响是：由于塑性、韧性降低，给进一步变形带来困难，不利于金属材料后续加工及安全使用，甚至导致裂纹和脆断。冷变形产生的材料各向异性会引起材料不均匀变形。如冷轧钢板因残余应力的作用而发生翘曲，长轴类零件在切削加工后发生弯曲等。故金属在冷塑性变形后，为消除或降低残余应力，通常要进行退火处理。

2. 回复与再结晶

形变强化是一种不稳定现象，具有自发地回复到稳定状态的倾向。在低温下，原子的活动能力较低，当加热使温度升高时，金属原子热运动加剧，内应力明显下降，而显微组织变化不明显，各种性能略有不同程度的恢复，此过程即称为"回复"。

回复主要用作去应力退火，生产中常用于变形金属需要保留形变强化性能，而降低其内应力或改善某些性能的场合。如对冷卷弹簧钢丝、铸件、焊件等进行去应力退火，都是通过回复作用来实现的。

金属回复的温度（单位为热力学温度 K）与其熔点的关系为

$$T_{回} = 0.3 T_{熔}$$

继续加热使温度升高至某一数值时，变形金属内形成一些位错密度很低的新晶粒，这些新晶粒不断生长和增加，逐渐全部取代已变形的高位错密度的变形晶粒，这一过程称为再结晶过程，如图 10-2 所示。

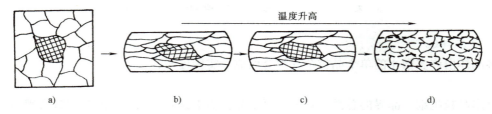

图 10-2　金属回复与再结晶过程组织变化示意图

a）原始组织　b）塑性变形后的组织　c）回复后的组织　d）再结晶组织

再结晶后的金属强度和硬度显著下降，塑性和韧性提高，内应力和形变强化完全消除，金属塑性变形能力极大地恢复。能够进行再结晶的最低温度称为金属的再结晶温度。金属的再结晶温度一般与其预先变形程度、化学成分、加热速度等因素有关。预先变形程度越大，其再结晶温度便越低。当变形达到一定程度之后，再结晶温度便趋于某一最低极限值，称为最低再结晶温度，符号为 $T_{再}$。工业纯金属的最低再结晶温度与其熔点之间存在如下大致关系：

$$T_{再} = 0.4 T_{熔}$$

在实际生产中，把消除形变强化，提高塑性的热处理退火工艺称为再结晶退火或中间退火，常用于冷挤、冷轧或冷冲压过程中，以消除形变强化，以利后续工序成形。

为了缩短退火周期，提高生产率，再结晶退火的实际温度通常要比再结晶温度提高 $100 \sim 200 ℃$。

10.1.4　冷变形、热变形与温变形

若金属材料在回复、再结晶温度以下变形，则位错密度上升，发生形变强化，强度、硬度提高，韧性降低，称为冷变形。冷变形在工业生产中应用很普遍，如冲压、冷挤、冷锻等。

如果变形时温度超过再结晶温度，同时变形速度也不高，这时由于再结晶软化的原因，使得金属材料能顺利进行变形，这称为热变形。热变形同样在工业生产中应用广泛，如热锻、热轧、热挤压等。但需要注意的是，一些成分复杂的高合金钢、高温合金、某些有色金属等的再结晶速度缓慢，若变形速度大于再结晶速度，那么即使在再结晶温度以上进行热变形，也仍会出现形变强化，甚至开裂。

金属若在再结晶温度以下变形，则既产生回复，又产生形变强化，这称为温变形。一些零件的成形，若用冷变形很困难，采用热变形又导致表面氧化严重而达不到精度要求，则可采用温变形的方法。这种方法在生产中有一定的应用，如温挤、温锻等。

10.1.5　锻造流线与锻造比

热变形使铸锭中的夹杂物和碳化物粉碎，并沿着金属塑性变形方向形成的流线组织，称为锻造流线。

通常用锻造比表示热变形程度，用变形前后的横截面积比来计算锻造比 Y，即

$$Y=S_0/S$$

式中　Y——锻造比；

S_0——变形前坯料的横截面积；

S——变形后坯料的横截面积。

锻造比越大，表示热变形程度越大，则金属的组织和性能改善越明显，而且锻造流线也越明显。

锻造流线使金属的力学性能呈各向异性。当分别沿着流线方向和垂直流线方向拉伸时，前者有较高的抗拉强度，后者有较高的抗剪强度。

热处理不能改变锻造流线，只能用热变形来改变锻造流线的分布、流向和形状。最理想的流线分布是流线沿零件轮廓分布而不被切断。图 10-3 所示为几种用不同方法生产齿轮时锻造流线的比较，其中图 10-3d 的生产方法最为合理。

10.1.6　金属的锻造性能

金属的锻造性能是指金属在塑性成形时获得优质零件的难易程度，它主要体现在塑性和变形抗力两个方面。影响金属锻造性能的外部加工条件和内在因素如下。

1. 加工条件

（1）锻造温度范围　它既能保证金属在锻造过程中有良好的锻造性能，又能使金属有足够的锻造时间。

（2）变形速度　当变形速度较大时，由于来不及完成回复和再结晶，不能及时消除加工硬化，使锻造性能下降；当变形速度小时，能充分进行回复和再结晶，故锻造性能良好。

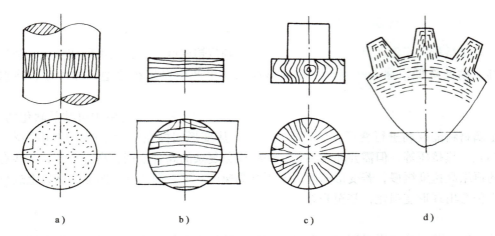

图 10-3 不同加工方法制成齿轮的流线组织

a）棒料切削齿轮 b）板料切削齿轮 c）镦锻切削齿轮 d）热轧齿轮

2. 材料内在因素

（1）金属组织 纯金属和固溶体的锻造性能好，含较多金属碳化物时锻造性能较差；粗晶粒和有其他缺陷的金属锻造性能差；晶粒细小且组织均匀的金属锻造性能好。

（2）化学成分 不同化学成分的金属，其塑性不同，锻造性能也不同。纯铁的塑性比碳素钢好，抵抗变形的抗力也小，低碳素钢的锻造性能比高碳素钢好。

10.2 金属塑性成形的基本生产方式

金属塑性成形的基本生产方式，按其所生产产品的种类不同，可分为以下两大类。

1. 金属型材的塑性成形

金属型材的塑性成形方法，又可分为轧制、拉拔、挤压三大类，而每类又包括多种加工方法，形成各自的工艺领域。

（1）轧制 轧制是使金属锭料或坯料通过两个旋转轧辊间的特定空间，以获得一定截面形状材料的塑性成形方法，见表 10-1a。它是由大截面材料变为小截面材料的加工过程。利用轧制方法可生产出板材、管材等各种型材。

（2）拉拔 拉拔是将大截面坯料拉过具有型材墙截面形状的模孔，以获得小截面型材的塑性成形方法，见表 10-1b。利用拉拔方法可以获得棒材、管材和线材。

（3）挤压 挤压是将大截面坯料或锭料在挤压模内受压，使金属从模孔中挤出，以获得符合模孔截面形状的小截面坯料的塑性成形过程，见表 10-1c、d。挤压是在三向受到压应力状态下的成形过程，更适于生产低塑性材料的型材和管材。

以上几种金属材料的塑性成形方法，一般都在加热状态下进行，但有时也可以在室温下进行，要视具体条件下金属的塑性而定。这些方法通常都用于连续生产等截面金属材料，因而具有很高的生产率。

2. 机器零件塑性成形

机器零件的塑性成形方法，也称为锻压加工，包括锻造和冲压两大类。

（1）锻造 锻造属体积成形，即是通过金属体积的大量转移来获得机器零件或毛坯的塑性成形方法。为了保证材料的锻造能力，锻造多在热态下进行，所以锻造常被称为热锻。

锻造通常分自由锻和模锻两大类。自由锻一般是由自由锻锤或自由锻液压机利用简单的工具将金属坯料锻成具有特定形状和尺寸零件的塑性成形方法，见表10-1e中的镦粗。进行自由锻时，不需使用专用模具，锻件的尺寸精度较低，生产率不高。自由锻主要用于单件、小批量零件的生产或大型零件的生产。

表10-1f、g是两种模锻形式。模锻件的成形在模具内进行，模锻后零件的轮廓由模具控制，使模锻件具有相当精确的外形和尺寸，生产率相当高，这些是自由锻所无法比拟的。模锻适用于大批量生产中小型锻件。

随着生产技术的发展，锻造中引入了挤、轧等变形方式来生产锻件，如用辊锻方法生产连杆，用三辊横轧方法生产长轴锻件，用挤压方法生产气阀、万向节等。这样就扩充了锻造工艺的领域，也使生产率得到进一步的提高。

随着塑性成形技术的发展、模具新材料的应用、锻压设备刚度的提高，对于某些中、小型锻件采用了不加温或少加温的锻造方法，即冷锻、冷轧、冷挤或温锻、温挤等工艺。这样，一方面节约了能源，另一方面减少或免除了加热所带来的氧化、脱碳等不良后果，这是提高锻件的精度以及实现少或无切削加工的重要途径之一。

（2）冲压 冲压是利用专门的模具对板料进行塑性加工的方法，故也称为板料冲压。对于金属薄板，一般都在室温下进行冷冲成形；而对于厚板，则需要进行加热，采用温冲成形。板料冲压的基本成形工序有冲裁、拉深、弯曲等多种工序，见表10-1。

除上述生产方法上的不同以外，各种塑性成形方法在变形区的应力状态、变形状态和金属的流动性质等方面也各不相同，见表10-1。

表10-1 金属塑性成形方法

序号	成形方法名称	工序简图	变形区域（阴影区）	变形区主应力图	变形区主变形区	变形区塑性流动性质
a	轧制（纵轧）		轧辊间			变形区不变稳定流动
b	拉拔		模子锥形腔			变形区不变稳定流动
c	正挤压		接近凹模口			变形区不变稳定流动

（续）

序号	成形方法名称	工序简图	变形区域（阴影区）	变形区主应力图	变形区主变形区	变形区塑性流动性质
d	反挤压		冲头下部分			变形区变化非稳定流动
e	镦粗		全部体积			变形区变化非稳定流动
f	开式模锻		全部体积			变形区变化非稳定流动
g	闭式模锻		全部体积			变形区变化非稳定流动
h	拉深		压边圈下板料			变形区变化非稳定流动

10.3　自由锻

自由锻造简称自由锻，它利用锻压设备上、下砧块和一些简单通用的工具，使坯料在压力作用下产生塑性变形而达到使毛坯成形的目的。

根据锻造设备类型的不同，自由锻可分为锻锤自由锻和液压机自由锻两种。前者用于锻造中、小型锻件，后者用于锻造大型锻件。

自由锻具有以下三个特点：

1）自由锻使用的工具简单，通用性强，灵活性大，因此适合单件小批量锻件的生产。

2）自由锻时工具只与坯料部分接触，使坯料逐步变形，故自由锻设备功率比模锻的小。自由锻适于用来生产大型锻件，如万吨模锻液压机只能锻造几百公斤重的锻件，而万吨自由锻液压机却可锻造重达百吨以上的大型锻件。对于大型锻件，多数只能采用自由锻成形。

3）自由锻靠人工操作来控制锻造过程，锻件的精度差，生产率低，劳动强度较大。

对于碳素钢和低合金钢材质的中小型锻件，原材料大多为经过锻轧且质量较好的钢材，在锻造时主要考虑零件成形问题，要求掌握锻造流动规律，合理运用各种变形工序，以便有效而准确地获得所需形状和尺寸的零件；而对于大型锻件和高合金钢锻件，原材料为内部组织较差的钢锭，锻造的关键是保证内部质量。为保证锻件的内部质量，除了提高原材料的冶炼质量之外，还应在锻造工艺方面采取措施。

10.3.1　自由锻设备

自由锻设备可分为锻锤（空气锤、蒸汽-空气锤）和液压机（水压机、油压机）两大类。锻锤产生冲击力，液压机产生静压力使金属变形。

1. 空气锤

空气锤的规格以落下部分的质量来表示，一般为50～1000kg。自由锻时，空气锤锤头速度可达到7～8m/s，不需要辅助设备，操作方便，但结构较复杂，锤击能力有限，广泛应用于中小型锻件的生产。

2. 液压机

液压机的优点在于它以静压力代替锻锤的冲击力，上砧铁速度为0.1～0.3m/s，从而避免了对地基及建筑物的震动，工作环境噪声小而且比较安全。液压机的压力在整个冲程中可以保持不变，故能充分利用有效冲程进行锻造，它的锻透深度比锤上锻造的大，锻件整个截面可获得细晶粒组织。

液压机设备庞大，需要一套供液系统和操纵系统，造价较高。液压机的规格用压力来表示，也称吨位。液压机施加的压力可达8～12MN，所锻钢锭的质量多在1～600t之间，广泛用于碳素钢、合金钢、高合金钢及特殊钢等大型锻件的单件小批量生产中。

10.3.2　自由锻工艺

在锻制各种类型的锻件时，必须根据自由锻设备和工具的特点，合理地选择变形工序和变形量，以符合自由锻的工艺性，力求使锻件在获得一定形状尺寸的同时，改善其力学性能，以达到加工方便、节约金属和提高生产率的目的。

1. 自由锻的基本工序

自由锻的生产工序可分为基本工序、辅助工序及修整工序三大类。

自由锻的基本工序是指，使金属产生一定程度的塑性变形以逐步达到锻件形状及尺寸的各个工艺步骤，有镦粗、拔长、弯曲、冲孔、切割、扭转、错移及锻焊等。实际生产中最常用的是镦粗、拔长、冲孔三种工序。自由锻基本工序见表10-2。

表10-2　自由锻基本工序

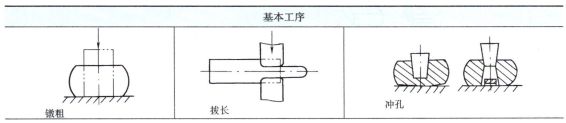

基本工序		
镦粗	拔长	冲孔

（续）

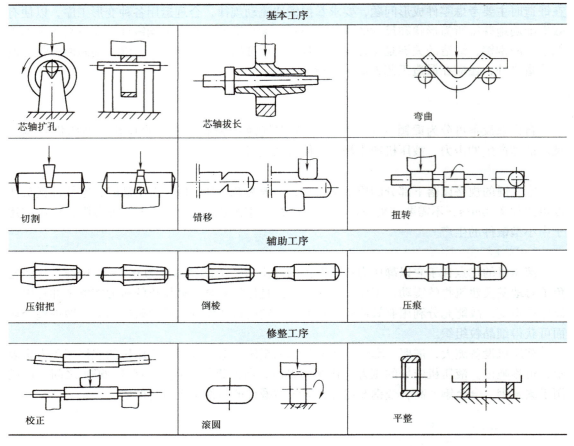

辅助工序是为了基本工序操作方便而进行的预先变形。它不受图样的约束，有压钳把、倒棱、压痕等。

修整工序用以减少锻件表面的缺陷，如凹凸不平及整形等。它的变形程度很小，一般在终锻温度以下进行。

自由锻件的复杂程度相差很大，为了便于安排生产和制订规范，通常把形状特征相同，变形过程类似的锻件归为一类。按此，自由锻件可分为六类，见表10-3。

表 10-3　自由锻件分类

序号	类别	图例	基本工序方案	实例
1	饼块类		镦粗或局部镦粗	圆盘、齿轮、模块、锤头等

（续）

序号	类别	图例	基本工序方案	实例
2	轴杆类		拔长 镦粗—拔长（增大锻造比） 局部镦粗—拔长（截面相差较大的阶梯轴）	传动轴、主轴、连杆类零件
3	空心类		镦粗—冲孔 镦粗—冲孔—扩孔 镦粗—冲孔—芯轴拔长	圆环、法兰、齿圈、套筒、空心轴等
4	弯曲类		轴杆类锻件工序—弯曲	吊钩、弯杆、轴瓦盖等
5	曲轴类		拔长—错移（单拐曲轴） 拔长—错移—扭转	曲轴、偏心轮等
6	复杂形状类		前几类锻件工序的组合	阀杆、叉杆、十字轴、吊环等

（1）饼块类锻件 这类锻件包括各种圆盘、叶轮、齿轮、模块、锤头等。该类锻件的特点是：横向尺寸大于高度尺寸，或两者相近。该类锻件的基本变形工序是镦粗，带孔的锻件需要冲孔。

（2）轴杆类锻件 这类锻件包括各种圆形截面实心轴，如工作轴、传动轴、车轴、轧辊立柱、拉杆等，以及矩形工字形截面的杆件，如连杆、摇杆、杠杆、推杆等。该类锻件的基本变形工序是拔长。但对于截面积相差较大的锻件，或为了达到锻件的锻造比要求，则应采取镦粗—拔长。

（3）空心类锻件 这类锻件包括各种圆环、齿圈、轴承环和各种圆筒、缸体、空心轴等。该类锻件的基本变形工序为镦粗、冲孔、芯轴扩孔、芯轴拔长。

（4）弯曲类锻件 这类锻件包括各种具有弯曲轴线的锻件，如吊钩、弯杆、曲柄、轴瓦盖等。该类锻件的基本变形工序是弯曲，弯曲前的制坯工序一般采用拔长。

（5）曲轴类锻件 这类锻件包括各种形式的曲轴。目前锻造曲轴的工艺方法为自由锻、模锻、全纤维镦锻等。尽管自由锻存在加工余量大和锻件性能差等不足，但由于所用工具简单，适应性强等优点，因此在生产批量较小时，尤其是锻造大型曲轴时，仍采用自由锻。曲轴的基本变形工序为拔长、错移和扭转。

（6）复杂形状锻件 这类锻件是一些形状比较复杂的锻件，如阀体、叉杆、十字轴等。其锻造难度较大，应根据锻件形状特点，采取适当工序组合锻造。

2. 自由锻工艺规程的制订

（1）制订锻件图 自由锻是根据锻件图进行生产的，锻件图是以零件图为基础并考虑以下几个因素绘制而成的。

1）锻件余量。自由锻所获得的锻件由于精度和表面质量都较差，一般需要切削加工，为此必须留有加工余量。余量的大小与零件形状、尺寸等因素有关。零件越大，形状越复杂，则余量越大。锻件余量的大小应根据生产的具体情况来查表确定。

2）锻件公差。锻件公差是锻件名义尺寸的允许偏差。公差值的大小根据锻件形状、尺寸并考虑生产的具体情况（如操作技术水平、设备和工具等条件）来确定。

3）余块。为了简化锻造工艺，在某些难以锻造的地方，如锻件上过窄的凹档、过小的台阶、小孔及形状复杂的部分，为了便于锻造而增加的一部分金属称为余块，也称为敷料。图 10-4 所示的台阶、键槽、小的凹档以及轴颈处都要附加余块。

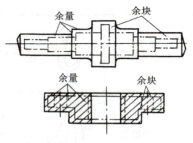

图 10-4 锻件的各种余块

（2）坯料的质量及尺寸 根据锻件图确定锻件原坯料的质量或总体积。坯料质量可按下式计算：

$$m_{坯料} = m_{锻件} + m_{烧损} + m_{料头}$$

式中 $m_{坯料}$——坯料质量；

        $m_{锻件}$——锻件质量；

        $m_{烧损}$——加热时坯料表面氧化而烧损的质量。根据经验数据，一般第一次加热取被加热金属的 2%～3%，以后各次加热取 1.5%～2.0%；

        $m_{料头}$——在锻造过程中冲掉或被切掉的那部分金属质量。如冲孔时被冲掉的芯料，修切端部时被切掉的料头等。

当锻造大型锻件采用钢锭作为坯料时，还要考虑切掉钢锭头部和尾部的质量。坯料质量确定后，一般选用比锻件图上最大直径或边长要大的坯料，这是考虑金属在锻造过程中坯料必需的变形程度，以利于保证锻件质量。对于以碳素钢钢锭为坯料并用拔长方法锻制的锻件，锻造比一般为 2.5～3；如果用轧材作为坯料，则锻造比可取 1.3～1.5。

根据计算所得的坯料质量和截面大小，即可确定坯料形状和尺寸。

（3）锻造工序和设备 根据锻件的形状尺寸以及各个工序的变形特点来决定自由锻造的工序。工序选定后，再确定所用的工夹具、加热设备、锻造温度及加热次数。

锻造能力和锻造设备的确定，可以根据锻件质量及形状或坯料质量，并查阅锻工手册来确定。然后确定锻件工时定额及劳动组织等，并将上述资料汇总成锻造工艺卡，见表 10-4。

表 10-4 阶梯轴锻造工艺卡

锻件名称	半轴	锻件图
坯料质量	25kg	
坯料尺寸	$\phi130mm×240mm$	
材料	18CrMnTi	

加热火次	工序	图例
	锻出头部	
	拔长	
1	拔长及修整台阶	
	拔长并留出台阶	
	锻出凹档及拔出端部并修整	

3. 自由锻件的结构工艺性

在设计自由锻零件时，必须考虑自由锻设备、工艺、工具特点，力求符合自由锻结构工艺性。应尽可能使锻件的外形简单、对称，最好是主要由圆柱面和平面组成的结构；应避免有复杂的凸台和外肋，可采取加大壁厚的方法；应尽量避免带有锥面、曲线形、楔形的表面；不允许有圆柱与圆柱相贯的部分，以达到加工方便，提高生产效率的目的。图 10-5 所示为自由锻件结构工艺性举例，仅供参考。

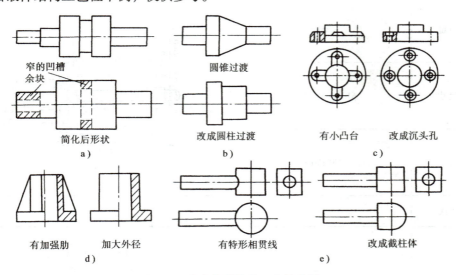

图 10-5　自由锻件结构工艺性举例

10.4　模锻

　　模锻是指在压力下使坯料在模具模膛内进行塑性变形，使锻件轮廓与模膛形状尺寸一致的锻造方法。按照所用设备的不同，模锻可分为锤上模锻、胎模锻、压力机上模锻。

　　与自由锻相比，模锻具有尺寸精度高、加工余量小、流线组织合理、生产率较高、锻件成本低、节省切削加工工时、可生产形状复杂锻件等优点。但模锻设备投资大，模具费用高，工艺灵活性较差，生产准备周期较长，因而模锻适合中、小型锻件的大批大量生产。

　　锤上模锻常用的设备有高速锤、蒸汽-空气模锻锤、无砧锤等。目前生产中主要使用蒸汽-空气模锻锤。

10.4.1　锻模结构

　　锻模由上、下模组成，分别安装在锤头下端和模座的燕尾槽内，用楔铁固定，如图 10-6 所示。

　　受金属塑性变形能力的限制，坯料只能采用一次次小的变形，形状大小不断接近最终形状，最后才成为锻件。锻模模膛按其作用的不同可分为制坯模膛和模锻模膛两类（见表 10-5）。

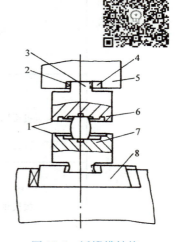

图 10-6　锤锻模结构

1—分模面　2—楔铁　3—燕尾槽
4—键块　5—锤头　6—上模
7—下模　8—下模座

表 10-5　锻造模膛分类及用途

类别	模膛名称	简图	用途
制坯模膛	拔长模膛		减小坯料某部分的横截面积，增加其长度，兼有去除氧化皮的作用。主要用于长轴类锻件的制坯
	滚压模膛		减小某部分的横截面积，增大另一部分的横截面积，使坯料沿轴线的形状更接近锻件。主要用于某些变截面长轴类锻件的制坯
	弯曲模膛		改变坯料轴线形状，以符合锻件水平投影形状。主要用于具有弯曲轴线的锻件的制坯
	切断模膛		当一块坯料锻造两个或多个锻件时，将已锻好的锻件从坯料上切下
模锻模膛	预锻模膛		获得与终锻相近的形状，以利于锻件在终锻模膛中清晰成形，提高锻件质量，并减小终锻模膛的磨损，延长其使用寿命。主要用于形状复杂的锻件
	终锻模膛		最终获得所需形状和尺寸的锻件 飞边槽的作用是增加坯料成形时所受到的三向压应力作用，促进金属充满模膛和容纳多余金属

1. 制坯模膛

在锻造形状复杂的锻件时，为了使坯料形状基本接近锻件形状，以便金属变形均匀并很好地充满模膛，必须设计制坯模膛。

制坯模膛：①拔长模膛用来减小坯料某部分的横截面积，以增加该部分的长度；②滚压模膛用来减小坯料某部分的横截面积，以增大另一部分的横截面积，使它按模锻件的形状来分布；③弯曲模膛使坯料弯曲；④切断模膛用来切断金属。

2. 模锻模膛

模锻模膛包括终锻模膛和预锻模膛。

（1）终锻模膛　终锻模膛是锻件最终成形时的模膛。模锻件的几何形状和尺寸与终锻模膛完全相同，但模膛分模面周围有飞边槽，用以增加金属从模膛中流出的阻力，促使金属充满模膛，同时容纳多余的金属，还可以起缓冲作用。对于带有通孔的锻件，不能直接锻出通孔，孔内还留有一层较薄的金属，称为冲孔连皮。带有冲孔连皮及飞边的模锻件如图10-7所示。模锻后把飞边、冲孔连皮切去，才能得到所需的模锻件。

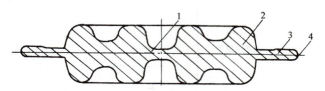

图 10-7　带有冲孔连皮及飞边的模锻件
1—冲孔连皮　2—锻件　3—飞边　4—分模面

（2）预锻模膛　预锻模膛是为了保证最终的锻件质量，同时减小终锻模膛的磨损。预锻模膛比终锻模膛的圆角半径大，模锻斜度大，垂直于分模面方向尺寸稍大，没有飞边槽。

对于形状简单的锻件，在锻模上只需一个终锻模膛，而对于形状复杂的锻件，可根据实际需要，在锻模上安排多个模膛。图10-8所示为弯曲连杆锻模与模锻工序图。锻模上有5个模膛，坯料经过拔长、滚压、弯曲3个制坯工序，使截面形状发生变化，并使轮廓与锻件相一致，再经预锻、终锻制成留有飞边的锻件。最后在切边模上切去飞边。

10.4.2　模锻工艺规程的制订

模锻生产的工艺规程包括：绘制模锻件图、计算坯料尺寸、确定模锻工步、确定修整工序等。

1. 绘制模锻件图

根据零件图绘制模锻件图时，应考虑下面几个问题。

（1）分模面　分模面是上、下模的分界面。选择分模面应保证锻件能从模膛中方便地取出，所以分模面通常选在锻件截面尺寸最大处；把分模面设在模膛上下等尺寸处，以便发现锻件错移缺陷；设计模膛应宽而浅，便于金属充满模膛；使锻件的加工余块最少。分模面的选择比较如图10-9所示，其中 d-d 面最合理。

（2）设计加工余量、余块、公差　加工余量通常为 1～4mm；锻件公差通常为 0.3～3mm；余块根据需要设计。

（3）模锻斜度　如图10-10所示，为了易于取出锻件，应设计有一定的斜度，外斜度 α 取 5°～10°，内斜度 β 取 7°～15°。

（4）圆角半径　如图10-10所示，为使金属顺利充满模膛，保证锻件质量，减缓锻模外

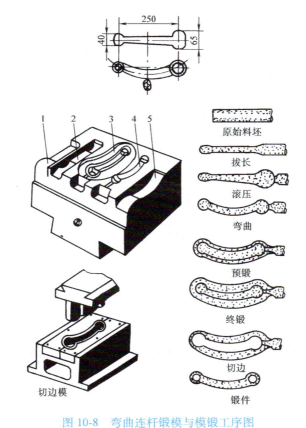

图 10-8　弯曲连杆锻模与模锻工序图

1—拔长模膛　2—滚压模膛　3—终锻模膛　4—预锻模膛　5—弯曲模膛

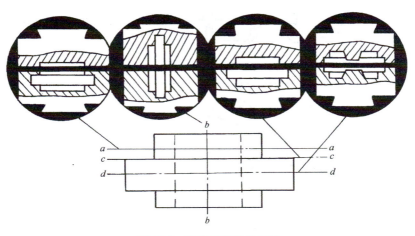

图 10-9　分模面的选择比较

圆角的磨损，提高模具使用寿命，必须设计圆角半径。钢的模锻件外圆角半径取 $r = 1.5 \sim 12mm$，内圆角半径 R 取（$3\sim4$）r。

　　计算坯料质量的步骤与自由锻的类似。坯料质量包括锻件、飞边、连皮、钳口料头和氧化皮的质量。

2. 确定模锻工步

根据锻件的形状和尺寸来确定模锻工步。表 10-6 为锤上模锻件分类和变形工步示例。模锻件按形状可分为两大类：一类是长轴类模锻件，如图 10-11 所示；另一类为盘类模锻件，如图 10-12 所示。

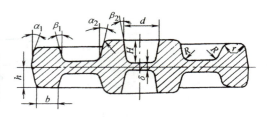

图 10-10　模锻斜度和圆角半径

表 10-6　锤上模锻件分类和变形工步示例

模锻件分类	变形工步示例	主要变形工步
盘类	坯料　镦粗　终锻	镦粗（预锻）、终锻
直轴类	坯料　拔长　滚挤　预锻　终锻	拔长、滚压（预锻）、终锻
弯轴类	坯料　拔长　弯曲　终锻	拔长、滚压、弯曲（预锻）、终锻
叉类	坯料　滚挤　预锻　终锻	拔长、滚压、预锻、终锻
枝芽类	坯料　滚挤　成形　终锻	拔长、滚压、成形（预锻）、终锻

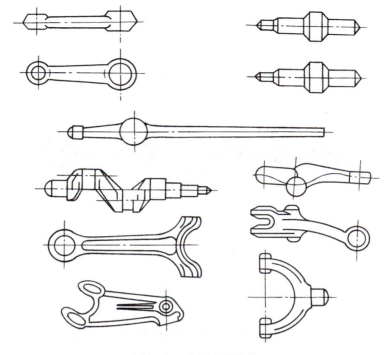

图 10-11　长轴类模锻件

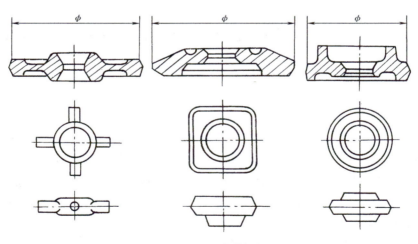

图 10-12　盘类模锻件

（1）长轴类模锻件　常选用拔长、滚压、弯曲、预锻、终锻工步。坯料的横截面积大于锻件最大横截面积时，可只选用拔长工步。而当坯料的横截面积小于锻件最大横截面积时，采用拔长和滚压工步。锻件的轴线为曲线时，应选用弯曲工步。

对于小型长轴类模锻件，为了减少钳口料和提高生产率，常采用一根料锻造方法，利用切断工步，将锻好的锻件切离。对于形状复杂的锻件，还需选用预锻工步，最后在终锻模膛中模锻成形。

（2）盘类模锻件　常选用镦粗、终锻等工步。此类零件轴向尺寸小，分模面上的投影为圆形。

（3）修整工序　常用的修整工序有切边、冲孔、精压等。模锻件上的飞边和冲孔连皮由压力机上的切边模和冲孔模将其切去。对某些尺寸精度要求高的锻件，可进行平面精压（图10-13a）；对要求所有尺寸精确的锻件，可用体积精压（图10-13b）。

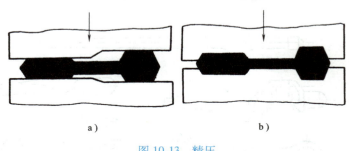

a)　　　　　　　　　　　　　　b)

图 10-13　精压

a）平面精压　b）体积精压

10.4.3　模锻件的结构设计

在设计模锻件时，应在便于模锻生产的同时使成本降低，需要符合下述要求：

1）为使锻件能够从锻模中取出，必须设计合理的分模面、圆角半径和模锻斜度。

2）零件的外形应力求简单、平直、对称，避免截面差别过大、薄壁、高肋等不利于成形的结构。

3）形状较为复杂的锻件应选用锻-机械加工连接或锻-焊的方法，便于减少余块，简化锻造工艺。

4）应尽量避免深槽、深孔及多孔结构。

10.5　板料冲压

板料冲压是指利用冲模使板料产生分离或变形，从而获得制件的加工方法。

板料冲压的应用范围非常广泛，既能用于非金属材料，也能用于金属材料；可加工仪表上的小型制件，也可加工汽车覆盖件等大型制件。在日常生活用品、航空、汽车、电器等行业中，均占有非常重要的地位。

板料冲压的特点：生产率高，操作简单，工艺过程易于实现机械化、自动化；冲压件质量好，尺寸精度高，互换性好；可冲制形状复杂的零件，材料利用率高，废品率低；冲模结构复杂，材料和制造成本高，只有在大批量生产的条件下，才能显示出它的优越性。

常用的冲压设备主要有剪床和压力机。剪床的用途是将板料切成一定宽度的条料，供冲压用。压力机则是冲压加工的基本设备，可用于切断、落料、冲孔、弯曲、拉深和其他冲压工序。

常用小型压力机的基本结构如图10-14所示。当接通电源后，飞轮在减速机构带动下旋转，这时踩下踏板让离合器闭合，再通过曲柄连杆机构运动，进行冲压。大批量生产时，常采用多工位自动压力机,生产率很高。

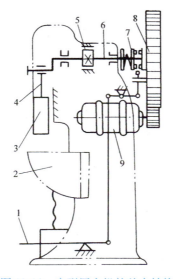

图 10-14　小型压力机的基本结构

1—踏板　2—工作台　3—滑块　4—连杆　5—制动器
6—曲轴　7—离合器　8—飞轮　9—电动机

　　板料冲压的基本工序可分为分离工序和成形工序两大类。分离工序是将一块完整板料按要求分成两部分,如落料、冲孔、切断和修整等。成形工序是使板料产生塑性变形的工序,如弯曲、拉深、成形和翻边等。

1. 冲裁

　　落料和冲孔统称为冲裁。二者所用的冲模结构和板料的变形过程基本一致,只是用途不同。落料是为制取零件的外形,所以冲下的部分为零件,周边是废料;而冲孔是为制取零件的内孔,所以冲下的部分为废料,带孔的部分为零件,如图 10-15 所示。

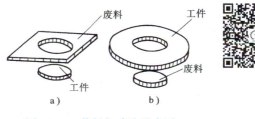

图 10-15　落料与冲孔示意图

a)落料　b)冲孔

　　图 10-16 所示为冲裁时金属的变形过程。当冲头压向板料时,板料首先产生弯曲,然后在冲头和凹模刃口的作用下,板料在与切口接触处开始出现微裂纹,裂纹逐渐扩展连在一起,使零件与板料相分离。

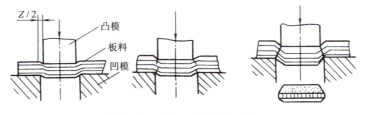

图 10-16　金属板料的冲裁过程

为顺利完成冲裁过程，保证成品断面质量，要求凸模和凹模具有锋利的刃口、均匀适当的模具间隙 Z。间隙过大或过小，均影响成品断面质量，并影响模具的寿命，如图 10-17 所示。模具间隙主要取决于板厚和成品的精度要求，通常取板厚 s 的 5%～10%。

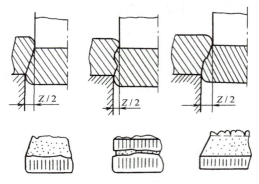

图 10-17　成品质量受模具寿命的影响

成品在板料、条料上的布置方法，对材料的利用率、生产成本和产品质量均有很大影响。无接边排样可最大限度减少金属废料，降低成本，但成品尺寸精度和质量不高。有接边排样，冲裁件质量较高，模具寿命较长，但材料利用率较低，因此应根据实际情况合理选取排样。生产中一般采用有接边的排样方法。

由于冲裁时板料产生的裂纹并非在垂直方向，而是与垂直方向成一定角度，所以同样尺寸的落料和冲孔模具刃口尺寸是不相同的。冲孔工序中用的凸模刃口尺寸应等于孔的尺寸，凹模尺寸等于孔径尺寸加上模具间隙 Z 值；而落料用的凹模尺寸等于成品尺寸，凸模尺寸等于成品尺寸减去 Z 值。普通成品只能满足一般产品的精度要求，远远不能满足钟表、照相机、电子仪器等精密器械的要求，对于高精度冲裁，须采用精密冲裁工艺。

2. 弯曲

弯曲是将坯料的一部分相对于另一部分弯成一定角度或圆弧的工序。图 10-18 所示为几种弯曲件示意图。

坯料弯曲时，内侧金属受压缩，外侧金属受拉伸，产生伸长变形，表现在图 10-19 所示的坯料上矩形网络发生变化。当外侧拉应力超过材料的抗拉强度时，即会造成金属破裂。坯料厚度 t 越大，弯曲半径 r 越小，应力就越大，越易弯裂。因此，必须控制最小弯曲半径 r_{min}，通常取 $r_{min} \geqslant (0.25～1)t$。材料塑性好时取下限。

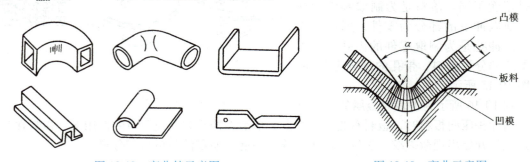

图 10-18　弯曲件示意图　　　　　图 10-19　弯曲示意图

弯曲时还应尽可能使弯曲线与坯料纤维方向垂直（图 10-20）。在双向弯曲时，应使弯曲线与纤维方向成 45°角。

弯曲时还应使弯曲件的飞边位于内侧。若位于外侧，则圆角部位受拉力而产生应力集中时容易引起破裂。

在外力去除后，由于弹性变形的影响，零件的弯曲程度有所减小，使弯曲变形后形成的角度有所增大，此现象称为回弹现象，增大的角度称为回弹角。在设计弯曲件时，应增大弯

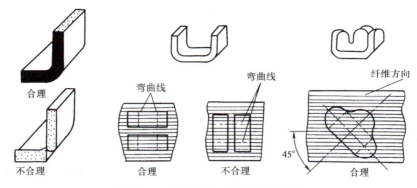

图 10-20 弯曲方向对弯曲件的影响

曲程度，或在弯曲部位设置加强肋（图 10-21），来减轻回弹的影响。

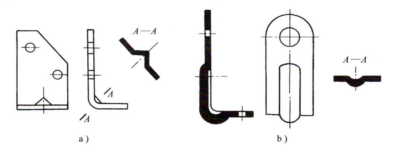

图 10-21 设置加强肋在弯曲部位

3. 拉深

拉深是将板料变形为空心零件的工序，可以生产筒形、锥形、球形、方盒形以及其他非规则形状的空心零件（图 10-22）。

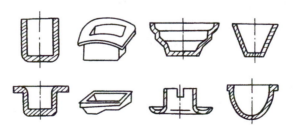

图 10-22 拉深件示意图

拉深过程如图 10-23 所示。在凸模的作用下，板料被拉入凸模和凹模的间隙中，形成空心零件。其凸缘和凸模圆角部位变形最大。凸模圆角部位承受筒壁传递的拉应力，材料变薄，容易在此处拉裂。为防止坯料拉裂，凸、凹模边缘必须制成一定的圆角，圆角半径 $r_凸 \leqslant r_凹 = (5 \sim 10)t$；且模具间隙 Z 应稍大于板厚 t，一般 $Z = (1.1 \sim 1.2)t$。

当筒形零件直径 d 与坯料直径 D 相差较大时，不允许一次拉深成形，应分多次拉深，并在中间穿插再结晶退火处理，以消除前几次拉深所产生的加工硬化。

4. 翻边

使带孔的坯料孔口周围获得凸缘的工序称为翻边，如图 10-24 所示。

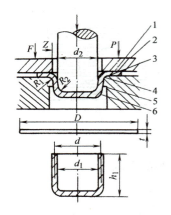

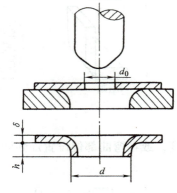

图 10-23　拉深过程示意图

1—压边圈　2—凸缘　3—零件
4—凹模圆角　5—筒壁　6—凸模圆角

图 10-24　翻边示意图

复习思考题

1. 单晶体塑性变形的基本方式有哪些？

2. 名词解释：滑移；回复；再结晶。

3. 说明冷加工后的金属在回复与再结晶两个阶段中组织及性能的变化。

4. 金属塑性变形的基本生产方式有哪些？

5. 如何区分金属材料的冷变形和热变形？举例说明。

6. 试述自由锻的生产特点和应用范围。

7. 自由锻的生产工序有哪几类？简述各自的特点。

8. 自由锻的设备有哪些？

9. 简述模锻工艺特点。

10. 模锻时模腔分为几类？其主要作用是什么？

11. 根据零件图绘制模锻件图时，要注意哪些问题？

12. 什么是模锻斜度？

13. 锻件为何必须在转角处设置圆角？

14. 模锻件在结构设计时应注意哪些问题？

15. 下列制品应采取那种方法制造毛坯？

1）活动扳手（大批量生产）。

2）铣床主轴（单件生产）。

3）起重机吊钩（小批量生产）。

4）万吨轮船主传动轴（单件生产）。

16. 板料冲压生产有什么特点？应用范围如何？

17. 板料冲压的基本工序分为哪两类？各自包括了什么？

18. 开放性习题：靠变形来生产零件的工艺其最大的阻碍是什么？怎样采取措施克服它？

19. 开放性习题：古代工匠在打铁时多次将工件放回炭火中加热，这一过程有何作用？

第11章 焊　　接

学习要求

　　焊接使相互分离的两部分金属通过原子的扩散与结合而形成永久性连接。焊接具有连接强度高、成形方便、适应性强等优点，目前其自动化程度越来越高，在航空航天、船舶、车辆、化工设备中有着广泛的应用。

　　学习本章后学生应达到的能力要求包括：

　　1）理解焊接的基础知识及常用材料的焊接性能。

　　2）了解常用焊接方法的原理、特点及应用。

　　3）掌握焊条电弧焊、气体保护焊、埋弧焊、电渣焊、电阻焊和钎焊的实施方法和工艺要点。

　　4）了解新型焊接方法的发展趋势。

　　焊接是目前应用极为广泛的材料连接方法。本章主要介绍焊接的类型、特点及应用；熔焊过程与焊接质量；常用焊接方法；常用材料的焊接及焊接结构工艺设计；并对焊接新工艺作简要介绍。

11.1　焊接的类型、特点及应用

11.1.1　焊接的类型

　　焊接是指通过适当的物理化学过程，通过加热或加压，使相互分离的固态物体产生原子或分子间的结合，将它们连接起来的工艺方法。被连接的两个物体可以是同类型的材料，也可以是不同类型的材料。

　　根据被连接的两物体原子间产生结合过程的不同，焊接方法分为三大类：

　　（1）熔焊　把被连接的零件结合处加热到熔化状态，并加入填充金属，冷却凝固后获得牢固连接的焊接方法，称为熔焊。如气焊、电弧焊、电渣焊等。

　　（2）压焊　对被连接的零件结合处加压（或同时加热），使其紧密接触并产生一定的塑性变形（或局部熔化），在压力下获得牢固连接的焊接方法，称为压焊。如冷压焊、电阻焊、摩擦焊等。

　　（3）钎焊　用熔点低于被焊金属的材料作为钎料，使其熔化并填充到接头间隙中，通过扩散和浸润作用，然后冷却凝固，将被焊零件连接在一起的焊接方法，称为钎焊。

随着焊接技术的不断发展，目前焊接方法已有很多种。图 11-1 所示为常用的焊接方法。

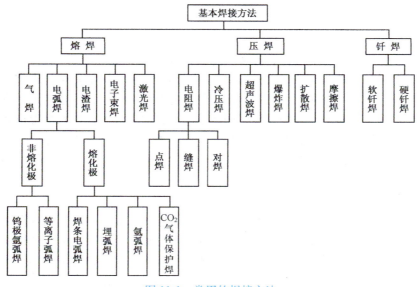

图 11-1　常用的焊接方法

11. 1. 2　焊接工艺特点

与其他成形工艺方法相比，焊接具有以下特点：

1）与铆接相比，可以节省金属材料，生产效高，接头密封性好，改善劳动条件。因此，过去绝大部分用铆接生产的金属结构现已被焊接结构所代替。

2）与铸造相比，焊接工序简单，生产效率高，节省材料，成本低，有利于产品更新。

3）对于某些结构，采用铸-焊、锻-焊、冲-焊复合工艺，能实现以小拼大、以简拼繁，生产出大型、复杂的结构件，以克服铸造或锻造设备能力的不足，有利于降低成本、节省材料、提高生产效益。

4）能连接异种金属，便于制造双金属结构。如可将硬质合金刀片和碳素钢车刀刀杆焊在一起；在已磨损的零件表面堆焊一层耐磨材料，以延长零件的使用寿命。

和其他成形工艺一样，焊接也存在某些不足之处，如容易产生焊接应力与变形，容易产生焊接缺陷；焊接结构不可拆，不便于更换修理；某些材料尚难于实现焊接等。

11. 1. 3　焊接的应用

随着焊接技术的发展，焊接工艺在工业生产中发挥着越来越大的作用，目前已在工业生产各领域，如建筑结构、桥梁、工业容器、船舶及海洋结构、车辆、航空航天、电子电器产品、矿山机械、冶金机械、石油化工机械、机械制造等金属结构和机械零件中都获得了广泛的应用。

11.2 熔焊过程与焊接质量

11.2.1 熔焊过程及焊条

焊条电弧焊是目前应用最为普遍的熔焊方法，现以其为例介绍熔焊过程。

焊条电弧焊是利用焊条与焊件之间产生的电弧热将两者同时加热熔化来实现焊接的手工焊接方法。它具有适应性较强，可在室内、野外进行全位置焊接，设备简单并易于维护，操作灵活方便等优点；但劳动强度较大，生产率不够高，对工人的技术水平要求较高。

与气焊相比，焊条电弧焊的弧柱温度高、热量集中，适于焊接中等厚度（3~20mm）的焊件。它普遍用于碳素钢、低合金钢、不锈钢和耐热钢的焊接，也可用于铜、铝及其合金的焊接和铸铁的焊补。

1. 焊接电弧

把零件和焊条分别接到焊接电源的正极和负极，当其瞬时接触时，阴极温度升高，在不大的电压下，电子就会从阴极表面飞出，产生热发射现象。阴极发射的电子在电场中加速前进，与气体介质的粒子相碰撞，可使气体原子或分子发生电离，形成电子和正离子，造成气体放电。它可释放大量的热能，能量密度可达 $100 \sim 10000 W/cm^2$，并产生耀眼的弧光。这种在焊件和焊条之间的气体介质中产生的持久而强烈的放电现象，称为焊接电弧。

电弧的作用是持续而稳定地导电，并释放热能。当电压恒定时，焊接电流越大，产生的热量越多。焊接电弧由阴极区、弧柱区和阳极区组成。阴极区因发射大量电子消耗能量而热量较少，约占总热量的36%；阳极区热量较多，约占43%；弧柱区热量约占21%。各区的温度随电极材料的不同（主要是熔点）而不同。用钢铁作电极时，直流电弧的温度分布如图11-2所示。

电弧的极性对焊接质量有重要影响，一般根据焊条药皮的性质、焊件材料和所需的热量进行选取。使用直流电源焊接时，焊件接正极，焊条接负极，称为正接；反之则称为反接。若用交流电源焊接，极性是交替变化的，两极温度基本相等，不存在正接和反接的问题。

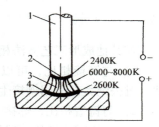

图 11-2 直流电弧的温度分布

1—焊条 2—阴极区
3—弧柱区 4—阳极区

2. 焊条电弧焊的焊接过程

焊条电弧焊的焊接过程主要包括焊条和零件局部的熔化、熔池的形成、熔池的冷却结晶、焊缝与渣壳的形成等几个过程。

如图11-3所示，电弧引燃后，所释放的热量使零件局部和焊条熔化，焊条端部的金属熔滴靠重力和电弧气体吹力过渡到熔化的焊件金属中，共同形成熔池。焊条药皮熔化后，与熔池金属发生热物理、化学作用，形成液态熔渣，浮于熔池表面，与药皮燃烧产生的 CO_2 气体一起，保护熔池金属不受空气中氧气和氮气的侵蚀。当焊条沿图示方向移动时，熔池金属便冷却凝固成连续焊缝，熔渣凝固成渣壳，覆盖于焊缝之上。

熔渣和渣壳可减缓焊缝金属的冷却速度，同时对焊缝质量起重要作用，要待焊缝金属冷却后再进行清除。

3. 熔焊过程冶金特点

熔焊时，焊接区各种物质在高温下相互作用，会发生一系列冶金反应，这些冶金反应与一般冶金反应相比，具有以下特点：

1）熔池金属温度很高，元素蒸发较为强烈，并使电弧区的气体分解成原子状态，增大了金属的活性，导致金属元素烧损或形成有害杂质。

在高温电弧作用下，空气中的氮气和氧气发生分解，成为氮原子和氧原子。这使得焊缝金属的含氧量大大增加，从而使焊缝金属的强度、塑性和韧性明显下降，尤其是使低温冲击韧性急剧下降，引起冷脆等严重问题。此外，氧化还会使焊缝中合金元素产生烧损，从而影响焊缝的性能。

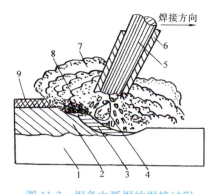

图 11-3　焊条电弧焊的焊接过程
1—焊件　2—焊缝　3—熔池
4—金属熔滴　5—焊条芯　6—焊条药皮
7—焊接气体　8—熔渣　9—焊渣

2）焊接熔池体积小，周围又是导热快的金属，冷却速度很快。因此各种化学反应难于达到平衡，化学成分不均匀，并且气体和杂质来不及上浮，容易产生气孔和夹渣等缺陷。

在高温熔滴和熔池中，氮原子大量溶于液体金属；当熔池温度下降至结晶温度时，氮的溶解度突然下降很多。结晶时析出的气体来不及逸出液体金属表面，从而形成气孔缺陷。此外，还有部分氮以针状氮化物（Fe_4N）形式析出，分布在晶界上。这样，焊缝中的含氮量大大提高，会引起焊缝的塑性和韧性急剧下降。

另外，在高温电弧作用下，空气中的水汽、零件表面的水、锈和油污也会发生分解，产生氢原子。氢原子大量溶于液态金属，在熔池结晶时，氢的溶解度急剧下降，也会产生气孔。氢还会引起金属脆化（氢脆、白点）和冷裂纹。焊缝中含氢量的增加，会导致材料伸长率明显下降。

为了保证焊缝质量，防止焊接冶金过程中因合金元素烧损、焊缝中存在氧化物、氮化物而导致焊缝力学性能下降，必须在工艺上采取措施来保证质量。主要工艺措施有：

1）减少有害元素进入熔池。其主要措施是机械保护，如气体保护焊中的保护气体（CO_2、Ar）、埋弧焊焊剂所形成的熔渣及焊条药皮所产生的气体和熔渣等。选用气体或熔渣保护，能使电弧空间的熔滴与空气隔绝，防止空气进入。此外，还应清理被焊零件表面的锈、水、油污，并烘干焊条，去除水分等。

2）人为加入被烧损的合金元素。通常是在焊条药皮（或焊剂）中加入锰铁等合金，焊接时通过扩散渗入焊缝金属中，以弥补某些合金元素的烧损。也可在焊缝金属中有意加入某些特殊合金元素，以提高焊缝性能。

3）清除已进入熔池中的有害元素，通过添加合金元素进行脱氧、脱硫、脱磷，从而保证和调整焊缝的化学成分，如添加锰铁、硅铁等材料。

4. 焊条

焊条由焊芯和药皮两部分组成。

（1）焊芯　焊芯是由经过特殊冶炼的专用金属丝（又称焊丝）切制而成的。焊芯有两个方面的作用：一是导电并产生电弧；二是熔化后作为填充金属进入熔池，用来形成焊缝并调整焊缝成分。

焊芯材料有低碳素钢、不锈钢、有色金属等，化学成分要求较严。制造焊芯的材料牌号，要加"H（焊）"字，如H08、H10Mn2等。常用焊芯材料的主要化学成分见表11-1。

常用焊芯的直径为1.6~6mm，长度为300~450mm。

表 11-1 常用焊芯材料的主要化学成分

焊芯材料牌号	化学成分（%）						
	C	Mn	Si	Cr	Ni	S	P
H08	≤0.10	0.30~0.55	≤0.03	≤0.20	≤0.30	≤0.040	≤0.040
H08A	≤0.10	0.30~0.55	≤0.03	≤0.20	≤0.30	≤0.030	≤0.030
H08E	≤0.10	0.30~0.55	≤0.03	≤0.20	≤0.30	≤0.020	≤0.020
H08Mn2SiA	≤0.11	1.80~2.10	0.65~0.95	≤0.20	≤0.30	≤0.030	≤0.030
H10Mn2	≤0.12	1.50~1.90	≤0.07	≤0.20	≤0.30	≤0.040	≤0.040
H08CrMoA	≤0.10	0.40~0.70	0.15~0.35	0.80~1.10	≤0.30	≤0.030	≤0.030
H0Cr20Ni10Ti	≤0.06	1.00~2.50	≤0.60	18.50~20.50	9.00~12.50	≤0.020	≤0.030
H00Cr21Ni10	≤0.03	1.00~2.50	≤0.60	19.50~22.00	9.00~11.00	≤0.020	≤0.030

（2）药皮 药皮的主要作用有如下三个方面：

1）使焊条具有好的焊接工艺性。通过往药皮中加入某些成分（碳酸钾、碳酸钠、长石、钛白粉等），可使电弧燃烧稳定、飞溅小、脱渣易、成形美观并适用于各种空间位置的焊接。

2）保护焊缝。利用药皮熔化时的熔渣和一些气体形成气-渣联合保护，机械地隔绝空气，保护焊缝。

3）冶金作用。通过药皮的冶金作用，如脱氧、脱磷等，可最大限度地去除有害杂质，并可渗入需要的合金成分，补偿烧损的合金元素，改善焊缝的力学性能，并增强抗裂纹能力。

（3）焊条的种类及牌号

1）按药皮熔渣性质的不同，焊条可分为酸性和碱性两类焊条。酸性焊条熔渣中含有较多的 SiO_2、FeO、TiO_2 等，氧化性较强。焊接时，合金元素烧损多，焊缝易吸氢，使焊缝的塑性和冲击韧性降低，但对铁锈、油污和水分不敏感，不易产生气孔，适于一般低碳素钢和普通低合金钢的焊接。

碱性焊条的药皮中含有较多的大理石和氟石，并有较多的铁合金。药皮具有足够的脱氧能力，焊缝金属合金化效果较好，一般情况下，只能用直流电源进行焊接。焊接时，生成的碱性渣和 CO_2 气体保护作用好，含氢量很低，有脱硫作用，焊缝的抗裂性好，特别是冲击韧性较好。此外，碱性焊条对铁锈、油污和水分很敏感，易产生气孔，要求严格进行焊前清理。碱性焊条多用于重要的合金钢焊接。

2）根据用途的不同，焊条可分为结构钢焊条、钼和铬钼耐热钢焊条、不锈钢焊条、堆焊焊条、低温钢焊条、铸铁焊条、镍及镍合金焊条、铜及铜合金焊条、铝及铝合金焊条、特殊用途焊条等，分别适于焊接不同的金属。

3）焊条的编号方法。

①型号表示法。这是国家标准中规定的焊条代号，其形式为 E××××。

②牌号表示法。焊条牌号是焊条行业中统一的代号。牌号一般由一个大写字母和三位数字组成，字母代表焊条的大类，前两位数字表示焊缝金属的抗拉强度等级（MPa），最后一位数字表示药皮类型和电流种类。如 J507 焊条中，J 表示结构钢焊条，50 表示焊缝抗拉强度不低于 490MPa，7 表示低氢型药皮和直流。

焊条的型号及牌号请参阅焊接手册。通常，焊条的型号和牌号是对应的，如 E4303 对应 J422、E5015 对应 J507 等，因牌号较为简明，故生产中常用牌号。

（4）焊条的选用　焊条的种类繁多，特点及适用范围各异，选择焊条时，应根据焊件金属的性能和成分、工作条件、焊件结构、焊缝位置、现场设备和工艺条件、生产率和经济性等进行综合考虑。

对于一般结构钢焊件，通常按"等强原则"选取相应强度等级的结构钢焊条；对于不锈钢、耐热钢焊件，则侧重于考虑相同的化学成分；在普通环境下工作的一般焊件，尽量选取便宜的酸性焊条；受动载荷、高温高压或低温作用的重要焊件，则应选取低氢焊条；如果现场无直流焊机，可选择适于交、直流两用的稳弧低氢型焊条。

11. 2. 2　焊接热循环

焊接时，电弧沿着零件逐渐前移并对零件局部加热，因此，焊缝附近的金属都将由常温状态被加热到较高的温度，然后再逐渐冷却到室温。由于各点金属所在的位置不同，与焊缝中心的距离不相同，所以各点的最高加热温度不同，它们所达到最高加热温度的时间也不同。焊缝及其母材上某点的温度随时间变化的过程称为焊接热循环。

焊接热循环使焊缝附近的金属相当于受到一次不同规范的热处理。焊接热循环的特点是加热和冷却速度都很快，对易淬火钢，焊后会发生空冷淬火，产生马氏体组织；对其他材料，还会产生焊接应力、变形及裂纹。

11. 2. 3　焊接接头的组织与性能

现以低碳素钢为例，说明焊接过程造成的金属组织性能的变化，如图 11-4 所示。

受焊接热循环的影响，焊缝附近的母

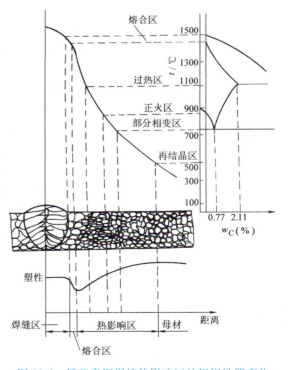

图 11-4　低碳素钢焊接热影响区的组织性能变化

材组织和性能发生变化的区域，称为焊接热影响区。熔焊焊缝和母材交界线称为熔合线。熔合线两侧有一个很窄的焊缝与热影响区的过渡区，称为熔合区（也称为半熔化区）。因此，焊接接头通常由焊缝区、熔合区及热影响区组成。

1. 焊缝区

热源移走后，熔池中的液态金属开始冷却结晶，从熔合区开始，以垂直熔合线的方向，向熔池中心生长为柱状晶，如图 11-5 所示。低熔点物质将被推向最后结晶部位，形成成分偏析。焊缝是由液态金属凝固而成的铸态组织，宏观组织是柱状粗晶粒，并且成分偏析严重，组织不致密。但由于熔池金属受到电弧吹力、保护气体吹动和焊条摆动等干扰作用，使焊缝金属的柱状晶成倾

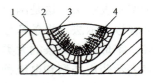

图 11-5　焊缝及热影响区的组织
1—热影响区　2—熔合区
3—熔合线　4—柱状晶

斜层状。这相当于小熔池炼钢，冷却快，而使晶粒有所细化。利用焊接材料的渗合金作用，可调整其合金元素含量，从而使焊缝金属的力学性能不低于母材。

2. 熔合区

熔合区是焊缝向热影响区过渡的区域，是焊缝和母材金属的交界区，其加热温度处于固相线和液相线之间。焊接过程中，部分金属熔化，部分未熔化，冷却后，熔化金属成为铸态组织，未熔化金属因加热温度过高而形成过热组织。熔合区强度下降，塑性、韧性极差，常是裂纹及局部脆性破坏的发源区。在低碳素钢焊接接头中，尽管该区很窄（仅 $0.1 \sim 1\text{mm}$），但在很大程度上决定着焊接接头的性能。

3. 热影响区

热影响区是焊接过程中母材因受热而发生组织性能变化的区域。对于低碳素钢（图 11-4），由于其中各点受热程度不同，其热影响区常由过热区、正火区及部分相变区组成。

（1）过热区　过热区是指热影响区内具有过热组织或晶粒显著粗大的区域，宽约 $1 \sim 3\text{mm}$。其加热温度在 1100℃ 至固相线对应的温度之间。由于加热温度高，奥氏体晶粒急剧长大，冷却后得到粗晶组织。该区金属的塑性、韧性很差，焊接刚度大的结构或焊接碳的质量分数较高的易淬火钢时，易在该区产生裂纹。

（2）正火区　正火区是指热影响区内相当于受到正火处理的区域，宽为 $1.2 \sim 4.0\text{mm}$。其加热温度为 $Ac_3 \sim 1100\text{℃}$。在此温度下，金属发生重结晶加热，形成细小的奥氏体组织，空冷后即获得细小而均匀的铁素体和珠光体组织，因此该区的力学性能优于母材。

（3）部分相变区　它是热影响区内发生部分相变的区域，其加热温度为 $Ac_1 \sim Ac_3$，该区中珠光体和部分铁素体受热影响而转变为细晶粒奥氏体，而另一部分铁素体因温度太低来不及转变，仍为原来的组织。因此，已发生相变组织和未发生相变组织在冷却后会使晶粒大小不均，力学性能较母材差。

从低碳素钢焊接接头的组织、性能变化分析可以看出：焊接接头中熔合区和过热区的力学性能最差。焊接结构往往不在焊缝上破坏，而在热影响区内破坏，就是因为熔合区和过热区的性能最差。所以，在焊接结构上，热影响区越小越好。

热影响区的大小和组织性能变化的程度取决于焊接方法、焊接规范、接头形式等因素。在热源热量集中、焊接速度快时，热影响区小。实际应用中，电子束焊的热影响区最小，总宽度一般小于 1.4mm。气焊的热影响区总宽度可达到 27mm。由于接头的破坏常从热影响区开始，为消除热影响区的不良影响，焊前可对零件进行预热，以降低焊件温差和冷却速度。对于容易淬硬的钢材，如中碳素钢、高强度合金钢等，热影响区中最高加热温度在 Ac_3 以上

的区域，焊后易出现淬硬组织——马氏体；最高加热温度在 $Ac_1 \sim Ac_3$ 的区域，焊后易形成马氏体-铁素体混合组织。所以，易淬硬钢焊接热影响区的硬化、脆化更为明显，且随碳的质量分数、合金元素量的增加而变得严重。

4. 改善接头组织及性能的措施

焊接时接头的组织与性能，直接影响到焊接结构的使用性能。根据焊接过程的特点，可以采取以下措施改善其组织性能：

1）加强对焊缝金属的保护，防止焊接时各种杂质进入焊接区。对焊缝进行合金化及冶金处理，以获得所需的组织性能。

2）合理选择焊接方法及焊接工艺，尽量使热影响区降至最小。

3）对焊件进行局部或整体热处理，以消除内应力，细化晶粒，提高焊接接头的性能。

11.2.4 焊接应力与变形

焊接的热过程除了引起焊接接头金属组织与性能的变化外，还会产生焊接应力与变形。

焊接应力与变形对结构的制造和使用会产生不利影响。焊接变形，会使焊接结构的形状尺寸不符合要求，使焊装困难，影响焊件使用。矫正焊接变形不仅浪费工时，增加制造成本，还会降低材料塑性和接头性能。另外，焊接变形还会使结构形状发生变化，出现内在附加应力，降低承载能力，甚至引起裂纹，导致脆断；应力的存在也有可能诱发应力腐蚀裂纹。除此之外，焊接应力是一种不稳定状态，在一定条件下会衰减而使结构产生一定变形，造成结构尺寸不稳定。

1. 焊接应力与变形产生的原因

焊接过程中，对焊件进行不均匀的局部加热和冷却，是产生焊接应力与变形的根本原因。现以图 11-6 所示的低碳素钢平板对焊为例，来分析焊接应力与变形产生的原因。

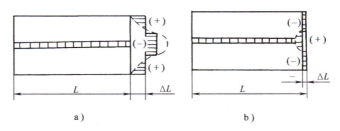

图 11-6 平板对焊的应力与应变
a）焊接过程中 b）冷却以后

低碳素钢平板焊接加热时，焊缝区的温度最高，母材金属的温度随其与焊缝距离的增大而降低。根据金属材料的热胀冷缩特性，因焊件各区加热温度不同，其单位长度的膨胀量也不相同，即随着受热程度的不同，焊缝、母材金属各区各有不同的自由伸长量。如果各部位金属能够不受任何阻碍地自由伸长，则钢板焊接时的变化将如图 11-6a 中虚线所示。然而，实际上钢板已焊接成一个整体，各处不可能自由伸长，各部位伸长量必然相互协调补偿，最终平板整体只能平衡伸长 ΔL。于是，温度高的焊缝区金属，因其自由伸长量大受到两侧低温金属伸长量小的限制而承受压应力（-）。当压力超过屈服强度时产生压塑性变形，以使平板整体达到平衡。同理，焊缝区以外的金属则承受拉应力（+）。

焊缝形成后，金属随之冷却，冷却使金属收缩，这种收缩若能自由进行，则焊缝区将自由缩短至图 11-6b 虚线所示的位置，而焊缝区两侧的金属则缩短至焊前的 L 端。但实际上，因整体作用，各部位依然相互牵制，焊缝区两侧的金属同样会阻碍焊缝区的收缩，最终共同处于比平板原长短 ΔL 的平衡位置上，于是，焊缝金属承受拉应力（+），焊缝两侧承受压应力（−）。显然，两种应力相互平衡，一直保持到室温。保留至室温的应力与变形称为焊接残余应力和残余变形。

一般情况下，若零件的塑性较好，刚度较小时，零件自由收缩的程度就较大。这样，焊接应力将通过较大的自由变形而相应减小。其结果必然是结构的焊接应力较小，而变形较大；相反，如果零件刚度大，则焊接应力就会较大，而变形较小。

2. 焊接变形的基本形式

如图 11-7 所示，焊接变形的基本形式有以下几种：收缩变形、角变形、弯曲变形、扭曲变形、波浪形变形。

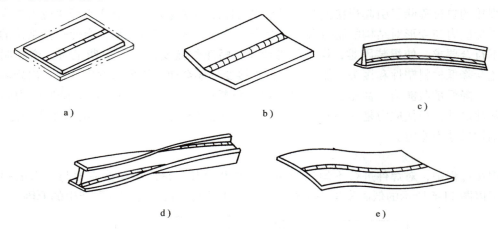

图 11-7　焊接变形的基本形式
a）收缩变形　b）角变形　c）弯曲变形　d）扭曲变形　e）波浪形变形

3. 防止及消除焊接应力的措施

1）设计时焊缝不要密集交叉，截面和长度也要尽可能小，以减小焊接局部过热，从而减小焊接应力。

2）选择合理的焊接顺序。焊接时，应尽量让焊缝自由收缩，而不受到较大的约束或牵制。焊接的顺序一般为：①先焊收缩量较大的焊缝；②先焊工作时受力较大的焊缝，这样可使受力较大的焊缝预受压应力；③先焊错开的短焊缝，后焊直通的长焊缝，如图 11-8 所示。

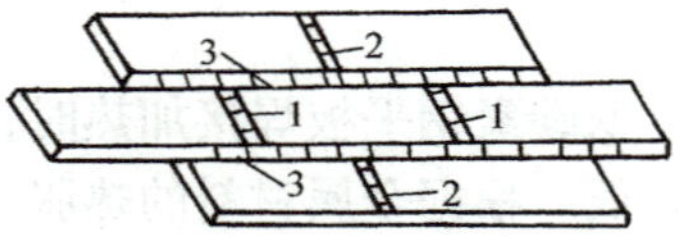

3）当焊缝仍处在较高温度时，锤击或碾平焊缝，使焊件伸长，以减小焊接残余应力。

图 11-8　按焊缝长短确定焊接顺序

4）采用小能量、多层焊，也可减小焊接残余应力。

5）焊前预热、焊后缓冷。焊前将零件预加热到 150～350℃ 后进行焊接，可使焊缝与周围金属的温差缩小，焊后又能均匀缓慢冷却，能有效减小焊接残余应力，同时也能减小焊接变形。

6）焊后进行去应力退火。将焊件缓慢加热到550~650℃，保温一定时间，再随炉冷却，利用材料在高温时屈服强度下降和发生蠕变现象可消除80%左右的残余应力。

4. 防止和消除焊接变形的措施

1）设计上焊缝不要密集交叉，截面和尺寸尽可能小，同样也是减小焊接变形的有力措施。

2）反变形法，如图11-9所示，即焊前正确判断焊接变形的大小和方向，在焊装时让零件反向变形，以此补正焊接变形。

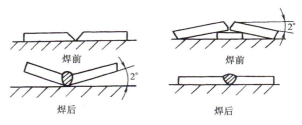

图11-9　钢板对接反变形

3）刚性固定法，如图11-10所示，即采用强制手段，如用夹具或点焊固定等，来约束焊接变形，但会形成较大的焊接应力，且焊后去除约束后，焊件会出现少量回弹。

4）采用合理的焊接规范。焊接变形一般随焊接电流的增大而增大，随焊接速度的增加而减小。因此，可通过调整焊接规范来减小变形。

5）选用合理的焊接顺序，如对称焊，如图11-11所示。焊接时使对称于截面中轴的两侧焊缝的收缩能够互相抵消或减弱，以减小焊接变形。此外，长焊缝的分段堆焊也能减小焊接变形，如图11-12所示。

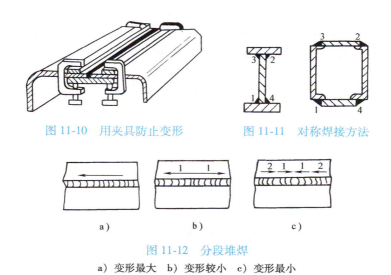

图11-10　用夹具防止变形　　　图11-11　对称焊接方法

图11-12　分段堆焊

a）变形最大　b）变形较小　c）变形最小

6）机械或火焰矫正法，如图11-13、图11-14所示，即焊接结构产生新的变形以抵消原有焊接变形。机械矫正法是依靠新的塑性变形来矫正焊接变形的，适用于塑性好的低碳素钢和低合金钢。火焰矫正法是依靠新的收缩来矫正原有的焊接变形，此法仅适用于塑性好，且无淬硬倾向的材料。

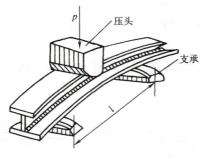

图 11-13　机械矫正法

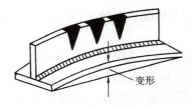

图 11-14　火焰矫正法

11.3　常用焊接方法

金属的焊接方法很多，其特点及应用场合各异。在上节中已介绍过了焊条电弧焊，下面分别介绍常用的气体保护焊、埋弧焊、电渣焊及电阻焊和钎焊。

11.3.1　气体保护焊

用外加气体作为电弧介质来保护电弧区和焊接区的弧焊方法，称为气体保护焊。保护气体通常有二氧化碳（CO_2）和氩气两种。

1. CO_2 气体保护焊

CO_2 气体保护焊是以 CO_2 作为保护气体的电弧焊方法。它以焊丝为电极，靠焊丝和焊件之间产生的电弧来熔化母材金属与焊丝，以自动或半自动方式进行焊接，分为自动焊和半自动焊两种，如图 11-15 所示。

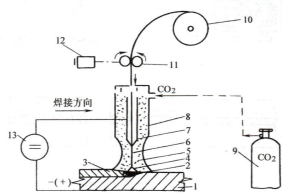

图 11-15　CO_2 气体保护焊示意图

1—零件　2—熔池　3—焊缝　4—电弧　5—CO_2 保护区　6—焊丝　7—导电嘴

8—喷嘴　9—CO_2 气瓶　10—焊丝盘　11—送丝辊轮　12—送丝电极　13—直流焊接电源

（1）焊接过程及特点　进行 CO_2 气体保护焊时，焊丝由送丝机构通过软管经导电嘴自动送进，CO_2 气体以一定流量从喷嘴中喷出。电弧引燃后，焊丝末端、电弧及熔池被 CO_2 气体所包围，可防止空气对高温金属的有害作用。CO_2 气体保护焊具有以下特点：

1）生产率高。其焊丝自动送进，电流密度大，电弧热量集中，故焊接速度高，且焊后无焊渣，节省清渣时间，比焊条电弧焊快 1~4 倍。

2）焊接质量好。由于 CO_2 气体的保护，焊缝含氢量低，且焊丝中锰含量较高，脱硫效果明显。另外，由于电弧在气流压缩下燃烧，热量集中，热影响区较小，焊接接头抗裂性好。

3）操作性能好。CO_2 气体保护焊是明弧焊，易发现焊接问题并及时处理，且适用于各种位置的焊接，操作灵活。

4）成本低。CO_2 气体价格低廉，且焊丝是盘状光焊丝，成本仅为埋弧焊和焊条电弧焊的 40% 左右。

但 CO_2 在高温下易分解为 CO 和 O，原子氧使 Fe 和合金元素烧损，生成 FeO 等。FeO 进入熔池与熔滴，与熔池和熔滴中的碳发生反应，生成的 CO 在熔池中因不能析出而形成气孔，熔滴内则因 CO 气体体积急剧膨胀而爆破导致飞溅。

（2）CO_2 气体保护焊的应用 CO_2 气体保护焊适用于低碳素钢和强度级别不高的低合金结构钢材料，主要用于薄板焊接，目前广泛应用于造船、机车车辆、汽车制造、农业机械等行业。

2. 氩弧焊

氩弧焊是用氩气作保护气体的一种电弧焊方法。氩气是惰性气体，它不溶于液态金属，不会产生气孔；也不与金属发生化学反应，不会产生氧化和烧伤，因此可获得高质量的焊缝。

（1）氩弧焊的类型 根据所用电极的不同，氩弧焊可分为熔化极氩弧焊和非熔化极氩弧焊（也称为钨极氩弧焊）两种。

1）熔化极氩弧焊。以连续送进的焊丝作为电极，熔化后焊丝熔滴喷射进入熔池，作为填充金属，如图 11-16 所示。焊接中所用电流较大，生产率较高，常用于焊接厚板零件，如 8mm 以上的铝容器。为使电弧稳定，熔化极氩弧焊采用直流反接（零件接负极），这对于焊铝有良好的"阴极破坏"作用。

2）非熔化极氩弧焊（钨极氩弧焊）。以高熔点的钨合金为电极，焊接时钨极不熔化，只起到引弧、稳弧的作用。焊丝从钨极的前方送入熔池，如图 11-17 所示。非熔化极氩弧焊通常采用直流正接（零件接正极），否则易烧损钨极。焊铝材时，可采用交流氩弧焊，其负半周期可破碎氧化铝薄膜。

（2）氩弧焊的特点

1）机械保护效果好，焊缝金属纯净，焊缝成形美观，焊接质量优良。

2）电弧稳定，特别在小电流时也很稳定。熔池温度容易控制，可实现单面焊双面成形。

3）明弧焊接，易于观察，可全位置施焊。焊后无渣，便于机械自动化。

4）焊接热影响区和变形小。因氩气对电弧的冷却收缩作用，电弧热量集中。

5）氩气昂贵，设备造价高，且氩气无脱氧去氢作用，焊前清理要求严格。

氩弧焊适用于易氧化的有色金属及合金钢等材料的焊接，如铝、钛及钛合金、耐热钢、不锈钢等。

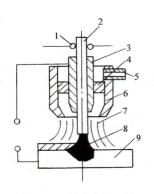

图 11-16 熔化极氩弧焊

1—送丝轮 2—焊丝 3—导电嘴
4—铜丝网 5—喷嘴 6—进气管
7—氩气流 8—电弧 9—零件

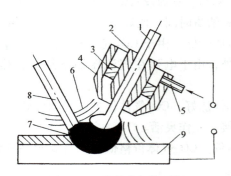

图 11-17 非熔化极氩弧焊

1—钨极 2—导电嘴 3—铜丝 4—网喷嘴
5—进气管 6—氩气流 7—电弧
8—填充金属丝 9—零件

11.3.2 埋弧焊

埋弧焊是在焊剂层下产生电弧的焊接方法。常用颗粒状的焊剂代替焊条药皮,用自动连续送进的焊丝代替焊芯,由自动焊机取代人工操作。因其引弧、送丝、电弧的前移等过程全部由机械来完成,故生产率、焊接质量均得以提高。

1. 埋弧焊的焊接过程及特点

埋弧焊焊接过程如图 11-18 所示。焊接时,先在焊接接头上面覆盖一层粒状焊剂,厚为 30~50mm,自动焊机将连续的盘状焊丝自动送入电弧区,并保证一定的弧长,使焊丝、焊件接头和部分焊剂熔化,形成熔池和熔渣,并发生冶金反应。同时少量焊剂和金属蒸发形成气体,具有一定压力的气体将电弧周围的熔渣排开,形成一个封闭的熔渣泡。熔渣泡具有一定的黏度,能承受一定压力。于是,被熔渣包围的熔池金属与空气隔离,同时也防止了金属的飞溅,这样既减少了热量损失,又阻止了弧光四射。随着自动焊机向前移动,熔池不断前移,电弧前方金属和焊剂加热熔化,熔池后侧随即冷却凝固成焊缝,表面的熔渣凝固成渣壳。

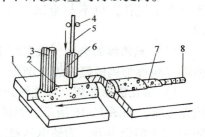

图 11-18 埋弧焊焊接过程

1—焊件 2—焊剂 3—焊剂斗
4—焊丝 5—送丝滚轮 6—导电嘴
7—焊缝 8—焊渣

与焊条电弧焊相比,埋弧焊有以下优点:

(1)生产率高 埋弧焊电流常达 1000A 以上,比焊条电弧焊高 6~8 倍,因而熔深大,对于 25mm 以下的零件可以不开坡口施焊。同时,由于不需更换焊丝,节省了时间,生产率比焊条电弧焊高 5~10 倍。

(2)焊接质量高且稳定 焊接过程自动进行,工艺参数稳定,熔池保持液态时间较长,冶金过程较为彻底,气体、熔渣易于浮出,焊缝金属化学成分均匀。同时,由于焊剂充足,电弧区保护严密,因此,焊缝成形美观,质量好且稳定。

(3)节省金属材料,生产成本低 埋弧焊零件可不开或少开坡口,节省因开坡口而消耗的金属材料和焊接材料,同时由于没有焊条电弧焊时的焊条料头损失,熔滴飞溅少,故生产成本低。

（4）劳动条件好 埋弧焊实现了机械化和自动化，使焊工的劳动强度大大降低，且由于电弧埋于焊剂之下，因此看不到弧光且焊接烟雾少，劳动条件得以改善。

2. 埋弧焊的焊接材料

焊丝与焊剂是埋弧焊的焊接材料。焊丝的作用相当于焊芯，焊剂的作用相当于药皮。它们共同决定着焊缝金属的化学成分和性能，应合理选用。常用焊剂的使用范围及配用焊丝见表11-2。

表11-2 常用焊剂的使用范围及配用焊丝

牌 号	焊剂类型	配用焊丝	使用范围
焊剂130	无锰高硅低氟	H10Mn2	低碳素钢及普通低合金钢，如16Mn等
焊剂230	低锰高硅低氟	H08MnA、H10Mn2	低碳素钢及普通低合金钢
焊剂250	低锰中硅中氟	H08MnMoA、H08Mn2MoA	焊接15MnV、14MnMoV、18MnMoNb等
焊剂260	低锰高硅中氟	H12Cr18Ni9	焊接不锈钢
焊剂330	中锰高硅低氟	H08MnA、H08Mn2	重要低碳素钢及低合金钢
焊剂350	中锰中硅中氟	H08MnMoA、H08MnSi	焊接含MnMo、MnSi的低合金高强度钢
焊剂431	高锰高硅低氟	H08A、H08MnA	低碳素钢及普通低合金钢

3. 埋弧焊工艺

（1）焊前准备 埋弧焊的焊接电流大，熔深大，因此，板厚在25mm以下的零件可不开坡口。但实际生产中，为保证零件焊透，通常板厚为14～22mm，应开Y形坡口；板厚为22～50mm时，可开双Y形或U形坡口，Y形和双Y形坡口的角度为50°～60°。焊缝间隙应均匀。焊直缝时，应安装引弧板和引出板，防止起弧和熄弧时产生气孔、夹杂、缩孔、缩松等缺陷。

（2）平板对接焊 如图11-19所示，平板对接焊时，一般采用双面焊，可不留间隙直接进行双面焊接，也可采用打底焊或垫板。为提高生产率，也可采用水冷的成形铜底板进行单面焊双面成形。

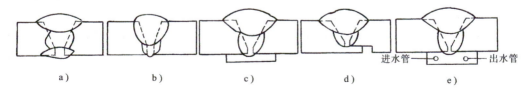

进水管 出水管

a） b） c） d） e）

图11-19 平板对接焊工艺

a）双面焊 b）打底焊 c）采用垫板 d）采用锁底坡口 e）水冷铜板

（3）环焊缝 焊接环形焊缝时，焊丝起弧点应与环的中心线偏离一定距离e，以防止熔池金属的流淌，一般$e=20～40mm$。直径小于250mm的环缝一般不采用埋弧焊。

4. 埋弧焊的应用

埋弧焊用于碳素钢、低合金结构钢、不锈钢、耐热钢等材料，主要用在压力容器的环缝焊和直缝焊、锅炉冷却壁的长直焊缝及船舶和潜艇壳体、起重机械、冶金机械的焊接。

11.3.3 电渣焊

电渣焊是一种利用电流通过熔渣时产生的电阻热熔化焊丝和母材进行焊接的熔焊方法。

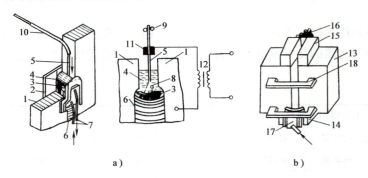

图 11-20 电渣焊焊接过程
a）电渣焊过程 b）电渣焊焊件装配
1、13—焊件 2—焊缝成形滑块 3—金属熔池 4—渣池 5—电极（焊丝）6—焊缝金属
7—冷却水管 8—金属熔滴 9—送丝机构 10—导丝管 11—导电板 12—变压器
14—引弧板 15—引出板 16、17—水冷铜滑块 18—Ⅱ形定位板

1. 电渣焊焊接过程

电渣焊焊接过程如图 11-20 所示。两焊件垂直放置（呈立焊缝），相距 20～40mm，两侧装有水冷铜滑块，底部加装引弧板，顶部加装引出板。当开始焊接时，焊丝与引弧板短路引弧。电弧将不断加入的焊剂熔化为熔渣，并形成渣池，当渣池达到一定厚度时，将焊丝迅速插入其内，电弧熄灭，电弧过程转为电渣过程，依靠渣池电阻热使焊丝和焊件熔化形成熔池，并保持在 1700～2000℃。随着焊丝的不断送进，熔池逐渐上升，冷却块上移，同时熔池底部被水冷铜滑块强迫凝固成焊缝。渣池始终浮于熔池上方，即产生热量又保护熔池，此过程一直延续到接头顶部。根据零件厚度不同，焊丝可采用单丝或多丝。

2. 电渣焊焊接特点及应用

（1）大厚度零件可一次焊成 如单丝可焊厚度为 40～60mm，单丝摆动可焊厚度为 60～150mm，而三丝摆动可焊厚度达 450mm。

（2）生产率高、成本低 焊接任何厚度均不需开坡口，仅留 25～35mm 间隙，即可一次焊成。

（3）焊接质量好 由于渣池覆盖在熔池上，保护作用好，且焊缝自下而上结晶，利于熔池中气体和杂质的排出。

（4）电渣焊的不足 由于焊接区在高温停留时间较长，热影响区较大，晶粒粗大，易产生过热组织，因此，焊缝的力学性能较差，对重要结构件，焊后需进行正火处理，以改善性能。

电渣焊适用于碳素钢、合金钢、不锈钢等材料，主要用于厚壁压力容器，铸-焊、锻-焊、厚板拼焊等大型构件的焊接。焊接厚度一般应大于 40mm。

11.3.4 电阻焊

电阻焊属于压焊，它是对组合焊件经电极加压，利用电流通过焊接接头的接触面及邻近区域产生的电阻热来进行焊接的方法。根据接头形式常分为点焊、缝焊和对焊。

1. 点焊

点焊是将焊件装配成搭接接头后（图11-21），压紧在两柱状电极间，然后通电，利用电阻热局部熔化母材，形成焊点的电阻焊方法，如图11-22所示。

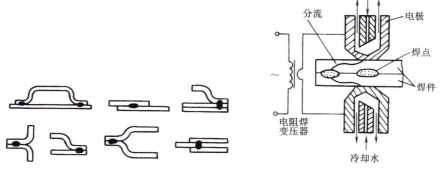

图 11-21　点焊接头形式　　　　　　图 11-22　点焊示意图

点焊时，先加压使两焊件紧密接触，然后通电加热。由于焊件接触处电阻较大，热量集中，使该处的温度迅速升高，金属熔化，形成一定尺寸的熔核。当切断电流、去除压力后，两焊件接触处的熔核凝固而形成组织致密的焊点。电极与焊件接触处所产生的热量因被导热性好的铜（或铜合金）电极与冷却水传走，故电极和焊件接触处不会焊合。

对大面积冲压件，如汽车覆盖件，常采用多点焊法，以提高生产效率。多点点焊机可以有1~100对电极，相应的同时完成1~100个焊点。多点点焊机可以全部电极同时压下同时进行焊接，这样焊接变形最小。更多情况下是电极依次放下，分批进行点焊，以缩小设备容量。

点焊的主要工艺参数是压力、焊接电流和通电时间。电极压力过大，接触电阻下降，热量减少，造成焊点强度不足；电极压力过小，则焊件间接触不良，热源不稳定，甚至出现飞溅、烧穿等缺陷。焊接电流不足，则热量不足，熔深过小，甚至未熔化；电流过大，熔深过大，并有飞溅，还能引起烧穿。通电时间对点焊质量的影响，与电流的影响相似。

点焊前，需严格清理焊件表面的氧化膜、油污等，避免焊件接触电阻过大而影响点焊质量和电极寿命。此外，点焊时有部分电流流经已焊好的焊点，使焊接处电流减小，出现分流现象。为减少分流现象，点焊间距不应过小。

2. 缝焊

缝焊是连续的点焊过程，它是用连续转动的盘状电极代替了柱状电极，焊后获得相互重叠的连续焊缝，如图11-23所示。其盘状电极不仅对焊件加压导电，还依靠自身的旋转带动焊件前移，完成缝焊。

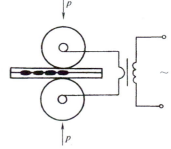

图 11-23　电阻缝焊

缝焊时的分流现象较严重，焊相同板厚零件时，焊接电流约为点焊的1.5~2倍。缝焊接头形式如图11-24所示。

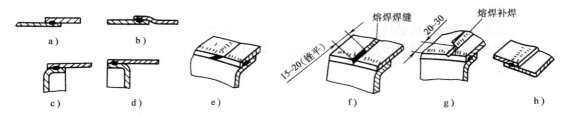

图 11-24　缝焊接头形式

a）无凸肩搭接　b）有凸肩搭接　c）内弯搭接　d）外弯搭接　e）纵横交叉处带斜面的焊接
f）熔焊焊缝和横向缝焊焊缝的交叉　g）熔焊用于纵横焊缝的交叉　h）双重焊缝接头

3. 对焊

对焊是利用电阻热将焊件断面对接焊合的一种电阻焊，可分为电阻对焊和闪光对焊，如图 11-25 所示。图 11-26 所示为推荐的几种接头形式。

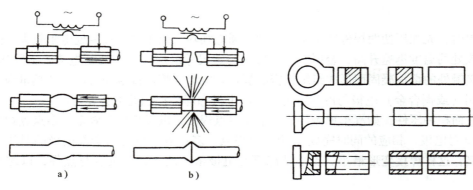

图 11-25　对焊示意图　　　　　　　图 11-26　对焊接头形式

a）电阻对焊　b）闪光对焊

进行电阻对焊时，将焊件夹紧在电极上，预加压力并通电，接触处迅速加热到塑性状态，然后增大压力，同时断电，接触处产生塑性变形，形成牢固接头。

电阻对焊操作简单，接头较光滑，但接头表面要严格清理，否则易造成加热不均匀或夹渣。

进行闪光对焊时，焊件夹紧在电极上，然后接通电源，并使焊件缓慢接触。强电流通过少数触点使其迅速熔化、汽化。在磁场作用下，液态金属爆破飞出，造成"闪光"。由于焊件不断送进，可保持一定的闪光时间。当焊件端面加热到全部熔化时，迅速加压并断电，焊件即在压力下焊合在一起。在闪光对焊过程中，焊件端面的氧化物及杂质，部分随闪光火花带走，部分在加压时随液体金属挤出，故接头中夹渣少，质量高。但金属损耗多，焊后有毛刺需要清理。

不论哪种对焊，焊接断面形状尺寸应尽量相同，以保证焊件接触端面加热均匀。

4. 电阻焊特点及应用

1）加热迅速且温度较低，焊件热影响区及变形小，易获得优质接头。

2）不需外加填充金属和焊剂。

3）无弧光，噪声小，烟尘、有害气体少，劳动条件好。

4）电阻焊件结构简单、质量小、气密性好，易于获得形状复杂的零件。

5）易实现机械化、自动化，生产率高。

但因影响电阻大小的因素都可使热量波动，故接头质量不稳定，在一定程度上限制了电阻焊在某些重要构件上的应用。此外，电阻焊耗电量较大，焊机复杂，造价较高。

点焊适用于低碳素钢、不锈钢、铜合金、铝镁合金等，主要用于板厚4mm以下的薄板冲压结构及钢筋的焊接。缝焊主要用于板厚3mm以下、焊缝规则的密封结构的焊接，如油箱、消声器、自行车大梁等。对焊主要用于制造密闭形零件（如自行车圈、锚链）、轧制材料接长（如钢管、钢轨的接长）、异种材料制造（如高速工具钢与中碳素钢对焊成的铰刀、铣刀、钻头等）。

11.3.5　钎焊

钎焊是采用熔点比焊件母材低的金属材料做钎料，将焊件和钎料加热到高于钎料熔点并低于母材熔点的温度，利用液态钎料润湿母材，填充接头间隙并与母材相互扩散，冷却凝固后实现连接的焊接方法。

钎焊属于物理连接，也称钎接。改善钎料的润湿性，可保证钎料和焊件不被氧化。

1. 钎焊种类

根据钎料熔点的不同，钎焊可分为软钎焊和硬钎焊。

（1）软钎焊　钎料熔点低于450℃的钎焊称为软钎焊。常用的软钎料有锡铅合金及锌锡合金，也称锡焊。锡焊钎料具有良好的导电性。软钎焊的钎剂主要有松香、氯化锌等。软钎焊由于所使用的钎料熔点低，渗入接头间隙的能力较强，因此具有较好的焊接工艺性。但软钎焊接头强度低（一般为60~190MPa），工作温度低于100℃，适用于受力不大、工作温度不高的零件。

（2）硬钎焊　钎料熔点高于450℃的钎焊称为硬钎焊。常用的硬钎料有铝基、银基、铜基合金，钎剂主要有硼砂、硼酸、氟化物、氯化物等。硬钎焊接头强度较高（均在200MPa以上），工作温度也较高，主要适用于机械零部件的焊接。

2. 钎焊接头及加热方式

钎焊接头形式有板料搭接、套件镶接等，如图11-27所示。这些接头都有较大的钎接面，可保证接头有良好的承载能力。

钎焊的加热方式有很多种，常用的主要有火焰加热、电阻加热、感应加热、炉内加热、盐浴加热及烙铁加热等，可依据钎料种类、零件形状与尺寸、接头数量、质量要求及生产批量等选择。其中烙铁加热温度较低，一般只适用于软钎焊。

3. 钎焊特点及应用

1）钎焊要求零件加热温度较低，接头组织，性能变化小，焊件变形小，接头光滑平整，零件尺寸精确。

2）钎焊可焊接异种金属和材料，零件厚度也不受限制。

3）生产率高。对焊件整体加热钎焊时，可同时钎焊有多条（甚至上千条）接缝组织的

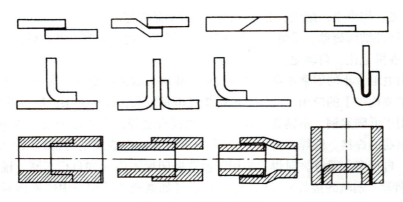

图 11-27　钎焊接头形式

复杂构件。

4）钎焊设备简单，生产投资费用少。

钎焊主要用于焊接精密、微型、复杂、多焊缝、异种材料的焊件。目前，软钎焊广泛用于电子、电器仪表等部门；硬钎焊则多用于制造硬质合金刀具、钻探钻头、换热器等。

11.4　常用材料的焊接

11.4.1　金属材料的焊接性

1. 焊接性的概念

金属的焊接性是指金属材料对焊接加工的适应性，主要是指在一定的焊接工艺条件下，获得优质焊接接头的难易程度。

焊接性包括两个方面内容：一是指焊接时产生缺陷的倾向，尤其是出现各种裂缝的可能性；二是指焊接接头在使用中的可靠性，包括接头的力学性能，以及耐热、耐蚀等特殊性能。

金属的焊接性是一个相对概念。同一种金属材料采用不同的焊接方法，其焊接性能就不同。如焊铸铁时用普通焊条，焊接质量就很难保证，但采用镍基铸铁焊条，则质量较好；焊接铝及铝合金、钛及钛合金时，用焊条电弧焊和气焊难以获得优质焊接接头，但采用氩弧焊，则容易达到质量要求。

2. 钢材焊接性的评价方法

通常用焊接性试验来对金属的焊接性进行评价。金属焊接性试验包括抗裂试验、力学性能试验、腐蚀试验等。通过试验，可以评定某种金属材料焊接性的优劣，对不同材料进行焊接性的比较，为选择焊接材料和确定工艺参数提供试验依据。

影响钢材焊接性的主要因素是其化学成分。钢中加入各种元素后，产生裂缝的倾向不同。其中，碳的影响最明显，其他元素的影响可折算成碳的影响，因此，常用碳当量来评价被焊钢材的焊接性。

碳素钢及低合金结构钢的碳当量计算公式为

$$C_e = w_C + \frac{w_{Mn}}{6} + \frac{w_{Cr} + w_{Mo} + w_V}{5} + \frac{w_{Ni} + w_{Cu}}{15}$$

实践证明，碳当量越大，焊接性越差。一般当 $C_e < 0.4\%$ 时，钢材的塑性良好，焊接性优良，钢材热影响区淬硬和冷裂倾向较小，在一般的焊接工艺条件下，焊件不会产生裂缝，但对厚大零件或低温下焊接时应预热。当 $C_e = 0.4\% \sim 0.6\%$ 时，钢材塑性下降，焊接性下降，淬硬及冷裂倾向增加，焊前需采用保护性措施，如焊前适当预热，焊后缓慢冷却。$C_e > 0.6\%$ 时，钢材塑性较低，淬硬和冷裂倾向严重，焊接性很差，焊前需高温预热，焊接时要求采取减少焊接应力和防止开裂的工艺措施，焊后需要进行适当热处理等。

需要指出的是，利用碳当量法评价钢材焊接性是粗略的，因为钢材的焊接性还受结构刚度、焊后应力条件、环境温度等影响。如当钢板厚度增加时，结构刚度增大，焊后残余应力也较大，焊缝中心部位将出现三向拉应力，这时实际允许的碳当量值将降低。因此，在实际工作中确定材料焊接性，除初步估算外，还应根据实际情况进行抗裂试验及焊接接头使用试验，为制订合理工艺规范提供依据。

11.4.2　碳素钢的焊接

1. 低碳素钢的焊接

低碳素钢中碳的质量分数 $w_C < 0.25\%$，$C_e < 0.4\%$，塑性好，一般没有淬硬倾向，对焊接热过程不敏感，焊接性良好。一般情况下，无须采取特殊的工艺措施，用任何焊接方法均可得到优质接头。但在低温环境施焊或焊接较厚大的结构时，应适当考虑焊前预热（100~150℃）。对壁厚大于 50mm 的零件，焊后应进行正火或去应力退火，以消除残余应力并细化晶粒，提高焊接接头性能。

进行焊条电弧焊时，一般选用 E4303（J422）和 E4315（J427）焊条。进行埋弧焊时，常选用 H08A 或 H08MnA 焊丝配合 HJ431 焊剂。CO_2 气体保护焊时，常选用 H08Mn2SiA 焊丝。

2. 中、高碳素钢的焊接

中碳素钢的 $w_C = 0.25\% \sim 0.6\%$。随碳的质量分数增加，淬硬倾向增大，焊接性能有所下降，焊缝及热影响区中出现热裂纹和冷裂纹的倾向增大。中碳素钢常采用焊条电弧焊，选用 E5015（J507）焊条，焊前应预热（150~400℃）；一般采用细焊条、小电流、开坡口、多层焊，尽量减少母材融入焊缝的数量；焊后应缓慢冷却，防止冷裂纹的产生，必要时进行去应力退火。厚壁件也可采用电渣焊。

高碳素钢中碳的质量分数 $w_C > 0.6\%$，焊接性能更差，需采用更高的预热温度、更严格的工艺措施来保护。高碳素钢通常不用于做焊接结构，而主要用来修复损坏的机件。

11.4.3　低合金结构钢的焊接

低合金钢因其优良的力学性能而广泛用于压力容器、锅炉、桥梁、车辆和船舶等金属结构上。我国按屈服强度大小将其分为六个级别，一般采用焊条电弧焊、埋弧焊和 CO_2 气体保护焊进行焊接，相应的焊接材料见表 11-3。

表 11-3　低合金结构钢焊接材料的选用

强度等级/MPa	钢号	碳当量（%）	焊条电弧焊焊条	埋弧焊		预热温度
				焊丝	焊剂	
300	09Mn2	0.35	J422、J423	H08	431	
	09Mn2Si	0.36	J426、J427	H08MnA		
350	16Mn	0.39	J502、J503	H08A	431	
			J506、J507	H08MnA、H10Mn2		
400	15MnV	0.40	J506、J507	H08MnA	431	厚板
	15MnTi	0.38	J556、J557	H10MnSi、H10Mn		≥150℃
450	15MnVN	0.43	J556、J557	H08MnMoA	431	≥150℃
			J606、J607	H10Mn2	250	
500	18MnMoNb	0.55	J607	H08Mn2MoA	250	≥200℃
	14MnMoV	0.50	J707	H08Mn2MoVA	350	
550	14MnMoNb	0.47	J607	H08Mn2MoVA	250	≥200℃
			J707		350	

　　强度级别较低的低合金结构钢（屈服强度小于400MPa），合金元素少，碳当量低（$C_e <$ 0.4%），焊接性能接近低碳素钢，具有良好的焊接性能，一般不需预热，焊接时，不必采取特殊的工艺措施。但在低温下焊接或焊接较厚大板时，需预热到100~150℃。

　　强度级别较高的低合金结构钢（屈服强度大于450MPa），随合金元素含量及强度的增高，热影响区的淬硬倾向增大，焊接性能较差。此外，接头产生冷裂纹的倾向也相应增大，焊前需预热（150~250℃），并加大焊接电流，减小焊速，同时选用低氢焊条，焊后还要及时进行热处理或消氢处理（焊件加热至200~350℃，保温2~6h使氢逸出），这样可以预防冷裂纹的产生。

11.4.4　不锈钢的焊接

　　不锈钢具有良好的耐酸、耐热及耐腐蚀等性能，在生产中应用广泛。应用最为广泛的奥氏体不锈钢具有良好的焊接性，可采用焊条电弧焊、氩弧焊和埋弧焊进行焊接。焊接时，一般不需要采取特殊的工艺措施。需要指出的是，奥氏体不锈钢焊接时存在的主要问题是焊缝的热裂及焊接接头的晶间腐蚀。为防止其发生，应按母材金属类型选择不锈钢焊条，采用小电流、短弧、焊条不摆动、快速焊等工艺，尽量避免过热；对耐蚀性要求高的重要结构，焊后还要进行高温固溶处理，以提高其耐蚀性。

　　马氏体不锈钢和铁素体不锈钢的焊接性较差，应采取严格的工艺措施，如焊前预热、采用细焊条、小电流焊接、焊后去应力退火等。

11.4.5　铸铁的焊接

　　铸铁碳的质量分数高，组织不均匀，塑性差，焊接性不好，焊接时易出现白口组织、焊接裂纹和气孔等缺陷，不宜作为焊接结构材料，主要用于焊补，即修复铸件缺陷或损坏的部位。

　　铸铁焊补通常采用气焊或焊条电弧焊，根据焊前是否预热，焊补工艺分为热焊和冷焊两种。

1. 热焊

焊前将焊件整体或局部加热到 $600\sim700℃$，用气焊或焊条电弧焊进行焊补，焊补过程中焊件保持预热温度，焊后缓冷或去应力退火，可有效防止白口组织和裂纹的产生，焊补质量稳定，焊后容易机械加工。但此法需要加热设备，成本高，劳动条件差，生产率低，一般用于小型、中等厚度（>10mm）的铸铁件和焊后需要加工的复杂、重要的铸铁零件，如机床导轨和汽车气缸。采用气焊焊补时，使用铸铁焊芯并配气焊熔剂；焊条电弧焊焊补时，采用铸铁芯、镍基铸铁焊条或钢芯石墨化焊条。

2. 冷焊

冷焊是焊前不预热或低温预热（400℃以下）的焊补方法，易出现白口组织，但其生产率高，成本低。冷焊法采用焊条电弧焊进行，常用焊条有铜基铸铁焊条、高钒铸铁焊条、钢芯铸铁焊条、镍基铸铁焊条。

11.4.6　有色金属的焊接

1. 铝及铝合金的焊接

铝及铝合金的焊接比较困难，主要原因是：①铝极易氧化形成高熔点的氧化铝，覆盖在熔池金属表面，阻碍金属的熔合，且由于其密度比铝大，造成焊缝夹渣；②铝的热导率较大，焊接时热量散失快，要求能量大或密集的热源；③铝的高温强度低，塑性差，而膨胀系数较大，焊接应力较大，易使焊接变形开裂；④铝及铝合金液态溶氢量大，但凝固时，其溶解度下降近95%，易形成气孔。

铝及铝合金的焊接可用氩弧焊、气焊、电阻焊、钎焊等方法进行。氩弧焊不仅有良好的保护作用，还有阴极破碎作用，可去除氧化铝膜，使合金熔合良好，焊接质量好，成形美观，焊件变形小，常用于要求较高的结构件。气焊则用于纯铝和非热处理强化的铝合金。

2. 铜及铜合金的焊接

铜及铜合金的焊接性较差，主要表现在：①铜及其合金的热导率很大，热量易散失而达不到焊接温度，容易出现不熔合和焊不透的现象；②铜在液态时能溶解大量的氢，凝固时，溶解度急剧下降，氢来不及析出而形成气孔；③铜及铜合金的线膨胀系数及收缩率都很大，易产生较大的焊接应力而变形甚至开裂；④铜在高温液态时易氧化，生成的氧化亚铜不溶于固态铜而与铜形成低熔点共晶体，使接头脆化，易引起焊接裂纹。

铜及铜合金可采用氩弧焊、气焊、埋弧焊、等离子弧焊等方法进行焊接。

纯铜和青铜采用氩弧焊焊接时质量最好；采用焊条电弧焊时质量不稳定，焊缝中容易产生缺陷；采用气焊时，要用特制的含硅、锰等脱氧元素的焊丝，并且要用中性火焰，焊接质量差、效率低，应尽量少用。

黄铜常用气焊进行焊接。焊接时，用含硅焊丝配与含硼砂的溶剂，能够很好地阻止锌的蒸发，同时还能有效地防止氢溶入熔池，从而减小焊缝产生氢气孔的可能性。

埋弧焊适用于焊接厚度较大的纯铜板。

11.5　焊接结构工艺设计

焊接结构工艺性指焊接结构适用于某种焊接加工的难易程度。设计焊接结构时，不仅要考虑强度等使用性能要求，还要考虑焊接工艺性要求，力求达到焊接质量良好，焊接工艺简单，生产率高，成本低。以下从焊接材料的选择、焊接方法的选择、焊接接头工艺设计、焊缝的布置等几方面简要介绍焊接结构工艺设计。

11.5.1 焊接材料的选择

焊接结构选材的总原则是在满足使用性能的前提下，选用焊接性好的材料。应优先选用碳的质量分数小、焊接性好的低碳素钢及低合金钢。碳当量大于 0.4% 的碳素钢和合金钢，焊接性稍差，一般不宜选用。镇静钢脱氧完全，组织致密，可用作重要焊接结构。对于用异质钢材或异质金属拼焊的复合构件，需要保证焊缝与低强度金属等强度；工艺上应按焊接性较差的高强度金属设计。另外，工程上应尽量采用工字钢、槽钢、角钢、钢管等型材制作焊接结构，以减少焊缝，简化工艺。表 11-4 列出了常用金属材料的焊接性，供选用时参考。

表 11-4　常用金属材料的焊接性

焊接金属	气焊	焊条电弧焊	埋弧焊	CO_2 气体保护焊	氩弧焊	电子束焊	电渣焊	点焊、缝焊	对焊	摩擦焊	钎焊
低碳素钢	A	A	A	A	A	A	A	A	A	A	A
中碳素钢	A	A	B	B	A	A	A	B	A	A	A
低合金钢	B	A	A	A	A	A	A	B	A	A	A
不锈钢	A	A	B	A	A	A	B	A	A	A	A
耐热钢	B	A	B	C	A	A	D	B	C	D	A
铸钢	A	A	A	A	A	A	A	(—)	B	B	B
铸铁	B	B	C	C	B	(—)	B	(—)	D	D	B
铜及铜合金	B	B	C	C	A	B	D	D	D	A	A
铝及铝合金	B	C	C	D	A	A	D	A	A	B	C
钛及钛合金	D	D	D	D	A	A	D	B-C	D	D	B

注：A—焊接性良好；B—焊接性较好；C—焊接性较差；D—焊接性不好；（—）—很少采用。

11.5.2 焊接方法的选择

各种焊接方法都有自己的特点和适用范围。生产焊接结构件须根据各种焊接方法的特点和适用范围、结构材料的焊接性、焊件厚度、焊缝长短、生产批量和现场条件等综合考虑，选择适宜的焊接方法。基本原则是：在保证产品质量的前提下，优先选用常用的焊接方法；生产批量较大时，要考虑提高生产效率和降低成本等。

例如，一般低碳素钢焊件虽然可以采用多种焊接方法，但对于薄板结构，采用 CO_2 气体保护焊和电阻焊生产率较高；对于中等厚度（10~20mm）的板件，则用焊条电弧焊、埋弧焊、CO_2 气体保护焊均可，应视焊件的结构特点、生产批量和现场条件而定；对于厚板大型结构，可选电渣焊。再如，焊接合金结构钢、不锈钢等重要结构时，为确保质量，应优先选用气体保护焊；焊接铝合金，则以氩弧焊为好，但若现场无氩弧焊焊机，则应考虑气焊。

表 11-5 给出了常用焊接方法的比较，可供选择焊接方法时参考。

表 11-5　常用焊接方法的比较

焊接方法	热源	保护方式	热影响区	焊接位置	接头形式	生产率	焊接钢板厚度/mm
气焊	可燃气体燃烧	熔渣	大	全	对接、卷边接	低	0.5~3
焊条电弧焊	电弧热	熔渣	较小	全	对接、搭接、T形接、角接	中	>1 常用 3~20
埋弧焊	电弧热	熔渣	小	平	对接、搭接、T形接	高	>3 常用 6~60
氩弧焊	电弧热	氩气	小	全	对接、搭接、T形接	较高	0.5~30
CO_2 气体保护焊	电弧热	CO_2	小	全	对接、搭接、T字接	高	1~50
电渣焊	电阻热	熔渣	很大	立	对接、T形接、角接	高	可焊 25~1000 以上，常用 40~450
等离子弧焊	压缩电弧热	氩气	很小	平	对接	高	1~6
电子束焊	电子束动能转化为热能	真空	很小	平	对接、搭接、T形接、角接	很高	5~60
激光焊	激光束光能转化为热能		很小	平、横	对接、搭接、角接	很高	0.01~50
定位焊	电阻热并附加压力		小	全	卷边接、搭接	高	<10，常用 0.5~3
对焊	电阻热并附加压力		小	平	对接	高	>ϕ20（闪光）≤ϕ20（电阻）
缝焊	电阻热并附加压力		较小	平	卷边接、搭接	高	<2~3
摩擦焊	摩擦热并附加压力		小	水平、垂直	对接	高	<ϕ100
钎焊	各种热源均可		很小	平	斜对接、搭接、套接	高	

11.5.3　焊接接头工艺设计

1. 焊接接头形式的选择

常用的焊接接头形式有对接接头、角接接头、T形接头和搭接接头四种，如图 11-28 所示。

对接接头应力分布均匀，接头质量易于保证，适用于重要的受力焊缝，如锅炉、压力容器的焊缝。搭接接头的两零件不在同一平面，受力存在附加弯矩引起的弯曲应力，降低了接头强度，重叠部分既浪费材料，又增加结构质量。但此接头不需开坡口，焊前准备和装配工作比对接接头简便，适用于受力不太大的平面连接，如厂房屋架、桥梁等结构。角接接头和T形接头应力分布复杂，承载能力比对接接头低，当接头呈直角或一定角度时，必须采用T形接头或角接接头。

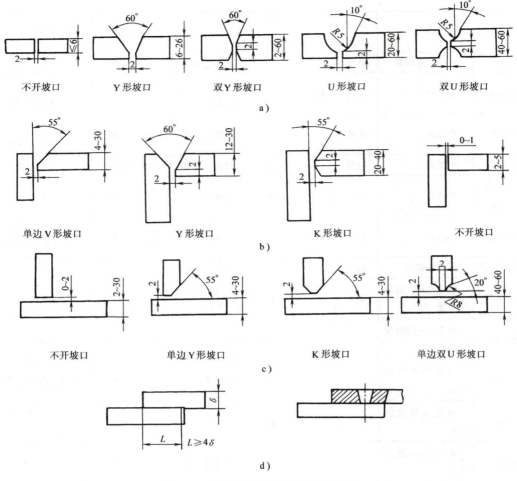

图 11-28 焊条电弧焊接头及坡口形式

a）对接接头 b）角接接头 c）T形接头 d）搭接接头

2. 焊件坡口形式设计

几种常用的坡口形式如图 11-28 所示。当板厚较大（超过 6mm）时，为保证焊透，接头边缘要加工出坡口。各种接头的坡口形式及尺寸已标准化。设计时主要根据板厚和采用的焊接方法确定坡口形式，同时兼顾焊接工作量大小、焊接材料消耗、坡口加工成本及焊接施工条件等。如当焊件不能翻转，另一面处于仰焊位置，或对于内径较小的管道，无法或不便于进行双面焊时，则必须采用 Y 形或 U 形坡口。

焊接结构最好采用等厚度的材料，对不同厚度焊件所允许的厚度差值见表 11-6。若两焊件厚度差超过此范围，则应在较厚板上加工出单面或双面过渡段，如图 11-29 所示。

表 11-6 两板对接时厚度差范围

较薄板的厚度/mm	2~5	6~8	9~11	≥12
允许厚度差（$\delta_1 - \delta$）/mm	1	2	3	4

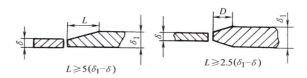

图 11-29 不同板厚的对接

11.5.4 焊缝的布置

焊接结构工艺设计的关键之一是合理地布置焊缝位置，这对焊接结构质量及劳动生产率有很大影响。在考虑焊缝布置位置时，应注意下列设计原则。

1. 焊缝布置应便于焊接操作和检验

焊缝的布置应留有足够的操作空间，以满足焊条或电极的伸入，焊剂的存放及进行焊接操作和检验要求，如图 11-30 所示。

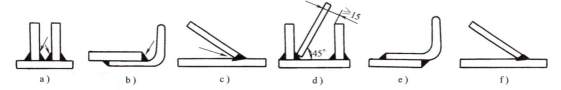

图 11-30 便于施焊的焊缝布置
a)、b)、c) 不合理 d)、e)、f) 合理

2. 焊缝应对称分布

对称的焊缝可使焊接变形相互约束、相互抵消而减轻，特别是对梁类、柱类结构效果明显。图 11-31a 所示的两条焊缝偏于截面一侧，变形较大；图 11-31b 所示的两条焊缝对称分布，变形较小；图 11-31c 所示的焊缝既对称又位于对角处，实践证明变形最小。

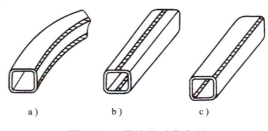

图 11-31 焊缝的对称布置
a) 变形较大 b) 变形较小 c) 变形最小

3. 焊缝应避免密集交叉

焊缝的密集、交叉使接头处严重过热，热影响区增大，焊接应力大，力学性能下降，如图 11-32 所示。一般两条焊缝间距应大于板厚的 3 倍。

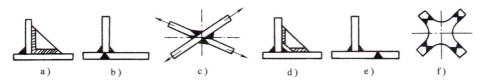

图 11-32 焊缝的分散布置
a)、b)、c) 不合理 d)、e)、f) 合理

4. 焊缝应避开应力集中和最大应力的部位

图 11-33 所示的大跨距横梁，跨距中间应力最大，图 11-33a 所示的结构由两段焊成，焊缝恰在中间，虽只有一道焊缝，但却削弱了其承载能力，不合理；改为图 11-33b 所示的形式分两段焊，尽管增加一条焊缝，却改善了焊缝的受力情况，结构承载能力反而上升。

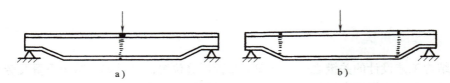

a)   b)

图 11-33　焊缝应避开应力集中和最大应力的部位

5. 焊缝应远离机械加工表面

若焊件某些部位精度要求较高，且必须在加工后焊接，此时焊缝应避开加工面，以保证原有加工精度，如图 11-34 所示。

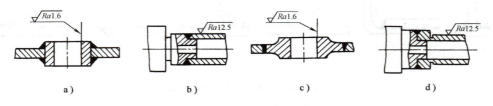

a)　　　　　b)　　　　　c)　　　　　d)

图 11-34　焊缝避开加工表面
a)、b)　不合理　c)、d)　合理

复习思考题

1. 焊接方法分为哪几类？
2. 简述焊条电弧焊的原理及过程。
3. 熔焊过程有哪些冶金特点？
4. 防止及消除焊接应力与变形的措施有哪些？
5. 怎样用碳当量来评价被焊钢材的焊接性？
6. 布置焊缝位置时，应考虑哪些原则？
7. 焊接时为什么要对焊接区进行保护？常采取哪些措施？
8. 焊接接头由哪几部分组成？各部分的作用是什么？
9. 什么是焊接热影响区？焊接热影响区对焊接接头有哪些影响？如何减少或消除这些影响？
10. 焊接熔渣有哪些作用？
11. 焊接过程中的焊接裂纹和气孔是如何形成的？如何防止？
12. 常用的焊接接头及坡口形式有哪些？

13. 低碳钢的焊接有何特点，为什么铜及铜合金、铝及铝合金的焊接比低素钢困难得多？

14. 开放性习题：焊接是连接方法之一，为什么可称为成形工艺呢？除了焊缝之外的地方又是如何得到所需的形状呢？

15. 开放性习题：通过调研和查阅资料，简述金属 3D 打印和焊接的关系。

第12章　先进材料及成形技术

 **学习要求**

先进材料是指新近发展或在快速发展的、具有优异性能或特定功能的材料，它对科技进步和国民经济发展具有重要作用。先进材料的制备技术对其发展应用非常重要，能够影响材料的制备成本进而制约材料的应用，先进的制备技术是材料应用的基础。

学习本章后学生应达成的能力要求包括：

1) 了解先进材料的性能特点，为开发满足多种性能要求的新材料打下基础。
2) 理解先进材料的结构特点。
3) 了解常用先进材料的性能及其应用范围。
4) 了解各种先进材料的制备方法。

随着技术的发展，航天、航空、军工等尖端领域对材料性能提出了多方面的高要求。先进材料及其成形技术对人们的生活水平、国家安全及经济实力起到关键性的作用。在未来一段时期内，对先进材料的需求总体上呈如下几个趋势：对先进材料数量的需求持续增加；对材料质量、可靠性和成本将更加重视；对能源材料、生物材料、环境材料的需求越来越迫切；在追求单一方面高性能的同时，要求材料具有多方面的性能；对先进的成形技术有迫切的需求。

12.1　新型合金材料

12.1.1　非晶态合金

与晶体结构不同，非晶态材料属于典型的无序结构材料，它包括非晶态合金、非晶态半导体、非晶态超导体及非晶态聚合物。

1. 非晶态合金的结构特点

非晶态合金的原子在三维空间中呈拓扑无序状的排列，没有晶界与堆垛层错等缺陷，但原子的排列也不像理想气体那样的完全无序，而是在几个晶格常数范围内保持短程有序。非晶态合金既是结构（或物理）无序，又是成分（或化学）无序。为了能区别非晶与微晶，通常定义非晶态合金的短程有序区小于 1.5nm，即不超过 4~5 个原子间距。与晶态材料的结构相比较，非晶态材料具有以下主要特征。

（1）长程无序性 众所周知，晶体结构最基本的特点是原子排列的长程有序性，即晶体的原子在三维空间的排列，沿着每个点阵直线的方向，原子有规则地重复出现。这就是通常所说的晶体结构的周期性。而在非晶态结构中，原子排列没有这种规则的周期性。即原子的排列从总体上看是无规则的，但近邻原子的排列却呈现一定的规律性。例如，非晶硅的每个原子仍为四价共价键，与最邻近原子构成四面体，但总体原子的排列却无周期性的规律。由于非晶态结构的长程无序性，因而可以把非晶态材料看作是均匀的和各向同性的结构。

（2）亚稳态性 晶态材料在熔点以下一般处于自由能最低的稳定平衡态，非晶态材料则处于一种亚稳态。所谓亚稳态是指该状态下系统的自由能比平衡态高，有向平衡态转变的趋势。但是，从亚稳态转变到自由能最低的平衡态必须克服一定的势能。因此，非晶态及其结构具有相对的稳定性。这种相对稳定性直接影响非晶态材料的使用寿命和应用。

2. 非晶态合金的性能

（1）非晶态合金的力学性能 材料的力学性能涉及材料在各种不同的服役条件（载荷、速度、温度等）下，从开始受力（静力或动力）至失效的全部过程中所表现的力学特征。其中最重要的参数有断裂强度、屈服强度、弹性模量和密度。

1）非晶态合金的强度。非晶态合金具有极高的断裂强度和屈服强度及良好的塑性，可经受 $180°$ 弯曲而不发生断裂，而晶态合金很难具备这样好的性能。例如，非晶态 Fe 基合金（$Fe_{80}P_{15}C_5$、$Fe_{72}Ni_8P_{15}C_7$）屈服强度为 $2000\sim3000MPa$，断裂强度约 $3000MPa$，最高可达 $4000MPa$。

2）非晶态合金的弹性模量。所谓艾林瓦（Elinvar）特性是指材料在一定温度范围内，弹性模量随温度的变化极小。非晶态合金具有明显的艾林瓦特性。例如，许多非晶态 Fe 基合金在室温附近的弹性模量和剪切模量皆不随温度变化，非晶态 Pd-Si 合金也具有艾林瓦特性。

3）非晶态合金的密度。密度可以表征非晶态合金中原子的堆积程度。一般来说，非晶态合金的密度值比相应的晶态合金低 $1\%\sim2\%$，如晶态下 $Fe_{88}B_{12}$ 合金的密度为 $7.52g/cm^3$，而非晶态时则为 $7.45g/cm^3$。非晶态合金的密度与成分之间存在着线性关系。

（2）非晶态合金的热学性能

1）非晶态合金的热稳定性。非晶态合金处于亚稳态，是温度敏感材料。若材料的居里温度 T_c 和晶化温度 T_x 较低，则更不稳定，有些甚至在室温时就会发生转变。因此，提高非晶态合金的温度稳定性是一个重要的研究课题。通过调节成分提高 T_c 和 T_x 是解决非晶态合金不稳定性的重要途径。例如，在非晶态 $(Fe_{80}Ni_{20})_{80-x}Si_xB_{14}$ 合金中增加 Si 含量时，其晶化温度 T_x 增加而居里温度 T_c 下降；Cr 的添加可显著地提高非晶态 $(Co_{0.93}Fe_{0.07})_{75-x}Cr_xSi_{15}B_{10}$ 合金的热稳定性。

2）非晶态合金的低膨胀系数。在相当宽的温度范围内，非晶态合金显示出很低的热膨胀系数；并且经过适当热处理，还可以进一步降低其在室温下的热膨胀系数。

3）加压下非晶态合金的热学性能。在较低温度下，对非晶态合金进行单纯加压不会导致晶化。但是，若在加压的同时加温，则将使材料晶化温度提高。例如，非晶态 Pd-Si 合金常压下的晶化温度低于 $200℃$，但在 $100kPa$ 和 $200℃$ 下，非晶状态能仍保持 $200min$。

（3）非晶态合金的电学性能 非晶态合金具有长程无序结构，它的导电性能与晶态合金有许多差异。非晶态合金在室温下的电阻率 ρ 比晶态合金大得多，一般为 $(50\sim350)\times$

$10^{-8}\Omega\cdot m$，比相应的晶态合金大 2 倍。非晶态合金的电阻温度系数比晶态合金小，并且常常是负值。非晶态合金电阻率 ρ 随温度而变化，常在低温出现一个与晶态合金不同的电阻极小值。

（4）非晶态合金的磁学性能　非晶态合金具有类似于晶态合金的磁致伸缩现象，而且其饱和磁致伸缩常数 A 与过渡族金属的相近。虽然非晶态合金具有长程无序结构，宏观上应当各向同性，但是在许多非晶态磁性材料中存在磁各向异性，一般约为 $10^{-4}J/cm^3$。经过适当的退火处理，由于内应力消除，其磁各向异性可以变得很小，具有优良的软磁特性。另外，非晶态合金的磁损耗、矫顽力较相应的晶态合金低；退火对于非晶态合金磁滞回线有较大影响，可使 H_0 减小，磁导率得到适当提高。因此，非晶态磁性材料具有低矫顽力、高导磁率、低磁损耗等特点。

（5）非晶态合金的化学性能　非晶态合金在特殊条件下诱发的点蚀与缝隙腐蚀也能抑制腐蚀发展。例如：非晶态 $FeNi_{30}Cr_{14}P_{14}B_6$ 合金冷变形后在 pH7 的 1.0mol/L NaCl 溶液中阳极极化时曾产生点蚀，但在阳极极化 1h 内蚀点就停止长大而重新钝化。

3. 非晶态合金材料的制备方法

非晶态合金的一个基本特征是其构成的原子在很大程度上是混乱排列的。因此，制备非晶态合金必须解决两个关键问题：一是必须形成原子（或分子）混乱排列的状态；二是将这种热力学上的亚稳态在一定的温度范围内保存下来，使之不向晶态转变。

枪法制备单片非晶态合金箔如图 12-1a 所示，在低压氩气保护下熔融的合金液珠，用高压氩气将其喷射到钢板上，得到数微米级的不定型非晶态箔。它具有约 $10°C/s$ 的冷却速度，是液态急冷方法中冷速最快的一种。喷射法制备非晶态合金粉末如图 12-1b 所示，一个高速旋转的冷却体，其内表面在离心力作用下附着一层冷却液，熔融合金喷射到冷却液中而获得非晶态粉末。

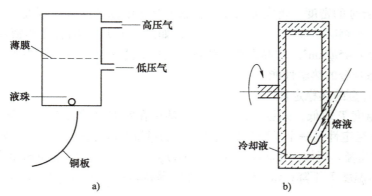

图 12-1　非晶态合金制备方法

a）枪法制备单片非晶态合金箔　b）喷射法制备非晶态合金粉末

4. 非晶态合金材料的应用

非晶合金用于铁心变压器时，比硅钢片作铁心变压器的空载损耗下降 75% 左右，空载电流下降约 80%，是目前节能效果较理想的配电变压器，特别适用于农村电网和发展中地区等负载率较低的地方。用 $Fe_{40}Ni_{40}P_{14}B_6$ 非晶态磁性合金条带编织的帘布做磁屏蔽，其性能优于坡莫合金。非晶态磁性合金可用于轧钢废水处理、油过滤器等软磁耐蚀材料，也可作为高弹性材料用于制备应变传感器、扬声器用振动板和机械振子等。

12.1.2　纳米材料

1. 纳米材料的概念

纳米材料是指由特征尺寸在纳米数量级（通常指 1～100nm）的极细颗粒、纤维或薄膜组成的固体材料。从广义上讲，纳米材料是指三维空间尺寸中至少有一维处于纳米量级的材料。所谓特征尺寸：对颗粒（或粉体）材料而言，是指每一个颗粒的直径大小；对多层薄膜材料而言，是指每一层薄膜的厚度；对纤维来说，是指纤维的横截面直径。纳米材料还可以指将纳米超微粉体加到其他非纳米基体（如聚合物材料）中仍保持其纳米尺寸并存在纳米尺度界面的材料，称为纳米复合材料。

2. 纳米材料的结构

纳米材料可分为零维纳米材料、一维纳米材料、二维纳米材料和三维纳米材料。纳米级的结构单元可以是：①零维指空间三维均在纳米尺度，如纳米颗粒、纳米原子团簇（几个至几百个原子的聚集体）等；②一维指在空间有两维处于纳米尺度，如纳米线/丝、纳米棒、纳米管等；③二维指在三维空间中有一维处于纳米尺度，如纳米薄膜、多层膜等；④三维指由纳米基本结构单元组成的纳米结构和纳米块体材料等。

纳米材料由两种组元构成：晶体组元和界面组元。图 12-2 示出纳米晶材料的二维结构模型，不同取向的纳米尺度小晶粒由晶界连接在一起，由于晶粒极微小，晶界所占比例相应增大。若晶粒尺寸为 5～10nm，晶界将占 50% 体积，即约 50% 原子位于排列不规则晶界处，其原子密度及配位数远远偏离了完整晶体结构。因此，纳米晶材料是一种非平衡态结构，其中存在大量的晶体缺陷。纳米材料中的晶界结构相当复杂，处于无序到有序的中间状态，有的与粗晶界面结构十分接近，而有的则更趋于无序状态。而正是由于纳米材料这种特殊的结构，使纳米材料自身具有小尺寸效应、量子尺寸效应和表面效应等特殊效应。

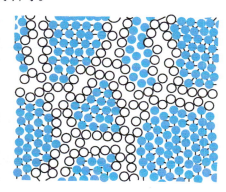

图 12-2　纳米材料的二维结构模型

3. 纳米材料中的特殊效应

（1）表面效应（界面效应）　随着粒径的减小，纳米微粒表面原子数与总原子数之比增大，纳米粒子的比表面积、表面能都迅速增加。表面原子处于"裸露"状态，其周围缺少相邻的原子，原子配位数不足，存在未饱和键，导致纳米微粒表面存在着许多缺陷，从而使表面具有很高的活性，特别容易吸附其他原子或容易发生化学反应，表现出很大的化学活性和催化活性。例如，金属原子在纳米晶中的自扩散系数 D 比常规晶体材料提高 10^{14}～10^{20} 倍。

（2）小尺寸效应（体积效应）　当纳米微粒的粒径小到与其光波波长、德布罗意波长、超导态的相干长度、透射深度等物理特征尺寸相当或更小时，纳米微粒晶体的周期性边界条件被破坏，而导致其呈现出与相应块体材料显著不同的物理性质（如声、光、电、磁、热等）变化的现象，此即纳米粒子的小尺寸效应。例如，块体金（Au）的熔点为 1300K，而

3nm 的金粉的熔点却为 900K。

决定物质磁性、内压、光吸收、热阻、化学活性、催化活性及熔点等性质的正是纳米层次的由有限分子组装起来的集合体，而不再是直接决定于原子和分子，介于物质的宏观结构与微观原子之间的层次对材料的这些物性起着决定性作用。

(3) **量子尺寸效应** 当粒子尺寸达到纳米量级时，金属费米能级附近的电子能级由准连续变为分立能级的现象，称为量子尺寸效应。能带理论表明，金属纳米微粒包含的原子数有限，能级间距发生分裂。当能级间距大于热、磁、电、光或超导对应的凝聚态能级间距时，纳米微粒的磁、光、声、热、电及超导电性与宏观物体有显著不同，如光谱线频移、导体变绝缘体等。例如金属 Ag 为良导体，但在纳米微粒粒径小于 20nm 时，会呈现电绝缘性。

(4) **宏观量子隧道效应** 微观粒子具有贯穿势垒的能力称为隧道效应。人们发现一些宏观量，如微颗粒的磁化强度、量子相干器件的磁通量以及电荷等亦具有隧道效应，它们可以穿越宏观系统的势垒产生变化，故称为宏观的量子隧道效应。用此概念可定性解释超细镍微粒在低温下保持超顺磁性等现象。

4. 纳米材料的性能

在纳米尺度范围内原子及分子的相互作用，强烈地影响物质的宏观性质。当组成材料的尺寸达到纳米量级时，材料性质与普通材料有很大的不同。表 12-1 所列的一些纳米晶金属与通常多晶或非晶态的性能比较，明显地反映了其变化特点。

表 12-1 纳米晶金属与通常多晶或非晶态的性能

金属材料	性能	多晶	非晶态	纳米晶
Cu	热膨胀系数/$(10^{-6}/K)$	16	18	31
Pd	比热容（295K）/$[J/(g \cdot K)]$	0.24	—	0.37
Fe	密度/(g/cm^3)	7.9	7.5	6.0
Pd	弹性模量/GPa	123	—	88
Pd	剪切模量/GPa	43	—	32
高碳铁 ($w_C = 1.8\%$)	断裂强度/MPa	700		8000
Cu	屈服强度/MPa	83	—	185
Fe	饱和磁化强度（4K）/$(4\pi \times 10^{-7} Tm^3/kg)$	222	215	130
Sb	磁化率/$(4\pi \times 10^{-9} m^3/kg)$	-1.0	-0.03	20
Al	超导临界温度/K	1.2		3.2
Ag 于 Cu 中	扩散激活能/eV	2.0		0.39
Cu 自扩散		2.04		0.64
Fe	德拜温度/K	467	—	3.0

(1) **热力学性能** 颗粒尺寸变小导致比表面积增大，从而使颗粒的化学势增大。当粒度小于某临界尺寸时，纳米晶粒以多重孪晶构型为能量最低状态，再减小粒度时，就成为原子簇，此时其内部原子结构可连续起伏于不同构型之中。超微颗粒的熔点随粒度减小而降低。例如块状银的熔点为 960.8℃，而纳米银粒的熔点仅为 100℃。表 12-1 所示的高碳铁（$w_C = 1.8\%$）的断裂强度由多晶的 700MPa 提高至纳米晶的 8000MPa。

（2）电磁性能　当金属晶粒处于纳米范畴时，自由电子的平均自由程将会减小，导致电导率降低。纳米颗粒的电导率由于量子隧道效应而下降。颗粒减小会影响其超导性，其超导性的临界温度 T_c 会增高。超微粒的介电性能也随着粒度减小而变化，这是因为粒度减小时，电子的平均自由路程将受到限制，此外，表面电子的运动情况也有自己的特点。如 Al 的超导临界温度由多晶的 1.2K 增加到纳米晶的 3.2K。

在纳米材料中，当粒径小于某一临界值时，每个晶粒都呈现单磁畴结构，而矫顽力显著增长；当粒度再减小时，由于热扰动使纳米颗粒的矫顽力降为零而进入超顺磁性状态。纳米材料的这些磁特性是其成为永久性磁体材料、磁流体和磁记录材料的基本依据。

（3）光学性能　当晶粒尺寸减小到纳米量级时，其对光的反射率很低，一般低于 1%，对太阳光几乎能全部吸收，被称为太阳黑体。纳米微粒由于量子化效应，其能隙随粒度减小而增加，从而导致光吸收峰的"蓝移"。

（4）化学性能　纳米材料由于其粒径的减小，表面原子数所占比例很大，吸附能力增强，因而具有较高的化学反应活性。可以利用纳米材料的气体吸附性制成气敏元件，以便对不同气体进行检测。

（5）催化性能　纳米材料作为催化剂具有无细孔、无其他成分、能自选组分、使用条件温和及使用方便等优点，从而避免了常规催化剂所引起的反应物向其内孔缓慢扩散而生成副产物的不足。并且这类催化剂不必附在惰性载体上使用，可直接放入液相反应体系中，反应产生的热量会随着液相流动而不断向周围扩散，从而保证不会因局部过热导致催化剂结构破坏而失去活性。另外纳米材料作为光催化剂时因粒径小，粒子到达表面的数量多，光催化效率很高。

5. 纳米材料的应用

当材料小到纳米尺度时，会出现一些常规材料所不具备的新特性，纳米材料的主要特性及其应用见表 12-2。

表 12-2　纳米材料的主要特性及其应用

分类	纳米材料的特性	应用
力学	高强度、高硬度、高塑性、高韧性、低密度、低弹性模量	纳米金属陶瓷高性能刀具，用于高压、真空、腐蚀等极端环境的纳米陶瓷
热学	高比热容、高热膨胀系数、低熔点	高效光热转换、低温烧结
光学	反射率低、吸收率大、吸收光谱蓝移	红外传感器件、红外隐身技术、高效光热、光电转换、吸波、光通信、光存储、光开关、光过滤、光致发光、非线性光学元件、光折变材料
电学	高电阻、量子隧道效应、库仑堵塞效应	纳米电子器件、导电浆料、电极、超导体、量子器件、压敏和非线性电阻
磁学	强软磁性、高矫顽力、超顺磁性、巨磁电阻效应	磁记录、磁光记录、磁流体、永磁材料、吸波材料、磁光元件、磁存储、磁探测器、磁致冷材料
化学	高活性、高扩散性、高吸附性、光催化活性	催化剂、催化剂载体、抗菌、空气净化、汽车尾气净化、废水处理、自清洁
生物	高渗透性、高表面积、高度仿生	药物载体、靶向给药、药物筛选、抗癌、人工骨、纳米孔基因测序、芯片实验室

12.1.3 智能材料与形状记忆合金

智能材料具有许多独特的仿生物智能功能，在航空航天、国防军事、建筑、纺织、医学、机械制造等领域的应用中，已展现出其优越的性能和广阔的应用前景。

智能材料主要应用于高精尖领域，在日常生活中也得到应用。我们熟悉的变色太阳镜镜片就是智能材料。这种智能材料能感知周围光线的强弱，当周围光线很强时，镜片自行变暗，当光较弱时，镜片就变得透明起来。不远的将来，智能材料将普遍出现在日常生活之中，如智能服装会自动调节大小、颜色和温度；变形建筑允许主人按一下键就能改变自身的形状；智能窗户会自动调节光线；智能墙壁可以变换颜色等。

1. 智能材料

智能材料是指模仿生命系统，能感知环境变化并能实时地改变自身的一种或多种性能参数，能与变化后的环境相适应的复合材料或材料的复合。如图 12-3 所示的智能材料，能感知环境的变化（传感功能），能对信息进行分析处理并确定最适宜的响应值（处理功能），还能进行反馈做出主动的响应（执行功能）。换言之，所谓的智能材料就是要具有感知环境（包括内环境和外环境）刺激的功能，能根据不断变化的外部环境和条件，及时地自动调整自身结构和功能，并能相应地改变自身的状态和行为的材料。简单地说，就是智能材料要具备"发现故障"和"自我修复"的功能。但是，现有的材料一般比较单一，难以满足智能材料的要求，所以智能材料一般由两种或两种以上的材料复合构成一个智能材料系统。

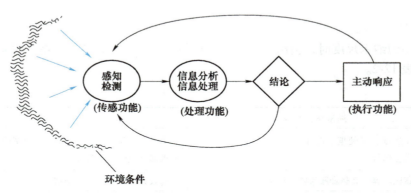

图 12-3 能感知环境条件且做出响应的智能材料

（1）智能材料的基本特征 智能材料的构想来源于仿生学，其目的就是研制出一种材料，使它能成为具有各种生物功能的"活"的材料。因此智能材料必须具备感知、驱动和控制这三个基本要素。智能材料往往具有或部分具有如下的智能功能和生命特征。

1）传感功能。能够感知外界或自身所处的环境条件，如负载、应力、应变、振动、热、光、电、磁、化学和核辐射等的强度及其变化。

2）反馈功能。可通过传感网络对系统输入与输出信息进行对比，并将其结果提供给控制系统。

3）信息识别与积累功能。能够识别传感网络得到的各类信息，并将其积累起来。

4）响应功能。能够根据外界环境和内部条件变化，适时动态地做出相应的反应，并采取必要行动。

5）自诊断能力。能通过分析比较系统目前的状况与过去的情况，对诸如系统故障与判断失误等问题进行自诊断并予以校正。

6）自修复能力。能通过自繁殖、自生长、原位复合等再生机制来修补某些局部损伤或破坏。

7）自调节能力。对不断变化的外部环境和条件，能及时地自动调整自身的结构和功能，并相应地改变自己的状态和行为，始终以一种优化方式对外界变化做出恰如其分的响应。

（2）智能材料的构成　智能材料一般由基体材料、敏感材料、驱动材料、信息处理器和其他功能材料组成，如图 12-4 所示。

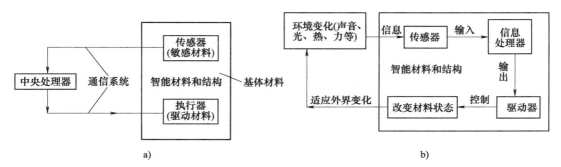

图 12-4　智能材料的基本构成和工作原理
a）基本构成　b）工作原理图

1）基体材料。担负着承载的作用，一般宜选轻质材料。高分子材料具有质轻、耐腐蚀、黏弹性的非线性特征而成为首选，其次也可选用金属材料，以强度较高的轻质有色合金为主。

2）敏感材料。担负着传感任务，其主要作用是感知环境变化（包括压力、应力、温度、电磁场、pH 值等）。常用敏感材料有形状记忆材料、压电材料、光纤材料、磁致伸缩材料、电致变色材料、电（磁）流变体和液晶材料等。

3）驱动材料。因为在一定条件下驱动材料可产生较大的应变和应力，所以它担负着响应和控制任务。常用驱动材料有形状记忆材料、压电材料、电流变体和磁致伸缩材料等。这些材料既是驱动材料又是敏感材料。

4）信息处理器。它是核心部分，它对传感器的输出信号进行判断和处理。

5）其他功能材料。包括导电材料、磁性材料、光纤和半导体材料等。

利用上述传感材料和驱动材料做成传感器和驱动器，借助现代信息技术对感知的信息进行处理并把指令反馈给驱动器，从而做出灵敏、恰当的反应，当外部刺激消除后又能迅速恢复到原始状态。因此把感知、执行和信息等三种功能材料有机地复合或集成于一体就可实现材料的智能化，如图 12-5 所示。

智能材料结构由基体材料埋入的传感元件、驱动元件以及测控系统组成。从工程的角度来说，智能材料结构是将仿生功能的材料融合于基体材料中，使制成的构件不仅具有承载能力，还具有识别、分析、处理及控制等功能，并能进行数据的传输和多种参数的检测。

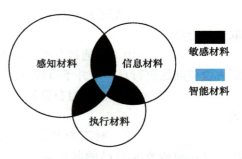

图 12-5 智能材料的基本组元材料

（3）智能材料的分类 智能材料是最近二十年才出现的新型功能材料。它的研究呈开放性和发散性，涉及化学、物理学、材料学、电子学、人工智能、信息技术、计算机技术、生物技术、加工技术及控制论、仿生学和生命科学、海洋工程和航空等前沿学科及高技术领域，拥有广泛的应用前景和巨大的社会效益。根据智能材料模拟生物行为的模式不同，可划分为：

1）智能传感材料。它对诸如热、电和磁等外部信号刺激具有监测、感知和反馈的能力，是智能结构的必需组件。较典型的传感材料有压电材料、微电子传感器、光纤等。其中光纤是在智能结构中最常使用的传感材料，它可在非破损情况下感知并获得被测结构物全部的物理参数，如温度、变形、电场或磁场等。

2）智能驱动材料。它对温度、电场或磁场等变化具有产生形状、刚度、位置、固有频率、湿度或其他机械特性响应的能力。目前常用的智能驱动材料主要有形状记忆合金等。

3）智能修复材料。它是模仿动物的骨组织结构和受伤后的再生、恢复机理，采用粘接材料和基材相复合的方法，对材料损伤破坏具有自行愈合和再生的功能，能恢复甚至提高材料性能的新型复合材料。

4）智能控制材料。它对智能传感材料的反馈信息具有记忆、存储、判断和决策能力，并控制和修正智能驱动材料和智能修复材料的行为。微型计算机是其主要代表，其控制算法由专门程序提供。在其制作过程中，响应的控制被存储在更高层次的集成水平上，在实际应用时程序模拟人脑，具有多方位求解复杂问题的能力。

2. 形状记忆合金

形状记合金属于智能材料中的一种。形状记忆材料是指具有如下特殊性能的一类材料：将具有某种初始形状的制品进行变形后，通过加热等手段处理时，制品又恢复到初始形状。形状记忆材料通常包括形状记忆合金、形状记忆聚合物以及形状记忆陶瓷。

（1）形状记忆原理简介

1）合金的形状记忆原理。合金的形状记忆功能与其在某一临界温度以上加热后快冷时转变成热弹性马氏体有关。这种热弹性马氏体不像 Fe-C 合金中的马氏体那样，在加热转变成它的母相（奥氏体）之前即发生分解，而是在加热时直接转变成它的母相，因而它的形状也就恢复成母相的形状，即变形前的初始形状。

2）聚合物的形状记忆原理。聚合物的形状记忆原理与合金的不同。这种聚合物具有两相结构，即固定相和可逆相。在高于 T_f 的黏流态温度下进行初次成形冷却至低于 T_g 温度使制品变形后，固定相分子链间的缠绕确定了制品的初始形状。然后在高于 T_g、低于 T_f 的温度下，仅可逆相软化，施加外力并冷却至低于 T_g 温度后，制品形状发生了改变，但固定相却处在高应力变形状态。再将变形后的制品加热至高于 T_g 温度时（通常称为热刺激），可逆相软化，而固定相在回复应力作用下，使制品恢复到初始形状。也可通过光刺激、电刺激或化学刺激来产生形状记忆效应。

（2）常用形状记忆材料

1）形状记忆合金。形状记忆合金可分为镍–钛系、铜系和铁系合金三类。镍-钛系形状记忆合金中，w_{Ni} = 54.08%～56.06%的 Ti-Ni 合金是目前用量最大的形状记忆合金，具有很高的抗拉强度、疲劳强度以及很好的耐蚀性，而且密度较小。新型 Ti-Ni 系形状记忆合金还有 Ti-Ni-Nb、Ti-Ni-Cu、Ti-Ni-Fe、Ti-Ni-Pd、Ti-Ni-Cr 等。Ti-Ni 系合金性能优良、可靠性好并与人体有生物相容性，是最有实用前景的形状记忆材料，但成本高、加工困难。铜系形状记忆合金中，比较实用的主要是 Cu-Zn-Al 和 Cu-Ni-Al 合金。与 Ti-Ni 合金相比，Cu-Ni-Al 合金加工容易、成本低，但功能要差一些。铁系形状记忆合金有 Fe-Pt、Fe-Pd、Fe-Ni-Co-Ti、Fe-Ni-C、Fe-Mn-Si 及 Fe-Cr-Ni-Mn-Si-Co 等系列，具有成本低、易于加工的优点。

2）形状记忆聚合物。凡是有固定相和可逆相结构的聚合物都具有形状记忆效应，根据其中固定相的种类，可分为热固性和热塑性两类。热固性形状记忆聚合物以反式聚异戊二烯树脂及聚乙烯类结晶性聚合物为代表。反式 1，4-聚异戊二烯树脂可通过硫或氧化物进行交联，交联结构是固定相，结晶相为可逆相。这种聚合物有较大的收缩力和恢复应力。聚乙烯类结晶性聚合物，以过氧化物等进行化学交联或电子辐射交联，交联部分作为一次成形的固定相，结晶相的形成和熔化为可逆过程，成为具有记忆功能的聚合物。热塑性形状记忆聚合物以聚降冰片烯和苯乙烯-丁二烯共聚物为代表，其固定相是大分子链缠结形成的物理交联或聚合物的结晶部分。例如，日本商品名为阿斯玛的形状记忆聚合物，是以聚苯乙烯单元为固定相，以聚丁二烯单元的结晶相为可逆相；聚氨酯系形状记忆材料既可制成热固性的，也可制成热塑性的。此外，聚己丙酯、聚酰胺等都可作为形状记忆材料。

形状记忆聚合物的密度较小，强度较低，塑性、韧性较高，形状恢复可能的允许变形量大，形状恢复的温度范围较窄（在室温附近），形状恢复应力及形状变化所需的外力小，成本低。

（3）形状记忆材料的应用举例

1）机械工程方面。形状记忆合金的应用最早是从管接头和紧固件开始的。用形状记忆合金加工成内径比欲连接管的外径小 4%的套管，然后在液氮温度下于马氏体状态将套管扩径约 8%，装配时将这种套管从液氮中取出，把欲连接的管子从两端插入。当温度升高至常温时，套管收缩即形成紧固密封。这种方式连接接触紧密、防止渗漏、装配时间短，远胜于焊接，特别适合在航空、航天、核工业及海底输油管道等危险场合和检修工事等方面应用。

2）生物医学方面。医学上应用的形状记忆合金主要是 Ti-Ni 合金，这种材料对生物体有较好的相容性，可以埋入人体作为移植材料。在生物体内部作固定折断骨架的销、进行内固定接骨的接骨板，由于体温使 Ti-Ni 合金发生相变，形状改变，不但能将两段骨固定住，而且能在相变过程中产生压力，促使断骨愈合。

3）空间技术方面。美国宇航局用形状记忆合金制成碗状月面天线，经压缩后装到运载火箭上，发射到月球表面后，通过太阳能加热而恢复原形，成为正常工作的碗状天线。形状记忆合金已成为宇航空间站建造中具有吸引力的材料。图 12-6 为人造卫星。

形状记忆材料还可作为制造智能机械及仿生机械

图 12-6　人造卫星

的材料，用于机器人元件控制、触觉传感器、机器人手足和筋骨动作部分，还可用来制成各种电器控制开关（如电加热水壶控制器）、自动调节装置（如根据设定温度自动开闭窗户），以及安全报警装置等。

12.1.4 超导材料

材料的电阻随温度降低而减小并最终出现零电阻的现象称为超导电现象，这类材料被称为超导材料。使电阻完全为零的最高温度定义为临界温度 T_c，如水银的 T_c 为 4.2K。近百年来，世界各国竞相开展超导材料的研究，新超导材料不断被发现，临界温度不断被提高，在各个领域的应用已展现出诱人的广阔前景。

材料进入超导态时，表现出如下几方面的基本特性：①在超导态下导体的电阻为零。②在超导态下，磁力线不能进入超导体内部，导体内的磁场强度恒为零。感应电流只流过导体表面，超导体的这种性质叫做完全抗磁性，其结果导致超导体在磁场中悬浮。③将 1nm 左右厚的绝缘膜夹在两块超导体中间（或通过点连接及微桥连接）构成弱连接，超导体中的电子可穿过中间的能垒，这一现象称为约瑟夫森效应，这类超导体被称为弱连接超导体，它对磁场、电流等的变化极为敏感。

1. 超导材料简介

根据成分特点，超导材料可分为以下几种。

（1）化学元素超导体 在低温常压下，具有超导特性的化学元素共有 26 种：Ti、Zr、Hf、Th、V、Nb、Ta、Pa、Mo、W、U、Te、Re、Ru、Os、Ir、Zn、Cd、Hg、Al、Ge、In、Tl、Sn、Pb、La。它们的临界温度太低，其中 T_c 最高的 Nb 仅为 9.2K，实用价值有限。

（2）合金超导体 合金超导体是机械强度最高、应力应变小、磁场强度低、临界电流密度高的超导体。其中 $GeNb_3$ 的临界温度最高（23.2K）；Ti-Nb 系合金（临界温度 10K）的可加工性能好，上临界磁场强度高（12T），是应用广泛的磁性材料。

（3）金属间化合物超导体 金属间化合物超导体的 T_c 比合金超导体的高，如 Nb_3Sn 的 T_c 为 18.3K。但此类超导体的脆性大，不易直接加工成带材或线材。

（4）陶瓷超导体 这类超导材料具有更高的临界温度，能在液氮温度（77K）下工作，可望实用化。如 $YBaCuO$（$T_c=90K$）、$BiCrCoCuO$（$T_c=110K$）、$TiBaCaCuO$（$T_c=120K$）等。

（5）高分子超导体 高分子材料通常为绝缘体，但它在数亿帕气压作用下也可转变为超导体，目前的最高临界温度仅达到 10K。

2. 超导体的应用举例

超导材料的特殊性能使它在电力、交通、军事、信息、医疗等多种领域得到广泛应用。超导船、超导磁悬浮列车、超导电动机、超导发电机、超导计算机、超导电力系统、超导核磁共振仪、超导加速器等设想不断被提出和实现。

（1）电力输送与储存 使用正常导体输电时，由于电阻的原因，在送电、变电过程中，大约有 30% 的电能损耗在输电线路上。如果使用零电阻的超导体输电，能大大减少电能损耗，而且能够省去变压器和变电所。我国已于 1998 年研制出一根长 1m、通电电流 1kA 的单相直流高温超导电缆，现正在研制实用型高温超导电缆，可用于发电厂、变电站、电镀厂等短距离大电流的输电场合。超导电线如图 12-7 所示。使用正常导体输电时，由于存在电阻，电力是无法储存的；若使用巨大的超导线圈，经供电励磁产生磁场即能储存能量。

（2）磁流体发电　磁流体发电能够将热能直接转变为电能。当高温导电流体（可以是导电的气体，也可以是液态金属）高速通过磁场时，在电磁感应作用下，热能被转换成直流电能。超导磁体产生的磁场强，发电损耗小。利用超导磁体进行磁流体发电具有效率高、起动快、环境污染小、结构简单、便于制造等优点。

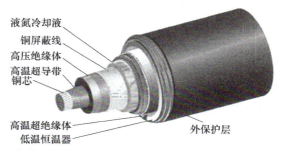

液氮冷却液
铜屏蔽线
高压绝缘体
高温超导带
铜芯
高温超绝缘体
低温恒温器
外保护层

图 12-7　超导电线

（3）磁悬浮列车　2000 年 12 月世界首辆载人高温超导磁悬浮列车"世纪号"在我国诞生。该车全部采用在液氮温度工作的国产钇钡铜氧（YBaCuO）高温超导体块材。在载重 5 人、总悬浮净质量 530kg 时，净悬浮高度大于 20mm。与普通轮轨列车相比，磁悬浮列车不用轮轨，取消了受电弓，具有高速、高效、无污染、低噪声、低能耗和安全舒适的特点，是具有发展前景的新型交通工具。

（4）超导计算机　利用超导器件可研制超导计算机。超导计算机运算速度和运算能力很高，广泛应用于大型工程计算、长期天气预报、基因分析、模拟核试验、密码破译、战略防御系统等领域。

12.1.5　热电材料

温度是一种在生产、科研、生活中需要测量或控制的重要物理量。材料的某些物理性能随温度变化会发生显著改变，如热胀冷缩、产生电动势、电阻改变等。根据这些特征制成了各种感温元件，如热电偶、水银温度计、热电阻、光学及辐射温度计等。热电偶是应用广泛的一种测温元件，它由两种不同材料的导线连接而成，其感温原理是热电效应。

（1）热电效应简介　当导线的两端存在温度梯度时，高温度端的自由电子会向低温度端移动，同时产生相应的电动势，称为汤姆逊电动势，其大小与两端的温度、温差以及材料种类有关。在两种导线构成的回路中，由于两种材料中的自由电子密度不同，在接触面上会发生电子扩散，失去电子的一方呈正电位，获得电子的一方呈负电位。自由电子扩散达到动平衡时，另一端形成一定的接触电动势，其大小与两端温差及材料的自由电子密度有关。因此，不同导体构成回路时因两个接点的温度不同而产生的热电动势，决定于构成回路的材料类别和闭合回路中两个接点的温度及温度差，与材料断面大小无关。

（2）常用热电偶　热电偶的种类很多，如铜-康铜、镍铬-镍铝（硅）、铂铑-铂、镍铬-康铜、钨铼、双铂铑、钨-钼、硼-石墨、碳化铌、氧化铬等。

其中几种典型的热电偶介绍如下。

1）铜-康铜热电偶。适合的测温范围为 $-200 \sim 400$℃，在氧化、还原及惰性气氛中都可使用。它灵敏度高、热电动势稳定、测温精度较高，可用作普通热电偶，也可用作标准热电偶。

2）镍铬-镍铝（硅）热电偶。这是一类最通用的热电偶，适于 1300℃ 以下的温度测量。镍铬-镍铝热电偶抗氧化能力强，热电动势稳定性好。在镍铝合金中加少量硅，可提高抗氧化能力，在还原与氧化气氛中应用时，产生的热电动势均较稳定。

3）铂铑-铂热电偶。铂铑-铂热电偶如图 12-8 所示，它适于 1350℃ 以下温度测量，短期使用可达 1600℃。抗氧化能力强，热电特性稳定。在还原气氛中使用时要慎重，因为会引起套管材料中的 Al_2O_3、MgO 及 SiO_2 还原成金属原子并很快向铂或铂铑合金中扩散，从而使热电偶性能变坏。

图 12-8　铂铑-铂热电偶

4）钨铼热电偶。这是高温测量用热电偶，如 WRe_5-WRe_{20} 适用于 2500℃ 以下温度测量，短期使用可达 2800℃。这类热电偶的抗氧化能力差，适于应用在氩、氮、氦气氛中，也适于在真空、干燥氢气或其他有碳存在的还原性气氛中使用。在氧化性气氛中使用时，必须加气密性良好的外保护管。

若超出上述几种热电偶的测温范围，更低的温区可用金铁热电偶（−269~0℃）或低温热电阻（−270~0℃），而更高的温区可用光学高温计、全辐射高温计、红外测温系统及光导纤维等。

12.1.6　磁性材料

磁性材料按磁滞特性可粗略地分为软磁材料和硬磁材料两类。本节介绍几种典型的软磁材料和硬磁材料以及磁致伸缩材料。

1. 软磁材料

（1）软磁材料的特性　软磁材料是指在外磁场作用很容易被磁化，去掉外磁场时又很容易去磁的材料，其磁滞回线很窄，见图 12-9。软磁材料的特点是：具有很高的磁导率、高的磁感应强度、低的矫顽力（典型值 $H_c \approx 1A/m$）、较高的电阻，反复磁化和退磁时电能损耗小。

（2）典型软磁材料及其应用　软磁材料的种类很多，最常用的有电工纯铁、硅钢片、Fe-Al 合金、Fe-Ni 合金和铁氧体软磁材料等。

电工纯铁具有高的饱和磁感应强度、高的磁导率、低的矫顽力、良好的冷加工性能且成本低廉，其缺点是电阻小、铁损大，只适用于直流情况下；硅钢片是 $w_{Si} = 0.5\% \sim 4.5\%$ 的铁硅合金，硅的加入使电阻明显增加、磁性能显著改善，

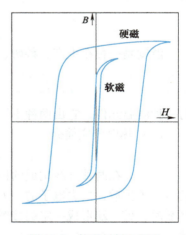

图 12-9　软磁材料和硬磁材料的磁滞回线

是电力和电信等工业的基础材料，主要用于工频交流电磁器件，其中 $w_{Si} = 1\% \sim 3\%$ 的硅钢片一般用于制造电动机和发电机，而 $w_{Si} = 3.0\% \sim 4.5\%$ 的硅钢片一般用于制造变压器；$w_{Ni} = 34\% \sim 80\%$ 的 Fe-Ni 合金具有极高的磁导率和很小的矫顽力，弱磁场下磁滞损耗相当低，故有较好的高频特性，多用于电子器件的各种铁心和磁屏蔽部件等，但价格昂贵；$w_{Al} = 6\% \sim 16\%$ 的 Fe-Al 合金具有较高的电阻率、较高的磁导率和矫顽力，磁滞损耗较小，且价格较低，常用于制作在弱磁场中工作的变压器、灵敏继电器和磁放大器等；铁氧体是含铁酸盐的陶瓷磁性材料，铁氧体软磁材料是以 Fe_2O_3 为主要成分的复相氧化物，与上述软磁合金相

比，铁氧体电阻率极高、涡流损耗小、密度低，广泛用于广播、通信和电视工业，是制作磁性天线、中周变压器、增感线圈、电视聚集线圈等的重要材料。

2. 硬磁材料

（1）硬磁材料的特性　硬磁材料又称永磁材料，是指那些难于磁化又难于退磁的材料，它经磁化后即使不再从外部供电也能产生磁场。如图12-9所示，硬磁材料的磁滞回线又宽又高，具有较大的矫顽力（典型值 $H_c = 10^4 \sim 10^6 \mathrm{A/m}$），剩磁高，磁饱和感应强度大，磁滞损耗和最大磁能积也大。此外，硬磁材料抗干扰性好，对温度、振动、时间、辐射及其他因素的干扰不敏感。

（2）典型硬磁材料及其应用　硬磁材料的种类繁多，且发展变化很快。典型的硬磁材料包括铝镍钴系永磁、铁氧体永磁和稀土系永磁。铝镍钴系永磁主要由 Fe 及 Al、Ni、Co 组成，又称阿尔尼科，有良好的磁特性和热稳定性，剩余磁感应强度高，磁能积大，矫顽力适中，但硬而脆，难以加工，主要用铸造和粉末烧结两种方法成形。铁氧体硬磁材料是钡铁氧体 $BaFe_{12}O_{19}$，与金属硬磁材料相比，其主要优点是电阻大、涡流损失小、成本低，而且耐化学腐蚀，主要应用于磁路系统中作永磁以产生恒稳磁场；稀土系永磁是永磁材料中最新和最高磁性的材料，是稀土元素与过渡族金属 Fe、Co、Cu、Zr 等或非金属元素 B、C、N 等组成的金属间化合物，其中最著名的是钕铁硼永磁合金（号称磁王），具有其他永磁材料所不及的高矫顽力和最大磁能积，而且体积小、重量轻、比功率大、效率高、成本较低。

硬磁材料高的剩磁和矫顽力可使其产生强大的恒定磁场，可以单独使用或组成磁器件使用，在发电机、电动机、测量仪表、接收声装置、磁性轴承、磁悬浮列车、微波器件、粒子加速器、阴极射线管、医疗设备等方面得到日益广泛的应用。例如，一台核磁共振成像仪需用铁氧体永磁材料100t，改用钕铁硼永磁材料后，仅需 10t。

3. 磁致伸缩材料

（1）磁致伸缩现象　在外磁场作用下，磁性材料产生伸长或缩短的现象称为磁致伸缩。例如，Fe 随磁场强度增大而伸长，Ni 则缩短，最后达到饱和。常用磁致伸缩材料室温下的饱和磁致伸缩系数在 $10^{-6} \sim 10^{-8}$ 范围。

（2）常用磁致伸缩材料　常用磁致伸缩材料主要有金属磁致伸缩材料，包括镍、铁镍、铁铝以及铁钴钒合金和铁氧体磁致伸缩材料。纯镍的电阻率低，工作时涡流损耗大，但它具有疲劳强度高、耐蚀性好的优点，主要应用在功率为 100W 以下的超声装置中；2%V-49%Co-Fe、8%Al-Fe、46%Ni-Fe 等合金具有高饱和感应强度和高居里温度，适宜于在大功率下使用；与纯镍相比，13%Al-Fe 合金的饱和磁致伸缩系数大，磁致损耗较小，电阻率高，而且耐大气腐蚀，适合于在较高频率和中等功率下使用；铁氧体磁致伸缩材料由于电阻率很高，能适用于很高的频率，镍锌铁氧体是最常用的铁氧体磁致伸缩材料。

（3）磁致伸缩谐振子及其应用　利用磁性材料的磁致伸缩特性，通过磁致伸缩谐振子，可将电能转换成机械能，或将机械能转换成电能。在用磁致伸缩材料制成的心棒上绕上线圈，将其放在液体介质中，当一定频率的交流电流流经谐振子线圈时，心棒就因磁致伸缩而发生纵向振动，并以超声波的形式通过液体介质传播出去，频率一般为 5～100kHz。在海洋中，当超声波在传播途中遇到舰艇、船只、鱼群或海底等目标时，就会反射回来，以回波的形式被超声波接收器所接收，从而确定目标的位置。此外，作为超声波发生器，还被用来清洗工件、清洁牙齿、混合牛奶、清除核设备的放射性污染以及实现超声焊铝等。图 12-10 为磁致伸缩液位计。

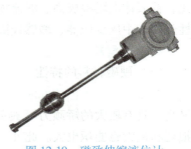

图 12-10　磁致伸缩液位计

12.1.7　贮氢材料

氢是资源丰富、发热值高、不污染环境的优质能源，但氢储存和运输难度很大。目前用金属（或合金）贮氢。自 20 世纪 60 年代中期发现 $LaNi_5$ 和 FeTi 等金属间化合物的可逆贮氢作用以来，贮氢合金及其应用研究得到迅速发展。贮氢合金能以金属氢化物的形式吸收氢，是一种安全、经济而有效的贮氢方法。金属氢化物不仅具有贮氢特性，而且具有将化学能与热能或机械能相互转化的机能，从而能利用反应过程中的焓变开发热能的化学储存与输送，有效利用各种废热形式的低质热源。因此，贮氢合金已受到人们特别的关注。

金属贮氢基本原理：在一定温度和压力条件下，许多金属（或合金）能与氢发生反应，生成金属氢化物，从而将氢储存起来。当降低温度或升高平衡氢压到一定范围时，合金吸氢，生成金属氢化物，同时放热；反之，金属氢化物分解，放出氢气，同时吸热。金属（M）与氢生成金属氢化物（MH_x）：

$$2M + xH_2 \rightarrow 2MH_x + Q\,(生成热)$$

投入使用的合金成分有 Mg、Ti、Nb、V、Zr 和稀土类金属，添加成分有 Cr、Fe、Mn、Co、Ni、Cu 等，贮氢合金主要分为镁系、稀土系和钛系几类。

镁系贮氢合金的贮氢量大、重量轻、资源丰富、价格低廉，但分解温度高（250℃以上）、吸释氢速度慢。

稀土系贮氢合金的代表是 LaNi，其主要优点是室温即可活化、吸氢释氢容易、平衡压力低、抗杂质等，但成本高，限制了大规模应用。可用混合稀土取代 LaNi 中的 La 来降低成本和改进性能，或用其他金属置换部分混合稀土和 Ni。

钛系贮氢合金主要包括钛铁系合金及钛锰系合金。TiFe 可在室温与氢反应，室温下的释氢压力不到 1MPa，且价格便宜。主要缺点是活化困难，受杂质气体影响大，反复吸释氢后性能下降。

12.2　先进陶瓷材料

先进陶瓷材料是以人工合成的高纯原料经特殊的先进工艺制造而成的无机非金属材料。在先进陶瓷制造时，往往在极端条件下成形，如超高压、超高温、超真空、超低温、超高速冷却、超高纯等。先进陶瓷具有高性能与多功能等特点，在信息、航空航天、生命科学等现代科学技术领域中具有极其重要的作用。

新型无机材料与经典硅酸盐材料的主要区别如下：材料的组成已远超出了硅酸盐的范围，包括纯氧化物、复合氧化物、硅化物、碳化物、硼化物、硫化物以及各种无机非金属化合物、经特殊的先进工艺制成的材料和单质；在用途上已由原来主要利用材料所固有的静态物理性能，发展到利用各种物理效应和微观现象的功能，并在各种极端条件下使用；在制备工艺方法方面有重大的改进与革新，制品的形态也有很大的变化，由过去以块状为主的状态向着单晶化、薄膜化、纤维化、复合化的方向发展。

12.2.1 结构（工程）陶瓷

结构陶瓷材料包括用于各种环境中的耐磨、耐蚀、耐高温等构件的各类陶瓷材料，它强调材料的力学性能。结构陶瓷具有耐高温、耐热冲击、耐摩擦、高硬度、高刚性、低膨胀性、隔热等特殊性质，并且即使在恶劣环境下，其工作性能也非常稳定，因而主要用于工业工程上，故又称之为工程陶瓷。它广泛用于路面、建筑物、桥梁、沟渠、航空航天、工业制品零件等许多方面。其研究和开发的热点有：高强高韧结构陶瓷、超硬结构陶瓷、高温结构陶瓷。结构陶瓷的主要应用见表 12-3。

表 12-3 结构陶瓷的主要应用

性能应用	分类	名称	典型材料	主要用途
力学性能	高强高韧结构陶瓷	热机陶瓷	Si_3N_4、塞龙、SiC	汽车发动机、燃气轮机部件等
		高温、高强陶瓷	Al_2O_3、B_4C、ZrO_2、Si_3N_4、SiC	热交换器、高温高速轴承、火箭喷嘴等
	超硬结构陶瓷	工具陶瓷	$Al_2O_3 + TiO_2$；$Al_2O_3 + ZrO_2$；Si_3N_4、塞龙	切削工具、挖掘用钻头、剪刀等
		耐磨陶瓷	Al_2O_3、B_4C、ZrO_2、Si_3N_4、SiC	密封件、轴承、拉丝模、机械零件、喷砂嘴等
热功能	高温结构陶瓷	特种陶瓷	MgO、ThO_2、SiC	特种耐火材料等
		绝热陶瓷	K_2O、$nTiO_2$、CaO、Al_2O_3	耐热绝缘体、不燃壁材等
		导热陶瓷	BeO、AlN、SiC	集成电路、绝缘散热基片等
		低膨胀陶瓷	Al_2O_3、TiO_2、MgO、Si_3N_4、SiO_2	热交换器、高温结构材料等

典型高强高韧结构陶瓷为 Si_3N_4、SiC、部分稳定 ZrO_2，多以军事和宇航应用为主。超硬陶瓷是指金刚石和氮化硼或两者的复合体。此外，烧结碳化物的金属陶瓷如 WC、TiC 等作为超硬工具材料得到广泛应用。超硬陶瓷可以切削和研磨石材、玻璃、混凝土和新型结构材料（高硬金属、高硬陶瓷 Si_3N_4、SiC 等），也可用于地质钻探、精密切削（铅、铜、不锈钢、碳纤维和硼纤维复合材料等），还可用于制作圆珠笔尖、高尔夫球靴钉子、手表外壳、小孔径拔丝模等。

高温陶瓷材料具有下列特征：①承受现有金属材料不能承受的高温（目前高温合金的极限温度为1100℃），或苛刻环境条件下具有较高强度；②高温下具有高韧性；③抗蠕变性高；④耐蚀性优异；⑤抗热冲击能力高；⑥耐磨性好；⑦化学性能稳定。

氮化硅陶瓷曾被誉为"像钢一样强，像金刚石一样硬，像铝一样轻"的材料，在超硬精密加工中获得广泛的应用。利用氮化硅陶瓷的耐热性、化学稳定性、耐熔融金属腐蚀的性能，在冶金工业方面用作铸造器皿、燃烧舟、坩埚和蒸发皿等，在化工方面用作过滤器、热交换器部件、触媒载体、煤气化的热气阀、燃烧器汽化器等。利用氮化硅陶瓷的耐磨性和自润滑性，可做泵的密封环。氮化硅陶瓷作为切削工具、高温轴承、拔丝模具、喷砂嘴等也获得很好效果。在宇航工业中，氮化硅陶瓷用作火箭喷嘴、喉衬和其他高温耐热零件。此外，氮化硅陶瓷在半导体工业、电子、军事和核工业方面也有不少应用。

六方氮化硼陶瓷作为一种软质材料，弹性模量低，莫氏硬度为2，强度低，是陶瓷中唯一一种可以在烧成后进行车、铣、刨、钻等机械加工的陶瓷材料，加工精度可达0.01mm，容易制成复杂形状、精密的陶瓷部件。

氮化钛陶瓷是一种新型的结构材料，它不但硬度大（显微硬度为21GPa）、熔点高（2950℃）、化学稳定性好，而且具有漂亮的金黄色金属色泽，因此，氮化钛既是一种很好的耐熔耐磨材料，又是一种深受人们喜爱的代金饰品。氮化钛还有较高的导电性，可用作熔盐电解的电极以及电触头等材料。氮化钛还是具有较高的超导温度的超导材料。

碳化硅陶瓷是一种高温强度大、高温蠕变性好、硬度高、耐磨、耐腐蚀、抗氧化、高热导率和高电导率以及热稳定性好的材料，可用于1400℃以上的工况。

12.2.2 先进功能陶瓷

功能陶瓷是指在外部应力如光、热、电、磁、化学、生物等作用下，而具有某种特殊性能的陶瓷材料。它们通常具有一种或多种功能，已在空间技术、电子技术、能源开发、光电子技术、红外技术、激光技术、传感技术、生物技术和环境技术等领域得到广泛的应用。

1. 电介质陶瓷

电介质陶瓷是指电阻率超过10^8的陶瓷材科。能够承受较强的电场而不被击穿，它们在静电场或交变电场中使用。根据在电场中的极化特性，电介质陶瓷可分为绝缘陶瓷、电容器陶瓷、压电陶瓷、导电陶瓷、超导陶瓷、铁电陶瓷等。

（1）绝缘陶瓷 绝缘陶瓷主要用于电子设备中安装、固定、支撑、保护、绝缘、隔离以及连接各种无线电零件和器件。应具备以下性质：

1）高的体积电阻率（室温下，大于$10^{12}\Omega \cdot m$）和高的介电强度（大于$10^4 kV/m$），以减少漏导损耗和承受较高的电压。

2）介电常数小（常小于9），可以减少不必要的电容分布值，避免在线路中产生恶劣的影响，从而保证整机的质量。

3）高频电场下的介电损耗角要小（$\tan\delta$ 一般在 $2\times10^{-4} \sim 9\times10^{-3}$ 范围内）。

4）力学强度要高，通常弯曲强度为45~300MPa，抗压强度为400~2000MPa。

5）良好的化学稳定性，能耐风化、耐水、耐化学腐蚀。

绝缘陶瓷主晶相的体积电阻率高、结构紧密。避免杂质离子；绝缘陶瓷尽量避免产生缺位固溶体或间隙固溶体，最好形成连续固溶体；避免引入变价金属离子；防止产生多晶转换。

绝缘陶瓷按化学组成分为氧化物系和非氧化物系两大类。氧化物系主要有Al_2O_3和MgO等绝缘陶瓷；非氧化物系主要有氮化物陶瓷，如Si_3N_4、BN、AlN等。近年来又发展了单晶绝缘陶瓷，如人工合成云母、人造蓝宝石、尖晶石、氧化铍及石英等。

（2）电容器陶瓷 电容器陶瓷材料在性能方面的基本要求为：①介电常数应尽可能高，介电常数越高，陶瓷电容器的体积就可以做得越小；②材料在高频、高温、高压及其他恶劣环境下，应能可靠、稳定地工作；③介质损耗角要小，这就可在高频电路中充分发挥作用，对于高功率陶瓷电容器，能提高无功功率；④比体积电阻高于$10^{10}\Omega \cdot m$，这可保证在高温下工作不致失败；⑤高的介电强度，陶瓷电容器在高压和高功率条件下，往往由于击穿而不能工作，所以提高其耐压性能，对充分发挥陶瓷的功能具有重要作用。

高介电常数系铁电陶瓷几乎都以钛酸钡为基体，添加能够移动居里点，或添加能够降低居里点处介电常数峰值，并使介电常数随温度的变化变得平坦的压降剂，以及促进和防止还原的添加物来调节材料性能，使得陶瓷材料能满足特殊需要；半导体系铁电陶瓷的结构决定了晶界层陶瓷电容器具有高的介电常数、高的抗潮性、高的可靠性，与普通材料陶瓷电容器相比，介电常数或电容随温度的变化较平缓，工作电压也相当高。透明电光铁电陶瓷的基本组成是铁钛酸铅（PZT），并添加 Bi 或较多的 La 改性，形成掺镧锆钛酸铅（简称 PLZT）。

（3）压电陶瓷　通过力学作用引起电介质中带电粒子产生相对位移，从而发生极化，进而引起材料表面电荷的现象，称为压电效应。例如在铁电陶瓷片两侧放上电极，进行极化，使内部晶粒定向排列后，铁电陶瓷片便具有压电性，成为压电陶瓷。

压电陶瓷的优点是易于制造，可批量生产，成本低，不受尺寸和形状的限制，可在任意方向进行极化，可通过调节组分改变材料的性能，而且耐热、耐湿和化学稳定性好等。从晶体结构来看，钙钛矿型、钨青铜型、焦绿石型、含铋层结构的陶瓷具有压电性。目前应用最广泛的压电陶瓷有钛酸钡，钛酸铅、锆钛酸铅（PZT）、锆钛酸铅镧（PLZT）。表 12-4 列举了压电陶瓷的应用领域。

表 12-4　压电陶瓷的应用领域

应用领域	元器件	举例
信号源	标准信号器	振荡器、压电音叉、压电音片等用作精密仪器中的时间和频率标准信号源
信号转换	电声换能器	拾声器、送话器、受话器、扬声器、蜂鸣器等声频范围的电声器件
	超声换能器	超声切割、焊接、清洗、搅拌、乳化及超声显示等频率高于 20kHz 超声器件
发射与接收	超声换能器	探测地质构造、油井固实程度、无损探伤和测厚、催化反应、超声衍射等各种工业用的超声器件
	水声换能器	水平导航定位、通信和探测的声呐、超声测深、鱼群探测和传声器
信号处理	滤波器	通信广播中所用各种分离滤波器和复合滤波器
	放大器	声表面波信号放大器以及振荡器、混频器、衰减器、隔离器等
	表面波导	声表面波传输线
传感与计量	加速计、压力计	工业和航空技术上测定振动体或飞行器工作状态的加速度计、自动控制开关、污染检测用振动计以及流速计、流量计和液面计等
	角速度计	测量物体角度及控制飞行器航向的压电陀螺
	红外探测器	监视领空、检测大气污染浓度、非接触式测温以及热成像
	位移发生器	激光稳频补偿元件、纤维加工设备及光角度、光程长的控制器
存储显示	调制	用于电光和声光调制的光阀、光闸、光变频器和光偏转器、声开关
	存储	光信息存储器、光记忆器
	显示	铁电显示器、声光显示器、组页器等

（4）导电陶瓷　虽然大部分陶瓷是典型的电绝缘体，但导电陶瓷在一定条件下，如加热或其他方法激发时，可使外层电子获得足够的能量，克服原子核对它的吸引力和控制，而成为自由电子。在适当条件下，有些陶瓷具有与金属相似的自由电子导电机制或与液体强电

解质相似的离子导电机制，由此导电陶瓷分为电子导电陶瓷和离子导电陶瓷两种。

电子导电陶瓷（空穴电导）主要有氧化锆、氧化钇、复合氧化物组成的铬酸镧陶瓷，均是新型的高温电子导电陶瓷。离子导电陶瓷主要有以阴离子作为导电体的稳定氧化锆；以阳离子作为导电体的 β-Al_2O_3 等固体电介质陶瓷。铬酸镧（$LaCrO_3$）是一种熔点高（使用温度在 1800℃ 以上）、抗热振性好（在空气中的使用寿命在 1700h 以上）的电子导电陶瓷，可用作高温电炉的发热体和磁流体发电机的高温电极。

2. 敏感（半导体）陶瓷

在科学技术迅猛发展的今天，工业生产领域、科学研究领域和人们的日常生活中，需要检测、控制的对象迅速增加。信息的获得有赖于传感器（或称敏感元件），在各种类型的敏感元件中，陶瓷敏感元件占有十分重要的地位。

敏感陶瓷用于制造敏感元件。在热、湿、光、压电或介质等产生变化时，敏感陶瓷的电阻率、电动势等物理量产生相应的变化，从而可以采集信息，并进一步进行调控。可把这些陶瓷分别称作热敏陶瓷、湿敏陶瓷、光敏陶瓷、压敏陶瓷、气敏陶瓷及离子敏感陶瓷。它们广泛应用在工业检测、控制仪器、交通运输系统、汽车、机器人、防止公害、防灾、安全及家电等领域。

（1）光敏陶瓷 光敏陶瓷也称光敏电阻瓷，属于半导体陶瓷。光电效应分为如下三类：光电导效应、光电发射效应和光生伏特效应。利用光电导效应来制造光敏电阻，目前用于制造光敏电阻的光敏陶瓷主要有 CdS，CdSe 和 PbS。

利用光生伏特效应则可制造光电池或太阳能电池。太阳能电池是将太阳能转换为电能的器件。太阳能电池目前的转换率大都在 10% 以下。转换率主要受光子激发利用率的限制，综合考虑各种因素，光子吸收材料的禁带宽度在 1.0~1.6eV 较合适，因此 Si、Cu_2S、GaAs、CdTe 等光敏陶瓷均可用作太阳能电池材料。

（2）热敏陶瓷 热敏陶瓷是一类电阻率、磁性、介电性等性质随温度发生明显变化的材料，用于制造温度传感器和热敏电阻，热敏电阻是用于线路温度补偿及稳频的元件。热敏陶瓷具有灵敏度高、稳定性好、制造工艺简单及价格便宜等特点。

按照热敏陶瓷的电阻-温度特性，一般可分为三大类：第一类是电阻随温度升高而增大的热敏电阻，称为正温度系数热敏电阻；第二类是电阻随温度的升高而减小的热敏电阻，称为负温度系数热敏电阻；第三类是电阻在某特定温度范围内急剧变化的热敏电阻。

（3）压敏陶瓷 压敏陶瓷是指电阻值随着外加电压变化有一显著的非线性变化的半导体陶瓷。它在某一临界电压以下电阻值非常高，几乎没有电流，但当超过这一临界电压时，电阻将急剧变化，并且有电流通过。制造压敏陶瓷的材料有 SiC、ZnO、$BaTiO_3$、Fe_2O_3、SnO_2、$SrTiO_3$ 等。其中 $BaTiO_3$、Fe_2O_3 利用电极与烧结体界面的非欧姆特性，而 SiC、ZnO、$SrTiO_3$ 利用晶界非欧姆特性。

压敏电阻还可用于晶体管保护、变压器次级电路的半导体器件保护以及大气过电压保护等。氧化锌压敏电阻具有优异的非线性、响应时间短、温度系数小、压敏电压的稳定度高等优点，在稳压方面得以应用，可用于电视、监视器及计算机的末端数字显示装置中，以稳定显像管阳极高压。

（4）气敏陶瓷 气敏陶瓷是一种对气体敏感的陶瓷材料，陶瓷气敏元件具有灵敏度高、性能稳定、结构简单、体积小、价格低廉、使用方便等优点。

在接触被测气体后，气敏陶瓷的电阻将发生变化，电阻变化量越大，其灵敏度就越高，可检测的气体浓度的下限就越低。气敏陶瓷元件具有选择性，即只对某一种气体表现出很高的灵敏度，而对其他气体不灵敏。环境条件如环境温度与湿度等也会严重影响气敏元件的性能，因此要求气敏元件的性能随环境条件的变化越小越好。气敏元件的响应时间和恢复时间越小越好，这样接触被测气体时能立即给出信号，脱离气体时又能立即复原。气敏元件的加热电压和电流越小，功耗越小，这样有利于小型化，使用方便。

SnO_2 系气敏陶瓷是最常用的气敏陶瓷，是以 SnO_2 为基材加入催化剂、黏结剂等制成的。SnO_2 系气敏元件灵敏度高、物理化学稳定性好、成本低，而且出现最高灵敏度的温度较低（约在 300℃），适于对低浓度气体的检测。SnO_2 系气敏元件能用天检测 H_2、CO、甲烷、丙烷、乙醇、酮或芳香族等气体。已应用于家用石油液化气的漏气报警、生产用探测报警器和自动排风扇等。SnO_2 系气敏半导体陶瓷最突出的优点是气体选择性强，一般加入适量的贵金属催化剂来提高检测的灵敏度。

ZnO 气敏元件对异丁烷、丙烷、乙烷等碳氢化合物有较高灵敏度，碳氢化合物中碳元素数目越大，灵敏度越高。掺 Pd 的陶瓷对 CO 灵敏度较高，对碳氢化合物灵敏度较差；掺 Ag 的陶瓷对乙醇、苯和煤气较灵敏；加入 Cr_2O_3 可使陶瓷元件达到稳定状态所需的时间和恢复时间缩短，能提高元件的可靠性和长时间稳定性。

（5）湿敏陶瓷　新型湿度传感器可将湿度的变化以电信号形式输出，易于实现远距离监测、记录和反馈等自动控制。以湿敏材料制造的湿敏元件配以适当的电路即成为湿度传感器。湿敏元件的主要参数有湿度量程、灵敏度、响应时间、分辨率和温度系数。

$MgCr_2O_4$-TiO_2 系多孔陶瓷具有很高的湿度活性，湿度响应快，对温度、时间、湿度和电负荷的稳定性高，已用于微波炉的自动控制。

3. 生物陶瓷

生物陶瓷材料具有以下特点：①在人体内材料的理化性能稳定，长期使用不变质，有良好的组织相容性，满足植入要求；②陶瓷的成分组成范围较宽，根据应用要求设计成分配方，控制材料性能变化达到临床要求；③易于成形，可按实际需要制成各种形状和尺寸，如颗粒状、柱状和多孔型等，也可制成骨钉、骨夹板，甚至制成牙板、关节和颅骨等；④易于着色，如陶瓷牙冠与天然牙逼真，利于整容、美容。生物陶瓷可分为生物惰性、生物活性和生物降解三类。

生物惰性材料是指在生物环境中能保持稳定，仅发生微弱化学反应的生物医学材料。它与生物组织间主要通过与粗糙表面形成机械嵌联而结合。目前生物惰性陶瓷在宿主内能维持其物理和力学性能，无毒、不致癌、不过敏、不发生炎症，能终生保持生物功能。生物惰性陶瓷主要用作结构支撑植入体，用作骨片、骨螺钉、股骨头、髋关节或其部件，以及非结构支撑，如通风管、消毒装置及给药装置等。生物惰性陶瓷有致密和多孔的氧化铝陶瓷、ZrO_2 陶瓷、单相铝酸钙陶瓷、碳素材料等。

生物活性陶瓷在被植入人体后，在其表面能生成或生长正常生物组织，陶瓷与生物组织形成连续性界面，能够承担所受的负荷。这类植入陶瓷表现出最佳的生物相容性，是一类能诱导或调节生物活性的生物医学材料。生物活性陶瓷主要有：羟基磷灰石、磷酸钙生物活性材料、磁性材料、生物玻璃等。

生物降解陶瓷在被植入人体以后，能够不断地发生分解，分解产物能够被生物体所吸收并排出体外。用于修复良性骨肿瘤或刮除手术所致的缺损，或者用作微药库型载体，可根据要求制作成一定形状和大小的中空结构，用于各种骨科疾病。

4. 特种玻璃

特种玻璃指除了板玻璃和日用器皿玻璃以外的，采用精制、高纯、新型原料，或者采用新工艺在特殊条件下制成的，具有特殊功能的新型玻璃，包括经晶化获得的微晶玻璃等。除普通玻璃所具有的透光性、耐久性、气密性、耐热性、电绝缘性、组成多样性、易成形性等性能外，特种玻璃具有特殊的功能，或者将上述某项特性发挥到极致，或者具有多种性能的复合，或者新增加了某项性能。

高性能的特种玻璃不仅是重要的结构材料，也是新型的功能材料，在现代科学技术发展中占有重要地位。玻璃已从单纯的透光材料和包装材料发展成具有光、电、磁和声等特性的功能材料，特种玻璃可以用来制造元器件，可以用来修补或替换有机体。

5. 多孔陶瓷材料（分子筛）

多孔材料是20世纪发展起来的新材料体系，它包括金属多孔材料（即泡沫金属）和非金属多孔材料（如泡沫塑料和多孔玻璃等）。其显著特点是具有规则排列、大小可调的孔道结构及高的比表面积和大的吸附容量，在大分子催化、吸附与分离、纳米材料、组装及生物化学等众多领域具有广泛的应用前景。

多孔无机材料的制备过程：无机物颗粒在模板剂的作用下，借助有机高分子、无机物的界面作用，形成具有一定形状和比例孔隙的多孔材料；有时则根据需要加入催化剂或助剂（如共溶剂等），然后除去溶剂，经煅烧或化学处理除去模板剂得到多孔材料。对孔的大小和分布不进行精确控制的多孔材料，可用作质轻的结构材料或者热、声和电的绝缘体以及药物控释载体等。对孔径大小进行一定程度控制的多孔材料，用于常规的催化分离、吸附层析和过滤等。有些精确控制孔的大小和分布的多孔晶体材料，可用作太阳能收集器、定量控制装置，以及X射线或者中子的微聚焦镜。而具有特定孔形状、孔道内具有特定基团的多孔材料，则用于分子识别和化学传感器等用途。

12.3 先进高分子材料

在有机化合物中，除碳原子外，其他元素主要为氢、氧、氮等。在碳原子与碳原子之间，碳原子与其他元素的原子之间，能形成稳定的共价键。这是由于碳原子是4价，可以形成为数众多的、具有不同结构的有机化合物。高分子材料的相对分子质量高，至少在一万以上，高的可达几百万甚至上千万。高分子化合物一般具有长链结构，分子与分子之间具有范德华力。在高分子中，许多分子纠集在一起，各个分子间的范德华力远远超过单个分子的结合力，这就赋予了高分子以强度。

在现代工业和日常生活中，都离不开高分子的三大合成材料（塑料、合成纤维和合成橡胶）。在通用塑料中，聚乙烯、聚苯乙烯、聚氯乙烯和聚丙烯四大品种的总产量在亿吨左右；在合成纤维中，涤纶、腈纶、尼龙早已进入千家万户；在合成橡胶中，丁苯橡胶和顺丁橡胶已经部分代替天然橡胶，其消费量正在逐年增长。随着生产和科学技术的发展，高分子材料向着高性能化、高功能化、精细化、复合化和智能化方向发展。

12.3.1　先进纤维

纤维材料是通过纺织加工工艺形成的一维结构材料，通常也被称为纺织材料。纤维材料的应用历史相当悠久，在人类古代贸易中，纤维材料始终占据着重要的地位，这充分说明纤维材料对人类发展的重要性。

电工领域用的纤维材料有天然纤维、无机纤维（如石棉、玻璃纤维）和合成纤维（如聚酯纤维、聚芳酰胺纤维等）三大类。它具有如下优点：①在超导磁体线圈中，能使冷却剂浸透所有的截面，增加传热面积；②保证浸渍漆或包封胶直接与超导纤维及复合层接触。

纤维可以制成纤维纸或纤维布，直接用作绝缘材料；或用液态介质浸渍，用作电容器介质和电缆绝缘；或浸以绝缘树脂后，经热压卷制成绝缘层压制品；或用绝缘漆浸渍，制成绝缘漆布（带）、漆绸等。天然无机纤维可以单独用作耐高温绝缘材料，也可以同植物纤维或合成纤维结合使用。纤维材料还广泛用作超导和低温绕组线的绝缘材料。

1. 天然纤维

天然纤维包括植物纤维和动物纤维。植物纤维包括棉、麻和木纤维等，其主要成分是纤维素 $(C_6H_{10}O_5)_n$，相对分子质量较大，分子中含有 OH 基。纤维素常形成细管状的微纤维，由此构成空心管状的植物纤维，直径约 $0.02 \sim 0.07mm$，具有多孔结构。由于存在 OH 基和多孔性，其吸湿性很大，浸渍性很好。吸湿后机械强度显著降低，浸渍后介电性能大为提高。植物纤维的耐热性较差。动物纤维通常使用的有蚕丝，其组成为蛋白质，但其形态与植物纤维大不相同，是一类光滑的长丝，其耐热性较差。

2. 合成纤维

合成纤维是把聚合物加入有机溶剂中（有时还加助溶剂）制成纺丝液后，再用干法或湿法纺丝工艺制成的。比较重要的合成纤维有聚酯纤维和聚芳酰胺纤维。由于所用聚合物不同，各种合成纤维的性能大不相同。例如，用聚芳酰胺制得的纤维耐热性很高：在180℃热空气中经过10000h后纤维强度仍能保持80%以上；在400℃以上才有明显分解。它具有自熄性（即在直接火焰中可燃，火焰移去后即迅速自熄）和较高的化学稳定性，良好的耐碱性、水解稳定性和耐辐射性。

在电工中，合成纤维和天然纤维使用时，都要经过浸渍处理或脱脂处理，以减少吸潮性，提高耐热性和工作温度，增加柔软性、弹性，提高介电性能和机械强度。用绝缘漆和胶浸渍的天然或合成纤维材料具有不同的耐热等级。天然有机纤维浸有机材料的，属于 A～E 级绝缘材料；由耐热性高的合成有机纤维浸以有机硅、二苯醚、聚酰亚胺等材料的，可达 F、H 和更高耐热等级。

纤维材料在纺织服装领域应用广泛，但在工程领域应用时，其在力学性能、对恶劣环境适应能力上尚显不足，一般只是用作蓄热取暖设备、工业用炉、发电设备等隔热材料。在19世纪末期通过化学合成技术，能够生产出具有着高强、高模量、耐高温、耐腐蚀、阻燃等特性的化学纤维，极大地弥补了天然纤维在性能上的不足。

由于纤维材料结构上的特殊性，其具有其他材料不可比拟的物理学特性，加之其重量轻、容易整体成形的特点，因此受到各个领域的重视。上世纪20年代，波音公司使用纺织结构来增强飞机的机翼。在波音787上，纤维增强复合材料的使用量已经达到了50%。纤维材料在建筑上的应用已有近40年的历史，包括了蓬帆布材料、膜结构材料、防水材料、纤维增强复合材料等。这些材料不仅有美化、装饰作用，还具有质轻、高强、保温、可回收、可降解、可再生等特点，属于现代建筑领域的新型材料。在医用材料中，从缝合线到人造皮肤、人造血管、人造骨骼、人造关节、人工韧带，乃至人工肾肝肺心脏等，都大量地应用了纤维材料。

12. 3. 2 功能高分子材料

功能高分子材料，是指那些可用于工业和技术中的具有物理（如化学功能如光、电、磁、声、热等）特性的高分子材料。它主要包括电磁功能高分子材料、光学功能高分子材料、物质传输或分离功能高分子材料、催化功能高分子材料、生物功能高分子材料和力学功能高分子材料等。例如，像金属那样导电的导电性高聚物，能吸收大量水分的吸水性树脂，用于制造大规模集成电路的光刻胶，作为人造血管和人造心脏等原料的医用高分子材料等。

1. 导电高分子材料

绝大多数塑料和普通有机化合物是绝缘体，若能使大分子中的电子自由移动，塑料就能导电了。首先，人们发现四硫代富瓦烯与四氰代对二亚甲基苯醌的电荷转移复合物晶体具有很高的导电性，后来还发现这类电荷转移复合物在加压和极低温下能转变为超导体。由于这类复合物单晶显示了金属的导电性，因此常常被称为有机金属。其后开发出了以聚乙炔、聚苯胺、聚噻吩、聚吡咯为代表的一系列导电高分子新品种。

从结构上来看，导电高分子化合物可以分为共轭高分子、电荷转移复合体、聚合物离子-自由基盐、含金属聚合物等。其中，共轭结构的导电高分子仍代表着导电高分子发展的主流。导电高分子材料可用于制作聚合物电池和太阳能电池，也可用于制造电致变色显示元件，还应用于传感器、催化剂，以及用于电器设备的防静电、防电磁干扰屏蔽材料等方面。

2. 磁性高分子材料

目前磁性材料仍以铁氧体磁铁用量最多。它们的缺点是既硬且脆，加工性差，复杂、精细的形状无法成形。高分子磁性材料可以克服这些缺陷。高分子磁性材料分为结构型和复合型两大类。所谓结构型是指高分子材料本身即具有强磁性，并不添加无机类磁粉，如"PPH. 硫酸铁"；复合型是指将磁粉混炼于塑料或橡胶中制成的高分子磁性材料，目前具有实用价值的主要是这一类。复合型高分子磁性材料，橡胶基体为天然橡胶、丁腈橡胶、聚丁二烯等；塑料基体为聚乙烯、聚丙烯、聚氯乙烯、氯化聚乙烯、聚酰胺（尼龙）、聚苯硫醚等热塑性树脂和环氧树脂、酚醛树脂、三聚氰胺等热固性树脂。若将磁粉涂布于高分子带基上，便可制造出录音录像带。

3. 光功能高分子材料

光功能高分子材料是指能够对光能进行透射、吸收、储存、转换的一类高分子材料。材料与光相互作用分为两种方式：第一种是光能与热能、化学能、电能等能量相互转变；第二种是光在介质中传输，如光的折射、散射、双折射和旋光等。

在光在介质中传输方面的应用如下：由于光在高分子材料中的透光率在88%～92%之间，高分子材料可制成品种繁多的线性光学材料，如普通的安全玻璃、各种透镜、棱镜等光学元件；利用高分子材料的光曲线传播特性，开发出非线性光学元件，即塑料——石英复合光导纤维。

在光与其他形式能量转换方面的应用有：高分子材料吸收了光能后，光能成为化学反应的动力，使其产生降解、交联等反应，可以用它制造大容量、高信息密度的储存元件（光盘）；利用高分子材料的光化学反应，开发出在电子工业和印刷工业上得到广泛使用的感光树脂、光固化涂料及黏合剂；利用高分子材料的能量转换特性，制成了光导电材料和光致变色材料；利用某些高分子材料的折射率随应力而变化的特性，开发出光弹材料，用于研究受力结构材料内部的应力分布。

4. 生物医用高分子材料

生物医用高分子材料是指用来制造人工器官、医疗器械和药物新剂型的高分子材料，能促使人体组织修复或再生的高分子材料，用于培养、分离、提纯和固定生物活性物质的高分子材料和仿生高分子材料。生物医用高分子材料以生命现象为对象和基础，涉及多种学科，和医学、生物学紧密相关。

（1）对生物医用高分子材料的要求　对生物医用高分子材料，除了要求具有医疗功能之外，还要求安全性，即不仅要治疗，还要对人体健康无害。它可以概括为材料与活体之间的相互关系，即材料对活体要求有生物相容性，活体对材料要求具有医疗功能及耐生物老化功能。生物相容性主要是材料引起的各种生物反应是安全的和无害的，可分为血液相容性、生物组织相容性和免疫反应等，这些反应又是相互联系的。材料的耐生物老化是材料对生物体的反应，要求生物体中的材料在物理性质和化学性质两个方面都是相对惰性的。

（2）典型的生物医用高分子材料

1）人工器官用高分子材料。可以用高分子材料制造人体软组织和脏器。用于制造临床人工器官的高分子材料有硅橡胶、聚氨酯、聚四氟乙烯、聚碳酸酯、聚甲醛、聚甲基丙烯酸甲酯、聚乙烯、聚丙烯、硅烷共聚物和离子交换树脂等几十种。

2）控制药物释放的高分子材料。控制药物释放的最简单的办法是将药物包埋在高分子材料膜里，通过采用不同材料改变膜的性质，从而控制药物向膜外释放的速度，保证治疗部位的药物浓度。如用聚氨基酸制成的缓释剂型抗癌药或胶囊型抗癌药，将其埋入恶性肿瘤内部，能大幅度地提高化疗的效果并且能降低化疗的副作用。以高分子材料为载体连接小分子药物，药物高分子化后也可控制药物释放，从而实现药物缓释长效，并能降低毒性，提高疗效。

3）生物降解吸收性高分子材料。对医用永久性植入材料，要求组织相容性好、耐生物老化性好，更高的要求是在其发挥作用后能被生物体自动吸收，能参与代谢循环而被排出体外。例如，在手术后可吸收性缝合线被人体吸收，就能够免除拆线之苦；愈后骨科固定材料被吸收，则可免去拆除之苦；药物缓释用高分子材料被人体吸收，即可不用手术取出。生物降解吸收高分子材料在活体内的降解可以分为水解和酶解两大类。经降解产生的相对分子质量低的水溶性高分子能够被肾脏排出体外，一般来说生物和天然高分子材料易于被酶分解，参与代谢。

5. 高分子压电材料

（1）高分子的压电现象　如果对高分子材料施加以应力或应变，样品两侧就会产生电压，或者对样品两侧加上电压，样品内就产生应力或应变，这种现象叫压电现象，体现了电能与机械能的相互转变。高分子压电材料大致可分为五类，即热电极性高分子、光学活性高分子、铁电高分子、压电陶瓷/高分子复合材料、高分子驻极体。光学活性高分子有蛋白质、多糖、核酸、聚氧化丙烯以及聚β羟基丁酸酯（PHB）；热电极性高分子有聚氯乙烯；铁电高分子有聚偏氟乙烯、偏氟乙烯/三氟乙烯共聚物、亚乙烯基二氰/醋酸乙烯共聚物、尼龙9及尼龙11等。

（2）高分子压电材料的应用　压电高分子材料最初的应用是耳机及高频扬声器，使用了横向的压电效应。高分子材料的声阻抗与水及人体相近，信号易匹配，适合于用作人体信息的变换材料。例如心音计、脉搏计、血压计及血流计等。纵向压电效应的一个典型例子是制作超声波器件，例如水听器、超声诊断仪及探伤仪；也有制作超声显微镜及表面波器件。

12.4　先进成形技术

12.4.1　3D打印

3D打印（3DP）是快速成型技术的一种，又称增材制造，它是一种以数字模型为基础，运用粉末状金属或塑料等可粘合材料，通过逐层打印的方式来构造物体的技术。

3D打印通常采用数字技术材料打印机来实现。常在模具制造、工业设计等领域被用于制造模型，后逐渐用于一些产品的直接制造，已经有使用这种技术打印而成的零部件。该技术在珠宝、鞋类、工业设计、建筑、工程和施工（AEC）、汽车，航空航天、牙科和医疗产业、教育、地理信息系统、土木工程、枪支以及其他领域都有所应用。

1. 发展历史

2019年1月14日，美国加州大学圣迭戈分校首次利用快速3D打印技术，制造出模仿中枢神经系统结构的脊髓支架，成功帮助大鼠恢复了运动功能。

2020年5月5日，中国首飞成功的长征五号B运载火箭上，搭载着"3D打印机"。这是中国首次太空3D打印试验，也是国际上第一次在太空中开展连续纤维增强复合材料的3D打印试验。3D打印技术出现在20世纪90年代中期，实际上是利用光固化和纸层叠等技术的最新快速成型装置。它与普通打印工作原理基本相同，打印机内装有液体或粉末等"打印材料"，与计算机连接后，通过计算机控制把"打印材料"一层层叠加起来，最终把计算机上的蓝图变成实物。这项打印技术称为3D立体打印技术。1986年，美国科学家Charles Hull开发了第一台商业3D印刷机。1993年，麻省理工学院获3D印刷技术专利。1995年，美国ZCorp公司从麻省理工学院获得唯一授权并开始开发3D打印机。2005年，市场上首个高清晰彩色3D打印机Spectrum Z510由ZCorp公司研制成功。2010年11月，美国Jim Kor团队打造出世界上第一辆由3D打印机打印而成的汽车Urbee。

2011年6月6日，发布了全球第一款3D打印的比基尼。2011年7月，英国研究人员开发出世界上第一台3D巧克力打印机。2011年8月，南安普敦大学的工程师们开发出世界上第一架3D打印的飞机。2012年11月，苏格兰科学家利用人体细胞首次用3D打印机打印出人造肝脏组织。2013年10月，全球首次成功拍卖一款名为"ONO之神"的3D打印艺术品。2013年11月，美国德克萨斯州奥斯汀的3D打印公司"固体概念"（Solid Concepts）设计制造出3D打印金属手枪。

2018年12月10日，俄罗斯宇航员利用国际空间站上的3D生物打印机，设法在零重力下打印出了实验鼠的甲状腺。2019年1月14日，美国加州大学圣迭戈分校在《自然·医学》杂志发表论文，首次利用快速3D打印技术，制造出模仿中枢神经系统结构的脊髓支架，在装载神经干细胞后被植入脊髓严重受损的大鼠脊柱内，成功帮助大鼠恢复了运动功能。该支架模仿中枢神经系统结构设计，呈圆形，厚度仅有两毫米，支架中间为 H 形结构，周围则是数十个直径为 200μm 左右的微小通道，用于引导植入的神经干细胞和轴突沿着脊髓损伤部位生长。2019 年 4 月 15 日，以色列特拉维夫大学研究人员以病人自身的组织为原材料，3D 打印出全球首颗拥有细胞、血管、心室和心房的"完整"心脏，这在全球尚属首例。2022 年 3 月，加拿大英属哥伦比亚大学（UBC）的科学家利用 3D 技术打印出人类睾丸细胞，并发现其有希望产生精子的早期迹象，世界上尚属首次。2022 年 4 月，一项新 3D 打印系统发表在《自然》杂志上，这项新 3D 打印系统是由美国研究人员开发的一种在固定体积的树脂内打印 3D 物体的方法，打印物体完全由厚树脂支撑，就像一个动作人偶漂浮在一块果冻的中心，可从任何角度进行添加，可更轻松地打印日益复杂的设计作品，同时节省时间和材料。

2. 技术原理

日常生活中使用的普通打印机可以打印计算机设计的平面物品，而所谓的 3D 打印机与普通打印机工作原理基本相同。只是打印材料有些不同。普通打印机的打印材料是墨水和纸张，而 3D 打印机内装有金属、陶瓷、塑料、砂等不同的"打印材料"，是实实在在的原材料，打印机与计算机连接后，通过计算机控制可以把"打印材料"一层层叠加起来，最终把计算机上的蓝图变成实物。通俗地说，3D 打印机是可以"打印"出真实的 3D 物体的一种设备，比如打印一个机器人、打印玩具车、打印各种模型，甚至是食物等。之所以通俗地称其为"打印机"，是参照了普通打印机的技术原理，因为分层加工的过程与喷墨打印十分相似。这项打印技术称为 3D 立体打印技术。UP Plus 2 3D 打印机如图 12-11 所示。3D 打印存在着许多不同的技术。它们的不同之处在于以可用的材料的方式，并以不同层构建创建部件。3D 打印常用的材料有尼

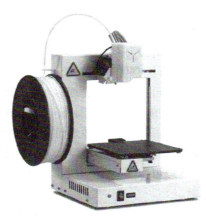

图 12-11 UP Plus 2 3D 打印机

龙玻纤、耐用性尼龙材料、石膏材料、铝材料、钛合金、不锈钢、镀银、镀金、橡胶类材料等。

12.4.2 粉末冶金

粉末冶金是制取金属粉末或用金属粉末（或金属粉末与非金属粉末的混合物）作为原料，经过成形和烧结，制造金属材料、复合材料以及各种类型制品的工艺技术。粉末冶金技术与生产陶瓷有相似的地方，均属于粉末烧结技术，因此，一系列粉末冶金新技术也可用于陶瓷材料的制备。由于粉末冶金技术的优点，它已成为解决新材料问题的钥匙，在新材料的发展中起着举足轻重的作用。

粉末冶金包括制粉和制品。其中制粉主要是冶金过程，和字面吻合。而粉末冶金制品则常远远超出材料和冶金的范畴，往往是跨多学科（材料和冶金，机械和力学等）的技术。尤其现代金属粉末 3D 打印，集机械工程、CAD、逆向工程技术、分层制造技术、数控技术、材料科学、激光技术于一身，使得粉末冶金技术成为跨更多学科的现代综合技术。

粉末冶金技术已被广泛应用于交通、机械、电子、航空航天、兵器、生物、新能源、信息和核工业等领域，成为新材料科学中最具发展活力的分支之一。粉末冶金技术具备显著节能、省材、性能优异、产品精度高且稳定性好等一系列优点，非常适合于大批量生产。另外，部分用传统铸造方法和机械加工方法无法制备的材料和复杂零件也可用粉末冶金技术制造，因而备受工业界的重视。

广义的粉末冶金制品业涵括了铁石刀具、硬质合金、磁性材料以及粉末冶金制品等。狭义的粉末冶金制品业仅指粉末冶金制品，包括粉末冶金零件（占绝大部分）、含油轴承和金属射出成型制品等。

1. 特点

粉末冶金材料具有独特的化学组成和机械、物理性能，而这些性能是用传统的熔铸方法无法获得的。运用粉末冶金技术可以直接制成多孔、半致密或全致密的材料和制品，如含油轴承、齿轮、凸轮、导杆、刀具等，是一种少无切削工艺。

1）粉末冶金技术可以最大限度地减少合金成分偏析，消除粗大、不均匀的铸造组织。在制备高性能稀土永磁材料、稀土贮氢材料、稀土发光材料、稀土催化剂、高温超导材料、新型金属材料（如 Al-Li 合金、耐热 Al 合金、超合金、粉末耐蚀不锈钢、粉末高速钢、金属间化合物高温结构材料等）具有重要的作用。

2）可以制备非晶、微晶、准晶、纳米晶和超饱和固溶体等一系列高性能非平衡材料，这些材料具有优异的电学、磁学、光学和力学性能。

3）可以容易地实现多种类型的复合，充分发挥各组元材料各自的特性，是一种低成本生产高性能金属基和陶瓷复合材料的工艺技术。

4）可以生产普通熔炼法无法生产的具有特殊结构和性能的材料和制品，如新型多孔生物材料，多孔分离膜材料、高性能结构陶瓷磨具和功能陶瓷材料等。

5）可以实现近净成形和自动化批量生产，从而，可以有效地降低生产的资源和能源消耗。

6）可以充分利用矿石、尾矿、炼钢污泥、轧钢铁磷、回收废旧金属做原料，是一种可有效进行材料再生和综合利用的新技术。

常见的机加工刀具、五金磨具，很多就是应用粉末冶金技术制造的。

2. 制备方法

（1）生产粉末 粉末的生产过程包括粉末的制取、粉料的混合等步骤。为改善粉末的成形性和可塑性，通常加入机油、橡胶或石蜡等增塑剂。

（2）压制成形 粉末在 15~600MPa 压力下，压成所需形状。

（3）烧结 在保护气氛的高温炉或真空炉中进行。烧结不同于金属熔化，烧结时至少有一种元素仍处于固态。烧结过程中，粉末颗粒间通过扩散、再结晶、熔焊、化合、溶解等一系列的物理化学过程，成为具有一定孔隙度的冶金产品。

（4）后处理 一般情况下，烧结好的制件可直接使用。但对于某些尺寸要求精度高并且有高的硬度、耐磨性的制件，还要进行烧结后处理。后处理包括精压、滚压、挤压、淬火、表面淬火、浸油及熔渗等。

3. 应用领域

粉末冶金产品广泛应用于机械、汽车、航空航天、军工、仪器仪表、五金工具、电子家电等领域。在机械工业中，粉末冶金产品有轴承、齿轮、硬质合金刀具、模具、摩擦制品等。军工行业中，产品有穿甲弹、鱼雷、飞机坦克的刹车片等。汽车零件已成为我国粉末冶金行业最大的市场，约50%的汽车零部件采用粉末冶金生产。采用粉末冶金生产的汽车零部件图12-12所示。

图12-12　采用粉末冶金生产的汽车零部件

12.4.3　定向凝固技术

定向凝固，又称为定向结晶，是指使金属或合金在熔体中定向生长晶体的一种工艺方法。定向凝固技术是在铸型中建立特定方向的温度梯度，使熔融合金沿着热流相反方向，按要求的结晶取向进行铸造的工艺。它能大幅度地提高高温合金综合性能。

该技术最初是在高温合金的研制中建立并完善起来的。采用、发展该技术最初是用来消除结晶过程中生成的横向晶界，从而提高材料的单向力学性能。该技术运用于燃气涡轮发动机叶片的生产，所获得的具有柱状乃至单晶组织的材料具有优良的抗热冲击性能、较长的疲劳寿命、较高的蠕变抗力和中温塑性，因而提高了叶片的使用寿命和使用温度，成为当时震动冶金界和工业界的重大事件之一。

定向凝固技术对金属的凝固理论研究与新型高温合金等的发展提供了一个极其有效的手段。但是传统的定向凝固方法得到的铸件长度是有限的，在凝固末期易出现等轴晶，且晶粒易粗大。为此出现了连续定向凝固技术，它综合了连铸和定向凝固的优点，又相互弥补了各自的缺点及不足，从而可以得到具有理想定向凝固组织、任意长度和断面形状的铸锭或铸件。它的出现标志着定向凝固技术进入了一个新的阶段。

定向凝固技术的最大优势在于，其制备的合金材料消除了基体相与增强相相界面之间的影响，有效地改善了合金的综合性能。同时，该技术也是学者们研究凝固理论与金属凝固规律的重要手段。

实现定向凝固需要两个条件：首先，热流向单一方向流动并垂直于生长中的固-液界面；其次，在晶体生长前方的熔液中没有稳定的结晶核心。为此，在工艺上必须采取措施，避免侧向散热，同时在靠近固-液界面的熔液中应造成较大的温度梯度，这是保证非定向柱晶和单晶生长停止、取向正确的基本要素。

实现定向凝固应满足凝固界面具有稳定的定向生长要求，抑制固-液界面前方可能出现的较大成分过冷区，而导致自由晶粒的产生。根据成分过冷理论，固-液界面要以单向的平面生长方式进行长大时，需要保证晶体生长前沿液相的温度梯度足够大，这就需要通过以下几个基本工艺措施来保证：①严格的单向散热，要使凝固系统始终处于柱状晶生长方向的正温度梯度作用之下，并且要绝对阻止侧向散热，以避免界面前方型壁及其附近的形核和长大；②要减小熔体的异质形核能力，以避免界面前方的形核现象，即要提高熔体的纯净度；③要避免液态金属的对流、搅动和振动，以阻止界面前方的晶粒游离。对于晶粒密度大于液态金属的合金，避免自然对流的最好方法就是自下而上地进行单向结晶。

实现定向凝固的方法有以下几种。

1. 发热剂法

所谓的发热剂法就是将熔化好的金属液浇入一侧壁绝热、底部冷却、顶部覆盖发热剂的铸型中，在金属液和已凝固金属中建立起一个自上而下的温度梯度，使铸件自下而上进行凝固，实现单向凝固。这种方法由于所能获得的温度梯度不大，并且很难控制，致使凝固组织粗大，铸件性能差，因此，该法不适于大型、优质铸件的生产。但其工艺简单、成本低，可用于制造小批量零件。

2. 功率降低法

将保温炉的加热器分成几组，保温炉是分段加热的。当熔融的金属液置于保温炉内后，在从底部对铸件冷却的同时，自下而上顺序关闭加热器，金属则自下而上逐渐凝固，从而在铸件中实现定向凝固。通过选择合适的加热器件，可以获得较大的冷却速度，但是在凝固过程中温度梯度是逐渐减小的，致使所能允许获得的柱状晶区较短，且组织也不够理想。加之设备相对复杂，且能耗大，限制了该方法的应用。

3. 高速凝固法

在定向凝固时，将金属液以一定的速度从熔化炉中移出，利用空气冷却并结晶，从而获得较高的温度梯度和冷却速度，这种定向凝固方法称为高速凝固法。此方法改善了采用功率降低法时受热炉膛的影响而冷却速度缓慢的缺点。高速凝固法获得的柱状晶间距较长，组织细密挺直且均匀，铸件性能得以提高。镍基高温合金定向凝固柱状晶叶片如图 12-13 所示。

图 12-13　镍基高温合金定向凝固柱状晶叶片

4. 液态金属冷却法

在用高速凝固法实现定向凝固时，将金属液从熔化炉中移出后，会出现由液态到固态的逐步转变，将其固体部分立刻浸入到另一种冷却能力更强的液态金属中，能使定向凝固温度梯度增大，这种新的定向凝固技术被称为液态金属冷却法。冷却能力更强的液态金属是具有高导热系数、高沸点、低熔点、比热容大的金属或合金。液态金属冷却法具有更高的冷却速度和温度梯度，生长速度快，并可保持界面前沿的温度梯度稳定，结晶过程相对平稳，能得到比较长的柱状晶。

常用的冷却能力强的液态金属有 Ga-In 合金、Ga-In-Sn 合金和 Sn 液三种。前二者熔点低，但价格昂贵，只适于在实验室条件下使用；Sn 液熔点稍高（232℃），但价格相对便宜，冷却效果好，适于工业应用。该法已被美国、前苏联等国用于航空发动机叶片的生产。

普通铸造金属获得等轴晶粒，等轴晶粒的纵向晶界与横向晶界的数量大致相同。对高温合金涡轮叶片的研究发现，在高速旋转产生的离心力作用下，叶片中横向晶界比纵向晶界更容易开裂。因此应用定向凝固方法制造柱状晶叶片，由于横向晶界大大减少，叶片的使用性能显著提高。应用定向凝固技术可使柱状晶排列方向与磁化方向一致，还能大大改善材料的磁性。用定向凝固方法制造的自生复合材料，能减弱增强相与基体间的界面对性能的不利影响，使复合材料的性能大大提高。

12.4.4　沉积技术

气相沉积是利用气相中发生的化学、物理反应，使气相中的纯金属或化合物在零件表面沉积，形成具有特殊性能膜层的方法。气相沉积通常是在工件表面覆盖厚度约 $0.5 \sim 10\mu m$ 的一层过渡族元素（钛、钒、铬、锆、钼、钽、铌及铪）与碳、氮、氧和硼的化合物。

在工业生产中，常用碳化物和氮化物涂覆于刀具、模具及各种耐磨结构零件表面上，获得厚度为几个微米的超硬层，以提高使用寿命。按照膜层形成的机理不同，可将气相沉积分为物理气相沉积和化学气相沉积两种。

1. 物理气相沉积（PVD）

物理气相沉积是通过真空蒸发、真空溅射或电离等过程，产生金属离子并沉积在工件表面，形成金属涂层，或与反应气体作用，形成化合物涂层。

物理气相沉积的特点：沉积温度低于600℃，沉积速度快，可适用于金属、非金属、陶瓷、玻璃、塑料等各种材料，在电器元件生产中应用十分普遍，如半导体、集成电路、液晶、摄像管、电容器及金属膜电阻等。

物理气相沉积技术早在20世纪初已有些应用，在最近30年迅速发展成为一门极具广阔应用前景的新技术，并向着环保型、清洁型趋势发展。随着沉积方法和技术的提升，物理气相沉积技术不仅可沉积金属膜、合金膜、还可以沉积化合物、陶瓷、半导体、聚合物膜等。

物理气相沉积技术基本原理可分三个工艺步骤：①镀料的气化：即使镀料蒸发、升华或被溅射，也就是需要镀料的气化源。②镀料原子、分子或离子的迁移：由气化源供出原子、分子或离子经过碰撞后，产生多种反应。③镀料原子、分子或离子在基体上沉积。

物理气相沉积方法有真空蒸镀、真空溅射及离子镀等。下面以真空蒸镀为例来说明物理气相沉积方法。

真空蒸镀是在真空的反应室中，将镀层材料加热转变成蒸发原子，蒸发原子在真空条件下撞击工件表面而形成沉积层。图12-14所示为真空蒸镀装置示意图。真空蒸镀装置通常由真空室、排气系统、蒸发源加热系统等几部分组成。真空室由高真空机组抽成真空，真空室的气压为 $10^{-3} \sim 10^{-2}\mathrm{Pa}$。将要蒸镀的材料放置在蒸发源上，在蒸发电极上通低电压大电流交流电，使蒸镀材料加热至蒸发。大量的蒸发原子离开熔池表面进入气相，径直到达基板表面凝结成金属薄膜。

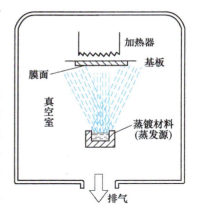

图 12-14　真空蒸镀装置示意图

2. 化学气相沉积（CVD）

化学气相沉积是在一定温度下，使一定的气态物质，在固体表面上发生化学反应，并在表面上生成固态沉积膜的过程。

图12-15所示为表面沉积 TiC 涂覆层的装置示意图。该装置是将工件置于通以氢气的炉内，加热到900~1100℃，氢气作为载体和稀释剂，接着将 $TiCl_4$ 和 CH_4 送入反应器，在反应器的工件表面上发生化学反应：$TiCl_4 + CH_4 \rightarrow TiC + 4HCl\uparrow$。

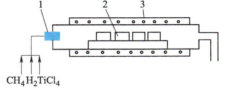

图 12-15　表面沉积 TiC 涂覆层的装置示意图

1—反应器　2—工件　3—加热炉

化学气相沉积法的缺点：沉积温度较高，工件容易变形，高温时的组织变化可能导致基体金属力学性能降低，故目前化学气相沉积主要用于硬质合金刀具的涂层和工模具的涂覆层。

复习思考题

1. 什么是先进材料，先进材料对现代社会发展有哪些作用？
2. 常用的先进材料有哪些？
3. 非晶态材料有哪些性能特点？
4. 与宏观材料相比，纳米材料有哪些效应？
5. 智能材料有哪些特点？
6. 3D 打印是怎样实现的？
7. 开放性习题：先进材料是什么？在人类历史中有过哪些先进材料？先进材料和先进成形技术总是先进的吗？
8. 开放性习题：通过调研和查阅资料，简述先进金属材料的主要应用和发展方向。
9. 开放性习题：通过调研和查阅资料，简述先进陶瓷和先进高分子材料有哪些应用。

第13章　机械零件用材及其成形工艺的选择

学习要求

材料的性能决定了零件能否使用和使用寿命，选材是机械设计的重要环节；不同材料具有不同的使用性能，选材还与零件的生产制造过程密切相关。

学习本章后学生应达到的能力要求包括：

1）理解选材的主要原则，并根据材料的应用工况确定主要性能指标。

2）能够根据材料需要的主要性能指标进行合理选材。

3）了解材料科学的发展趋势，促进工程材料的应用和发展。

在进行产品设计时，会遇到零件材料选择的问题；在零部件生产过程中，会遇到怎样使材料成形的问题。材料及其成形工艺的选择是工程上的重要课题。材料的质量不仅关系到机械零件的使用性能，也关系到零部件的加工制造难易程度，同时还关系到零件的成本和使用安全性等。在实际工程中，有时会出现由于选材用材不当，给用户带来一些直接或间接损失的情况。因此，合理的材料选择，以及采取合适的成形工艺，是保证高质量产品的关键。另一方面，材料成本占零件成本的一半以上，合理地选材，也可降低生产成本，提高经济效益。本章仅针对机械零件的选材问题进行讨论。

在进行材料选择时，必须考虑使用时需要材料具有哪些性能，材料能够使用多长时间，材料是如何失效的。因此，选材与零件失效的关系十分密切。

13.1　材料的失效及其分析

13.1.1　材料的使用条件

材料的使用条件总称为工况。工况研究是对材料进行各种研究的基础，也是失效研究及选材的基础。在研究材料时，不能把材料看成一个孤立的系统。在材料的使用和制造过程中，材料与环境之间始终有能量及物质的交换，因此要十分重视材料的使用环境，这就是要研究工况的原因；同时也必须重视材料的制造环境，这就是研究材料工艺性的原因。

下面首先来研究材料的使用环境，即使用工况。工程材料的使用工况由以下几方面组成。

1. 负荷情况

在使用过程中，工程材料担负着传递动力或承受载荷的任务，必然受到各种各样载荷的作用。一般地，按照加载速度，材料所受到的载荷可分为静载荷和动载荷。静载荷是指加载速率较为缓慢的，大小和方向不随时间而变化的载荷；动载荷则是指加载速度很大的载荷，或是大小和方向随时间而变化的载荷。动载荷主要有冲击载荷和交变载荷两种类型。材料所受到的各种载荷，按其作用方式又可分为拉伸、压缩、弯曲、扭转、剪切等。材料所受的负荷具体体现为材料受到各种应力的作用，这些应力是拉应力、压应力、切应力、扭矩、弯曲应力等。实际工程材料所受的应力往往是多种应力的复合。

所有的工程材料都是在各种应力组成的应力场下工作的，没有不受力的工程材料。抗力能力是对工程材料的基本要求，力学性能是工程材料的首要性能。如各种工程结构都至少受到重力的作用，轴和齿轮等传递动力的机件都受到压应力、切应力、扭矩等力的作用，锤头受到冲击力的作用等。

2. 使用环境温度

工程材料总是要在环境所决定的温度下使用的。大多数材料都是在气温下工作的，但是气温是随天气、地域和季节的不同而不断变化的。此外，在实际工程中，也有在高温或低温下工作的材料，此时要求材料具有适应高温或低温环境的能力。各种工业炉用材，都必须能耐高温；各种制冷设备用材，都必须能耐低温；有些时候，还要求材料能耐剧烈的温度变化。

3. 使用介质

材料的使用介质也是材料在使用环境中必不可少的一部分，材料的使用介质有大气、淡水、海水、土壤、含泥砂的水、各种酸碱盐的溶液等。

绝大多数材料都是在大气环境中工作的。大气是成分复杂的混合物。其中氮气和氧气约占98%，其他组分是水蒸气、二氧化碳、惰性气体、灰尘等。其中氧气、水蒸气、二氧化碳参与材料的腐蚀过程，灰尘对高速运动的部件有一些摩擦作用。在工业大气中还含有 SO_2、SO_3、Cl_2、HCl、NO、NO_2、NH_3、H_2S 等组分，这些组分对材料有较强的腐蚀作用。

淡水一般指河水、地下水、湖水等含盐量低的天然水，其总固溶物的质量分数小于0.1%，pH 值在 6.5~8.5。淡水是主要的工业用水，它对工程材料有一定的腐蚀作用。若淡水中含有大量的泥砂，就会对运动的材料产生强烈的磨损作用。

海水中含有质量分数约 3.5% 的盐，其中大部分是 $NaCl$。海水对材料有较强的腐蚀作用。海水中的泥砂、生物、溶解的气体等都对材料的腐蚀作用产生一定的影响。

在化工环境下，材料往往在各种酸碱盐溶液中使用，主要是水溶液，也有其他溶液。在化工溶液中使用的材料，必须考虑材料的耐蚀性。

埋设在地下的油气水管路等都与土壤接触。土壤主要由土粒、水和空气组成，是多相组织。土粒的成分和尺寸在不同的地方有很大的差异。土壤的水中常溶有 H^+、Cl^-、SO_4^{2-} 等物质，对材料有腐蚀作用。在土壤中运动的零件，土壤对其有很大的磨损作用。土壤中常有生物及有机物质，同样对材料的使用产生影响。

4. 其他方面

材料的使用工况还有来自环境的声、光、电、磁等各种作用，它们对材料使用性能的影响，一般在功能材料中讨论，这里不再详叙。

13.1.2　材料的失效及其判据

1. 材料的失效

正如人有生老病死一样，工程产品也有失效的时候。工业的发展，技术的进步，正是人们不断与产品失效做斗争的历史。

由于材料本身是不能单独使用的，它总是要做成机械零件来完成自己的使命。一方面，材料与零部件的关系如同布料与衣服的关系，虽然衣服各式各样，却都是由布料制作的；另一方面，任何布料都必须通过制作衣服等形式来体现自己的价值。因此在很大程度上，材料的失效都是通过机械零件失效的形式来体现的。机械零件失效了，也就意味着材料的失效。因此，分析材料的失效与分析机械零件的失效要结合起来，不能单一地分析材料失效。

材料在使用的过程中，会发生一系列的变化，主要是材料形状和性能的改变，在它们达不到使用要求时，就称为材料失效。材料的使用性能包括力学性能、物理性能、化学性能等。在使用过程中，材料的任何一方面性能达不到使用要求，就意味着材料的失效。如在高温工况下，钢铁材料的强度不断降低，在其不能达到所要求的强度指标时，材料就失效了。再如，橡胶材料在使用过程中发生老化，失去弹力而失效。这些都是由于材料本身性能发生变化而失效的。

在更多的时候，工程材料的失效并不是材料本身的性能达不到要求，而是由于材料的形状、尺寸在力或其他因素的作用下发生了改变，使零件达不到所要求的功能而引起材料的失效。在使用过程中，如果发生了以下三种情况中的任何一种，即认为该零件已失效：①完全破坏，不能使用；②虽然能工作，但不能满意地起到预定的作用；③损伤不严重，但继续工作不安全。

材料的失效实际上是由以下三方面因素所决定的：

（1）使用条件因素　同一材料，在不同的使用环境下，其使用寿命是不同的；不同的使用条件，对材料的性能要求是不一样的。

（2）材料本身的性能　不同材料具有不同的性能，材料本身所具有的性能是材料应用的基础。

（3）用户的期望值　材料能不能用，好不好用，其标准都是由用户来定的。当材料的性能或零部件的功能达到用户的要求时，材料才能用；反之，当材料的性能或零部件的功能达不到用户的要求时，材料就被判为失效而报废。

以上三因素是统一的整体，应用材料时，其根本目的是应用材料的使用性能，比如耐用时间。但是同一材料在不同工况下使用，其使用寿命和质量是不一样的。如碳素钢在空气中的使用寿命要长于在酸中的使用寿命。另一方面，材料损失或被破坏到什么程度才算失效，也是由用户来决定的。这就是材料失效的三个必不可少的条件。

2. 材料失效的判据

从量化分析材料性能的角度来看，如果以 σ 表示材料或机件所具有的广义的性能，如各种力学性能（抗拉强度、抗压强度、屈服强度、硬度、耐冲击能力）、耐热性、耐蚀性、耐磨性等，而以 $[\sigma]$ 表示广义的许用性能，如各种许用应力、各种许用耐热性、许用耐蚀性、许用耐磨性等，根据失效的基本定义，材料或机件失效的判据为 $\sigma < [\sigma]$。即当材料的某一方面性能达不到使用要求时，材料就失效了。

从量化分析材料的变形量角度来看，如果以 f 表示材料或机件所具有的广义的变形量，如应变量、扭转量、磨损量、腐蚀量、氧化损失量等，而以 $[f]$ 表示广义的许用变形量，如各种许用变形量、许用扭转量、许用磨损量、许用腐蚀量、许用氧化损失量等，那么失效发生的判据为 $f > [f]$。相应地，零件不失效的判据为 $f < [f]$。即当零部件某处的变形量超过允许值时，材料就失效了。

对于某一零件是否发生失效，通过实际测量相应性能指标，或是测量实际发生的各种变形量后，利用以上两式来判定。

13.1.3　材料的失效形式

前面讲过，材料的失效与零件的失效是分不开的，下面结合零件的失效讲述一下材料的失效形式。

材料的失效形式主要有材料性能降低、过量变形、断裂和表面损伤四种。

1. 材料性能降低

在使用过程中，材料本身的力学性能、物理性能、化学性能等不是一成不变的，随着不同的使用工况，总是要发生一定的变化。不同的工况，会对材料的不同方面产生影响。材料的任何一方面性能达不到使用要求时，材料就失效了。

材料在使用过程中，其性能发生变化是一种自然趋势，其主要性能降低也是不可避免的。进行各种分析的目的不是阻止材料性能降低，而是延缓其降低的速度，延长材料使用寿命，提高其性能价格比。这是材料研制工作者的任务。

2. 过量变形

在使用过程中，材料在各种力的作用下，会发生各式各样的变形，当其变形程度超过允许的范围时，即过量变形时，材料就失效了。

材料的过量变形失效包括弹性变形失效、塑性变形失效和蠕变失效等。

（1）弹性变形失效　在一定载荷作用下，零件由于发生过大的弹性变形而失效，称为弹性变形失效。如镗床的镗杆，弹性变形大就不能保证精度；电机转子轴刚度不足时，会发生弹性挠曲，结果造成转子与定子相撞而破坏；当细长杆或薄板零件受纵向压力时，在弹性失稳后，发生较大侧向弯曲，进而以塑性弯曲或断裂而失效。

弹性变形失效的零件没有明显的外部特征，一般只能从零件的几何形状及尺寸、外力的形式及大小等，经过仔细的分析后才能判定。弹性变形失效的最终表现形式往往有塑性变形或断裂等破坏形式。

表征材料弹性变形能力的力学指标是刚度，即弹性模量。弹性模量 E 和密度 ρ 的比值称为比模量，它是近代工程材料的重要参数。如铝的弹性模量 $E = 72\mathrm{GPa}$，而钢的弹性模量 $E = 214\mathrm{GPa}$，但铝的比模量大于钢，因此铝被大量用作飞机材料。

（2）塑性变形失效　它是指零件发生过大的塑性变形而失效。如键扭曲、螺栓受载后伸长等，又如齿轮的塑性变形会造成啮合不良，甚至卡死、断齿。过量的塑性变形是造成机械零件失效的重要因素。

塑性变形是一种永久变形，可在零件的形状和尺寸上表现出来，比较容易判断和测量。在进行零件设计时，应选择屈服强度大于其工作应力的材料，允许零件部分区域发生一定量的塑性变形，就是针对塑性变形失效而来的。

表征材料塑性变形能力的力学指标是屈服强度、伸长率、断面收缩率等。

（3）蠕变失效　在恒定载荷和高温下，蠕变一般是不可避免的，通常是以金属在一定温度和应力下，经过一定时间所引起的变形量来衡量。

3. 断裂

断裂是指工程材料在载荷作用下发生断裂而失效。断裂是金属材料最严重的失效形式。

金属断裂的基本类型，按金属断裂处是否发生宏观塑性变形，可分为韧性断裂和脆性断裂。韧性断裂——断裂前发生明显的宏观塑性变形，如低碳素钢在拉应力作用下产生显著塑性变形后断裂。脆性断裂——断裂前几乎不发生宏观的塑性变形，如灰铸铁在拉应力作用下不产生显著塑性变形而断裂。

对于塑性断裂，因其发生前要出现较大的塑性变形，而这种变形在许多零件上已被判定为塑性变形失效，故这类断裂在工程上危害不大。

工程上比较关心的是低应力脆性断裂。低应力脆性断裂指的是由于零件上存在尖锐缺口或裂纹，或是零件处于低温及冲击载荷条件下，在名义应力低于材料的屈服强度时，也能发生的断裂。而这类断裂发生前往往没有明显征兆，危害性较大。因此，下面着重分析低应力脆性断裂问题。

发生低应力脆性断裂时，构件没有明显的宏观塑性变形。断口一般可分为断裂发源区及裂纹扩展区两个区域。断裂发源区位于裂纹的尖端或缺口的根部，其精确位置可由裂纹扩展区的形貌确定；裂纹扩展区上有许多辐射状花样，断口比较粗糙，根据辐射线的走向可确定断裂源的位置，将断口放在电镜下面观察，很容易确定断裂的性质。防止零件脆断的方法，是准确分析零件所受的应力、应力集中的情况，选择满足强度要求并具有一定塑性和韧性的材料。

引起材料低应力脆断的因素主要有两个：一是低中强度钢的韧脆转变温度，应尽量避免材料在韧脆转变温度以下使用，二是材料的断裂韧度，对高强度钢或大型中、低强度钢，由于内部常有裂纹，必须考虑材料的断裂韧度。

在交变循环应力作用下发生的断裂，称为疲劳断裂。疲劳断裂失效是机器零件中最常见的失效形式。疲劳断裂均表现为脆性断裂，因而具有突发性。造成疲劳破坏时，其交变应力的振幅一般远低于静载材料的抗拉强度，有时甚至低于屈服强度，因而静载荷下安全工作的零件，在交变载荷下可能不安全。

在一般情况下，材料对静载荷的抗力主要取决于材料本身，而在交变载荷下，其疲劳抗力对构件的形状、尺寸、表面状态等敏感，材料内部缺陷对疲劳抗力影响较大。因此，为防止产生疲劳断裂失效，如零件是无限寿命设计，交变工作应力应低于 σ_{-1}；而有限寿命设计，工作应力低于规定次数下的 σ_N，同时尽可能使构件获得高的疲劳极限。

表征材料抗断裂能力的力学指标是抗拉强度。

4. 表面损伤

材料的表面损伤有多种形式，其中主要的有磨损、腐蚀、其他外力破坏等。当表面损伤超过许用程度时，就引起材料失效。

（1）磨损失效　磨损是工程材料又一种普遍的失效形式。据资料介绍，70%的机器是由过量磨损而失效的。磨损不仅消耗材料，损坏机器，还耗费大量能源。

运动产生摩擦，因而带来磨损。只要材料与其环境存在相对运动，就会出现材料的磨损问题。工具钢需要耐磨性，这是因为工具在运动中完成任务；机器及仪器在运转时，转轴与轴承间有摩擦；碎石机在工作时，颚板与岩石之间有摩擦；水管中的流水与管的内壁有摩擦；汽轮机的叶片受着蒸汽或燃气的冲击，都要产生磨损。磨损是从表面损坏材料，产生磨损的原因是力学的摩擦作用。

磨损是材料的表面薄层断开而脱离基体的过程，而摩擦是接触表面相互运动产生热量，从而使温度升高的过程。对于材料的耐磨性来说，可将"摩擦副"作为一个系统来考虑，因而耐磨性是这个系统的性能，也可将"摩擦副"的另一组元作为环境的一个因素来处理。因此，磨损时摩擦副的另一组元是一个重要因素。在工程材料中，磨损可分为两方面：一是机器零件之间相互运动产生"摩擦副"的磨损，二是机件与环境之间产生的磨损。

磨损的基本类型主要有黏合磨损、磨粒磨损以及表面疲劳磨损。

（2）腐蚀失效　材料受环境介质的化学或电化学作用引起的破坏或变质现象，称为材料的腐蚀。如耐火砖受熔融金属的腐蚀，水分子在高温下侵入硅酸盐材料使之变质，钢铁材料的生锈等。按腐蚀环境的不同，腐蚀分为大气腐蚀、海洋腐蚀、淡水腐蚀、土壤腐蚀、生物和微生物腐蚀、化工介质腐蚀等。

机件在使用过程中，腐蚀是难以避免的，各种产品的零部件常因腐蚀而报废。实际上，每年全世界都生产大量的金属材料，随着机件的失效，其中大部分都通过腐蚀过程返回到大自然中去了。有人估计，十吨钢铁中约有三吨因腐蚀而报废，其中一吨完全变成了铁锈。

腐蚀失效给人类造成了严重的损失，在选材时，必须考虑材料的耐蚀性。

13.1.4　材料失效分析

1. 失效分析的目的及作用

失效分析的目的是找出材料失效的原因，并研究材料的失效规律、失效速度、失效周期及失效界定等，从而找出引起材料失效的关键因素，并找出提高材料寿命的措施，以便从选材和选工艺的角度来预防零部件的早期失效。

材料失效分析是预防不正常失效的基础，也是材料研究的基础。

2. 材料失效的原因

材料同其他事物一样，经过使用后也有失效的时候，材料失效过程本身是一种自然趋势。材料的正常失效在现实生活中随处可见。

在分析实际问题时，材料的失效往往指材料的早期失效，也称为不正常失效。造成零件早期失效的原因有零件设计因素、零件安装使用因素、选材因素、材料加工工艺因素、材料内部缺陷因素等。

3. 失效分析的基本思路及步骤

（1）失效分析的基本思路　在分析失效产生的原因时，必须参照失效的判据来进行。在进行失效分析时，可检测失效材料的性能及其变形量，再用各种方法分析造成材料性能的变化和形状尺寸的改变是由哪些因素引起的，从而找出主要的因素并采取相应的措施。这便是失效分析的基本思路。

（2）失效分析的步骤　一般来说，失效零件的残骸上都留下了零件的各种信息，通过分析零件残骸和使用工况，就能够找出引起材料失效的原因，提出推迟失效的措施，然后反馈到有关部门，防止早期失效再度发生，从而提高产品使用寿命。

1）搜集失效零件的残骸，观测并记录损坏部位、尺寸变化和断口宏观特征，搜集表面剥落物和腐蚀产物，必要时进行专门的分析和记录。

2）了解零件的工作环境。

3）了解失效经过，观察相关零件的损坏情况，判断损坏的顺序。审查有关零件的设计、材质成分、加工、安装、使用维护等方面的资料。

4）试验研究，取得各种数据。

5）综合以上各种材料，判断出引起材料失效的原因，提出改进措施，写出失效分析报告。失效分析报告除有明确的结论外，还应有足够的事实与科学试验结果，以及必要的分析与对策。

（3）失效分析中的检验方法　利用各种检测成分、组织、性能的仪器进行检测。

1）化学分析。检验材料成分与设计是否相符。有时需要采用剥层法，查明化学热处理零件截面上的化学成分变化情况，必要时，还应采用电子探针等方法，了解局部区域的化学成分。

2）断口分析。对断口进行宏观及微观观察，确定裂纹的发源地、扩展区和最终断裂的断裂性质。

3）宏观检查。检查零件的材料及其在加工过程中产生的缺陷，如与冶金质量有关的疏松、缩孔、气泡、白点、夹杂物等；与锻造有关的流线、锻造裂纹等；与热处理有关的氧化、脱碳、淬火裂纹等。为此，应对失效部位的表面和纵、横截面进行低倍检验，有时还要用无损检测方法检测内部缺陷及其分布。对于表面强化零件，还应检查强化层厚度。

4）显微分析。判明显微组织，观察组织组成物的形状、大小、数量、分布及均匀性，鉴别各种组织缺陷，判断组织是否正常，特别注意观察失效部位与周围组织的变化，这对查清裂纹的性质，找出失效的原因非常重要。

5）应力分析。采用试验应力分析方法，检查失效零件的应力分布，确定损害部位是否为主应力最大的地方，找出产生裂纹的平面与最大主应力之间的关系，以便判定零件几何形状与结构受力位置的安排是否合理。

6）力学性能测试。对失效的部位进行力学性能测试，判断其是否能达到使用要求。并结合金相分析、断口分析、成分分析等来确定材料的力学性能是在使用中发生改变的，还是在生产时其性能就已不符合要求。

7）断裂力学分析。对于某些零件，要进行断裂韧度的测定，同时用无损检测方法检测出失效部位的最大裂纹尺寸，按照最大工作应力，计算出断裂韧度值，由此判断材料是否发生了低应力脆断。

13.2　选材的基本原则和方法

13.2.1　选材的基本原则

在进行材料及成形工艺的选择时，首先要考虑到在该工况下材料性能是否达到要求，还要考虑用该材料制造零件时，其成形加工过程是否容易，同时还要考虑材料或机件的生产及使用是否经济等。所以，在选择材料及成形工艺时，一是要满足性能要求；二是要满足加工制造的要求；三是要使机件物美价廉。

1. 适用性原则

适用性原则是指所选择的材料必须能够适应工况，并能达到令人满意的使用要求。满足使用要求是选材的必要条件，是在进行材料选择时首先要考虑的问题。

材料的使用要求体现在对其化学成分、组织结构、力学性能、物理性能和化学性能等内部质量的要求上。为满足材料的使用要求，在进行材料选择时，主要从三个方面考虑：①零件的负载情况；②材料的使用环境；③材料的使用性能要求。

零件的负载情况主要指载荷的大小和应力状态。材料的使用环境指材料所处的环境，如介质、工作温度及摩擦等。材料的使用性能要求指材料的使用寿命、材料的各种广义许用应力、广义许用变形等。只有将以上三方面进行充分的考虑，才能使材料满足使用性能要求。

2. 工艺性原则

一般地，材料一经选择，其加工工艺大体上就能确定了。同时，加工工艺过程又使材料的性能发生改变；零件的形状结构及生产批量、生产条件也对材料加工工艺产生重大的影响。

工艺性原则指的是选材时要考虑到材料的加工工艺性，优先选择加工工艺性好的材料，降低材料的制造难度和制造成本。

各种成形工艺各有其特点和优缺点，同一材料的零件，当使用不同成形工艺制造时，其难度和成本是不一样的，所要求的材料工艺性能也是不同的。如当零件形状比较复杂、尺寸较大时，用锻造成形往往难以实现，若采用铸造或焊接，则其材料必须具有良好的铸造性能或焊接性能，在结构上也要适应铸造或焊接的要求。再如，用冷拔工艺制造键、销时，应考虑材料的伸长率，并考虑形变强化对材料力学性能的影响。

3. 经济性原则

在满足材料使用要求和工艺要求的同时，也必须考虑材料的使用经济性。经济性原则是指在选用材料时，应选择性能价格比高的材料。材料的性能就是指其使用性能，材料价格主要由成本决定。材料的使用性能一般可以用使用时间和安全程度来代表。材料的成本包括生产成本和使用成本，一般地，材料成本由下列因素决定：原材料成本、原材料利用率、材料成形成本、加工费、安装调试费、维修费、管理费等。

表13-1是美国20世纪90年代常用材料的价格，仅供参考。

表13-1　常用材料价格

材料	价格/（美元·t^{-1}）	材料	价格/（美元·t^{-1}）
工业用金刚石	900000000	锌锭	733
铂	26000000	铝的板材、棒材、管材	1100~1670
金	19100000	铝锭	961
银	1140000	环氧树脂	1650
硼-环氧树脂复合材料（纤维占40%）	330000	玻璃	1500
		锌的板材、棒材、管材	950~1740
CFRP（基体占成本30%、纤维占60%）	200000	泡沫塑料	880~1430
C/WC金属陶瓷（即硬质合金）	66000	天然橡胶	1430
钨	26000	聚丙烯	1280
钴	17200	聚乙烯（高密度）	1250
钛合金	10190~12700	聚苯乙烯	1330
聚酰亚胺	10100	硬木	1300
镍	7031	聚乙烯（低密度）	1210
有机玻璃	5300	SC	440~770
高速工具钢	3995	聚氯乙烯	790
尼龙66	3289	胶合板	750
GFRP	2400~3300	低合金钢	385~550
不锈钢	2400~3100	低碳素钢的角钢、板材、棒材	440~480
铜的板材、管材、棒材	2253~2990	铸铁	260
铜锭	2253	钢锭	238
聚碳酸酯	2550	软木	431
铝合金的板材、棒材	2000~2440	钢筋混凝土	275~297
铝锭	2000	燃油	200
黄铜的板材、管材、棒材	1650~2336	煤	84
黄铜锭	1505	水泥	53

13.2.2　材料及成形工艺选择的步骤、方法及依据

材料及成形工艺的选择步骤如下：首先根据使用工况及使用要求进行材料选择，然后根据所选材料，同时结合材料的成本、材料的成形工艺性、零件的复杂程度、零件的生产批量、现有生产条件和技术条件等，选择合适的成形工艺。

1. 选择材料及其成形工艺的步骤、方法

分析机件的服役条件，找出零件在使用过程中具体的负荷情况、应力状态、温度、腐蚀

及磨损等情况。

大多数零件都在常温大气中使用，主要要求材料的力学性能。在其他条件下使用的零件，要求材料还必须有某些特殊的物理、化学性能。如高温条件下使用，要求零件材料有一定的高温强度和抗氧化性；化工设备则要求材料有高的耐腐蚀性能；某些仪表零件要求材料具有电磁性能等。在严寒地区使用的焊接结构，应附加对低温韧性的要求；在潮湿地区使用时，应附加对耐大气腐蚀性的要求等。

1) 通过分析或试验，结合同类材料失效分析的结果，确定允许材料使用的各项广义许用应力指标，如许用强度、许用应变、许用变形量及使用时间等。

2) 找出主要和次要的广义许用应力指标，以重要指标作为选材的主要依据。

3) 根据主要性能指标，选择符合要求的几种材料。

4) 根据材料的成形工艺性、零件的复杂程度、零件的生产批量、现有生产条件、技术条件，选择材料及其成形工艺。

5) 综合考虑材料成本、成形工艺性、材料性能，使用的可靠性等，利用优化方法选出最适用的材料。

6) 必要时，选材要经过试验投产，再进行验证或调整。

上述只是选材步骤的一般规律，其工作量和耗时都是相当大的。对于重要零件和新材料，在选材时，需要进行大量的基础性试验和批量试生产过程，以保证材料的使用安全性。对不太重要的、批量小的零件，通常参照相同工况下同类材料的使用经验来选择材料，确定材料的牌号和规格，安排成形工艺。若零件属于正常的损坏，则可选用原来的材料及成形工艺；若零件的损坏属于非正常的早期破坏，则应找出引起失效的原因，并采取相应的措施。如果是材料或其生产工艺的问题，则可以考虑选用新材料或新的成形工艺。

2. 选材的依据

一般依据使用工况及使用要求进行选材，可以从以下四方面考虑：

(1) 负荷情况 工程材料在使用过程中受到各种力的作用，有拉应力、压应力、切应力、扭矩、冲击力等。材料在负荷下工作，其力学性能要求和失效形式是和负荷情况紧密相关的。

在工程实际中，任何机械和结构，必须保证它们在完成运动要求的同时，能安全可靠地工作。如要保证机床主轴的正常工作，则主轴既不允许折断，也不允许受力后产生过度变形。又如千斤顶顶起重物时，其螺杆必须保持直线形式的平衡状态，而不允许突然弯曲。对工程构件来说，只有满足了强度、刚度和稳定性的要求，才能安全可靠地工作。实际上，在材料力学中，对材料的这三方面要求都有具体的使用条件。在分析材料的受力情况，或根据受力情况进行材料选择时，除了要查有关材料力学性能手册外，还必须应用材料力学的有关知识进行科学的选材。

以力学性能为主选材时，主要考虑材料的强度、延展性、韧性、弹性模量。

首先要弄清所需要的是什么强度，是极限强度还是屈服强度，是拉伸强度还是压缩强度。室温下考虑屈服强度，高温下考虑极限强度。如果使用拉伸强度，应当考虑韧性较好的材料；如果是压缩强度，反而考虑脆性材料，如铸铁、陶瓷、石墨等。这些脆性材料都是化学键比较强的物质，它们有较高的压缩强度。如果在动态应力作用下，屈服强度就失去意义，必须考虑疲劳强度。

延展性是与强度同时考虑的，因为一般情况下，强度越高，材料的延展性越低。如果二者都很重要，就需要认真选择。对金属材料而言，降低晶粒尺寸能够显著提高强度而使延展性降低不大；在复合材料中，通过改变纤维的体积分数与排列，可以提高延展性而使强度降低不大。

如果材料在使用过程中发生振动或冲击，就必须考虑材料的韧性。韧性的指标采用冲击吸收能量，但更科学的指标是断裂韧度。金属材料具有最好的韧性，高分子材料次之，而陶瓷材料韧性最差。

弹性模量的大小表征物体变形的难易程度。它是反映材料刚性的主要指标。

由于多数零件在使用时既不允许折断，也不允许产生过度变形，因此，根据材料的屈服强度来选材是工程上常用的方法。其方法是

$$R_{eL} \geqslant K\left[\sigma\right]$$

式中　R_{eL}——所选材料的屈服强度；

　　　$\left[\sigma\right]$——机件在使用工况下的最大应力；

　　　K——安全系数，对常温静载的塑性材料，一般取 $K=1.4\sim1.8$。

这就是说，所选材料的屈服强度应大于材料的最大工作应力，同时必须留有一定的安全余量。根据这种方法进行选材，能满足多数情况下的强度需要。

上面是根据屈服强度进行选材的基本方法。根据材料的实际使用工况，还要求其他力学性能指标时，可参照上式的原理进行选材，即所选材料的该性能指标应大于工作时相应的最大工作应力。

几种常见零件受力情况、失效形式及要求的力学性能见表 13-2。

表 13-2　几种常见零件的受力情况、失效形式及主要力学性能要求

零件	工作条件			常见失效形式	主要力学性能要求
	应力种类	载荷性质	其他		
普通紧固螺栓	拉应力 切应力	静载荷		过量变形、断裂	屈服强度、抗剪强度
传动轴	弯应力 扭应力	循环冲击	轴颈处摩擦、振动	疲劳破坏、过量变形、轴颈处磨损	综合力学性能
传动齿轮	压应力 弯应力	循环冲击	强烈摩擦、振动	磨损、麻点剥落、齿折断	表面：硬度及弯曲疲劳强度、接触疲劳抗力；心部：屈服强度、韧性
弹簧	扭应力 弯应力	循环冲击	振动	弹性丧失、疲劳断裂	弹性极限、屈服比、疲劳强度
油泵柱塞副	压应力	循环冲击	摩擦、油的腐蚀	磨损	硬度、抗压强度
冷作模具	复杂应力	循环冲击	强烈摩擦	磨损、脆断	硬度，足够的强度、韧性
压铸模	复杂应力	循环冲击	高温度、摩擦、金属液腐蚀	热疲劳、脆断、磨损	高温强度、热疲劳抗力、韧性与热硬性

（续）

零件	工作条件			常见失效形式	主要力学性能要求
	应力种类	载荷性质	其他		
滚动轴承	压应力	循环冲击	强烈摩擦	疲劳断裂、磨损、麻点剥落	接触疲劳抗力、硬度、耐磨性
曲轴	弯应力扭应力	循环冲击	轴颈摩擦	脆断、疲劳断裂、咬蚀、磨损	疲劳强度、硬度、冲击疲劳抗力、综合力学性能
连杆	拉应力压应力	循环冲击		脆断	抗压疲劳强度、冲击疲劳抗力

部分常用材料的主要力学性能见表13-3。各种材料的力学性能在使用时可参考相关的性能手册。

表13-3　部分常用材料的主要力学性能

性能	金属		塑料		无机材料	
	钢铁	铝	聚丙烯	玻璃纤维增强尼龙-6	陶瓷	玻璃
密度/（g/cm³）	7.8	2.7	0.9	1.4	4.0	2.6
拉伸强度/MPa	460	80～280	35	150	120	90
比拉伸强度	59	30～104	39	107	30	35
弹性模量/GPa	210	70	1.3	10	390	70
韧性	优	优	良	优	差	差

（2）材料的使用温度　大多数材料都在常温下使用，当然也有在高温或低温下使用的材料。由于使用温度不同，要求材料的性能也有很大差异。

随着温度的降低，钢铁材料的韧性和塑性不断下降。当温度降低到一定程度时，其韧性和塑性显著下降，这一温度称为韧脆转变温度。在低于韧脆转变温度下使用时，材料容易发生低应力脆断，从而造成危害。因此，选择低温下使用的钢铁材料时，应选用韧脆转变温度低于使用工况温度的材料。各种低温用钢的合金化目的都在于降低碳的质量分数，提高材料的低温韧性。

随着温度的升高，钢铁材料的性能会发生一系列变化，主要是强度、硬度降低，塑性、韧性先升高而后又降低，钢铁受高温氧化或高温腐蚀等。这都对材料的性能产生影响，甚至使材料失效。如一般碳素钢和铸铁的使用温度不宜超过480℃，而合金钢的使用温度不宜超过1150℃。

一般地，陶瓷材料的耐热性最高，钢铁材料次之，常用有色合金耐热性较差，有机材料的耐热性最差。常用材料的使用温度见表13-4。

表 13-4　常用材料的使用温度

金属材料	最高使用温度/℃	陶瓷	熔点/℃	热固性塑料	最高使用温度/℃	热塑性塑料	最高使用温度/℃	橡胶	使用温度/℃
锌	240~418	碳化铪（HfC）	4150	木粉填充酚醛	170	低密度聚乙烯	82~100	天然橡胶	−50~120
铝	400~610								
铜	700~990	碳化钛（TiC）	3120	云母填充酚醛	120~150	高密度聚乙烯	80~120	丁苯橡胶	−50~140
镍	900~1200								
α 铁	808~884	碳化钨（WC）	2850	玻璃填充酚醛	150~288	硬聚氯乙烯	110	丁腈橡胶	−50~150
钼	2155~2540								
碳素钢	480	氧化镁（MgO）	2798	玻璃填充聚酯	150~177	聚四氟乙烯	288	顺丁橡胶	−110~120
Cr-Mo 钢	540~650								
铁素体型不锈钢	650	碳化硅（SiC）	2500	纤维素填充三聚氰胺甲醛	120	聚丙烯	107~150	氯丁橡胶	−50~105
奥氏体型不锈钢	816	碳化硼（B₄C）	2450	玻璃填充三聚氰胺甲醛	150~200	尼龙 66	82~150	硅橡胶	−90~250
高碳奥氏体型耐热钢 25Cr-12Ni	980	氧化铝（Al₂O₃）	2050	纤维素填充脲醛	77	ABS	71~93		
25Cr-20Ni	1050	二氧化硅（SiO₂）	1715	环氧（双酚 A）	120~260	聚苯醚	80~105		
17Cr-38Ni	1050								
25Cr-35Ni	1100	氮化硅（Si₃N₄）	1900	矿物填充环氧（双酚 A）	150~250	聚砜	150		
铁基高温合金	600~800								
镍基高温合金	850~1200	二氧化钛（TiO₂）	1605	玻璃填充环氧（双酚 A）	150~260	聚苯硫醚	260		
钴基高温合金	700~1000								

（3）受腐蚀情况　在工业上，一般用腐蚀速度表示材料的耐蚀性。腐蚀速度用单位时间内单位面积上金属材料的损失量来表示；也可用单位时间内金属材料的腐蚀深度来表示。工业上常用 6 类 10 级的耐蚀性评级标准，从Ⅰ类完全耐蚀到Ⅵ类不耐蚀。见表 13-5。

表 13-5　金属材料耐蚀性的分类评级标准

耐蚀性分类		耐蚀性分级	腐蚀速度/（mm/年）
Ⅰ	完全耐蚀	1	<0.001
Ⅱ	相当耐蚀	2	0.001~0.005
		3	0.005~0.01
Ⅲ	耐蚀	4	0.01~0.05
		5	0.05~0.1
Ⅳ	尚耐蚀	6	0.1~0.5
		7	0.5~1.0
Ⅴ	耐蚀性差	8	1.0~5.0
		9	5.0~10.0
Ⅵ	不耐蚀	10	>10.0

　　绝大多数工程材料都是在大气环境中工作的，大气腐蚀是一个普遍性的问题。大气的湿度、温度、日照、雨水及腐蚀性气体对材料腐蚀影响很大。在常用合金中，碳素钢在工业大气中的腐蚀速度为 $10 \sim 60\mu m/$年，在需要时常涂敷油漆等保护层后使用。含有铜、磷、镍、铬等合金组分的低合金钢，其耐大气腐蚀性有较大提高，一般可不涂油漆直接使用。铝、铜、铅、锌等合金耐大气腐蚀性很好。

　　碳素钢在淡水中的腐蚀速度与水中溶解的氧的浓度有关，钢铁在含有矿物质的水中腐蚀速度较慢。控制钢铁在淡水中腐蚀的常用办法是添加缓蚀剂。海水中由于有氯离子的存在，铸铁、低合金钢和中合金钢在海水中不能钝化，腐蚀作用较明显。钢铁在海水中的腐蚀速度为 $0.13mm/$年，铝、铜、铅、锌的腐蚀速度均在 $0.02mm/$年以下。碳素钢、低合金钢和铸铁在各种土壤中的腐蚀速度没有明显差别，均为 $0.2 \sim 0.4mm/$年。

　　各种金属材料在 20℃水溶液中的耐腐蚀级别见表 13-6，常用陶瓷耐蚀性见表 13-7。在使用时应根据具体情况，从相关手册中查阅材料的耐蚀性。

表 13-6　各种金属材料在 20℃水溶液中的耐腐蚀级别

材料	20%的溶液				海水
	HNO_3	H_2SO_4	HCl	KOH	
铅	8~9	3~5	10	8~9	5~6
铝（$w_{Al} = 99.5\%$）	7~8	6	9~10	10	5
锌（$w_{Zn} = 99.99\%$）	10	10	10	10	6~8
铁（$w_{Fe} = 99.9\%$）	10	8~9	9~10	1~2	6
碳素钢（$w_C = 0.3\%$）	10	8~9	9~10	1~2	6~7
铸铁（$w_C = 3.5\%$）	10	8~9	10	1~2	6~7
30Cr13	6	8~9	10	1~2	6~7
铜	10	4~5	9~10	2~3	5~6
$w_{Al} = 10\%$黄铜	8~9	3~4	7~8	—	4~6
锡	10	—	6~7	6	—
镍	9~10	7~8	6~7	1~2	3~4
蒙乃尔合金（Ni-27Cu-2Fe-1.5Mn）	4~5	5~6	6~7	1~2	3~4
钛	1~2	1~2	—	—	1~2
银	10	3~4	1~3	1~2	1~2
金	1~2	1~2	1~2	1~2	1
铂	1~2	1~2	1~2	1~2	1

表 13-7　常用陶瓷耐蚀性

种类	酸液及酸性气体	碱液及碱性气体	熔融金属	种类	酸液及酸性气体	碱液及碱性气体	熔融金属
Al_2O_3	良好	尚可	良好	SnO_2	可	差	差
MgO	差	良好	良好	SiO_2	良好	差	可
BeO	可	差	良好	SiC	良好	可	可
ZrO_2	尚可	良好	良好	Si_3N_4	良好	可	良好
ThO_2	差	良好	良好	BN	可	良好	良好
TiO_2	良好	差	可	B_4C	良好	可	—
Cr_2O_3	差	差	差	TiC	差	差	—

（4）耐磨损情况　影响材料耐磨性的因素如下：

1）材料本身的性能。包括硬度、韧性、加工硬化的能力、导热性、化学稳定性、表面状态等。

2）摩擦条件。包括相磨物质的特性、摩擦时的压力、温度、速度、润滑剂的特性、腐蚀条件等。

一般来说，硬度高的材料不易为相磨的物体刺入或犁入，而且疲劳极限一般也较高，故耐磨性较好；若同时具备较高的韧性，则即使被刺入或犁入，也不致被成块撕掉，可以提高耐磨性；因此，硬度是耐磨性的主要方面。另外，材料的硬度在使用过程中，也是可变的。易于加工硬化的金属在摩擦过程中变硬，而易于受热软化的金属会在摩擦中软化。

钢铁的耐磨性及其与硬度的关系见表 13-8。表中高碳高锰的奥氏体钢，虽然硬度低，但在磨损过程中产生加工硬化，因而具有较低的磨损系数。

表 13-8　钢铁的耐磨性及其与硬度的关系

材料或组织	HBW	磨损系数[1]
工业纯铁	90	1.40
灰铸铁	~200	1.00~1.50
0.2%碳素钢	105~110	1.00
白口铸铁	~400	0.90~1.00
球光体	220~350	0.75~0.85
奥氏体（高碳高锰钢）	200	0.75~0.85
贝氏体	512	0.75
马氏体	715	0.60
马氏体铸铁	550~750	0.25~0.60

[1] 磨损系数为与标准样品 $w_C = 0.2\%$ 碳素钢（105~110HBW）的质量损失的比值。

图 13-1 所示为材料的耐磨性与硬度的关系。由于磨损是一种材料表面不断被剥离的过程，因而韧性较好的金属材料，在硬度相同时，具有较好的耐磨性。与金属相比，陶瓷材料

虽然较硬，但比较脆，在相同硬度时耐磨性较差。高分子材料的硬度低，而热导率约为金属的1/1000,表面能也只有金属的 1/50，因而耐磨性很差。

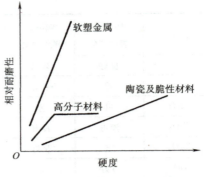

图 13-1　材料的耐磨性与硬度的关系

3. 材料成形工艺的选择依据

一般而言，当产品的材料确定后，其成形工艺的类型就大体确定了。如产品为铸铁件，则应选铸造成形；产品为薄板件，则应选板料冲压成形；产品为 ABS 塑料件，则应选注塑成形；产品为陶瓷件，则应选相应的陶瓷成形工艺等。然而，成形工艺对材料的性能也产生一定的影响，因此在选择成形工艺时，还必须考虑材料的最终性能要求。

（1）产品材料的性能　检查材料性能是否能达到产品的使用要求。

1）材料的力学性能。如材料为钢的齿轮零件，当其力学性能要求不高时，可采用铸造成形；而力学性能要求高时，则应选用压力加工成形。

2）材料的使用性能。如若选用钢材模锻成形制造汽车发动机中的飞轮零件，由于汽车转速高，要求行驶平稳，在使用中不允许飞轮锻件有纤维外露，以免产生腐蚀，影响其使用性能，故不宜采用开式模锻成形，而应采用闭式模锻成形。这是因为，开式模锻成形工艺只能锻造出带有飞边的飞轮锻件，在随后进行的切除飞边修整工序中，锻件的纤维组织会被切断而外露；而闭式模锻的锻件没有飞边，可克服此缺点。

3）材料的工艺性能。材料的工艺性能包括铸造性能、锻造性能、焊接性能、热处理性能及切削加工性能等。如易氧化和吸气的有色金属材料的焊接性差，其连接就宜采用氩弧焊焊接工艺，而不宜采用普通的焊条电弧焊焊接工艺。又如，聚四氟乙烯材料，尽管它也属于热塑性塑料，但因其流动性差，故不宜采用注塑成形工艺，而只宜采用压制烧结的成形工艺。

4）材料的特殊性能。材料的特殊性能包括材料的耐磨损、耐腐蚀、耐热、导电或绝缘等。如耐酸泵的叶轮、壳体等，若选用不锈钢制造，则只能用铸造成形；若选用塑料制造，则可用注塑成型；若要求既耐热又耐腐蚀，那么就应选用陶瓷制造，并相应地选用注浆成形工艺。

（2）零件的生产批量　对于成批大量生产的产品，可选用精度和生产率都比较高的成形工艺。虽然这些成形工艺装备的制造费用较高，但这部分投资可由每个产品材料消耗的降低来补偿。如大量生产锻件，应选用模锻、冷轧、冷拔和冷挤压等成形工艺；大量生产有色金属铸件，应选用金属型铸造、压力铸造及低压铸造等成形工艺；大量生产 MC 尼龙制件，宜选用注塑成型工艺。

而单件小批量生产这些产品时，可选用精度和生产率均较低的成形工艺，如手工造型、自由锻造、焊条电弧焊及它们与切削加工相联合的成形工艺。

（3）零件的形状复杂程度及精度要求　形状复杂的金属制件，特别是内腔形状复杂的零件，可选用铸造成形工艺，如箱体、泵体、缸体、阀体、壳体、床身等；形状复杂的工程塑料制件，多选用注塑成形工艺；形状复杂的陶瓷制件，多选用注浆成形或注射成形工艺；而形状简单的金属制件，可选用压力加工或焊接成形工艺；形状简单的工程塑料制件，可选用吹塑、挤出成型或模压成型工艺；形状简单的陶瓷制件，多选用模压成形工艺。

若产品为铸件，尺寸精度要求不高时，可选用普通砂型铸造；而尺寸精度要求高时，则依铸造材料和批量不同，可分别选用熔模铸造、气化模铸造、压力铸造及低压铸造等成形工艺。若产品为锻件，尺寸精度要求低的，多采用自由锻造成形；而尺寸精度要求高的，则选用模锻成形、挤压成形等。若产品为塑料制件，精度要求低的，多选用中空吹塑；而精度要求高的，则选用注塑成型。

（4）现有生产条件　现有生产条件是指生产产品现有的设备能力、人员技术水平及外协可能性等。如生产重型机械产品时，在现场没有大容量的炼钢炉和大吨位的起重运输设备的条件下，常常选用铸造和焊接联合成形的工艺，即首先将大件分成几小块来铸造后，再用焊接拼成大件。

又如，车床上的油盘零件，通常用薄钢板在压力机下冲压成形，但如果现场条件不具备，则应采用其他工艺方法。如现场没有薄板，也没有大型压力机，就不得不采用铸造成形工艺生产。当现场有薄板，但没有大型压力机时，就需要选用经济可行的旋压成形工艺来代替冲压成形。

（5）充分考虑利用新工艺、新技术、新材料的可能性　随着工业市场需求日益增大，用户对产品品种和品质更新的要求越来越强烈，使生产性质由成批大量生产变成多品种、小批量生产，因而扩大了新工艺、新技术、新材料的应用范围。因此，为了缩短生产周期，更新产品类型及质量，在可能的条件下就大量采用精密铸造、精密锻造、精密冲裁、冷挤压、液态模锻、超塑成形、注塑成形、粉末冶金、陶瓷等静压成形、复合材料成形、快速成形等新工艺、新技术、新材料，采用无余量成形，从而显著提高产品品质和经济效益。

除此之外，为了合理选用成形工艺，还必须对各类成形工艺的特点、适用范围以及成形工艺对材料性能的影响有比较清楚的了解。金属材料各种毛坯成形工艺的特点见表13-9。

表13-9　金属材料各种毛坯成形工艺的特点

特点	铸件	锻件	冲压件	焊接件	轧材
成形特点	液态下成形	固态塑性变形	固态塑性变形	结晶或固态下连接	固态塑性变形
对材料工艺性能的要求	流动性好、收缩率低	塑性好、变形抗力小	塑性好、变形抗力小	强度高，塑性好，液态下化学稳定性好	塑性好，变形抗力小
常用材料	钢铁材料、铜合金、铝合金	中碳素钢、合金结构钢	低碳素钢、有色金属薄板	低碳素钢、低合金钢、不锈钢、铝合金	低、中碳素钢、合金钢，铝合金，铜合金
金属组织特征	晶粒粗大、组织疏松	晶粒细小、致密，晶粒成方向性排列	沿拉伸方向形成新的流线组织	焊缝区为铸造组织，熔合区和过热区晶粒粗大	晶粒细小、致密，晶粒成方向性排列
力学性能	稍低于锻件	比相同成分的铸件好	变形部分的强度硬度高、结构刚性好	接头的力学性能能达到或接近母材	比相同成分的铸件好

（续）

特点	铸件	锻件	冲压件	焊接件	轧材
结构特点	形状不受限制，可生产结构相当复杂的零件	形状较简单	结构轻巧，形状可稍复杂	尺寸结构一般不受限制	形状简单，横向尺寸变化较小
材料利用率	高	低	较高	较高	较低
生产周期	长	自由锻短，模锻较长	长	较短	短
生产成本	较低	较高	批量越大，成本越低	较高	较低
主要适用范围	各种结构零件和机械零件	传动零件、工具、模具等各种零件	以薄板成形的各种零件	各种金属结构件，部分用于零件毛坯	结构上的毛坯料
应用举例	机架、床身、底座、工作台、导轨、变速箱、泵体、曲轴、轴承座等	机床主轴、传动轴、曲轴、连杆、螺栓、弹簧、冲模等	汽车车身、仪器外壳、电器外壳、水箱、油箱	锅炉、压力容器、化工容器管道、厂房构架、桥梁、车身、船体等	光轴、丝杠、螺栓、螺母、销子等

13.3　典型零件的材料及成形工艺选择

金属材料、高分子材料、陶瓷材料及复合材料是目前的主要工程材料，它们各有自己的特性，所以各有其合适的用途。随着科技进步，各种材料的性能和应用也在发生着变化。

高分子材料的强度、刚度低，尺寸稳定性较差，易老化，耐热性差，因此在工程上，目前还不能用来制造承受载荷较大的结构零件。在机械工程中，高分子材料常用来制造轻载传动齿轮、轴承、紧固件及各种密封件等。

陶瓷材料几乎没有塑性，在外力作用下不产生塑性变形，易发生脆性断裂，因此，一般不能用来制造重要的受力零件。但其化学稳定性很好，具有高的硬度和热硬性，故用于制造在高温下工作的零件、切削刀具和某些耐磨零件。由于其制造工艺较复杂、成本高，因此在一般机械工程中应用还不普遍。

复合材料综合了多种不同材料的优良性能，如强度、弹性模量高，抗疲劳、减摩、减振性能好，且化学稳定性优异，是一种很有发展前途的工程材料。

金属材料具有优良的综合力学性能和某些物理、化学性能，因此它被广泛地用于制造各种重要的机械零件和工程结构，是最重要的工程材料。从应用情况来看，机械零件的用材主要是钢铁材料。下面介绍几种典型钢制零件的选材实例。

1. 轴杆类零件

轴杆类零件的结构特点是其轴向尺寸远比径向尺寸大。这类零件包括各种传动轴、机床主轴、丝杠、光杠、曲轴、偏心轴、凸轮轴、连杆、拨叉等。

（1）轴的工作条件　轴是机械工业中重要的基础零件之一。大多数轴都在常温大气中使用，其受力情况如下：①传递转矩，同时还承受一定的交变弯曲应力；②轴颈承受较大的摩擦；③有时承受一定的冲击载荷或过量载荷。

（2）选材　多数情况下，轴杆类零件是各种机械中重要的受力和传动零件，要求材料具有较高的强度、疲劳极限、塑性与韧性，即要求具有良好的综合力学性能。

显然，作为轴的材料，若选用高分子材料，则由于其弹性模量小，刚度不足，极易变形，因此不合适；若用陶瓷材料，则太脆，韧性差，也不合适。因此，重要的轴几乎都选用金属材料，常用中碳素钢和合金钢，包括45、40Cr、40CrNi、20CrMnTi、18Cr2Ni4W等。并且轴类零件大多都采用锻造成形，之后经调质处理，使其具有较好的综合力学性能。

其制造工艺流程如下：

棒料锻造→正火或退火→粗加工→调质处理→精加工

在满足使用要求的前提下，某些具有异形截面的轴，如凸轮轴、曲轴等，也常采用QT450-10等球墨铸铁毛坯，以降低制造成本。与锻造成形的钢轴相比，球墨铸铁有良好的减振性、切削加工性及低的缺口敏感性；此外，它还有较高的力学性能，疲劳强度与中碳钢相近，耐磨性优于表面淬火钢，经过热处理后，还可使其强度、硬度、韧性有所提高。因此，对于主要考虑刚度的轴以及主要承受静载荷的轴，采用铸造成形的球墨铸铁是安全可靠的。目前部分负载较重但冲击不大的锻造成形轴已被铸造成形轴所代替，既满足了使用性能的要求，又降低了零件的生产成本，取得了良好的经济效益。

对于在高温或介质中使用的轴，可考虑使用具有相应耐热、耐磨、耐腐蚀的材料。

2. 齿轮类零件

齿轮主要是用来传递转矩，有时也用来换档或改变传动方向，有的齿轮仅起分度定位作用。齿轮的转速可以相差很大，齿轮的直径可以从几毫米到几米，工作环境也有很大的差别，因此齿轮的工作条件是复杂的。

大多数重要齿轮的受力特点是：由于传递转矩，齿轮根部承受较大的交变弯曲应力；齿的表面承受较大的接触应力，在工作过程中相互滚动和滑动，表面受到强烈的摩擦和磨损；由于换档起动或啮合不良，轮齿会受到冲击。

因此，作为齿轮的材料应具有以下主要性能：高的弯曲疲劳强度和高的接触疲劳强度；齿面有高的硬度和耐磨性；轮齿心部有足够的强度和韧性。

显然，作为齿轮用材料，陶瓷是不合适的，原因是其脆性大，不能承受冲击。绝大多数情况下有机高分子类材料也是不合适的，原因是其强度、硬度太低。

对于传递功率大、接触应力大、运转速度高而又受较大冲击载荷的齿轮，通常选择低碳钢或低合金钢，如20Cr、20CrMnTi等制造，并经渗碳及渗碳后热处理，最终表面硬度要求为56~62HRC。属于这类齿轮的，有精密机床的主轴传动齿轮、进给齿轮、变速箱的高速齿轮等。

其制造工艺流程如下：

棒料镦粗→正火或退火→机械加工成形→渗碳或碳氮共渗→淬火加低温回火

对于小功率齿轮，通常选择中碳素钢，并经表面淬火和低温回火，最终表面硬度要求为45~50HRC或52~58HRC。属于这类齿轮的，通常是机床的变速齿轮。其中硬度较低的，用于运转速度较低的齿轮；硬度较高的，用于运转速度较高的齿轮。

在一些受力不大或无润滑条件下工作的齿轮，可选用塑料（如尼龙、聚碳酸酯等）来制造。一些在低应力、低冲击载荷条件下工作的齿轮，可用 HT250、HT300、HT350、QT600-3、QT700-2 等材料来制造。较为重要的齿轮，一般都用合金钢制造。

具体选用哪种材料，应按照齿轮的工作条件而定。首先，要考虑所受载荷的性质和大小、传动速度、精度要求等；其次，也应考虑材料的成形及机械加工工艺性、生产批量、结构尺寸、齿轮质量、原料供应的难易和经济效果等因素。此外，在选择齿轮材料时还应考虑以下三点：

1）应根据齿轮的模数、断面尺寸、齿面和心部要求的硬度及强韧性，选择淬透性相适应的钢号。钢的淬透性低了，则齿轮的强度达不到要求；淬透性太高，会使淬火应力和变形增大，材料价格也较高。

2）某些高速、重载的齿轮，为避免齿面咬合，相啮的齿轮应选用不同材料制造。

3）在齿轮副中，小齿轮的齿根较薄，而受载次数较多。因此，小齿轮的强度、硬度应比大齿轮高，即材料较好，以利于两者磨损均匀，受损程度及使用寿命较为接近。

3. 海水中使用的水泵叶轮和水泵轴的选材

由于海水对材料的腐蚀作用较大，在海水中使用的材料必须考虑材料的耐蚀性问题。在淡水中能够使用的 30Cr13 或 40Cr13 马氏体型不锈钢，它们在海水中就不耐腐蚀。

对于水泵叶轮，主要考虑材料的耐蚀性即可，根据有关手册，可选用含钼奥氏体型不锈钢。而对于泵轴，由于其负荷较大，要求轴颈处有高的硬度和耐磨性，奥氏体型不锈钢就不宜选用，Cr13 型马氏体不锈钢的强韧性和耐磨性好，但耐蚀性较差，也不理想。若选用奥氏体型不锈钢，并在轴颈部位进行渗氮处理，提高其硬度和耐磨性，即可满足轴的性能要求，但工艺较复杂。选用沉淀硬化型不锈钢，强韧性好，硬度为 40HRC 左右，基本上可满足耐磨性的要求，同时在海水中使用也具有良好的耐蚀性，是比较理想的材料。

4. 箱体类零件

箱体是工程中重要的一类零件，如工程中所用的主轴箱、变速箱、进给箱、溜板箱、内燃机的缸体等，都是箱体类零件。由于箱体类零件结构复杂，外形和内腔结构较多，难以采用别的成形方法，几乎都是采用铸造方法成形。所用的材料均为铸造材料。

对受力较大、要求高强度、受较大冲击的箱体，一般选用铸钢；对受力不大，或主要是承受静力，不受冲击的箱体可选用灰铸铁，若该零件在服役时与其他部件发生相对运动，其间有摩擦、磨损发生，可选用珠光体基体的灰铸铁；对受力不大、要求质量小或导热性好的箱体，可选用铝合金制造；对受力很小的箱体，还可以考虑选用工程塑料。总之，箱体类零件的选材较多，主要是根据负荷情况选材。

对于大多数大箱体类零件，都要在相应的热处理后使用。如选用铸钢材质，为了消除粗晶组织、偏析及铸造应力，应进行完全退火或正火；对铸铁，一般要进行去应力退火；对铝合金，应根据成分不同，进行退火或淬火、时效等处理。

5. 手用丝锥的选材

手用丝锥是加工零件内螺纹的刀具。因是手动攻螺纹，丝锥受力较小，切削速度很低。它的主要失效形式是扭断和磨损。因此，手用丝锥的主要力学性能要求是：齿刃部应有高的硬度，以增加抗磨损能力；心部及柄部有足够强度和韧性，以提高抗扭断能力。其硬度指标是：齿刃部 59~63HRC；心部及柄部 30~45HRC。

根据上述分析，手用丝锥中碳的质量分数应较高，以使其淬火后硬度达到要求，并形成较多的碳化物以提高耐磨性。由于手用丝锥对热硬性、淬透性要求较低，受力较小，故可选用碳的质量分数为 1%~1.2% 的碳素钢。再考虑到需要提高韧性及减小淬火时开裂的倾向，应选硫、磷杂质很少的高级优质碳素工具钢，常用 T12 钢。它除能满足上述要求外，过热倾向也较 T8 钢小。

为了使丝锥齿刃部具有高的硬度，而心部有足够韧性，并使淬火变形尽可能减小，以及考虑到齿刃部很薄，故可采用等温淬火或分级淬火。

T12 钢手用丝锥的加工工艺路线为

下料→球化退火→机械加工→淬火、低温回火→柄部回火→防锈处理

淬火冷却时，采用硝盐等温冷却。淬火后，丝锥表层组织为贝氏体+马氏体+渗碳体+残留奥氏体，硬度大于 60HRC，具有高的耐磨性；心部组织为托氏体+贝氏体+马氏体+渗碳体+残留奥氏体，硬度为 30~45HRC，具有足够的韧性。

采用碳素工具钢制造手用丝锥，原材料成本低，冷、热加工容易，并可节约较贵重的合金钢，因此使用广泛。

复习思考题

1. 工程材料的使用工况由哪几方面组成？
2. 常见的零件失效形式有哪些？它们要求材料的主要性能指标是什么？
3. 试述选材的基本原则。
4. 在进行失效分析时，常用哪几种检验方法？
5. 表面损伤失效是在什么条件下发生的？分哪几种形式？
6. 在依据使用工况及使用要求进行选材时，必须考虑哪几方面内容？
7. 机械零件选材时主要考虑哪些性能指标？
8. 轴类零件的工作条件、失效方式和对轴类零件性能的要求是什么？
9. 材料成形工艺的选择依据有哪些？
10. 车床主轴在轴颈部位的硬度为 56~58HRC，其余地方为 20~24HRC。其加工工艺路线为：锻造→正火→粗加工→调质→精加工→轴颈表面淬火+低温回火→磨削加工。试说明：

1）主轴应采用何种材料？

2）在车床主轴加工工艺路线中，四种热处理的目的和作用分别是什么？

3）轴颈表面组织和其余地方的组织是什么？

11. 开放性习题：请选出三个零件，分析其使用工况及使用要求，研究其性能是否能满足使用要求。

12. 开放性习题：请选出三个零件，分析其是如何生产的，研究其材料性能是否满足生产工艺的要求。

附　　录

附录 A　部分钢的临界温度

牌号	临界温度（近似值）/℃					牌号	临界温度（近似值）/℃				
	Ac_1	Ac_3	Ar_3	Ar_1	Ms		Ac_1	Ac_3	Ar_3	Ar_1	Ms
优质碳素结构钢						合金结构钢					
08	732	874	854	680		40CrNi	731	769	702	660	
10	724	876	850	682		12CrNi3	715	830	—	670	
15	735	863	840	685		20Cr2Ni4	720	780	660	575	
20	735	855	835	680		40CrNiMo	732	774	—	—	
25	735	840	824	680		20MnTiB	720	843	795	625	
30	732	813	796	677	380	20MnVB	720	840	770	635	
35	724	802	774	680		弹簧钢					
40	724	790	760	680		65	727	752	730	696	
45	724	780	751	682		85	723	737	695	—	220
50	725	760	721	690		65Mn	726	765	741	689	270
60	727	766	743	690		60Si2Mn	755	810	770	700	305
70	730	743	727	693		滚动轴承钢					
合金结构钢						GCr15	745		—	700	
20Mn2	725	840	740	610	400	GCr15SiMn	770	872	—	708	
30Mn2	718	804	727	627		工模具钢					
40Mn2	713	766	704	627	340	T7	730	770	—	700	
45Mn2	715	770	720	640	320	T8	730	—	—	700	
35SiMn	750	830	—	645	330	T10	730	800	—	700	
20Cr	766	838	799	702		T11	730	810	—	700	
30Cr	740	815	—	670		T12	730	820	—	700	
40Cr	743	782	730	693	355	高速工具钢					
50Cr	721	771	693	660	250	W18Cr4V	820	1330	—	—	
40CrV	755	790	745	700	218	W6Mo5Cr4V2	835	885	770	820	177
38CrSi	763	810	755	680		不锈钢、耐热钢					
20CrMn	765	838	798	700		12Cr13	730	850	820	700	
30CrMnSi	760	830	705	670		20Cr13	820	950	—	780	
35CrMo	755	800	750	695	271	30Cr13	820	—	—	780	
40CrMnMo	735	780	—	680		40Cr13	820	1100	—	—	
20CrNi	733	804	790	666		95Cr18	830	—	—	810	145

附录 B　硬度换算表

（GB/T 13313 —2008）

肖氏 HSD	洛氏 HRC	维氏 HV	布氏 HBW ($F/D^2=30$)	肖氏 HSD	洛氏 HRC	维氏 HV	布氏 HBW ($F/D^2=30$)	肖氏 HSD	洛氏 HRC	维氏 HV	布氏 HBW ($F/D^2=30$)
34.0	20.0	226	225	49.5	37.5	355	346	65.0	49.4	502	491
34.5	20.5	230	228	50.0	38.0	360	350	65.5	49.7	507	497
35.0	21.5	233	232	50.5	38.4	364	354	66.0	50.0	512	502
35.5	22.2	236	235	51.0	38.8	367	358	66.5	50.4	518	508
36.0	22.9	240	239	51.5	39.2	371	362	67.0	50.7	523	514
36.5	23.6	244	242	52.0	39.7	377	366	67.5	51.1	528	519
37.0	24.2	249	246	52.5	40.1	382	370	68.0	51.4	534	525
37.5	24.9	252	250	53.0	40.5	387	375	68.5	51.7	539	531
38.0	25.5	256	254	53.5	40.9	393	380	69.0	52.1	545	536
38.5	26.1	260	257	54.0	41.3	397	384	69.5	52.4	551	542
39.0	26.7	264	261	54.5	41.7	401	388	70.0	52.7	556	548
39.5	27.3	267	265	55.0	42.1	405	392	70.5	53.1	562	554
40.0	27.9	272	269	55.5	42.5	410	397	71.0	53.4	568	560
40.5	28.5	276	273	56.0	42.8	414	401	71.5	53.7	573	565
41.0	29.1	281	277	56.5	43.2	418	405	72.0	54.0	578	569
41.5	29.7	287	281	57.0	43.6	422	410	72.5	54.4	585	575
42.0	30.2	290	285	57.5	44.0	428	415	73.0	54.7	590	580
42.5	30.7	293	289	58.0	44.4	433	420	73.5	55.0	596	585
43.0	31.3	297	293	58.5	44.7	438	424	74.0	55.3	602	590
43.5	31.8	301	297	59.0	45.1	443	429	74.5	55.7	608	595
44.0	32.3	305	301	59.5	45.5	448	435	75.0	56.0	615	601
44.5	32.8	309	305	60.0	45.8	454	440	75.5	56.3	621	605
45.0	33.3	314	309	60.5	46.2	458	444	76.0	56.6	627	610
45.5	33.8	318	313	61.0	46.6	462	448	76.5	56.9	634	615
46.0	34.3	323	317	61.5	46.9	466	453	77.0	57.2	641	618
46.5	34.8	329	321	62.0	47.3	471	458	77.5	57.6	648	623
47.0	35.3	333	325	62.5	47.6	476	464	78.0	57.9	654	627
47.5	35.7	338	329	63.0	48.0	482	470	78.5	58.2	660	630
48.0	36.2	343	333	63.5	48.3	487	475	79.0	58.5	666	634
48.5	36.6	347	337	64.0	48.7	492	481	79.5	58.8	671	637
49.0	37.1	351	341	64.5	49.0	497	486	80.0	59.1	678	640

（续）

肖氏 HSD	洛氏 HRC	维氏 HV	布氏 HBW ($F/D^2=30$)	肖氏 HSD	洛氏 HRC	维氏 HV	布氏 HBW ($F/D^2=30$)	肖氏 HSD	洛氏 HRC	维氏 HV	布氏 HBW ($F/D^2=30$)
80.5	59.4	685	642	87.0	63.2	776	—	93.5	66.6	869	—
81.0	59.7	692	644	87.5	63.5	782	—	94.0	66.9	875	—
81.5	60.0	698	647	88.0	63.8	789	—	94.5	(67.1)	881	—
82.0	60.3	705	649	88.5	64.0	795	—	95.0	(67.3)	888	—
82.5	60.6	711	651	89.0	64.3	802	—	95.5	(67.6)	895	—
83.0	60.9	718	—	89.5	64.6	810	—	96.0	(67.8)	902	—
83.5	61.2	725	—	90.0	64.8	817	—	96.5	(68.0)	909	—
84.0	61.5	733	—	90.5	65.1	823	—	97.0	(68.2)	(916)	—
84.5	61.8	741	—	91.0	65.4	830	—	97.5	(68.5)	(923)	—
85.0	62.1	748	—	91.5	65.6	838	—	98.0	(68.7)	(930)	—
85.5	62.4	756	—	92.0	65.9	847	—	98.5	(68.9)	(937)	—
86.0	62.6	763	—	92.5	66.1	855	—	99.0	(69.1)	(944)	—
86.5	62.9	770	—	93.0	66.4	862	—	99.5	(69.3)	(951)	—

注：本表系采用肖氏硬度基准机和洛氏硬度基准机，在试块上进行硬度比对试验后，将数据数学归纳做出 HSD-HRC 硬度换算表，再与 GB/T 1172—1999 联用得到。表中括弧表示当超过仪器的测量范围时，数据仅供参考。

附录 C 金属材料常用腐蚀剂

腐蚀剂名称	腐蚀剂成分	适用范围
硝酸酒精溶液	硝酸 2~4ml、酒精 100ml	各种碳素钢、铸铁等
苦味酸酒精溶液	苦味酸 4g、酒精 100ml	珠光体、马氏体、贝氏体、渗碳体
盐酸苦味酸	盐酸 5ml、苦味酸 1g、水 100ml	回火后马氏体或奥氏体晶粒
氯化铁盐酸水溶液	氯化铁 5g、盐酸 50ml、水 100ml	奥氏体-铁素体不锈钢、奥氏体不锈钢
混合酸甘油溶液	硝酸 10ml、盐酸 30ml、甘油 30ml	奥氏体不锈钢，高 Cr、Ni 耐热钢
王水酒精溶液	盐酸 10ml、硝酸 3ml、酒精 100ml	18-8 型奥氏体钢的 δ 相
三合一侵蚀液	盐酸 10ml、硝酸 3ml、甲醇 100ml	高速工具钢回火后晶粒
硫酸铜盐酸溶液	盐酸 100ml、硫酸 5ml、硫酸铜 5g	高温合金
氯化铁溶液	氯化铁 30g、氯化铜 1g、氯化锡 0.5g、盐酸 50g	铸铁磷的偏析与枝晶组织
苦味酸钠溶液	苦味酸 1g、水 100ml	区别渗碳体和磷化物
氯化铁盐酸水溶液	氯化铁 5g、盐酸 15ml、水 100ml	纯铜、黄铜及铜合金
氯化铜盐酸溶液	氯化铜 1g、氯化镁 4g、盐酸 2ml、酒精 100ml	灰铸铁共晶团
硫酸铜-盐酸溶液	硫酸铜 4g、盐酸 20ml、水 20ml	灰铸铁共晶团
硫酸铜-盐酸溶液	硫酸铜 5g、盐酸 50ml、水 50ml	高温合金
盐酸-硫酸-硫酸铜溶液	硫酸铜 5g、盐酸 100ml、硫酸 5ml	高温合金
复合试剂	硝酸 30ml、盐酸 15ml、重铬酸钾 5g、酒精 30ml、苦味酸 1g、氯化铁 3g	高温合金
硬质合金试剂	A：饱和的氯化铁盐酸溶液 B：20%氢氧化钾水溶液+20%铁氰化钾水溶液	硬质合金先在 A 试剂中侵蚀 1min，然后在 B 试剂中侵蚀 3min，WC 相（灰白色）、TiC-WC 相（黄色）、Co（黑色）
氢氧化钾-铁氰化钾溶液	10%氢氧化钾水溶液+10%铁氰化钾水溶液	硬质合金的 η 相
混合酸	硝酸 2.5ml、氢氟酸 1ml、盐酸 1.5ml、水 95ml	显示硬铝组织
氢氟酸水溶液	氢氟酸 0.5ml、水 99.5ml	显示铝合金组织

参 考 文 献

[1] 赵亚忠. 机械工程材料 [M]. 西安：西安电子科技大学出版社，2016.

[2] 沈莲. 机械工程材料 [M]. 4版. 北京：机械工业出版社，2018.

[3] 周凤云. 工程材料及应用 [M]. 3版. 武汉：华中科技大学出版社，2014.

[4] 王忠. 工程材料 [M]. 2版. 北京：清华大学出版社，2009.

[5] 潘复生，韩恩厚. 高性能变形镁合金及加工技术 [M]. 北京：科学出版社，2007.

[6] 肖纪美. 材料的应用与发展 [M]. 北京：宇航出版社，1988.

[7] 崔忠圻，覃耀春. 金属学与热处理 [M]. 北京：机械工业出版社，2011.

[8] 杨慧智，吴海宏. 工程材料及成形工艺基础 [M]. 4版. 北京：机械工业出版社，2015.

[9] 史美堂. 金属材料及热处理 [M]. 上海：上海科学技术出版社，1980.

[10] 齐乐华. 工程材料与机械制造基础 [M]. 2版. 北京：高等教育出版社，2018.

[11] 王爱珍. 工程材料及成形技术 [M]. 北京：机械工业出版社，2003.

[12] 王纪安. 工程材料与成形工艺基础 [M]. 4版. 北京：高等教育出版社，2015.

[13] 余永宁. 金属学原理 [M]. 北京：冶金工业出版社，2013.

[14] 柴惠芬，石德珂. 工程材料的性能、设计与选材 [M]. 北京：机械工业出版社，1991.

[15] 张力重. 图解金工实训 [M]. 武汉：华中科技大学出版社，2011.

[16] 徐滨士，刘世参. 表面工程技术手册 [M]. 北京：化学工业出版社，2009.

[17] 侯增寿，卢光熙. 金属学原理 [M]. 上海：上海科学技术出版社，1990.

[18] 刘国勋. 金属学原理 [M]. 北京：冶金工业出版社，1980.

[19] 李新城. 材料成形学 [M]. 北京：机械工业出版社，2000.

[20] 庄哲峰，张庐陵. 工程材料及其应用 [M]. 武汉：华中科技大学出版社，2013.

[21] 徐杨. 工程材料及成形技术基础 [M]. 北京：中国农业出版社，2021.

[22] 齐宝森，吕宇鹏，徐淑琼. 21世纪新型材料 [M]. 北京：化学工业出版社. 2011.

[23] 曾光廷，刘颖，黄婉霞. 现代新型材料 [M]. 北京：中国轻工业出版社，2006.

[24] 殷景华，王雅珍，鞠刚. 功能材料概论 [M]. 哈尔滨：哈尔滨工业大学出版社，2017.

[25] 李红英，汪冰峰，等. 航空航天用先进材料 [M]. 北京：化学工业出版社，2019.

[26] 孙志梅. 先进材料的计算与设计 [M]. 北京：科学出版社，2021.